全国中等职业学校机械类专业行动导向教材

机械制图与技术测量

（第二版）

人力资源社会保障部教材办公室组织编写

中国劳动社会保障出版社

简　介

本书根据中等职业学校教学计划和教学大纲组织编写，主要内容包括零件的测量、图样基本知识、投影基本知识、基本几何体、轴测图、组合体视图、机件的基本表示法、常用机件的特殊表示法、零件图、零件图的识读及完工零件的检测、装配图、焊接图等。

本书由朱勤惠任主编，蔡家松、王娴、郭芸、赵阳、赵丽参加编写；吴致远任主审。

图书在版编目(CIP)数据

机械制图与技术测量/人力资源社会保障部教材办公室组织编写. -- 2 版. -- 北京：中国劳动社会保障出版社，2023

全国中等职业学校机械类专业行动导向教材

ISBN 978-7-5167-5535-8

Ⅰ.①机…　Ⅱ.①人…　Ⅲ.①机械制图-中等专业学校-教材②技术测量-中等专业学校-教材　Ⅳ.①TH126②TG801

中国版本图书馆 CIP 数据核字(2022)第 212640 号

中国劳动社会保障出版社出版发行

（北京市惠新东街 1 号　邮政编码：100029）

*

北京鑫海金澳胶印有限公司印刷装订　　新华书店经销

787 毫米×1092 毫米　16 开本　19.25 印张　455 千字

2023 年 3 月第 2 版　　2025 年 2 月第 2 次印刷

定价：39.00 元

营销中心电话：400-606-6496

出版社网址：http://www.class.com.cn

http://jg.class.com.cn

前　言

为了更好地适应全国中等职业学校机械类专业的教学要求，全面提升教学质量，人力资源社会保障部教材办公室组织有关学校的一线教师和行业、企业专家，在充分调研企业生产和学校教学情况、广泛听取教师对教材使用反馈意见的基础上，对全国中等职业学校机械类专业行动导向教材进行了修订。本次修订的教材包括《机械制图与技术测量（第二版）》《车工工艺与技能训练（第二版）》《钳工工艺与技能训练（第二版）》《铣工工艺与技能训练（第二版）》《焊工工艺与技能训练（第二版）》等。

本次教材修订工作的重点主要体现在以下几个方面：

第一，更新教材内容，体现时代发展。

根据机械类专业毕业生所从事岗位的实际需要和教学实际情况的变化，合理确定学生应具备的能力与知识结构，对部分教材内容及其深度、难度做了适当调整。

第二，反映技术发展，涵盖职业技能标准。

根据相关职业及专业领域的最新发展，在教材中充实新知识、新技术、新设备、新材料等方面的内容，体现教材的先进性。教材编写以国家职业技能标准《车工（2018 年版）》《钳工（2020 年版）》《铣工（2018 年版）》《焊工（2018 年版）》等为依据，涵盖国家职业技能标准（中级）的知识和技能要求。

第三，精心设计教材形式，激发学生学习兴趣。

在教材内容的呈现形式上，尽可能使用图片、实物照片和表格等形式将知识点生动地展示出来，力求让学生更直观地理解及掌握所学内容。针对不同的知识点，设计了许多贴近实际的互动栏目，在激发学生学习兴趣和自主学习积极性的同时，使教材“易教易学，易懂易用”。

第四，开发配套资源，提供教学服务。

本套教材配有习题册和方便教师上课使用的多媒体电子课件，可以通过技工教育网（http://jg.class.com.cn）下载。

本次教材的修订工作得到了河北、辽宁、江苏、山东等省人力资源和社会保障厅及有关学校的大力支持，在此我们表示诚挚的谢意。

人力资源社会保障部教材办公室

2022年11月

目　录

课题一　零件的测量

在机械加工中经常会遇到各种各样的零件，要描述这些零件离不开两大要素：形状和大小，而要确定零件的形状和大小就离不开测量技术。本课题我们就来认识测量的基本知识和测量工具的使用方法。

§1－1　认 识 测 量

做一做　请用钢直尺量出如图1－1所示长方体的长、宽、高三个尺寸。

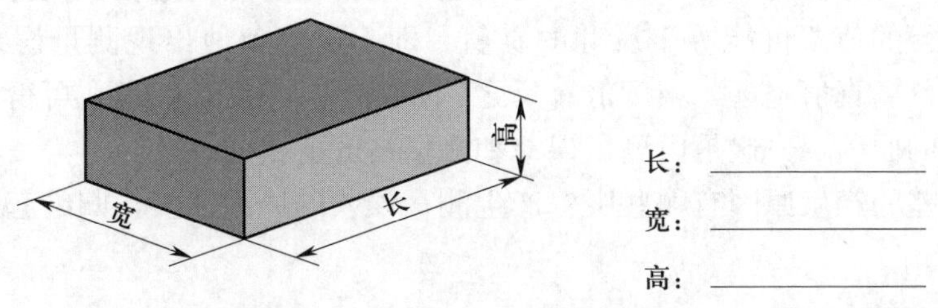

图1－1　测量长方体的尺寸

刚才的操作过程就是一个测量过程，从测量的结果可以看出：同学们测量出的尺寸不完全相同，这是什么原因造成的呢？原来，这是由于存在测量误差。下面我们学习测量的有关知识。

测量是指以确定被测对象量值为目的的全部操作，实质上是将被测几何量与作为计量单位的标准量进行比较，从而确定被测几何量是计量单位的倍数或分数的过程。一个完整的测量过程应包括测量四要素，即被测对象、计量单位、测量方法和测量精度，如图1－2所示。在图1－1所示长方体的测量中，长方体的长、宽、高三个尺寸就是被测对象；计量单位就是钢直尺上标注的长度计量单位（各种刻度）；测量方法是采用钢直尺为计量器具进行测量；测量精度是钢直尺所能确定的最小刻度，即mm。

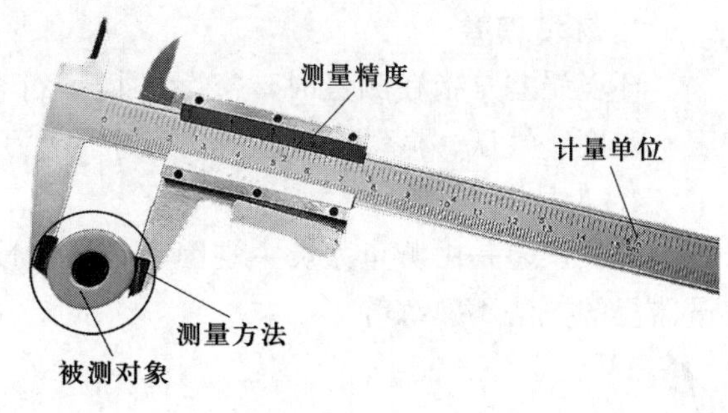

图1－2　测量四要素

被测对象主要是指各种几何量，包括长度、角度、表面粗糙度、几何形状和相互位置等。测量方法是指测量时所采用的计量器具和测量条件的综合。

为了保证测量的正确性，必须保证测量过程中单位的统一，为此，我国以国际单位为基础确定了法定计量单位，长度计量单位为米（m），平面角的角度计量单位为弧度（rad）及度（°）、分（′）、秒（″）。机械制造中常用的长度计量单位为毫米（mm），$1\ \mathrm{mm}=10^{-3}\ \mathrm{m}$。在精密测量中，长度计量单位采用微米（μm），$1\ \mu\mathrm{m}=10^{-3}\ \mathrm{mm}$。在超精密测量中，长度计量单位采用纳米（nm），$1\ \mathrm{nm}=10^{-3}\ \mu\mathrm{m}$。机械制造中常用的角度计量单位为弧度、微弧度（μrad）和度、分、秒。$1\ \mu\mathrm{rad}=10^{-6}\ \mathrm{rad}$，$1°\approx 0.017\,453\,3\ \mathrm{rad}$。度、分、秒的关系用六十进制，即 $1°=60'$，$1'=60''$。

在实际工作中，有时还会遇到英制单位，常用的有英尺（ft）、英寸（in）等，1 ft=12 in。英制中常以英寸为单位，1 in=25.4 mm。

尺寸主要分为线性尺寸和角度尺寸。线性尺寸是指以长度单位表征尺寸要素的尺寸，如直径、半径、宽度、深度、距离等；角度尺寸是指以角度单位表征尺寸要素的尺寸，如圆锥的锥顶角、楔块的倾斜角度等。

通过测量获得的尺寸称为实际尺寸。测量所得的实际尺寸并非与尺寸的真值绝对一致。这种由于计量器具本身的误差和测量条件的限制而使测量结果与真值之间形成的差值称为测量误差。测量结果与真值的一致程度反映为测量精度。任何测量过程，无论采用如何精密的测量方法，其测得的值不可能等于尺寸的真值，即不可避免地出现测量误差，测量误差越大，说明测量结果离真值越远，精度低；反之，误差小，精度高。现在可得出刚才长方体的测量结果不一致的原因——这是由测量误差和测量精度造成的。

那么测量误差的产生原因有哪些呢？产生测量误差的原因很多，归纳起来主要有以下几种：

1. 计量器具误差

计量器具误差是由计量器具本身在设计、制造、装配和使用调整上的不准确而引起的。如钢直尺的刻度制造不准确，测量出的长度数据就会有误差；天平的指针不能归零，称出来的物体质量也会有误差。这些都属于计量器具误差。

2. 方法误差

方法误差是指测量方法不完善所引起的误差。如计算公式不准确、测量方法选择不当、工件定位及夹紧不准确等引起的测量误差。

3. 环境误差

环境误差是指在测量时，实际环境不符合标准状态而引起的测量误差。主要因素有温度、湿度、气压、振动、灰尘等，其中温度引起的误差最大。

4. 人员误差

人员误差是由测量人员主观因素和操作技术水平所引起的误差。例如，测量人员使用计量器具的方法不熟练等。

测量误差和测量错误有什么联系与区别？

§1－2 常用长度量具之一——游标卡尺

用钢直尺能不能测量出图 1－3a 所示凹形块的尺寸呢？

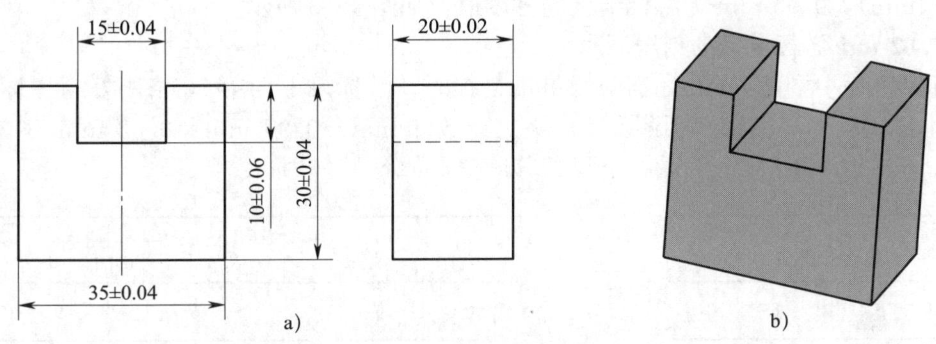

图 1－3 凹形块的测量

大家对图中的尺寸肯定会产生疑问：数值（15±0.04）mm 等的含义是什么？事实上这也是尺寸，如（15±0.04）mm 表示槽的宽度，若实际测量的尺寸在 14.96～15.04 mm之间，那么这个尺寸就合格。对于这种精度要求的尺寸，到底用什么量具来测量呢？用钢直尺测量，其测量精度显然达不到，这时可以采用另一种常用的长度测量工具——游标卡尺。本节中我们将学习游标卡尺的使用方法。

一、游标卡尺的结构

游标卡尺的种类较多，常用游标卡尺的结构如图 1－4 所示。

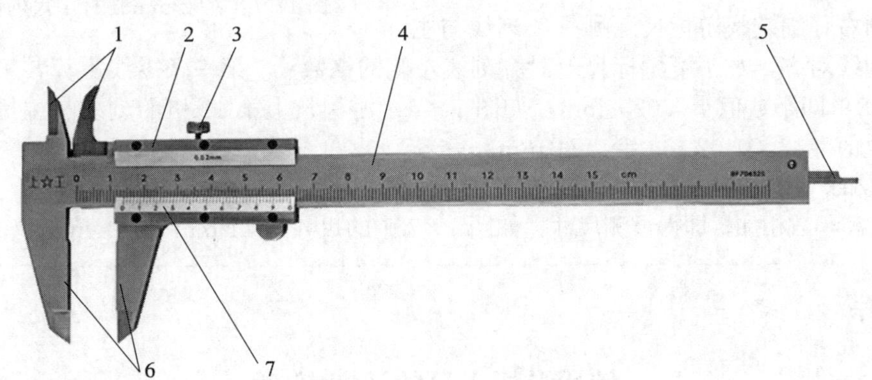

图 1－4 游标卡尺的结构

1—内测量爪 2—尺框 3—制动螺钉 4—主标尺 5—深度尺 6—外测量爪 7—游标尺

游标卡尺的主体是一个刻有刻度的主标尺，其上有测量爪。沿着主标尺可移动的部分称为尺框，并装有游标尺和制动螺钉。有的游标卡尺上还装有微动装置，以便于调节。在主标尺上滑动尺框，可使两测量爪的距离改变，以完成不同尺寸的测量工作。

二、游标卡尺的刻线原理和读数方法

游标卡尺的读数部分由主标尺和游标尺组成，其原理是利用主标尺和游标尺刻线间距之差进行小数部分的读数。游标卡尺按其测量精度不同，有 0.1 mm（1/10）、0.05 mm（1/20）和 0.02 mm（1/50）三种。下面重点介绍 0.05 mm 和 0.02 mm 两种。

1. 0.05 mm 游标卡尺的刻线原理

主标尺上每小格是 1 mm，当两测量爪合拢时，游标尺上的第 20 格刚好与主标尺上的 19 mm 对正，因此，主标尺与游标尺每格之差为 1 mm－0.95 mm＝0.05 mm（19 mm÷20＝0.95 mm），0.05 mm 为游标卡尺的分度值，如图 1－5 所示。

2. 0.02 mm 游标卡尺的刻线原理

主标尺上每小格是 1 mm，当两测量爪合拢时，游标尺上的第 50 格刚好与主标尺上的 49 mm对正，因此，主标尺与游标尺每格之差为 1 mm－0.98 mm＝0.02 mm（49 mm÷50＝0.98 mm），0.02 mm 为游标卡尺的分度值，如图 1－6 所示。

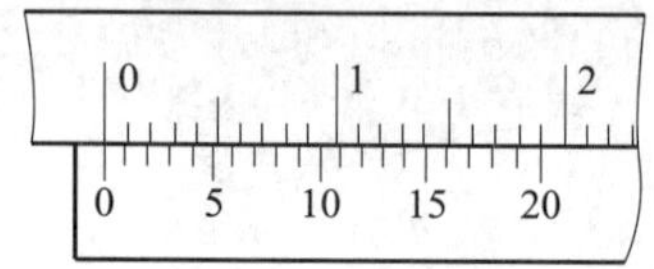

图 1－5　0.05 mm 游标卡尺的刻线原理

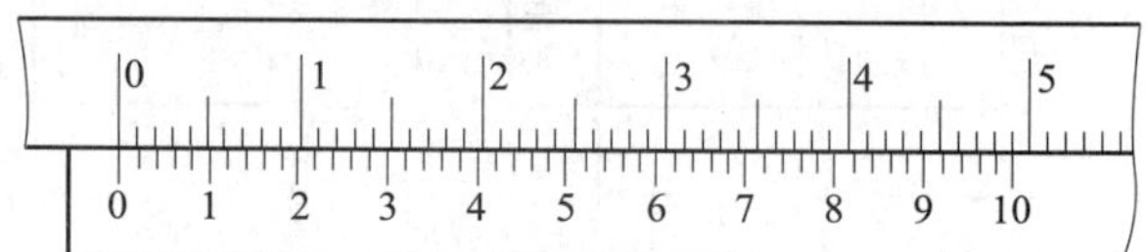

图 1－6　0.02 mm 游标卡尺的刻线原理

3. 游标卡尺的读数方法

下面以 0.02 mm 游标卡尺的读数方法为例来学习游标卡尺的读数方法。

游标卡尺是以游标尺零线为基准进行读数的。

（1）读整数

在主标尺上读出位于游标尺零线左边最大的整数值，单位为 mm，如图 1－7 中主标尺上最大整数为 14 mm。

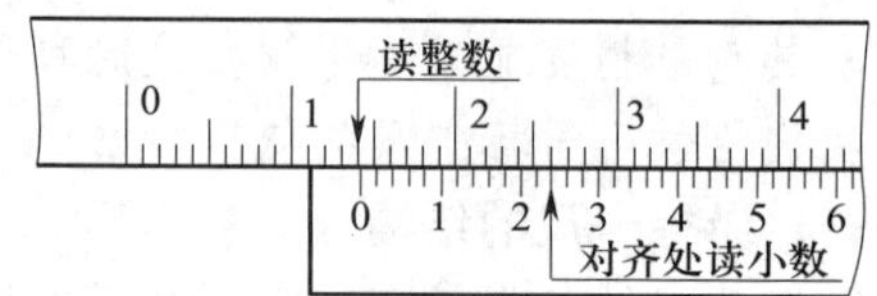

图 1－7　0.02 mm 游标卡尺的读数

（2）读小数

从左到右仔细查找游标尺上哪一条刻线与主标尺上的刻线对齐，数一下游标尺上对齐刻线左侧的格数 n，第一条零线不算，第二条起每格乘以 0.02，即小数值＝0.02n mm，如图 1－7 中游标尺上第 12 格的刻线与主标尺刻线对齐，即小数值＝12×0.02 mm＝0.24 mm。

（3）求和

将整数和小数相加，即得被测尺寸，如图 1－7 中的尺寸为 14 mm＋0.24 mm＝14.24 mm。

重点提示

使用游标卡尺的注意事项

1. 应按工件的尺寸和精度要求选用合适的游标卡尺。不能用游标卡尺测量铸件、锻件的毛坯尺寸，也不能用游标卡尺测量精度要求过高的工件。

2. 使用前要检查游标卡尺测量爪和测量刃口是否平直、无损，两个测量爪合拢后应密不透光，游标尺零线应与主标尺零线对齐。

3. 游标尺在主标尺上滑动要灵活、自如，不能过松或过紧，不能晃动，以免产生测量误差。

4. 测量时，应将被测表面擦拭干净，并应使测量爪轻轻接触零件的被测表面，保持合适的测量力，测量爪位置要摆正，不能歪斜。

5. 读数时，将游标卡尺置于水平位置，视线垂直于刻线表面，避免产生视觉误差。

三、游标卡尺的测量功能

游标卡尺是一种中等精度的量具，可以直接测量出零件的内径、外径、长度、宽度、深度等。测量如图 1－3 所示的零件时可使用游标卡尺，如图 1－8a 所示为用游标卡尺测量外表面，图 1－8b 所示为用游标卡尺测量内表面，图 1－8c 所示为用游标卡尺测量深度。

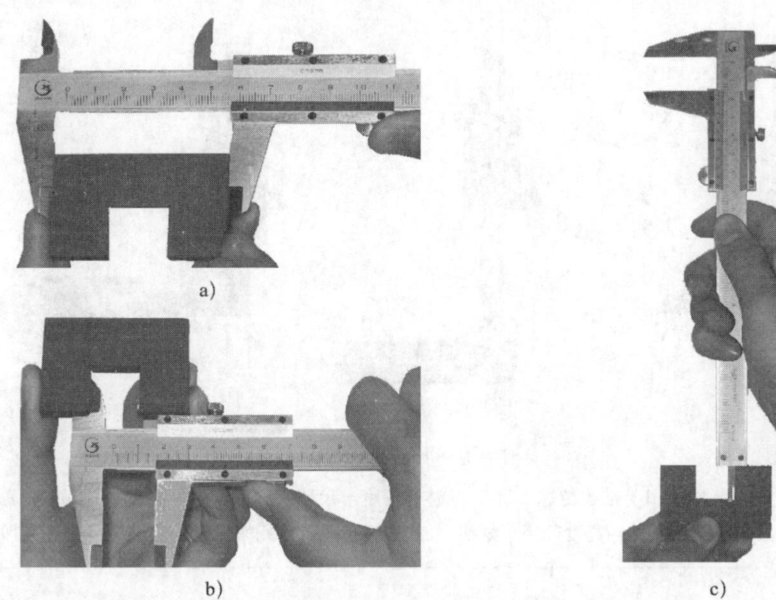

图 1－8 游标卡尺的使用

a）测量外表面 b）测量内表面 c）测量深度

四、游标卡尺的维护与保养

1. 不准把游标卡尺的两个测量爪当扳手或划线工具使用，不准用游标卡尺代替卡钳、卡板等在被测件上推拉，以免磨损后影响测量精度。

2. 对于带深度尺的游标卡尺，用完后应将测量爪合拢；否则，较细的深度尺露在外边容易变形，甚至折断。

3. 测量结束时，要把游标卡尺平放，特别是大尺寸游标卡尺；否则，易引起主标尺弯曲变形。

4. 游标卡尺使用完毕，要擦净并上油，放置在专用盒内，防止弄脏或生锈。

5. 不可用砂布或普通磨料擦除刻度尺表面及测量爪测量面的锈迹和污物。

6. 游标卡尺受损后，不允许用锤子、锉刀等工具自行修理，应交专业的修理部门修理，并经检定合格后才能使用。

7. 对于生产工人及检验员使用的游标卡尺，应建立定期送检制度。

知识链接

其他类型的游标量具

其他类型的游标量具及其用途如图 1－9 所示。

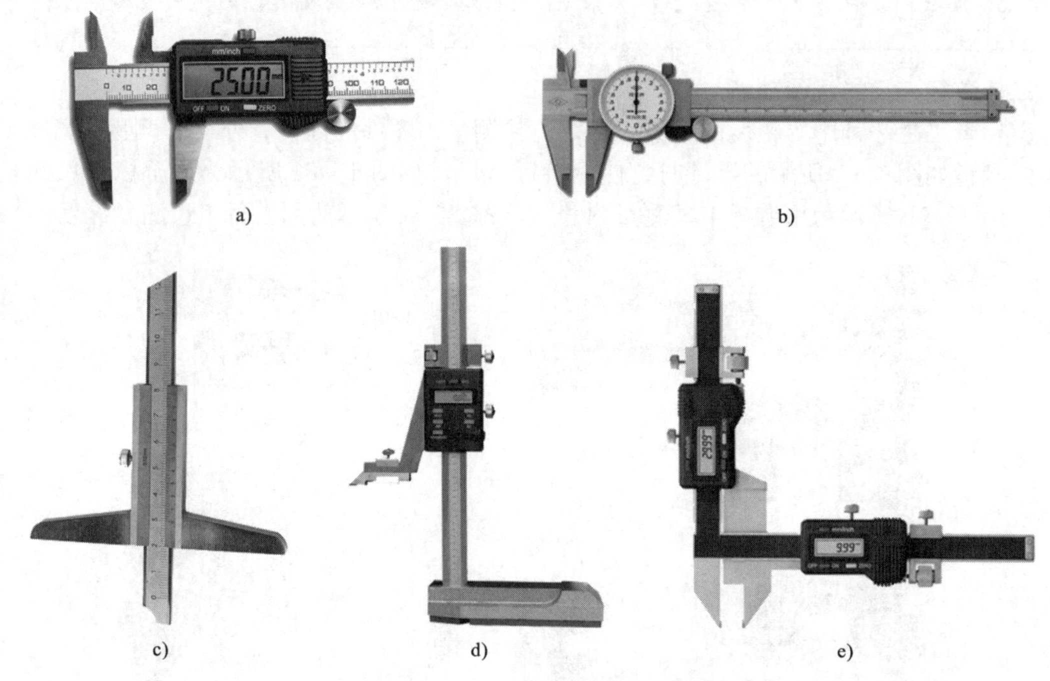

图 1－9　其他类型的游标量具及其用途

a）数显游标卡尺　b）带表游标卡尺　c）游标深度卡尺用来测量台阶的高度、孔深和槽深

d）游标高度卡尺用来测量零件的高度或用于划线　e）数显齿厚卡尺用来测量齿轮或蜗杆的弦齿厚和弦齿高

练一练

1. 判断如图 1－10a、b 所示的测量方法中测得工件的尺寸值是否正确并说明理由。
2. 读出如图 1－11 所示的 0.05 mm 游标卡尺所表示的读数。

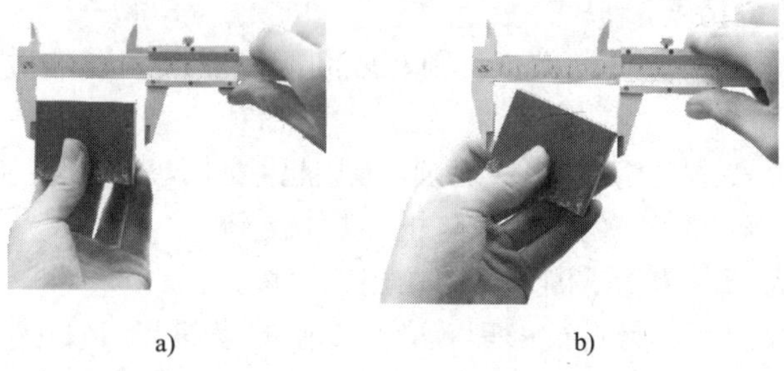

图 1－10　判断测量方法的正误

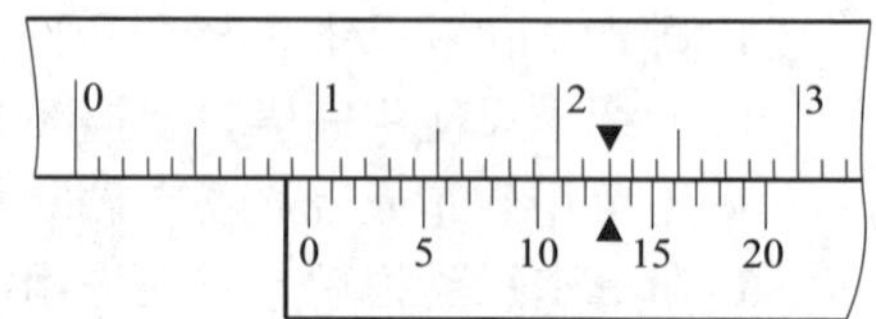

图 1－11　读游标卡尺的读数

§1-3　常用长度量具之二——千分尺

用游标卡尺能不能测量出图 1-12 所示 L 形板的尺寸呢？

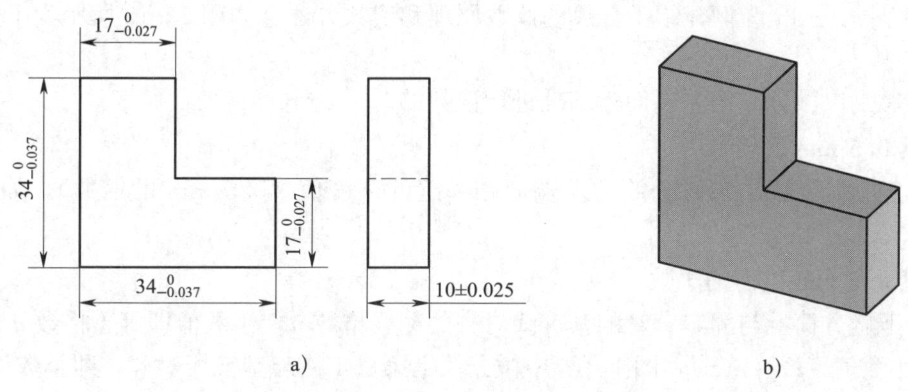

图 1-12　L 形板的测量

大家是不是注意到图中的一些尺寸与图 1-3 不同，例如，数字 $17^{\ 0}_{-0.027}$ mm 表示什么呢？这种尺寸表示如果实际测量的尺寸在 16.973～17 mm 之间，那么这个尺寸就合格。对于这样精度要求的尺寸，显然 0.05 mm 和 0.02 mm 两种游标卡尺已经不能满足其测量要求了，这里就需要采用另一种长度量具——千分尺。本节中我们将学习千分尺的使用方法。

一、千分尺的结构

千分尺是利用螺旋副的运动原理进行测量和读数的一种测微量具，是一种精密量具，其测量精度比游标卡尺高，应用广泛。如图 1-13 所示为千分尺的结构，它由尺架、测微装置、测力装置和锁紧装置等组成。

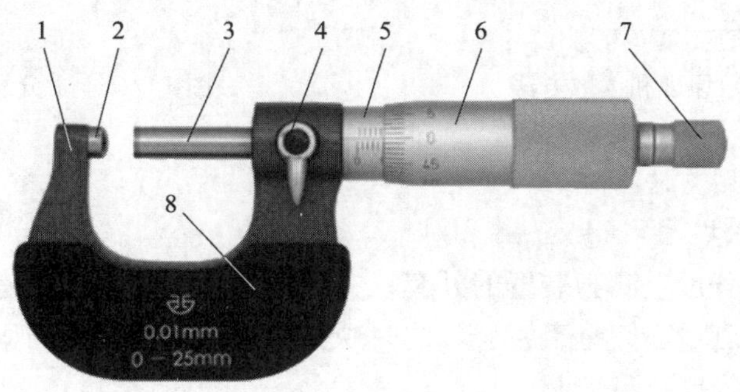

图 1-13　千分尺的结构

1—尺架　2—固定测砧　3—测微螺杆　4—锁紧装置

5—固定套管　6—微分筒　7—测力装置　8—隔热装置

二、千分尺的读数原理和读数方法

在千分尺的固定套管上刻有轴向中线，作为微分筒读数的基准线。在中线的两侧刻有两排刻线，每排刻线间距为 1 mm，上下两排相互错开 0.5 mm，如图 1－14 所示。测微螺杆的螺距为 0.5 mm，微分筒的外圆周上刻有 50 等份的刻线。当微分筒转一周时，螺杆轴向移动 0.5 mm，则微分筒转过一格时，微分筒（螺杆）轴向移动的距离为0.5 mm/50=0.01 mm，即千分尺的分度值 i 为 0.01 mm。因此，用千分尺读小数值等于用转过的格数 n 乘以分度值 i，即小数值$=ni$。

下面以图 1－14 为例介绍千分尺的读数原理和读数方法。如图 1－15 所示为千分尺读数练习。

千分尺是以微分筒的左端面为基准进行读数的。

1. 读 0.5 mm 的倍数

在固定套管上读出与微分筒的左端面相邻近的刻度值（0.5 mm 的倍数），如图 1－14 中的（5＋0.5）mm。

2. 读 0.5 mm 以下的小数

数一下微分筒上与固定套管的基准线对齐的刻线格数 n，小数值即等于格数 n 乘以分度值 i，即小数值$=ni$（mm），图 1－14 中微分筒上第 9.1 格与基准线对齐，即小数值＝9.1×0.01 mm＝0.091 mm。

3. 求和

将 0.5 mm 的倍数与 0.5 mm 以下的小数相加，即得被测尺寸，最后尺寸为 5.5 mm＋0.091 mm＝5.591 mm。

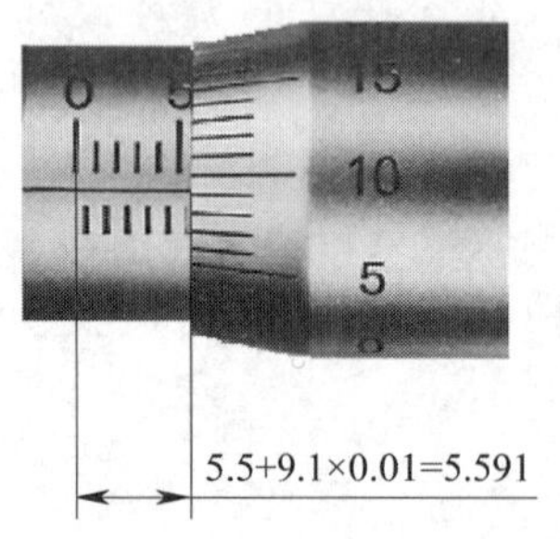

图 1－14　千分尺的读数原理和读数方法

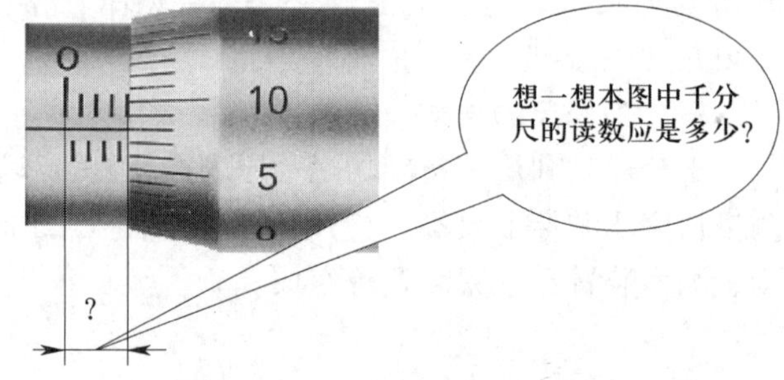

图 1－15　千分尺读数练习

三、千分尺的使用方法

1. 调整零位的方法

测量前，转动千分尺上测力装置的外套，在棘轮作用下带动测微螺杆沿轴向移动，使两个测量面合拢，检查测量面间是否密合，同时观察微分筒上的零线与固定套管的基准线是否对齐，如有零位偏差，应进行调整。

调整零位的方法如下：

（1）使固定测砧与测微螺杆的测量面合拢。

（2）利用锁紧装置将测微螺杆锁紧，旋松固定套管的紧固螺钉。

(3) 用专用扳手插入固定套管的小孔中，转动固定套管，使其基准线对准微分筒上的零线。

(4) 拧紧紧固螺钉。

2. 使用方法

千分尺的正确使用方法如图 1-16 所示，测量时先用手转动千分尺的微分筒，当测微螺杆的测量面接近零件被测表面时，再转动测力装置上的棘轮，使测微螺杆的测量面接触零件表面，听到 2～3 次“咔咔”声后即停止转动，此时已得到合适的测量力，可读取数值。不可用手猛力转动微分筒，如果测量力过大，则会影响测量精度，严重时还会损坏螺纹传动副。

如图 1-16a 所示为双手测量法，图 1-16b 所示为单手测量法。

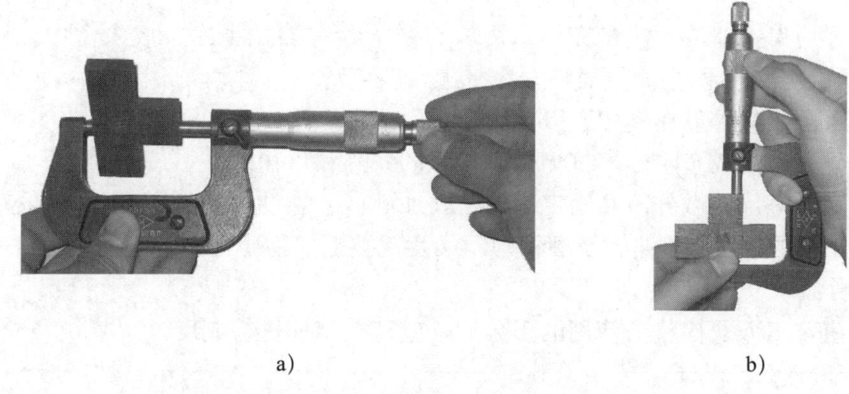

a)　　　　b)

图 1-16　千分尺的正确使用方法

重点提示

使用千分尺的注意事项

使用时，应先将被测零件表面擦拭干净，千分尺测微螺杆的轴线应垂直于零件被测表面。读数时最好不从零件上取下千分尺，如需取下读数时，应先锁紧测微螺杆，然后再轻轻取下千分尺，以防止尺寸变动产生测量误差。读数要细心，看清刻度，特别要注意分清整数部分和 0.5 mm 的刻线。

四、千分尺的特点、测量范围和精度

千分尺使用方便，读数准确，其测量精度比游标卡尺高，在生产中使用广泛，但千分尺的螺纹传动间隙和传动副的磨损会影响测量精度，因此主要用于测量中等精度的零件。

千分尺的测量范围在 500 mm 以内时，每 25 mm 为一档，如 0～25 mm、25～50 mm 等；测量范围在 500～1 000 mm 时，每 100 mm 为一档，如 500～600 mm、600～700 mm 等；测量范围最大的可达 2 500～3 000 mm。

千分尺按制造精度不同分为 0 级、1 级和 2 级，其各精度参考适用范围见表 1-1。

表 1-1　千分尺精度参考适用范围

级别	适用范围
0 级	IT16～ IT6
1 级	IT16 ～IT7
2 级	IT16 ～IT8

五、千分尺的维护与保养

1. 不能用千分尺测量零件的粗糙表面，也不能用千分尺测量正在旋转的零件。

2. 千分尺要轻拿轻放，不要摔碰。如遇到撞击，应立即进行检查，必要时送计量部门检修。

3. 千分尺应保持清洁。测量完毕，用软布或棉纱等擦拭干净，放入盒中。长期不用应涂防锈油。要注意勿使两个测量面贴合在一起，以免锈蚀。

4. 大型千分尺应平放在盒中，以免变形。

5. 不允许用砂布或金刚砂擦拭测微螺杆上的锈迹和污物。

6. 不能在千分尺的微分筒和固定套管之间加酒精、煤油、柴油、凡士林和普通机油等；不允许把千分尺浸泡在上述油类及酒精中。如发现被上述物质污染，要用汽油洗净，再涂以特种轻质润滑油。

7. 对于生产工人及检验员使用的千分尺，应建立定期送检制度。

知识链接

其他类型的千分尺

其他类型的千分尺及其用途如图 1-17 所示。

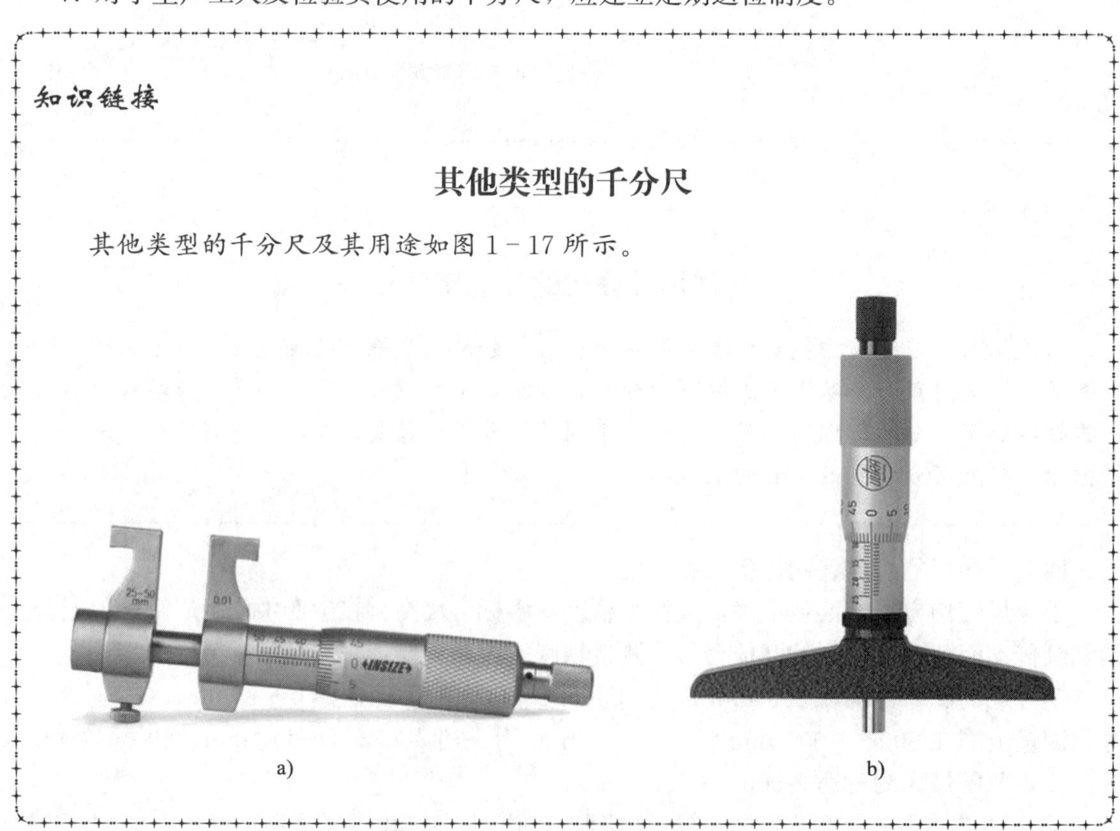

a)　　b)

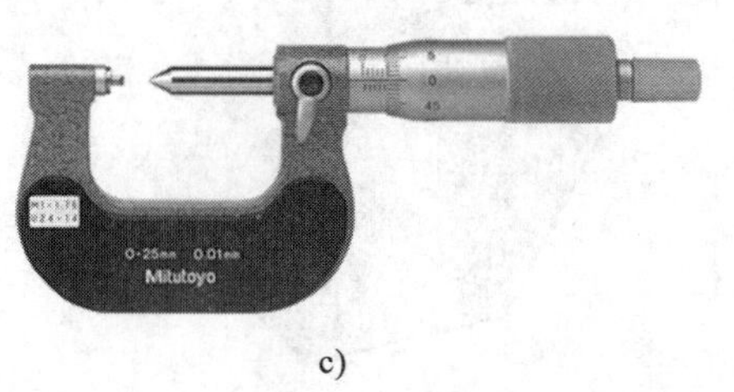

c)

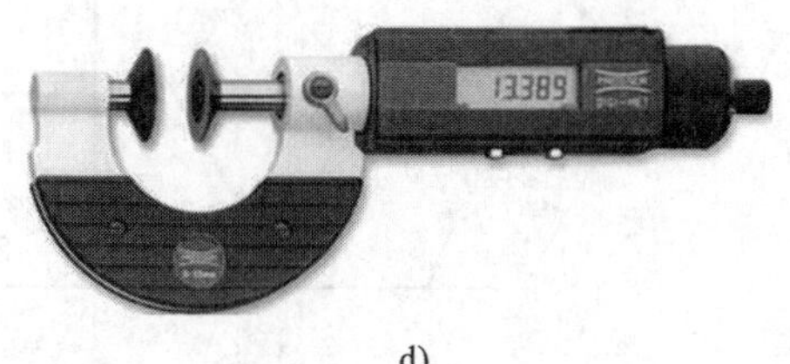

d)

图 1－17　其他类型的千分尺及其用途

a）内径千分尺用来测量内径及槽宽等尺寸，其刻线方向与千分尺的刻线方向相反
b）深度千分尺用于测量孔和沟槽的深度及两平面间的距离　c）螺纹千分尺主要用于测量螺纹的中径
d）公法线千分尺用于测量齿轮的公法线长度

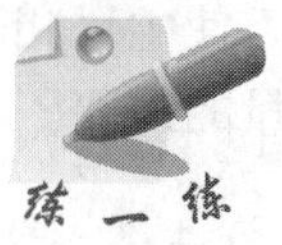

练一练　读出如图 1－18 所示的尺寸值。

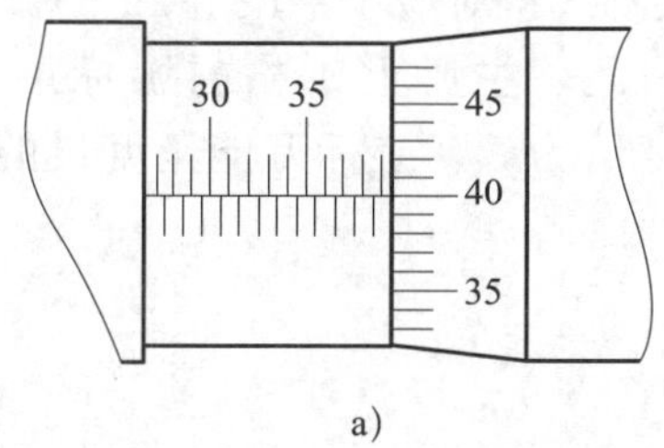

a)

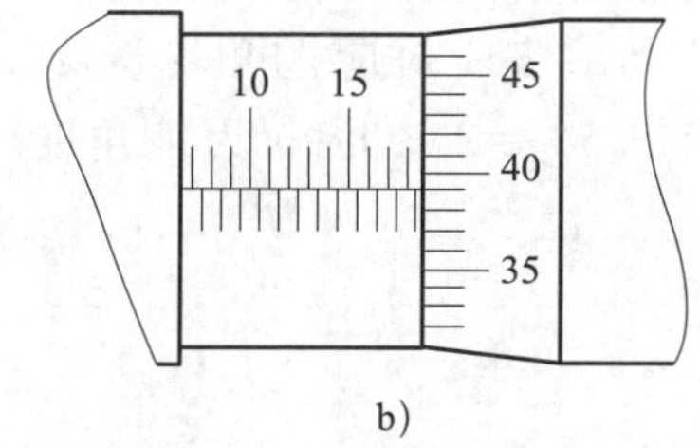

b)

图 1－18　千分尺读数练习

§1－4　游标万能角度尺

想一想　如何测量如图 1－19 所示正六棱柱的角度呢？

在机械工程中经常遇到如图 1－19 所示测量零件角度的问题，下面我们就来学习角度量具——游标万能角度尺。

游标万能角度尺是用来测量零件内、外角度的量具。按其游标尺分度值不同可分为 2′和 5′两种；按其主尺的形状不同可分为圆形和扇形两种。在本节中仅介绍分度值为 2′的扇形游标万能角度尺的结构、刻线原理、读数方法和测量范围。

一、游标万能角度尺的结构

如图 1－20 所示，游标万能角度尺由主尺、直角尺、游标尺、制动器、直尺、卡块、基尺等组成。游标尺固定在扇形板上，基尺固定在主尺上。扇形板可以与主尺做相对回转运动，形成与游标卡尺相似的读数机构。直角尺用卡块固定在扇形板上，直尺可用卡块固定在

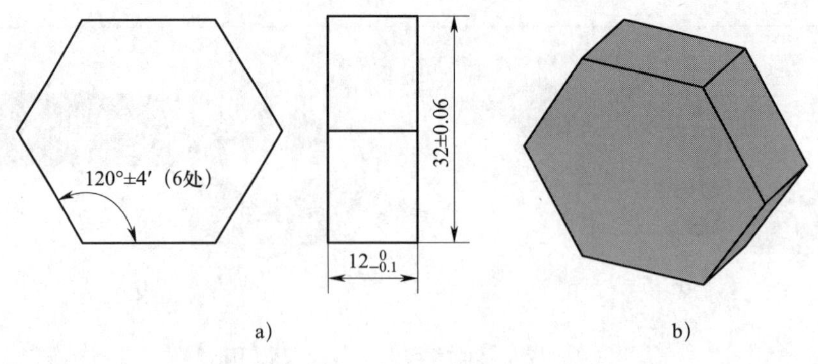

图 1-19　正六棱柱

直角尺上。根据所测角度的需要，也可拆下直角尺，将直尺直接固定在扇形板上，制动器可将扇形板和主尺锁紧，以便于读数。

测量时，可转动游标万能角度尺背面的捏手，通过小齿轮带动扇形齿轮转动，使主尺相对扇形板转动，从而改变基尺与直角尺或直尺间的夹角，以满足各种不同情况测量的需要。

二、游标万能角度尺的刻线原理和读数方法

游标万能角度尺的主尺刻线每格为 1°，游标尺刻线将对应于主尺上 29°的弧长等分为 30 格，即游标尺上每格所对应的角度为 29°/30，因此，主尺上 1 格与游标尺上 1 格相差 1°－29°/30＝1°－58′＝2′，即游标万能角度尺的分度值为 2′，游标万能角度尺的刻线原理如图 1-21 所示。

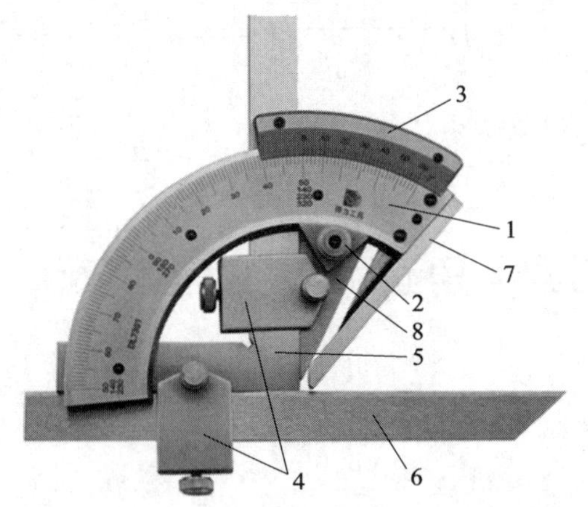

图 1-20　游标万能角度尺

1—主尺　2—制动器　3—游标尺　4—卡块　5—直角尺　6—直尺　7—基尺　8—扇形板

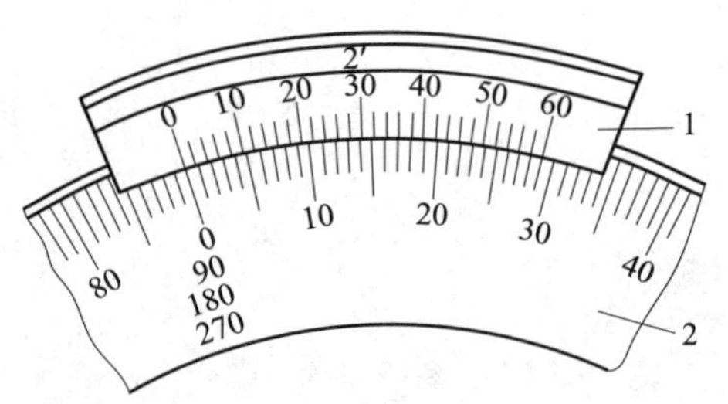

图 1-21　游标万能角度尺的刻线原理

1—游标尺　2—主尺

游标万能角度尺的读数方法如下：

1. 读“度”数值

从主尺上读出靠近游标尺零刻度线左边的整度数值。如图 1-22a 所示，游标尺上的零刻度线落在主尺上 1°～2°之间，因而该被测角度“度”的数值为 1°。

2. 读“分”数值

判断游标尺上的第几格刻线与主尺上的刻线对齐，将格数与分度值相乘，即为角度

“分”的数值。在图 1－22a 中，游标尺上第八格的刻线与主尺上的某一刻线对齐，因而被测角度中“分”的数值为 $8\times2'=16'$。

3. 求和

将“度”的数值和“分”的数值相加，即为被测角度的数值，所以图 1－22a 中的被测角度数值为 1°16′。

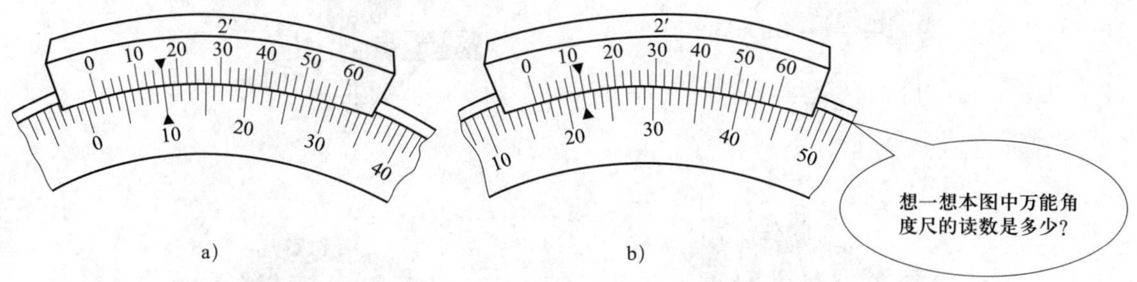

图 1－22　游标万能角度尺的读数方法

三、游标万能角度尺的测量范围和方法

由于直角尺和直尺可以移动及拆换，因而游标万能角度尺有Ⅰ型和Ⅱ型两种，其测量范围分别为 0°～320°和 0°～360°。

Ⅰ型游标万能角度尺的测量范围和方法如图 1－23 所示。主尺上有四排刻线，读数时，测量0°～50°角时（见图 1－23a），用主尺上第一排刻线读数；测量 50°～140°角时（见图 1－23b），用主尺上第二排刻线读数；测量 140°～230°角时（见图 1－23c），用主尺上第三排刻线读数；测量 230°～320°角时（见图 1－23d），用主尺上第四排刻线读数。

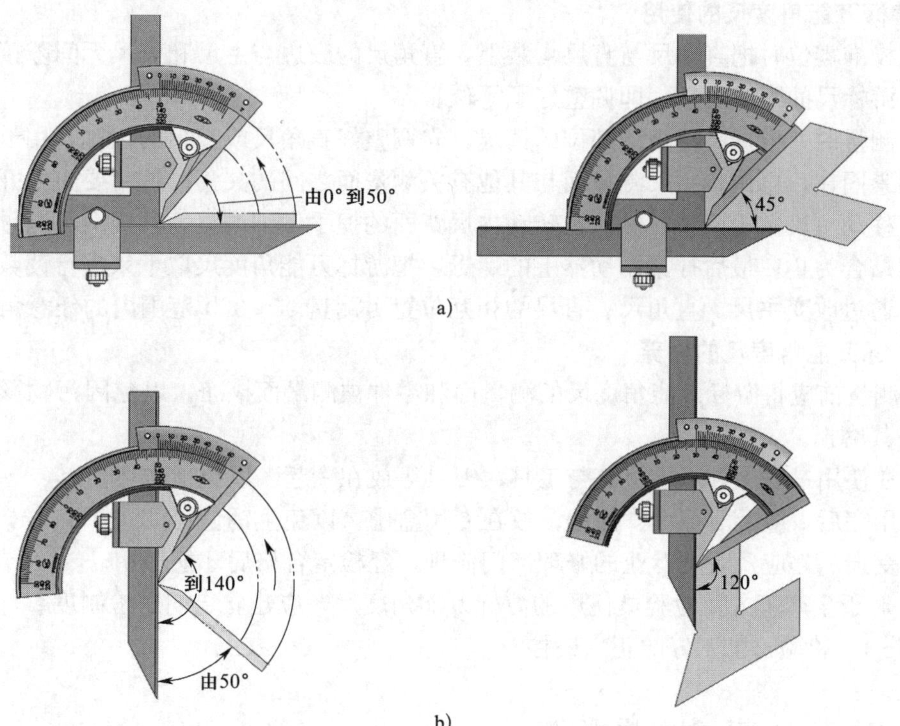

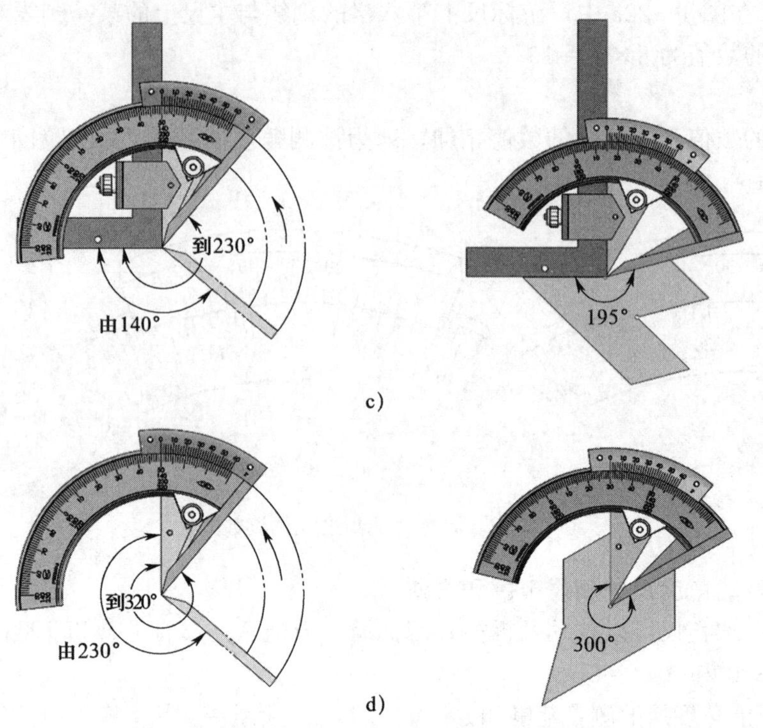

图 1-23　Ⅰ型游标万能角度尺的测量范围和方法

a) 测量 0°～50°角　b) 测量 50°～140°角　c) 测量 140°～230°角　d) 测量 230°～320°角

四、游标万能角度尺的使用与保养

1. 游标万能角度尺的使用

(1) 校准零位时把直角尺与直尺均装上，直角尺的底边与主尺和直尺无间隙接触，此时若主尺与游标尺的零线对准，即调整好了零位。

(2) 测量时，根据零件被测部位的情况，先调整好直角尺或直尺的位置，用卡块上的螺钉把它们紧固住，再调整主尺测量面与其他有关测量面之间的夹角。这时要先松开制动器上的螺母，移动主尺做粗调整；然后再转动主尺背面的捏手做细调整，直到两个测量面与被测表面密切贴合为止；最后拧紧制动器上的螺母，把游标万能角度尺取下来进行读数。

(3) 通过改变主尺、直角尺、直尺的相互位置可测量 0°～320°范围内的任意角度。

2. 游标万能角度尺的保养

(1) 测量前应将游标万能角度尺的测量面和零件被测量面擦净，以免因污物影响测量精度并加快其磨损。

(2) 在使用过程中，不要将其与工具、刀具等放在一起，以免被碰坏。

(3) 用完后，应及时擦净、涂油，放在专用盒中，以免生锈。

(4) 受损后，应及时交专业的修理部门修理，经检定合格后才能使用。

(5) 对于生产工人及检验员使用的游标万能角度尺，应建立定期送检制度。

例 1-1　检验已加工好的正六棱柱。

方法一：

(1) 将加工好的正六棱柱擦拭干净。

（2）将游标万能角度尺的测量值调整到 120°，对零件进行测量，这种方法不能确定被测角度的实际值，只能检测存在的误差界限。

（3）通过光隙法检查相邻两面间的角度值是否准确。

方法二：

直接利用游标万能角度尺读出实际角度值，检查角度是否符合加工要求。

练一练　请读出如图 1－24 所示的角度值（分度值为 2′）。

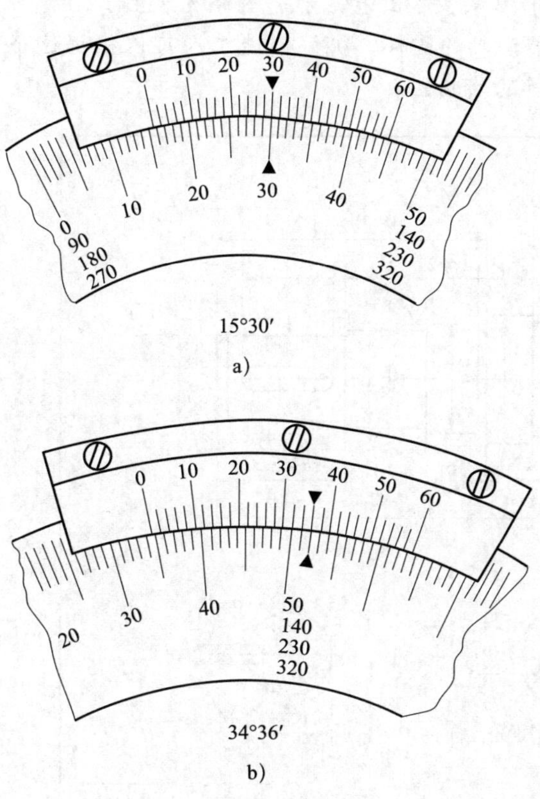

图 1－24　读角度值练习

课题二　图样基本知识

在机械加工中，人们希望找到一种比立体实物更好的表达零件的方法，能够把零件的形状特征和加工要求用一张图纸表达出来，于是图样就产生了。

如图 2－1a 所示为传动轴的图样，机械制造工人可以根据这个图样加工出相应的零件，如图 2－1b 所示为传动轴的实物图。

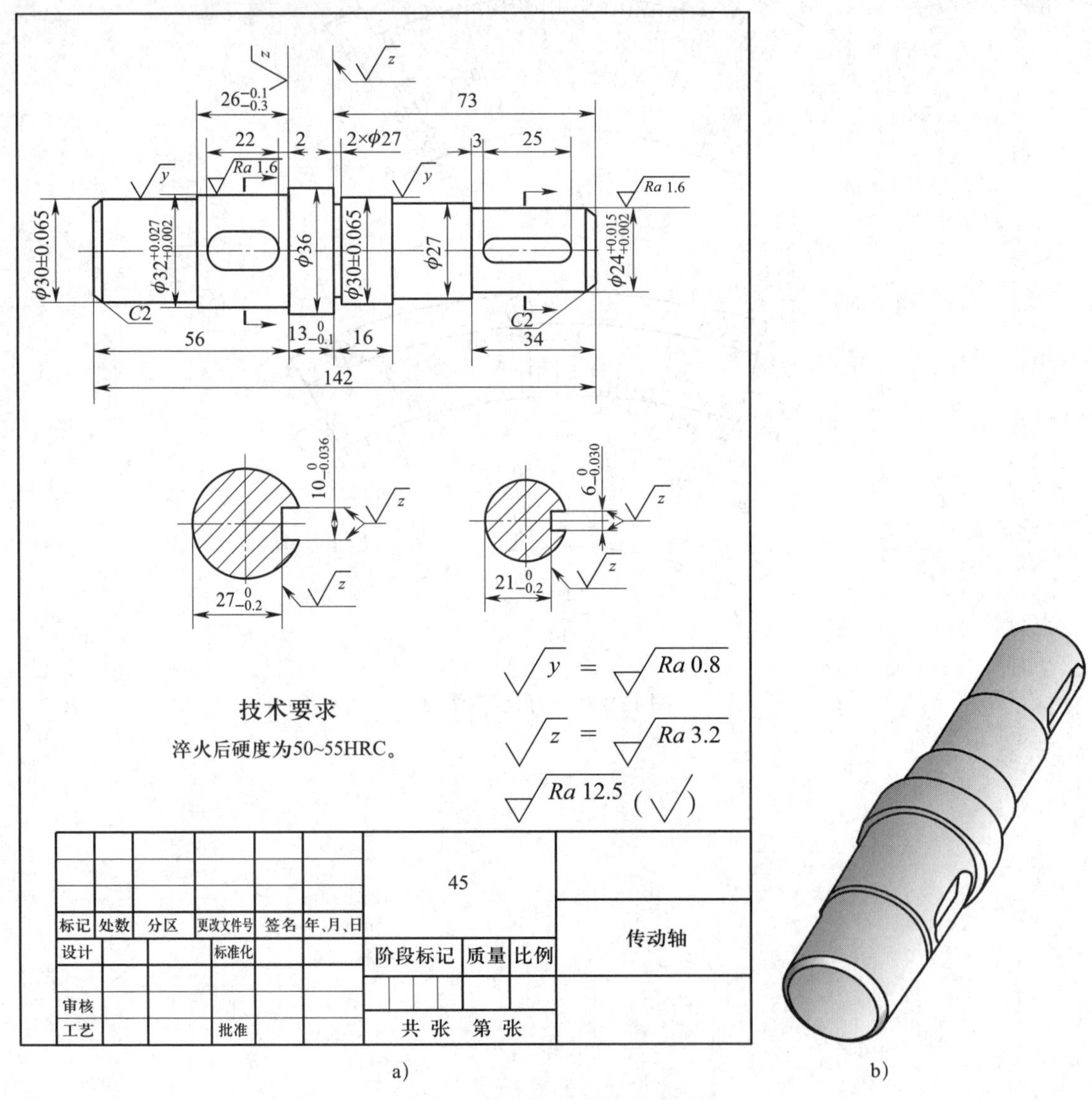

图 2－1　传动轴的图样及其实物

图样是根据投影原理、标准或有关规定，表示工程对象并有必要的技术要求的图。它把立体的机械结构表达为平面的图形，是交流技术思想的一种工程语言。为了便于技术管理、国内和国际间的技术交流及贸易往来，中华人民共和国国家质量监督检验检疫总局和中国国家标准化管理委员会联合发布了《技术制图》和《机械制图》国家标准，内容包括图纸幅面和格式、比例、字体、图线、尺寸标注等。本课题我们就来一起学习图样的基本规定。

§2－1　认识制图的基本规定

一、图纸幅面和格式（GB/T 14689 — 2008）

图纸幅面和格式由国家标准《技术制图　图纸幅面和格式》（GB/T 14689 — 2008）规定。

GB/T 14689 — 2008 的含义："GB/T"是推荐性国家标准的代号，它是汉字"国家标准推荐性"的缩写，可简称为"国标"；"14689"为标准的批准顺序号；"2008"表示该标准颁布的年号。

1. 图纸幅面

图纸幅面是指图纸宽度与长度组成的图面。优先使用基本幅面。基本幅面有五种，幅面和图框格式见表 2－1。

表 2－1　幅面和图框格式　mm

幅面代号	A0	A1	A2	A3	A4
B*×*L	841×1 189	594×841	420×594	297×420	210×297
e	20		10		
c	10			5	
a	25				

注：*a*、*c*、*e* 为留边宽度，如图 2－3、图 2－4 所示。

各种幅面尺寸的关系如图 2－2 所示。

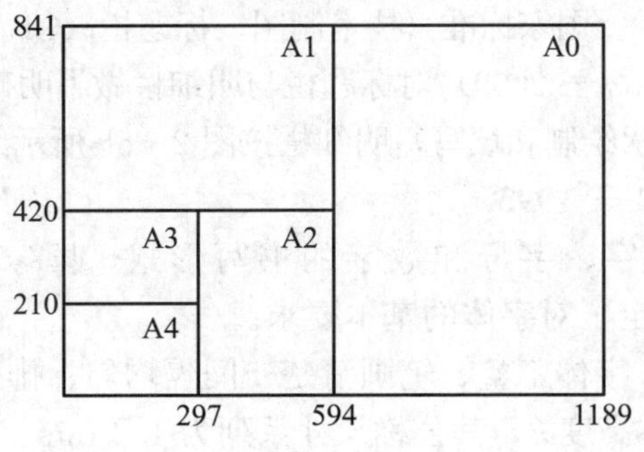

图 2－2　幅面尺寸的关系

绘图时并不是以整个图纸幅面为边界，而是规定了一个限定绘图区域的线框，即图框，如图 2－1a 所示的零件图样上沿图幅边界画的粗实线的线框就是图框。图框分为不留装订边（见图 2－3）和留有装订边（见图 2－4）两种格式。同一产品中所有图样只能采用同一种格式。

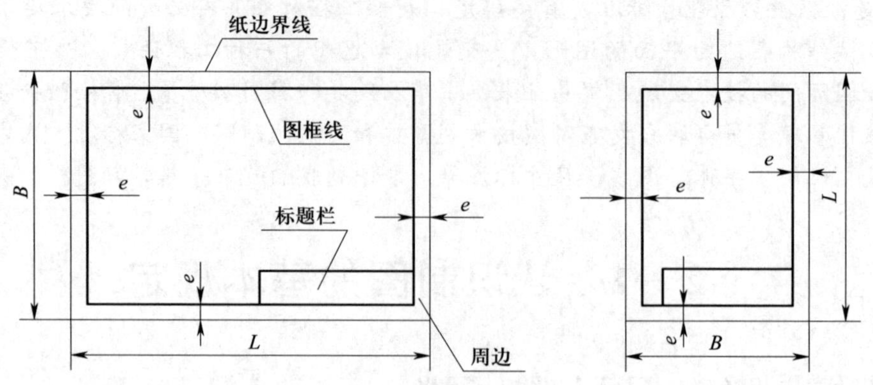

图 2-3　无装订边的图纸格式

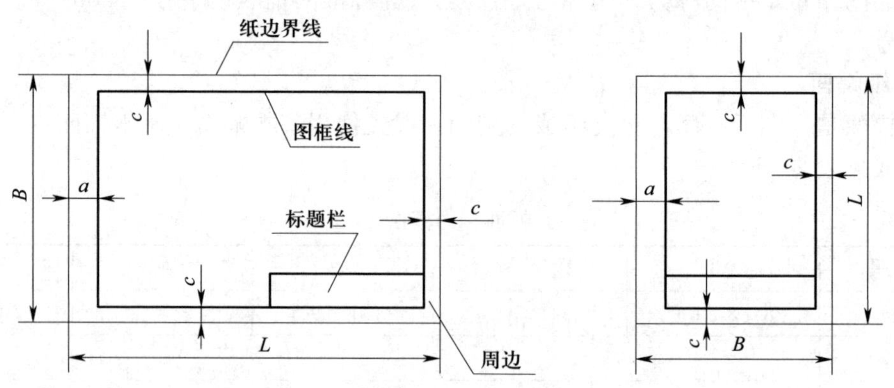

图 2-4　有装订边的图纸格式

2. 标题栏（GB/T 10609.1 — 2008）和明细栏（GB/T 10609.2 — 2009）

每张图纸上都必须画出标题栏，装配图上还必须有明细栏。标题栏一般应位于图纸的右下角，如图 2-3、图 2-4 所示。国家标准《技术制图　标题栏》(GB/T 10609.1 — 2008)、《技术制图　明细栏》(GB/T 10609.2 — 2009）对标题栏与明细栏做了明确的规定，其格式如图 2-5 所示。标题栏按图 2-5a 所示绘制和填写，明细栏按图 2-5b 所示绘制和填写。

二、字体（GB/T 14691 — 1993）

字体是指图样中的文字、字母和数字的书写形式，国家标准《技术制图　字体》（GB/T 14691 — 1993）规定了对字体的基本要求。

1. 书写字体必须做到：字体工整、笔画清楚、间隔均匀、排列整齐。

2. 字体的号数，即字体高度 h，其公称尺寸系列为 1.8 mm、2.5 mm、3.5 mm、5 mm、7 mm、10 mm、14 mm 和 20 mm。

3. 汉字应写成长仿宋体字，并采用国家正式公布推行的简化字。汉字的高度 h 应不小于 3.5 mm，其字宽一般为 $h/\sqrt{2}$（约 0.7 h）。

汉字书写的要点在于横平竖直，注意起落，结构均匀，其示例如图 2-6 所示。

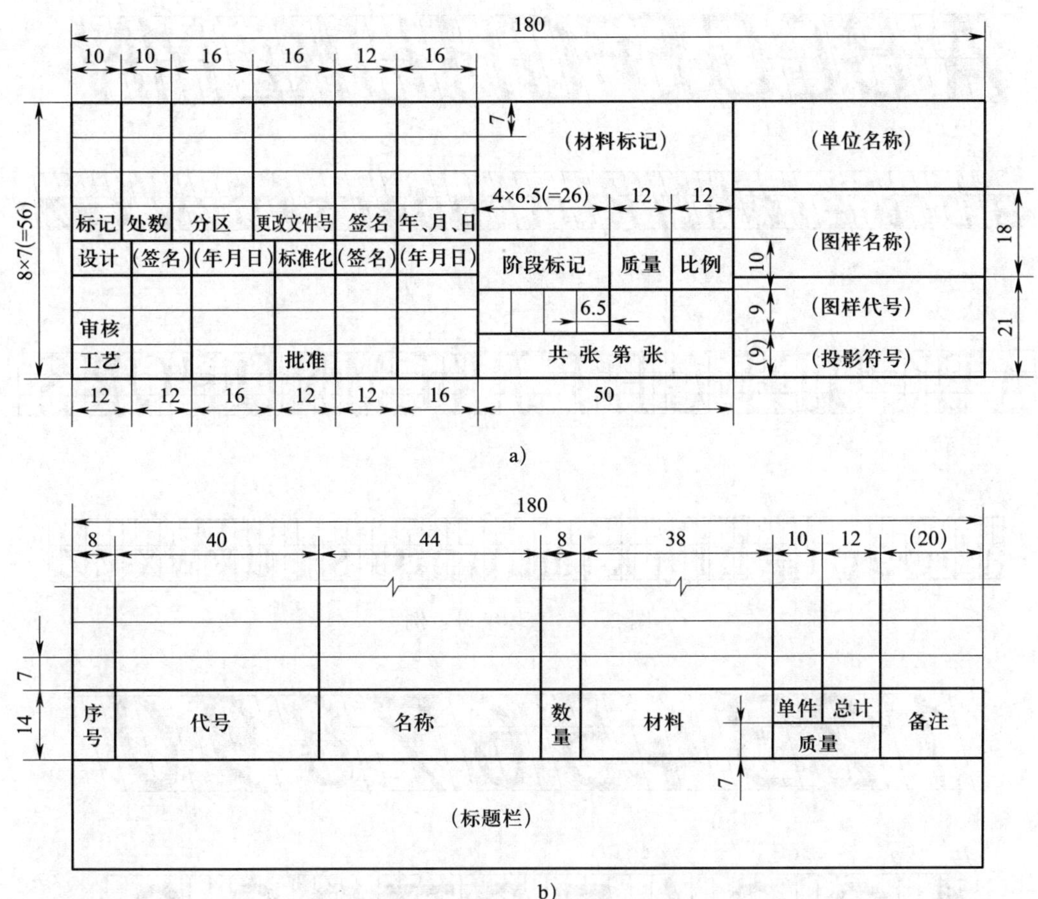

图 2－5　标题栏与明细栏的格式

a）标题栏的格式　b）明细栏的格式

字体工整　笔画清楚　间隔均匀　排列整齐

横平竖直　注意起落　结构均匀　填满方格

技术制图机械电子汽车航空船舶土木建筑矿山井坑港口纺织服装

图 2－6　汉字示例

4. 字母和数字分为 A 型和 B 型两种。A 型字体的笔画宽度为字高的 1/14，B 型字体的笔画宽度为字高的 1/10。在同一图样上只允许选用一种形式的字体。字母和数字可写成斜体或直体，但全图要统一。斜体字字头向右倾斜，与水平基准线成 75°，斜体字母示例如图 2－7 所示，直体字母示例如图 2－8 所示，数字示例如图 2－9 所示。

5. 用作指数、分数、极限偏差、注脚等的数字及字母应采用小一号的字体。其他应用示例如图 2－10 所示。

ABCDEFGHIJKLMN

abcdefghijklmnopqrstuvwxyz

图 2-7 斜体字母示例

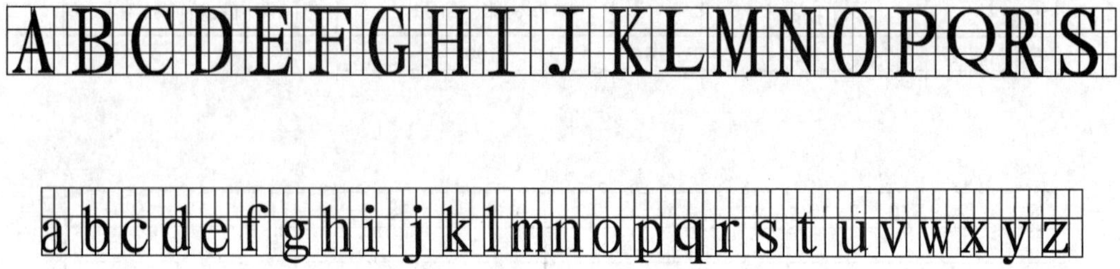

ABCDEFGHIJKLMNOPQRS

abcdefghijklmnopqrstuvwxyz

图 2-8 直体字母示例

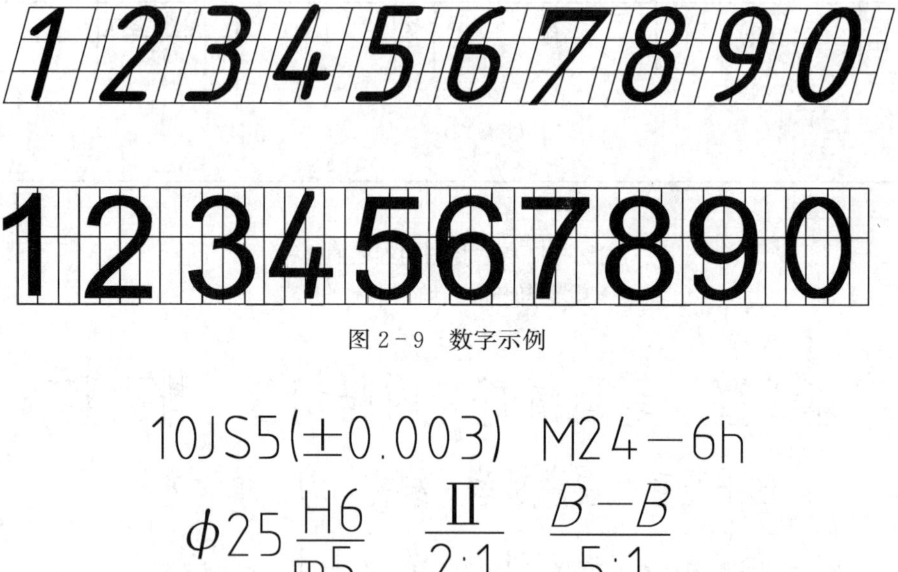

1234567890

1234567890

图 2-9 数字示例

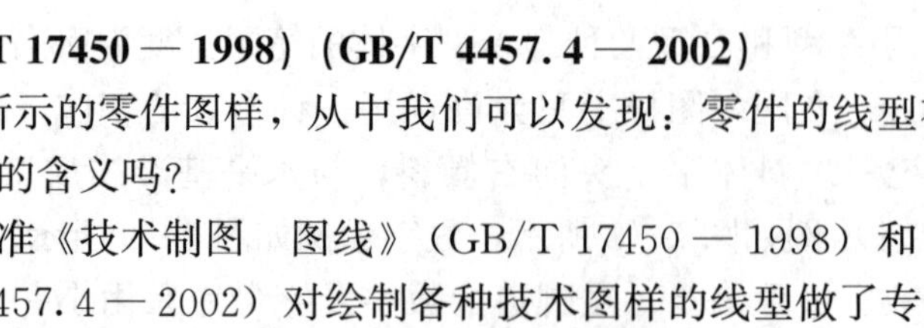

10JS5(±0.003) M24−6h

$\phi 25\frac{H6}{m5}$ $\frac{\mathrm{II}}{2:1}$ $\frac{B-B}{5:1}$

图 2-10 其他应用示例

三、图线（GB/T 17450 — 1998）（GB/T 4457.4 — 2002）

观察如图 2-1 所示的零件图样，从中我们可以发现：零件的线型有粗有细。难道这些不同线型有什么特别的含义吗？

实际上，国家标准《技术制图　图线》（GB/T 17450 — 1998）和《机械制图　图样画法　图线》（GB/T 4457.4 — 2002）对绘制各种技术图样的线型做了专门规定。绘制图样时应采用国家标准规定的图线形式和画法。在机械制图中常用基本线型及其应用见表 2-2。

表 2-2　　基本线型及其应用

图线名称	图线形式	图线宽度	一般应用
粗实线	————	d（0.5～2 mm）	可见棱边线；可见轮廓线；螺纹牙顶线；螺纹长度终止线；齿顶圆（线）；模样分型线；剖切符号用线
细实线	————	$d/2$	尺寸线；尺寸界线；剖面线；重合断面的轮廓线；螺纹牙底线；齿轮的齿根线；过渡线；表示平面的对角线；范围线及分界线；零件成形前的弯折线；辅助线；不连续同一表面连线；成规律分布的相同要素连线；网格线；指引线和基准线；短中心线；投影线
波浪线	～～～～	$d/2$	断裂处边界线；视图与剖视图的分界线
双折线	—\/—\/—	$d/2$	断裂处边界线；视图与剖视图的分界线
细虚线	‐ ‐ ‐ ‐ ‐ ‐	$d/2$	不可见轮廓线；不可见棱边线
粗虚线	— — — —	d	允许表面处理的表示线
细点画线	——·——·——	$d/2$	轴线；对称中心线；分度圆（线）；孔系分布的中心线；剖切线
粗点画线	——·——·——	d	限定范围表示线
细双点画线	——··——··——	$d/2$	相邻辅助零件的轮廓线；可动零件的极限位置的轮廓线；成形前轮廓线；毛坯图中制成品的轮廓线；剖切面前的结构轮廓线；工艺用结构的轮廓线；中断线；轨迹线；特定区域线；延伸公差带表示线

说明

图线的宽度 d 应根据图样的大小和复杂程度，在下列数系中选择：0.13 mm、0.18 mm、0.25 mm、0.35 mm、0.5 mm、0.7 mm、1 mm、1.4 mm 和 2 mm。

在机械图样上，图线一般只有两种宽度，分别称为粗线和细线，其宽度之比为 2∶1。在通常情况下，粗线的宽度采用 0.5 mm 或 0.7 mm，细线的宽度采用 0.25 mm 或 0.35 mm。

在同一图样中，同类图线的宽度应一致。

练一练　如图 2-11 所示的零件图样中出现了各种线型，请分析它们的类型和应用。

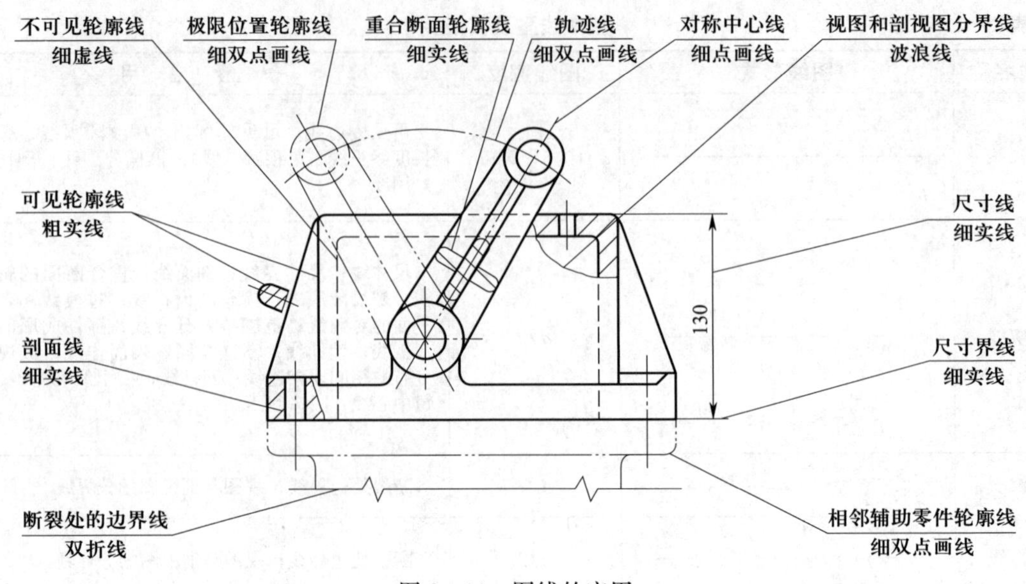

图 2－11　图线的应用

四、比例（GB/T 14690 — 1993）

日常生活中，我们常见的地图版图都是缩小画出的，而细胞结构图都是放大画出的。由此看来采用适当的比例可以更合理地表达实物的形状。

比例是指图中图形与其实物相应要素的线性尺寸之比。比例分为原值比例（比值为1∶1的比例）、放大比例（比值大于 1 的比例，如 2∶1 等）以及缩小比例（比值小于 1 的比例，如 1∶2 等）三种。

如图 2－12 所示为同一物体采用不同比例绘制的图形。

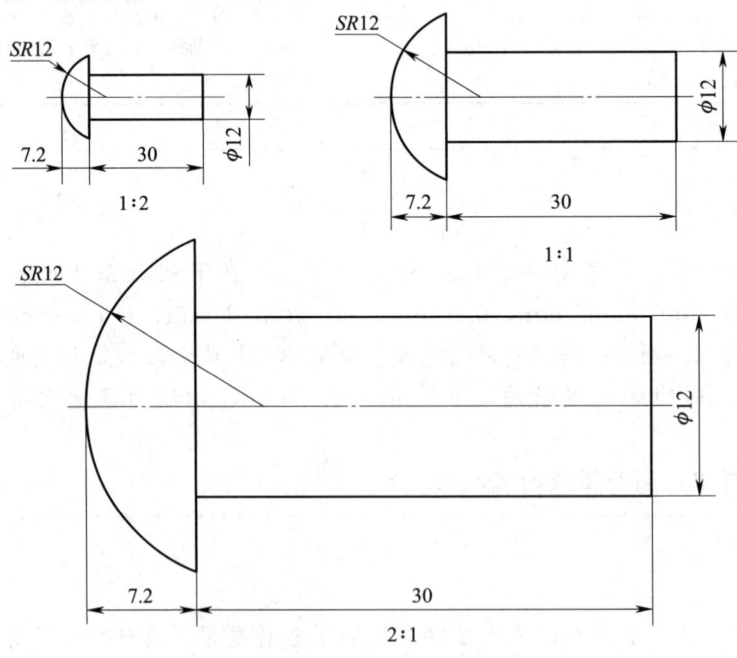

图 2－12　采用不同比例绘制的图形

1. 比例系列

绘制图样时，应优先选用常用绘图比例，见表 2-3。

表 2-3　　　　常用绘图比例

种类	比例		
原值比例		1∶1	
放大比例	5∶1 5×10^n∶1	2∶1 2×10^n∶1	 1×10^n∶1
缩小比例	1∶2 1∶2×10^n	1∶5 1∶5×10^n	1∶10 1∶1×10^n

注：n 为正整数。

2. 比例的标注

比例一般应标注在标题栏中的比例栏内。若图样中有不同的比例时，可以在视图名称下方或右侧标注。如：

$\dfrac{\text{I}}{2:1}$　$\dfrac{A}{2:1}$　$\dfrac{A—A}{4:1}$

说一说如图 2-1 所示的零件图样采用的比例是放大比例、缩小比例还是原值比例？

§2-2　尺 寸 注 法

请比较如图 2-13 所示三个零件的大小，并通过视图认识尺寸。

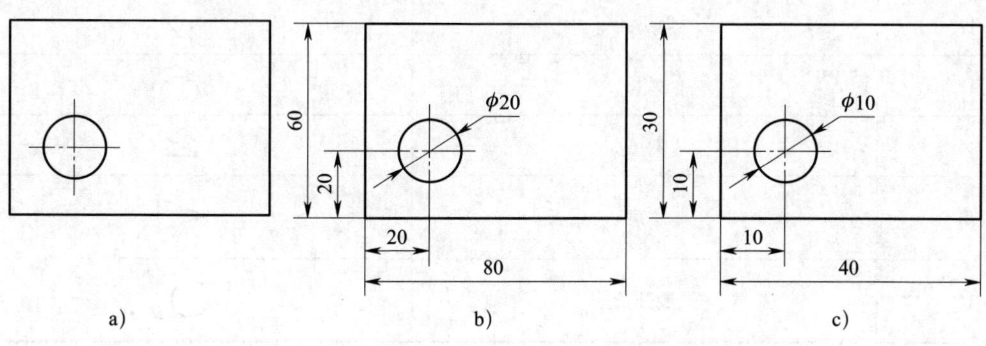

图 2-13　认识尺寸

比较三个图形：图 2-13a 没有标注尺寸，所以只知道形状，不知道大小；图 2-13b、c 画的大小一样，但从尺寸上可以知道图 2-13b 所示的零件大。所以，要了解图样中物体的大小及各部分相互位置关系，需要标注尺寸。国家标准《机械制图　尺寸注法》(GB/T 4458.4—2003)、《技术制图　简化表示法　第2部分：尺寸注法》(GB/T 16675.2—2012) 规定了图样中尺寸的注法。本节我们就来学习尺寸标注知识。

一、基本规则

1. 机件的真实大小应以图样上所注的尺寸数值为依据，与图形的大小及绘图的准确度无关。

2. 图样中（包括技术要求和其他说明）的尺寸，以毫米（mm）为单位时，不需标注计量单位的名称或符号。如采用其他单位，则必须注明相应的计量单位的名称或符号。

3. 机件的每一尺寸一般只标注一次，并应标注在反映该结构最清晰的图形上。

4. 图样中所标注的尺寸为该图样所示机件的最后完工尺寸，否则应另加说明。

5. 标注尺寸时，应尽可能使用符号和缩写词。常用的符号或缩写词见表2-4。

表2-4　常用的符号或缩写词

序号	含义	符号或缩写词
1	直径	ϕ
2	半径	R
3	球直径	$S\phi$
4	球半径	SR
5	厚度	t
6	均布	EQS
7	45°倒角	C
8	正方形	□
9	深度	↧
10	沉孔或锪平	⊔
11	埋头孔	∨
12	弧长	⌒
13	斜度	∠
14	锥度	◁
15	展开长	○→

二、尺寸的组成

完整的尺寸由尺寸界线、尺寸线和尺寸数字等要素组成，如图2-14所示。尺寸界线表示尺寸的范围，尺寸数字表示尺寸的大小，尺寸线表示尺寸的方向，它的终端形式可以有箭头或45°细斜线（仅适用于尺寸线与尺寸界线互相垂直的情况）两种形式，如图2－15所示。

1. 尺寸界线

（1）尺寸界线用细实线绘制，并由图形的轮廓线、对称中心线、轴线及其延长线等处引出，如图2－16a所示。

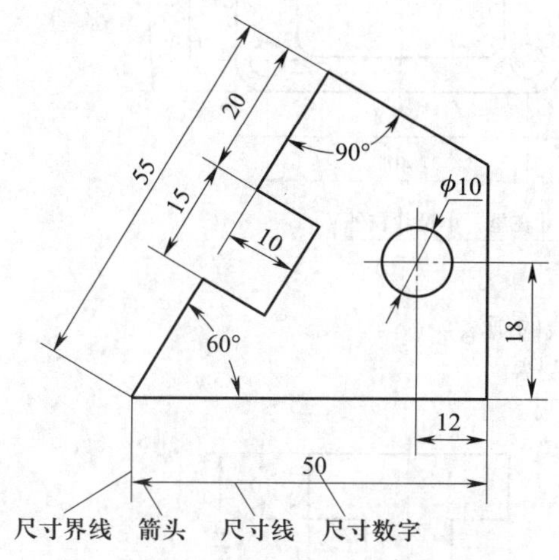

图2－14 尺寸线、尺寸界线和尺寸数字

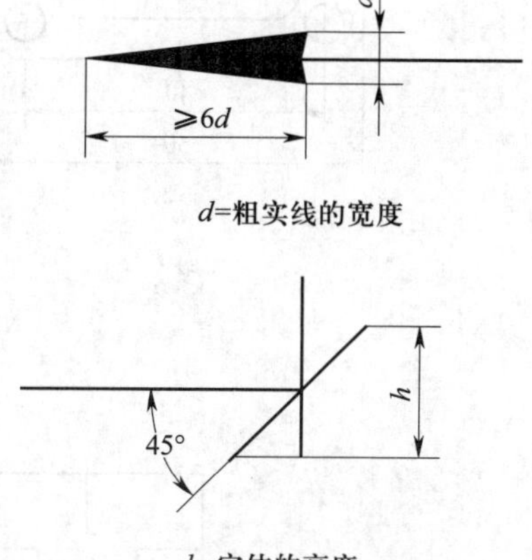

图2－15 尺寸线的终端形式

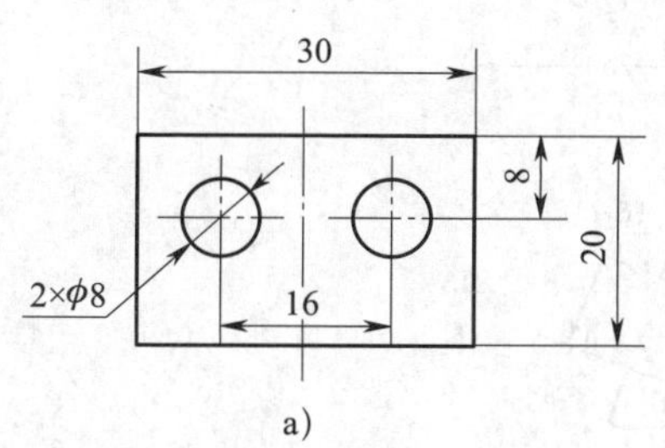

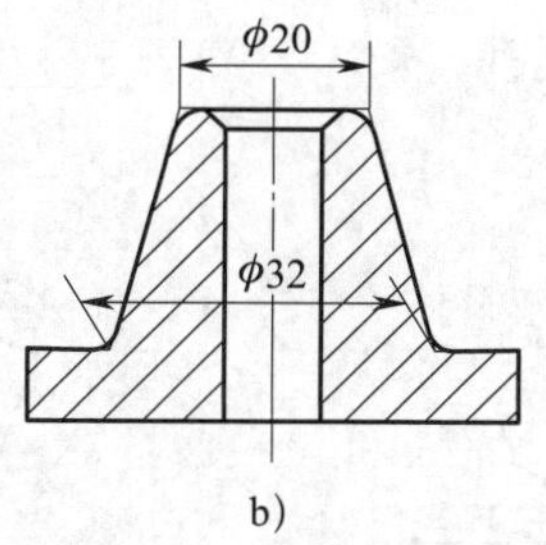

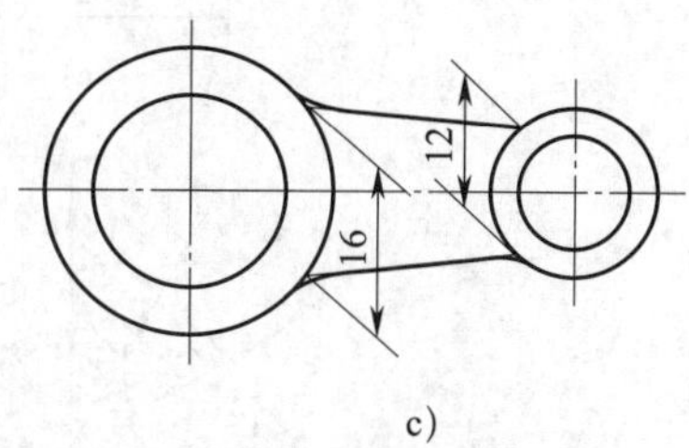

图2－16 尺寸界线的画法

（2）尺寸界线一般与尺寸线垂直，必要时才允许与尺寸线倾斜，如在光滑过渡处标注尺寸时，需用细实线将轮廓线延长，从它们的交点处引出尺寸界线，其画法如图2－16b、c所示。

2. 尺寸线

（1）尺寸线必须用细实线单独画出，轮廓线、对称中心线或它们的延长线均不可作为尺寸线使用。

（2）标注线性尺寸时，尺寸线必须与所标注的线段平行。

（3）互相平行的尺寸线，小尺寸在里，大尺寸在外，依次排列整齐，在图2－17所示尺寸线的画法中，图2－17a正确，图2－17b错误。

3. 尺寸数字

尺寸数字的书写要求如图2－18所示。

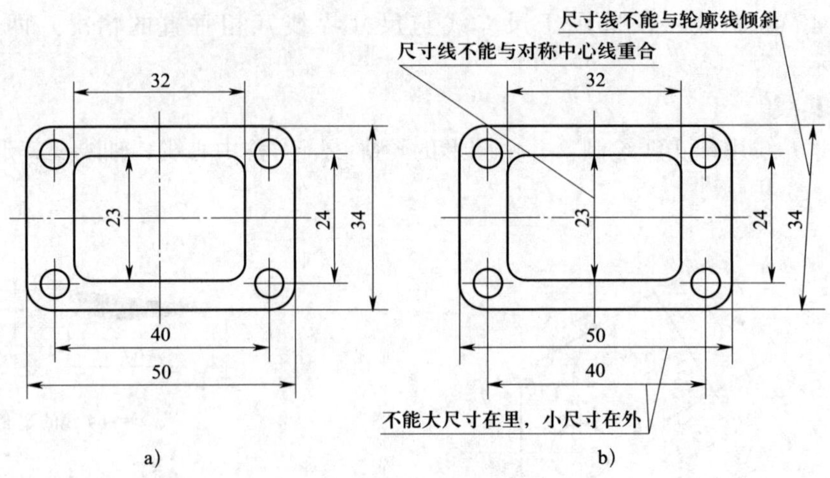

图 2-17　尺寸线的画法
a）正确　b）错误

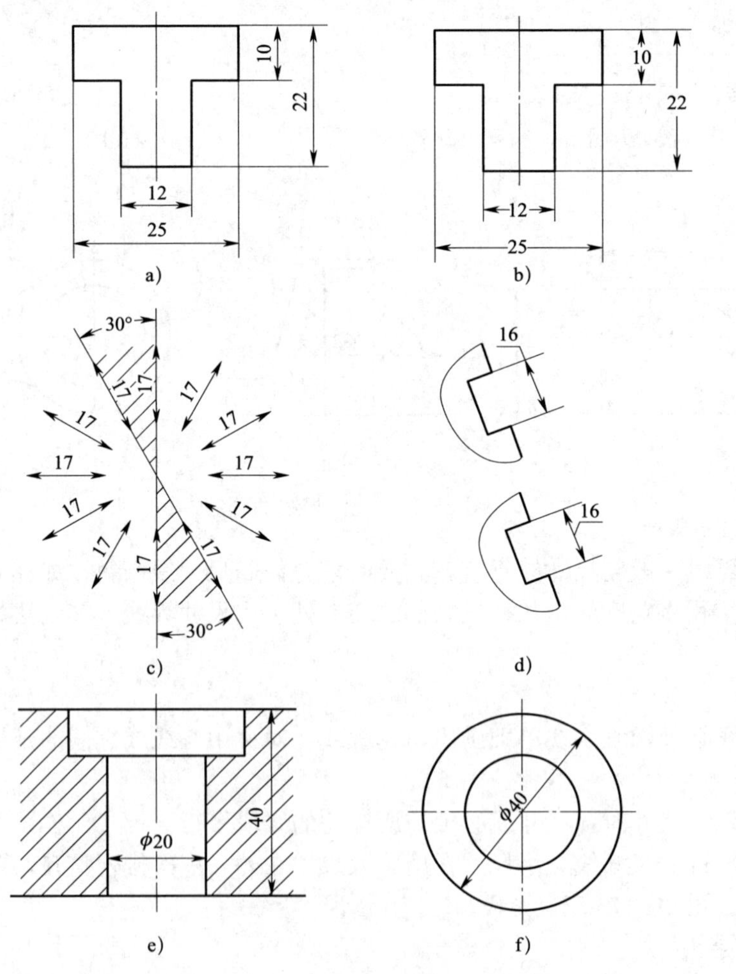

图 2-18　尺寸数字的书写要求

(1) 线性尺寸的数字一般注在尺寸线的上方，也允许注写在尺寸线的中断处，如图 2-18a、b 所示。

(2) 线性尺寸的数字方向一般应随尺寸线的方位而变化，并尽可能避免在图 2-18c 所示的 30°范围内标注尺寸，当无法避免时可按图 2-18d 所示的形式引出标注。

(3) 尺寸数字不可被任何图线通过。当不可避免时，图线要断开，如图 2-18e、f 所示。

常见尺寸的标注方法见表 2-5。

表 2-5　　常见尺寸的标注方法

尺寸类型	标注要求	示　　例
直径与半径	在尺寸数字前加注直径符号“ϕ”和半径符号“R”，尺寸线应通过圆心	2×ϕ18　R8　ϕ28　ϕ18　ϕ36　ϕ20
	一般大于 180°的圆弧应标直径；若圆弧半径过大，无法标出其圆心位置时，应按图 b 的形式标注；不需要标出圆心位置时，可按图 c 的形式标出	ϕ36　ϕ24　R80　R72 a)　b)　c)
	当圆的直径或圆弧半径较小，没有足够的位置画箭头或注写数字时，可按示例图的形式标出	R5　R5　R5　R5　R3　R3　R3　R3 ϕ10　ϕ10　ϕ10　ϕ10　ϕ5　ϕ5　ϕ5

续表

尺寸类型	标注要求	示　例
小尺寸	当尺寸较小没有足够的位置画箭头时，允许用圆点或细斜线代替箭头	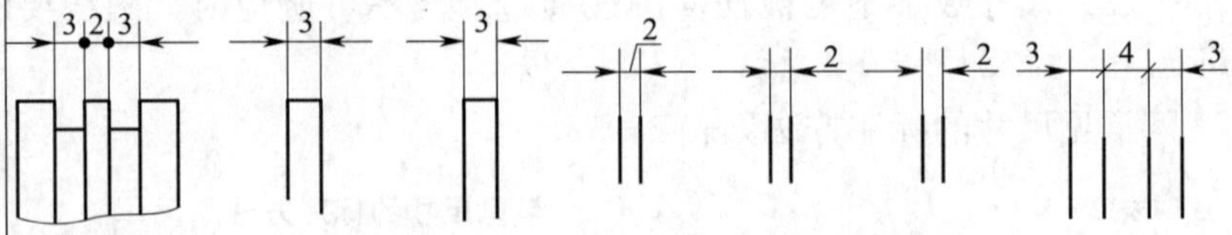
角度尺寸	角度的数字一律水平填写，且应写在尺寸线的中断处；必要时允许写在外面或引出标注，如图 b 所示；角度的尺寸界线必须沿径向引出，如图 c 所示	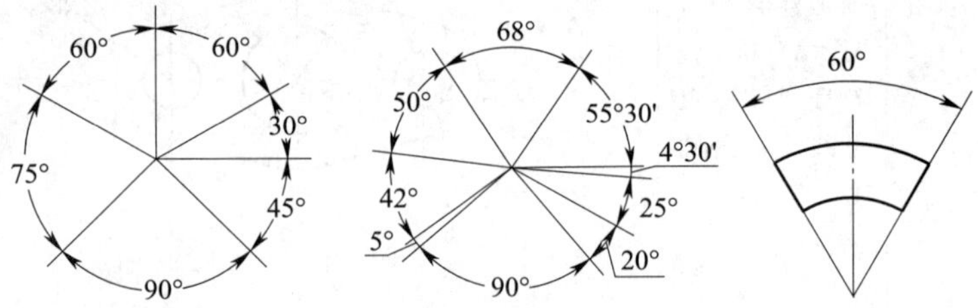 a)　b)　c)
倒角	45°倒角的标注如示例图所示	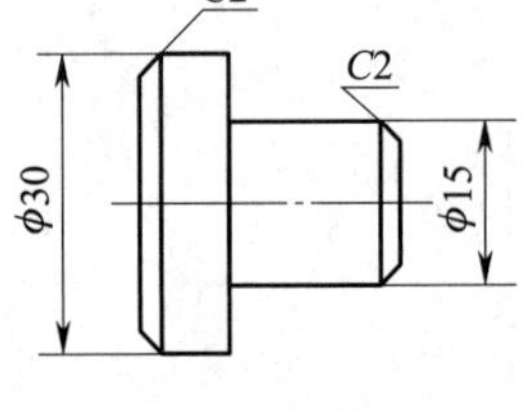
倒角	非 45°倒角的标注如示例图所示	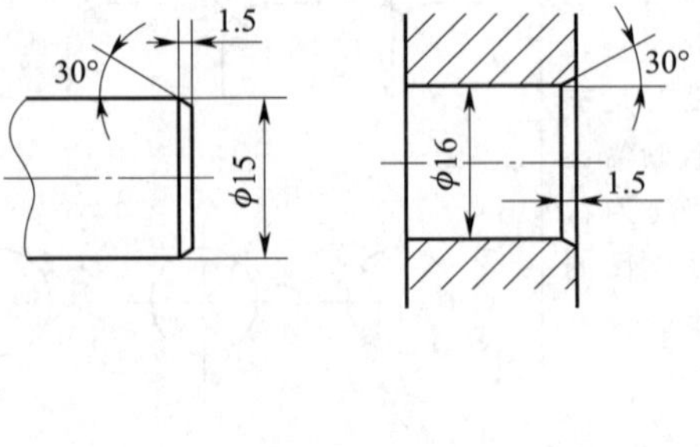

续表

尺寸类型	标注要求	示　例
斜度	斜度符号中斜线所示的方向应与斜度的方向一致	
锥度	锥度符号应注在与引出线相连的基准线上，符号所示的方向应与锥度方向一致	

三、尺寸的分类

1. 按形式分类

按形式不同，尺寸可分为线性尺寸和角度尺寸。线性尺寸是指物体某两点间的距离，如物体的长度、宽度、高度、中心距、圆或球的直径和半径等，如图 2－14 中的 ϕ10 mm、50 mm、10 mm、20 mm、12 mm、18 mm、15 mm 和 55 mm 等；角度尺寸是指两相交直线（或平面）所形成的夹角，如图 2－14中的 60°和 90°。

2. 按作用分类

按作用不同，尺寸可分为定形尺寸和定位尺寸。用于确定形体形状和大小的尺寸称为定形尺寸，如图 2－14 中的 50 mm、55 mm、60°、90°等；用于确定形体相对位置关系的尺寸称为定位尺寸，如图 2－14 中的 12 mm 和 18 mm 两个尺寸。根据尺寸在图形中的作用，有的尺寸既是定形尺寸，又是定位尺寸。

练一练　找出如图 2－19a 所示的标注尺寸练习中的错误，并在图 2－19b 中正确标注。

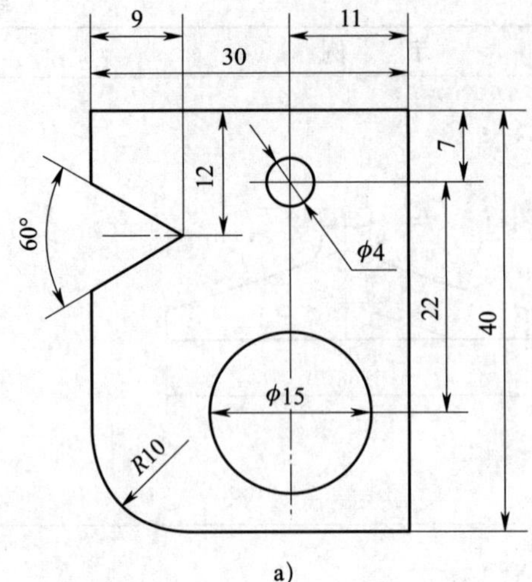

a)

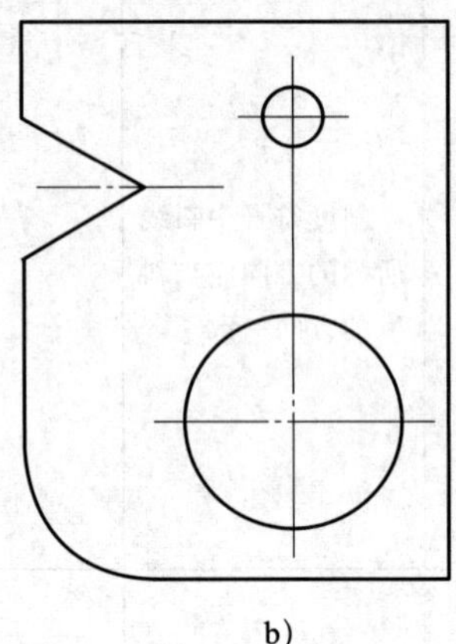
b)

图 2-19　标注尺寸练习

课题三　投影基本知识

在课题二里我们知道图样是工程语言，根据图样可以加工出零件，但是，为什么平面的图样能够表达立体的零件形状和尺寸呢？答案就是图样利用了投影特性，把立体零件的形状和大小表示为若干个平面图样，这些平面图样反映立体零件的原形。

§3-1　认识投影法

物体在光线的照射下，会在地面或墙壁上出现该物体的影子。影子的形状与物体存在着一一对应关系，人们把这种利用光—物体—影子的原理作出物体的图形称为物体的投影。人们把投射线通过物体，向选定的面投射，并在该面上得到图形的方法称为投影法。

观察：如图 3-1 和图 3-2 所示的投影与物体的大小关系。

如图 3-1 所示，光源 S 称为投射中心，光线称为投射线，平面 P 称为投影面，在 P 面上得到的图形称为投影，这种投影法的所有投射线汇交于投射中心，称为中心投影法。其所得投影的四边形 $abcd$ 比原形 $ABCD$ 大。

如果将投射中心 S 移到无穷远处，这时投射线相互平行，则在 P 面上的投影 $abcd$ 与四边形 $ABCD$ 的形状相同，大小相等，如图 3-2 所示。这种投射线相互平行的投影法称为平行投影法。

所以采用平行投影法绘制图样，平面的图样能反映投影物体的原形。

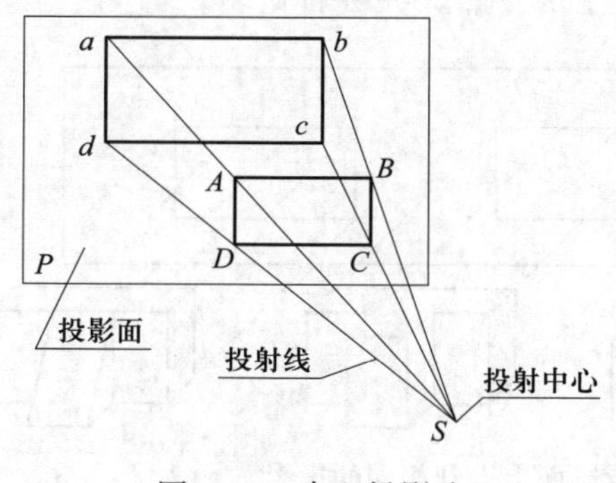

图 3-1　中心投影法

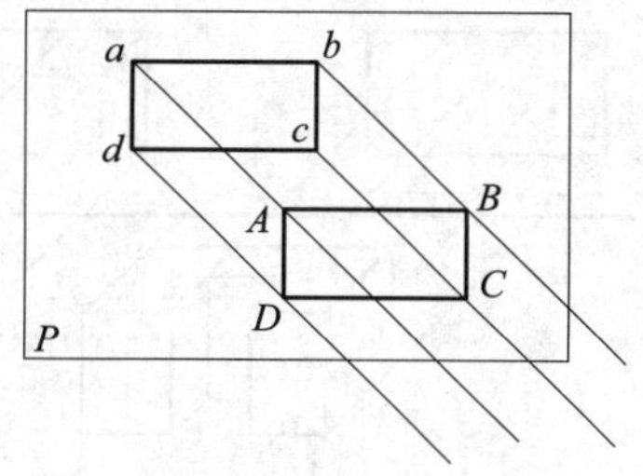

图 3-2　平行投影法

平行投影法又分为正投影法和斜投影法两种。

一、正投影法

投射线与投影面垂直的平行投影法称为正投影法，如图 3-3a 所示。

二、斜投影法

投射线与投影面倾斜的平行投影法称为斜投影法，如图 3-3b 所示。

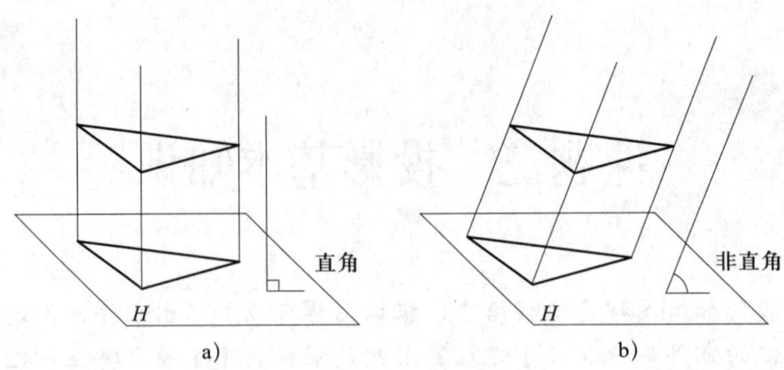

图 3-3　正投影与斜投影

a) 正投影　b) 斜投影

机械图样中物体的形状是用正投影法绘制的。

练一练　　判断下列说法是否正确。

1. 凡是能反映物体真实大小的投影就是正投影；反之，正投影一定反映物体的真实大小。

2. 投射线垂直于投影面所得到的投影称为正投影，与物体的放置位置无关。

§3-2　三　视　图

做一做　　完成如图 3-4 所示的各物体在 P 面上的投影，并进行比较。

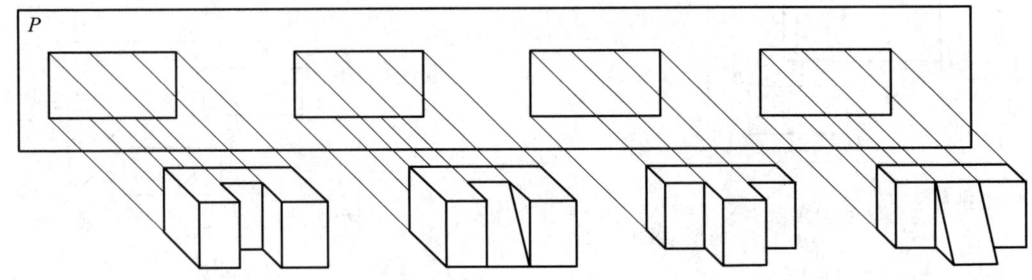

图 3-4　不同形状的物体在同一投影面上得到相同的投影

可以看出它们在 P 面上的投影完全相同，但它们表达的却是不同的物体，所以，仅凭一个视图无法表示物体的长、宽、高三个方向的尺寸，因此，认识一个物体必须多取几个投影面上的视图，才能相互补充，把物体的形状表达清楚。

一、三视图的形成

用正投影法绘制物体的图形称为视图。

从图 3－4 中可以看出一面视图不能完全表达物体的形状和大小。因此，为了将物体的形状和大小表达清楚，工程上常用三面视图。

1. 三投影面体系的建立

三投影面体系是由三个互相垂直的投影面组成的，如图 3－5 所示。

正投影面：正立位置的投影面，用“*V*”表示。

水平投影面：水平位置的投影面，用“*H*”表示。

侧投影面 ：侧立位置的投影面，用“*W*”表示。

由于三个互相垂直的投影面彼此相交，故形成三条投影轴，分别是 *OX* 轴、*OY* 轴、*OZ* 轴，简称 *X* 轴、*Y* 轴、*Z* 轴；*X*、*Y*、*Z* 三轴的交点为原点，用“*O*”表示，如图 3－5 所示。

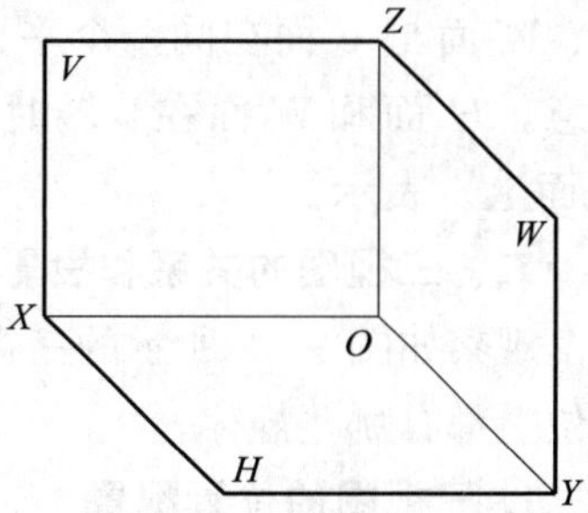

图 3－5　三投影面体系

2. 三视图的名称

三视图的形成过程如图 3－6 所示，首先将三棱柱按图 3－6a 所示放置在三投影面体系中（三棱柱底面与水平投影面平行，前面与正投影面平行），用正投影法分别向三个投影面投射，得到三棱柱的三个视图，简称三视图，其名称如下：

主视图：从物体的前面往后面看，在 *V* 面上得到的视图。

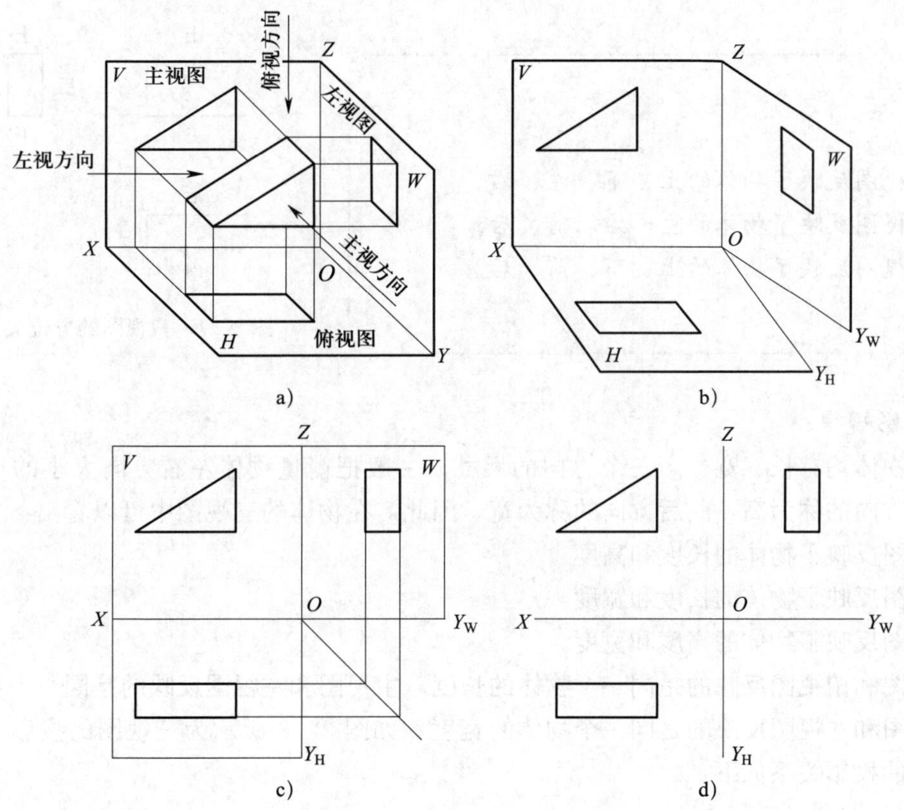

图 3－6　三视图的形成过程

俯视图：从物体的上面往下面看，在 H 面上得到的视图。

左视图：从物体的左面往右面看，在 W 面上得到的视图。

3. 三投影面的展开

为了作图方便，需将互相垂直的三个投影面展开在同一个平面上。规定：如图 3－6b 所示，V 面保持不动，H 面绕 OX 轴向下旋转 90°，W 面绕 OZ 轴向右旋转 90°，使 H 面、W 面与 V 面在同一个平面上，这样就得到了如图 3－6c 所示的展开后的三视图。应注意，H 面和 W 面在旋转时 OY 轴被分为两处，分别用 OY_H（在 H 面上）和 OY_W（在 W 面上）表示。

二、三视图的关系和投影规律

观察如图 3－6 所示的三视图，想一想这个三视图在放置位置上、反映的物体的尺寸和方位上都有哪些规律？

1. 三视图的位置配置

由图 3－6 所示的三视图的形成过程中可知，主视图的位置确定后，俯视图在主视图的正下方，左视图在主视图的正右方。

2. 方位关系

任何一个物体都有上、下、左、右、前、后六个方位。而每一个视图都只能表达四个方位，三视图的方位关系如图 3－7 所示，其相互关系如下：

> **重点提示**
>
> 主视图反映了物体的上、下、左、右。
> 俯视图反映了物体的左、右、前、后。
> 左视图反映了物体的上、下、前、后。

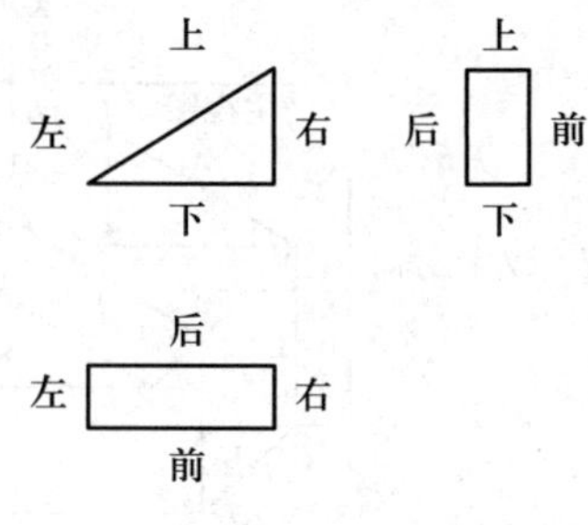

图 3－7　三视图的方位关系

3. 投影规律

任何物体均有长、宽、高三个方向的尺寸，一般把衡量物体左右方向大小的尺寸称为长，上下方向的称为高，前后方向的称为宽。因此，在物体的三视图中可以看出：

主视图反映了物体的长度和高度。

俯视图反映了物体的长度和宽度。

左视图反映了物体的高度和宽度。

主视图和俯视图反映的是同一个物体的长度，主视图和左视图反映的是同一个物体的高度，俯视图和左视图反映的是同一个物体的宽度，如图 3－8 所示为三视图的投影规律。三视图之间的投影关系如下：

重点提示

主视图、俯视图长对正。
主视图、左视图高平齐。
俯视图、左视图宽相等。

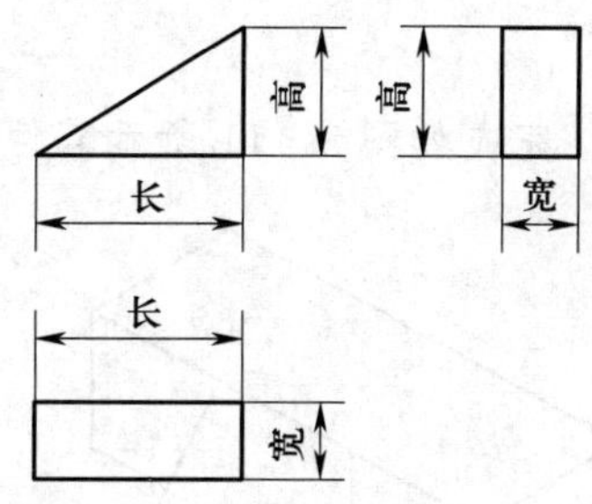

图 3-8　三视图的投影规律

例 3-1　根据图 3-9 所示两个零件的立体图和主视方向画出三视图，如图 3-10 所示。

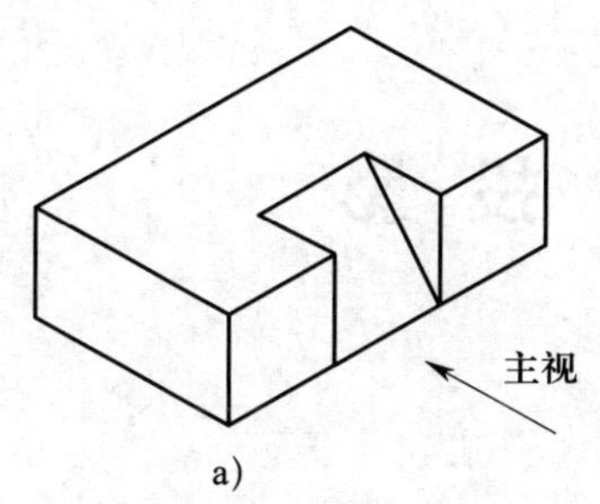

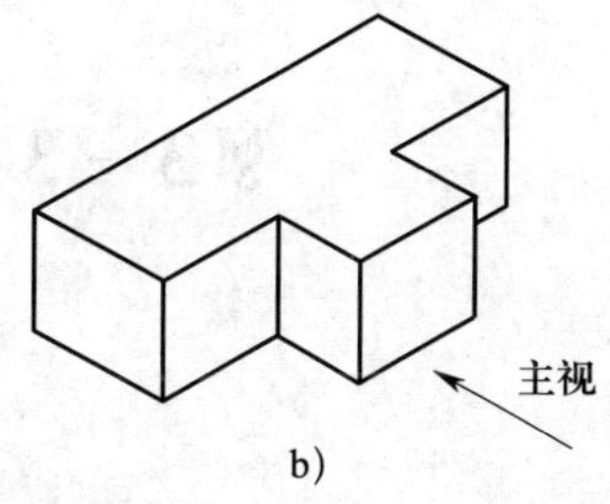

图 3-9　零件的立体图

首先测量零件的长、宽、高，根据三视图的投影规律：主视图反映了物体的长度和高度，俯视图反映了物体的长度和宽度，左视图反映了物体的高度和宽度，得到图 3-10 所示的三视图。

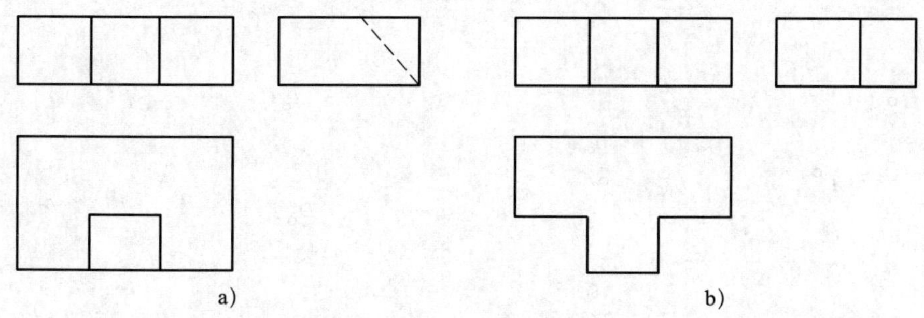

图 3-10　零件的三视图

注意：看不见的轮廓线需用细虚线表示。

画图时，因为三视图的大小与投影轴无关，因此，熟悉投影规律以后可以不画出投影轴。

完成如图 3-11 所示零件的三视图。

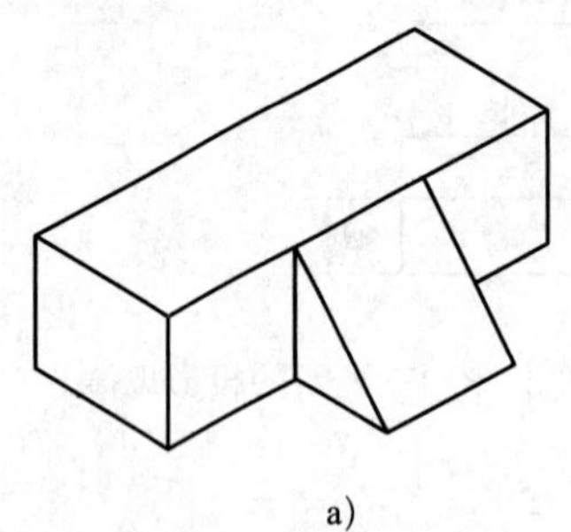

a)

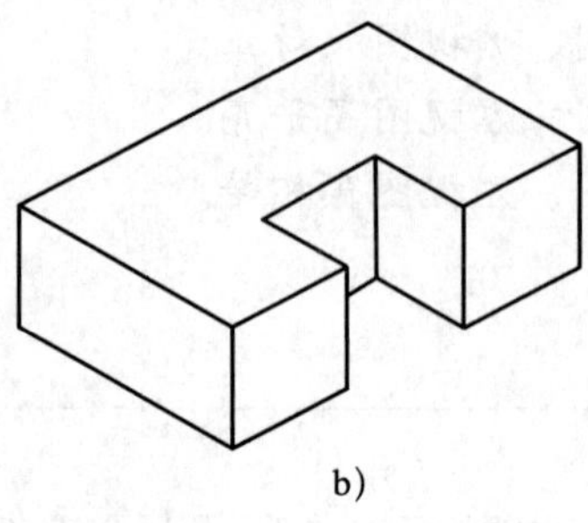

b)

图 3-11　画零件的三视图练习

§3-3　点的投影

1. 把图 3-12 中的 A 与 B、B 与 C、C 与 D、D 与 A、D 与 E、E 与 F、F 与 A、F 与 G、G 与 B 各点用粗实线连接起来。

2. 把图 3-13 中的 A 与 B、A 与 C、C 与 D、D 与 B、E 与 A、E 与 C 各点用粗实线连接起来。

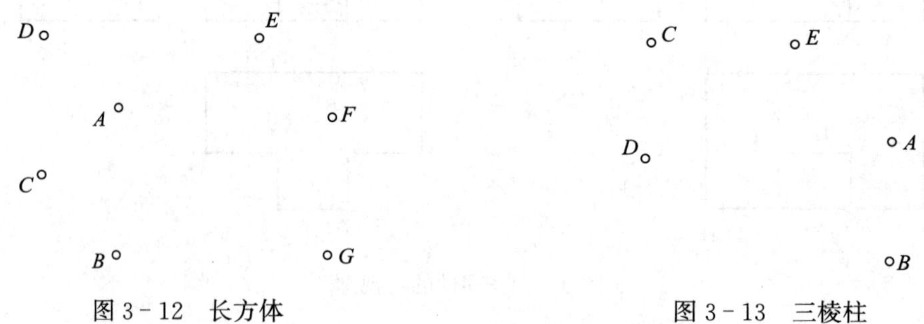

图 3-12　长方体　　　　图 3-13　三棱柱

连接好后可以看出图 3-12 所示为长方体，图 3-13 所示为三棱柱，由此知道点是构成几何体的元素之一。本节将介绍点的投影规律。

一、点的三面投影

由投影规律得知点的投影特性：点的投影仍然是点。

如图 3-14 所示，求点 A 的三面投影，就是由 A 点分别向三个投影面作垂线，其三个垂足就是点 A 的三面投影。

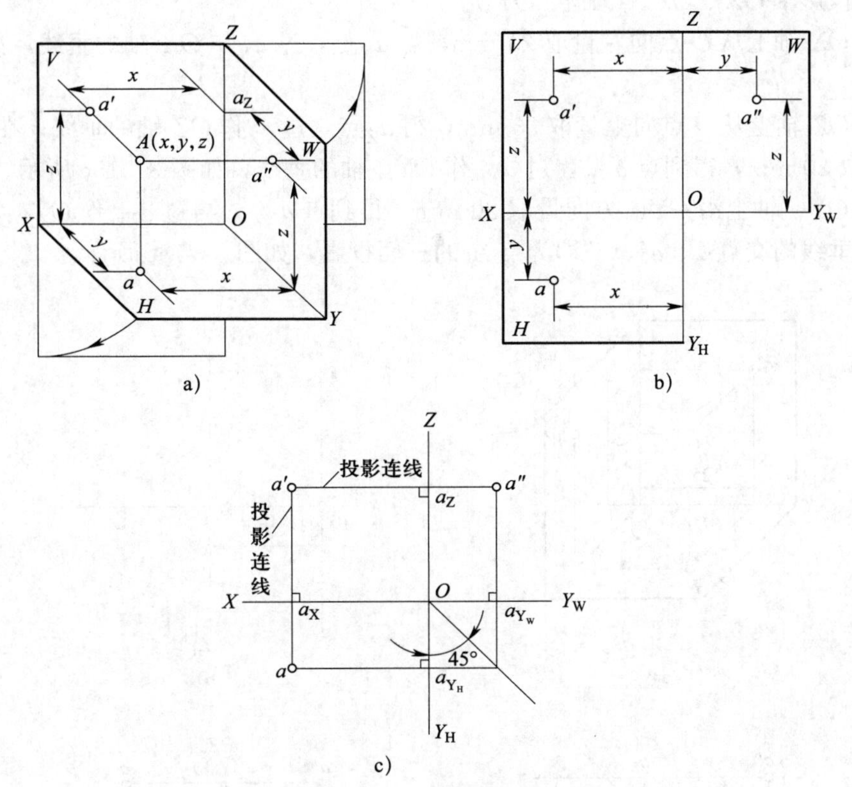

图 3－14　点的投影规律

点在空间的位置可以用直角坐标值来表示，即把投影面当作坐标面，投影轴当作坐标轴，O 点作为原点。空间点 A 到侧面的距离为 x 坐标，到正面的距离为 y 坐标，到水平面的距离为 z 坐标，则空间点 A 的坐标按规定写成 A（x，y，z），通过这三个坐标值可确定点 A 的空间位置。

现把点 A 向 H、V、W 三个投影面投射，垂足分别为 a、a'、a''。这三个点就是点 A 的三面投影。按统一规定，空间点用大写字母表示，如 A、B、C 等；在 H 面上的投影用相应的小写字母表示，如 a、b、c 等；在 V 面上的投影用相应的小写字母加一撇表示，如 a'、b'、c'等；在 W 面上的投影用相应的小写字母加两撇表示，如 a''、b''、c''等。

从图 3－14a 中看出投影点 a'与 a''的 z 坐标相同，a 与 a'的 x 坐标相同，a 与 a''的 y 坐标相同。将图 3－14a 按投影法展开如图 3－14b 所示，并把投影面的边框去掉，为了分析点的投影，用细实线将相邻的两投影点连接起来，如 a 与 a'、a'与 a''，因 a 与 a''不能直接相连，因此用如图 3－14c 所示的辅助线来实现。

通过以上分析可知，$aa' \perp OX$ 轴，$a'a'' \perp OZ$ 轴，同时 $a''a_Z = aa_X$，这就是点的投影规律。

例 3－2　如图 3－15a 所示，已知点 A 的坐标为（25，20，30），求作它的三面投影。

解：根据点的空间直角坐标值的含义可知：

x＝25 mm，y＝20 mm，z＝30 mm

作图方法如下：

（1）作投影轴 OX、OZ、OY_H、OY_W。

（2）在 OX 轴上从 O 点向左量取 25 mm，得 a_X 点，过 a_X 作 OX 轴的垂线，如图 3-15b 所示。

（3）在 OZ 轴上从 O 点向上量取 30 mm，得 a_Z 点，过 a_Z 作 OZ 轴的垂线；在 OY_H 轴上沿 OY_H 量取 20 mm，得到点 a_{Y_H}，过 a_{Y_H} 作 OY_H 轴的垂线，如图 3-15c 所示。

（4）在 OY_W 轴上沿 OY_W 方向量取 20 mm，得到点 a_{Y_W}，再过 a_{Y_W} 作 OY_W 轴的垂线。

（5）各垂线的交点 a、a'、a'' 即为点 A 的三面投影，如图 3-15d 所示。

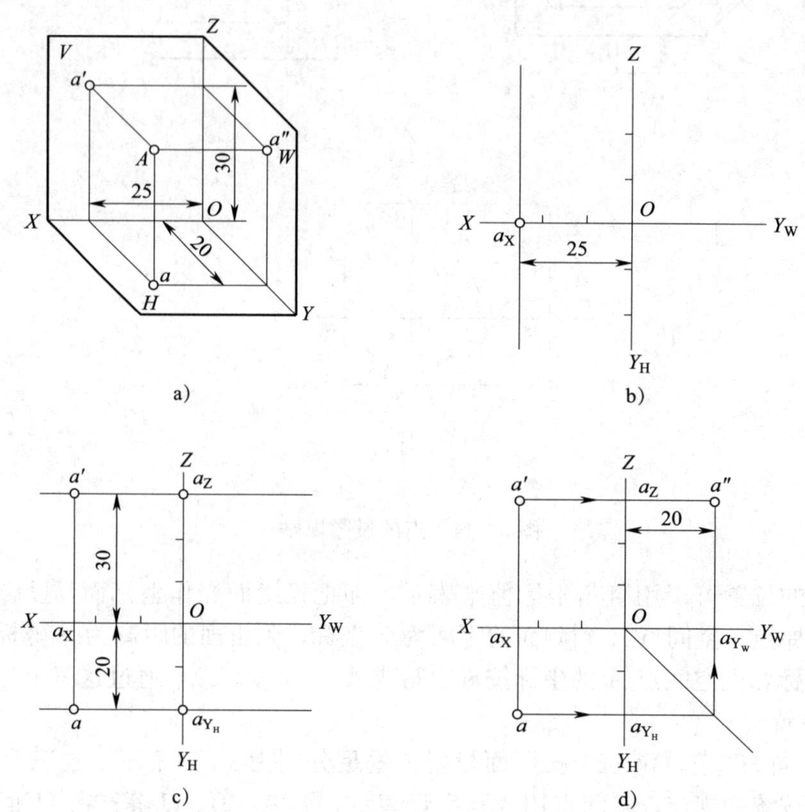

图 3-15　由点的坐标画出点的三面投影

例 3-3　如图 3-16 所示，已知点 A 的两面投影，求第三面投影。

解：给出点的两面投影，也就知道了点的三个坐标，因此点的第三面投影就能确定了。具体方法是过已知点分别作坐标轴的垂线，根据点的投影规律，它们的交点就是点的第三面投影，如图 3-16a、b、c 所示。

二、两点的相对位置

点在三投影面体系中是以坐标来确定它的位置的，因此，点的相对位置也是靠比较点的坐标值的大小来确定的。

设点 A 的坐标为（x_a，y_a，z_a），点 B 的坐标为（x_b，y_b，z_b）。

1. 如 $x_a \neq x_b$，$y_a \neq y_b$，$z_a \neq z_b$，则：

比较左右：若 $x_a > x_b$，则点 A 在点 B 的左边；若 $x_a < x_b$，则点 A 在点 B 的右边。

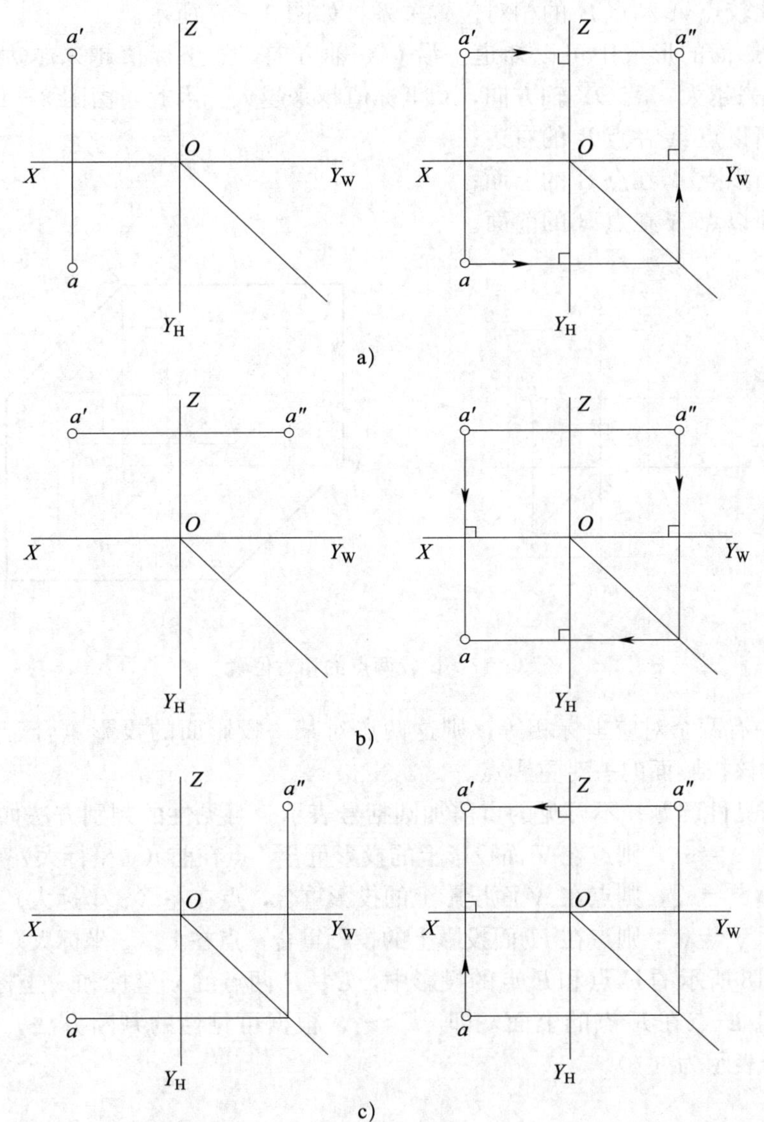

图 3-16　已知点的两面投影，求第三面投影

a）已知 a 和 a'，求 a''　b）已知 a'和 a''，求 a　c）已知 a 和 a''，求 a'

比较上下：若 $z_a > z_b$，则点 A 在点 B 的上面；若 $z_a < z_b$，则点 A 在点 B 的下面。

比较前后：若 $y_a > y_b$，则点 A 在点 B 的前面；若 $y_a < y_b$，则点 A 在点 B 的后面。

例 3-4　已知点 A 的坐标为（30，0，18），点 B 的坐标为（20，15，30），试比较它们的相对位置关系。

解：根据题意得 $x_a=30$，$y_a=0$，$z_a=18$；$x_b=20$，$y_b=15$，$z_b=30$，其中 $y_a=0$，表示点 A 在正投影面上。

因为　$x_a > x_b$，故点 A 在点 B 的左边；

$z_a < z_b$，故点 A 在点 B 的下面；

$y_a < y_b$，故点 A 在点 B 的后面。

例 3-5 比较点 A 和点 B 的相对位置关系，如图 3-17 所示。

解：从三投影面的形成中可以知道，沿 OX 轴方向，x 坐标值越来越大；沿 OZ 轴方向，z 坐标值越来越大；沿 OY 轴方向，y 坐标值越来越大。因此，由图 3-17 可知：

$x_a < x_b$，所以点 A 在点 B 的右边；

$z_a > z_b$，所以点 A 在点 B 的上面；

$y_a > y_b$，所以点 A 在点 B 的前面。

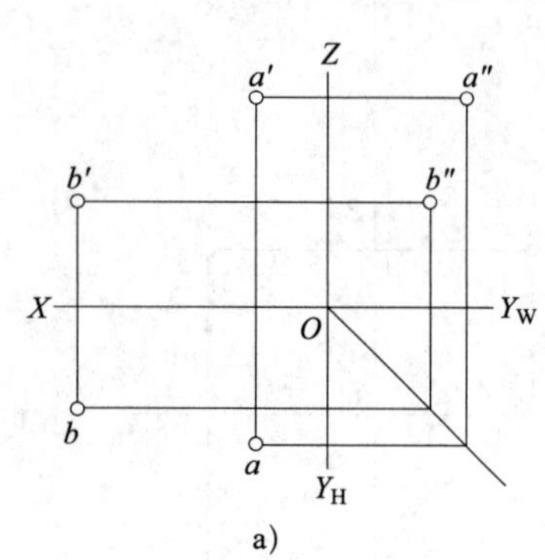

a)

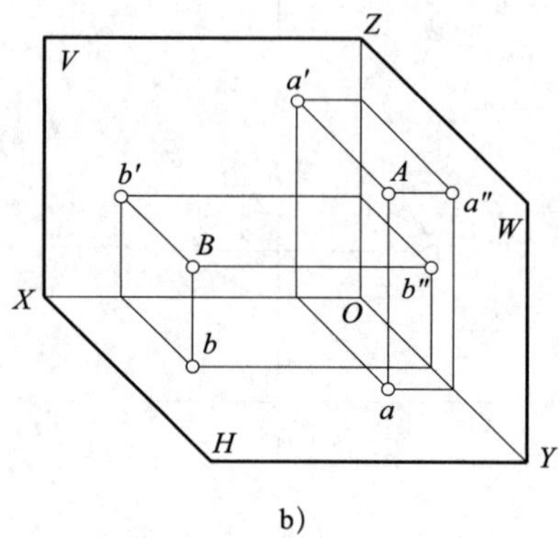

b)

图 3-17 比较两点的相对位置

2. 如两点中有两个对应坐标相等，则这两点对某一投影面的投影重合于一点。这样的两个点被称为对该投影面的一对重影点。

重影点有可见性问题。不可见的点需加圆括号表示。可见性的判别方法如下：

若 $x_a = x_b$，$z_a = z_b$，则点在 V 面投影上的投影重合，点在前（y 坐标大）者可见；

若 $y_a = y_b$，$z_a = z_b$，则点在 W 面投影上的投影重合，点在左（x 坐标大）者可见；

若 $x_a = x_b$，$y_a = y_b$，则点在 H 面投影上的投影重合，点在上（z 坐标大）者可见。

在如图 3-18 所示的 E 点和 F 点的投影中，E、F 两点的 x 坐标和 y 坐标相同，所以 e 和 f 重合，并且 E 点在 F 点的上面，即 $z_e > z_f$，根据可见性的判断方法，f 为不可见的点，需加圆括号表示为（f）。

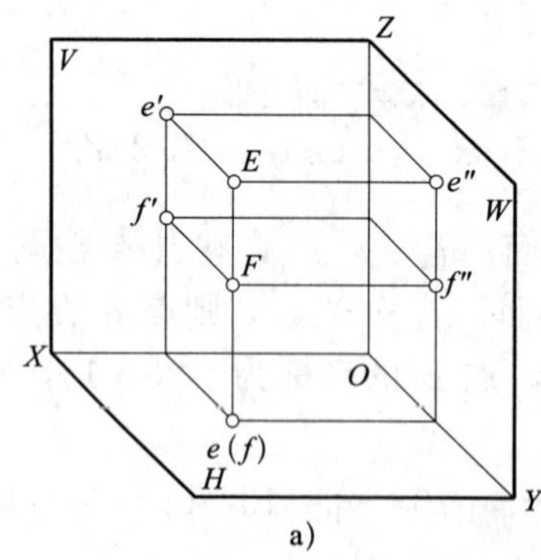

a)

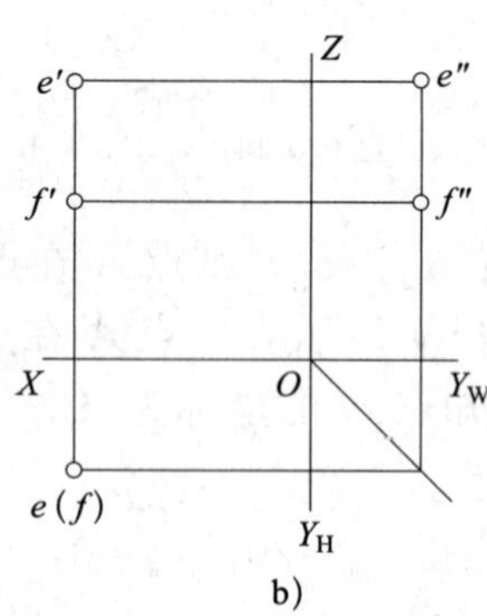

b)

图 3-18 重影点的投影

例 3-6 把长方体放在三投影面中，如图 3-19a 所示。要求：（1）完成点 D 和点 F 的三面投影；（2）找出与点 A 的投影能形成重影点的那几个点。

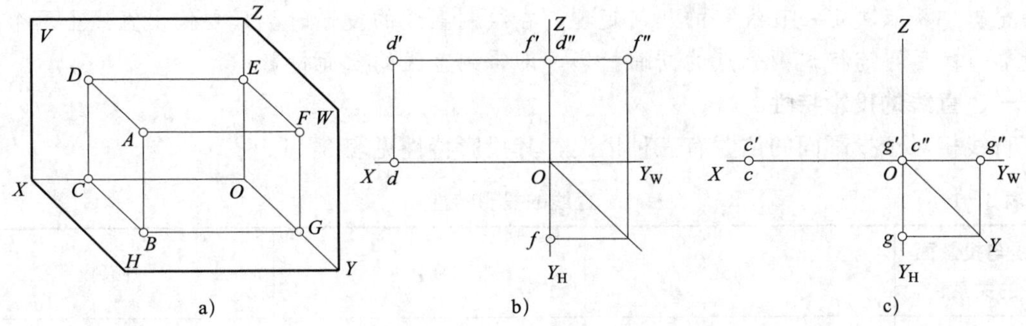

图 3－19　点的投影实例

解：(1) 根据题意可知点 D 位于 V 面，因此，它的 y 坐标为 0，x 坐标和 z 坐标均不等于 0，所以点 D 的 V 面投影位于空间点 D 处，而点 D 的 H 面投影在 OX 轴上，W 面投影在 OZ 轴上。同理，点 F 的 W 面投影位于空间点 F 处，V 面投影在 OZ 轴上，H 面投影在 OY 轴上，注意，点 F 的 H 面投影应在 OY_H 轴上，如图 3－19b 所示。

(2) 点 A 和点 B 在 H 面上的投影形成重影点；点 A 和点 D 在 V 面上的投影形成重影点；点 A 和点 F 在 W 面上的投影形成重影点。

1. 在图 3－19b 中，点 D 和点 F 都有一个投影在 OZ 轴上，并且是同一个位置，请问 F 和 D 是重影点吗？为什么？

2. 试分析点 C 和点 G 的三面投影，如图 3－19c 所示。

§3－4　直线的投影

做一做　把图 3－20a 中 A 与 B、C 与 D、E 与 F、G 与 H 用粗实线连起来，把图 3－20b中 M 与 N、K 与 L、P 与 Q 也用粗实线连起来。完成后形成了六棱柱与四棱台。可见直线也是构成几何体的要素之一。本节将介绍直线的投影规律。

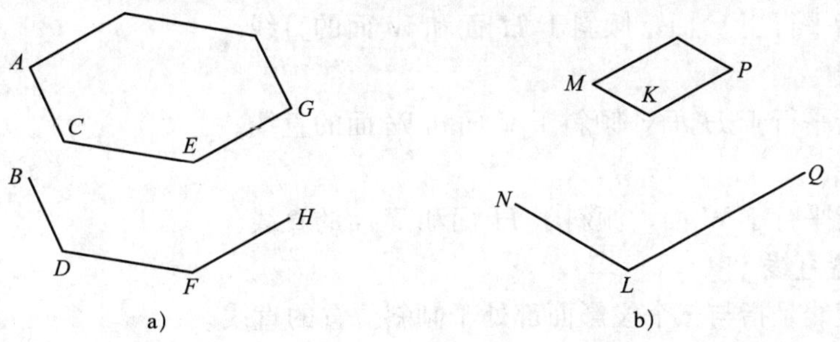

图 3－20　六棱柱与四棱台

根据“两点决定一直线”的几何定理，在绘制直线的投影时，只要作出直线上两个端点的投影，然后再连接这两个点的同面投影，即得到直线的三面投影。

一、直线的投影特性

直线相对于投影面的位置有三种情况，其投影特性见表 3－1。

表 3－1　直线的投影特性

直线与投影面的关系	平行	垂直	倾斜
视图	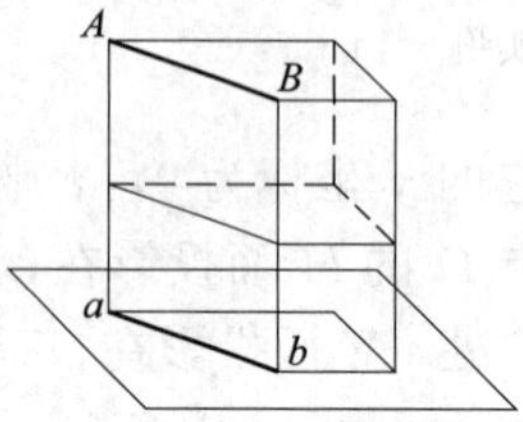 A B a b	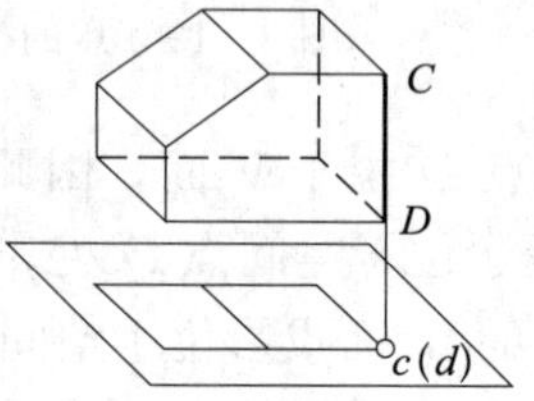 C D c(d)	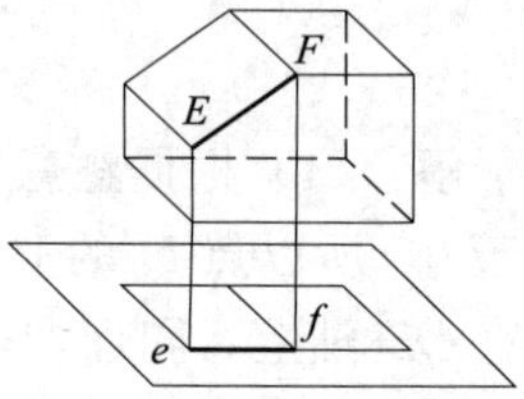 F E e f
投影	等于 AB 的实长	重合为一点	一定比实长短
投影特性	真实性	积聚性	收缩性

二、直线在三投影面体系中的投影特性

在三投影面体系中，直线相对于投影面的位置可分为以下三类：

1. 投影面垂直线

投影面垂直线是指垂直于一个投影面，而平行于其他两个投影面的直线。根据直线与投影面的相对位置分为以下三种：

（1）正垂线

正垂线是指垂直于 V 面，平行于 H 面和 W 面的直线。

（2）铅垂线

铅垂线是指垂直于 H 面，平行于 V 面和 W 面的直线。

（3）侧垂线

侧垂线是指垂直于 W 面，平行于 H 面和 V 面的直线。

2. 投影面平行线

投影面平行线是指平行于一个投影面，而倾斜于其他两个投影面的直线。根据直线与投影面的相对位置分为以下三种：

（1）正平线

正平线是指平行于 V 面，倾斜于 H 面和 W 面的直线。

（2）水平线

水平线是指平行于 H 面，倾斜于 V 面和 W 面的直线。

（3）侧平线

侧平线是指平行于 W 面，倾斜于 H 面和 V 面的直线。

3. 一般位置直线

一般位置直线是指与三个投影面都处于倾斜位置的直线。

各种位置直线的投影特性见表 3－2。

表 3-2　　各种位置直线的投影特性

名称		立体图	三视图	直线的投影特性
投影面垂直线	正垂线		Z, X, O, Y_W, Y_H	1. 主视图积聚成一点 2. 俯视图和左视图反映实长
	铅垂线		Z, X, O, Y_W, Y_H	1. 俯视图积聚成一点 2. 主视图和左视图反映实长
	侧垂线		Z, X, O, Y_W, Y_H	1. 左视图积聚成一点 2. 主视图和俯视图反映实长
投影面平行线	正平线		Z, X, O, Y_W, Y_H	1. 主视图为斜线且反映实长 2. 俯视图和左视图长度均缩短
	水平线		Z, X, O, Y_W, Y_H	1. 俯视图为斜线且反映实长 2. 主视图和左视图长度均缩短
	侧平线		Z, X, O, Y_W, Y_H	1. 左视图为斜线且反映实长 2. 主视图和俯视图长度均缩短

续表

名称		立体图	三视图	直线的投影特性
一般位置直线	倾斜线			三个视图均为倾斜线且长度均缩短

1. 根据图 3－21a 所示的正六棱柱，在图 3－21b 中找出直线 AB、AC、CD 的三面投影，并标上相应的字母。

2. 如图 3－22 所示为四棱台及其投影，试在图 3－22b 中找出直线 NM、LQ、MK 的三面投影，并判断直线 MK、NM 与三个投影面的关系。

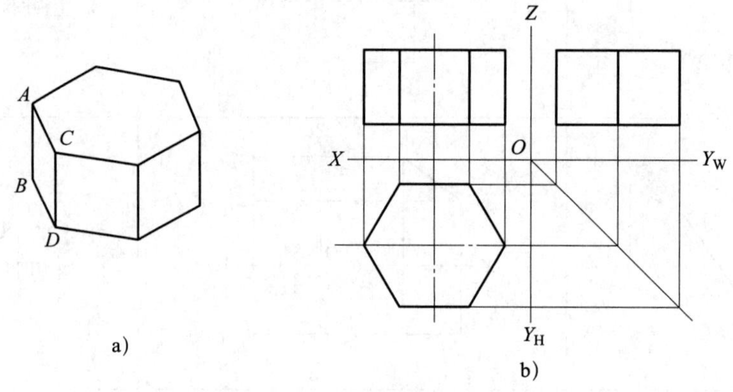

图 3－21　正六棱柱及其投影

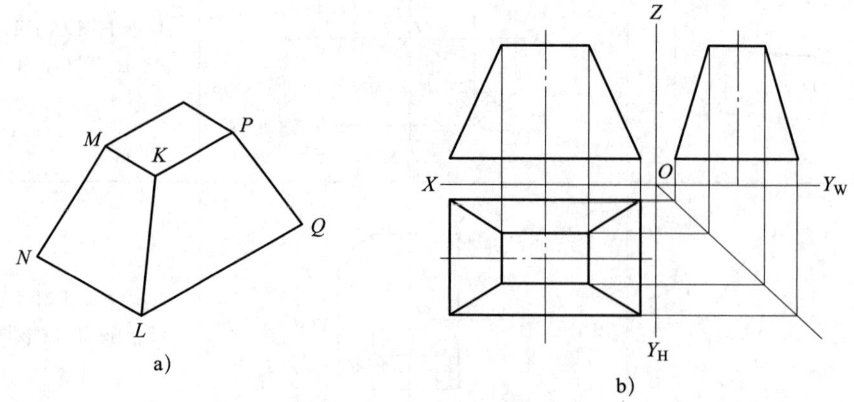

图 3－22　四棱台及其投影

§3－5　平面的投影

做一做　在白纸上把图 3－23 所示的正方体和四棱锥的展开图描下来，然后将图剪下，按粗实线折叠后粘贴成形。

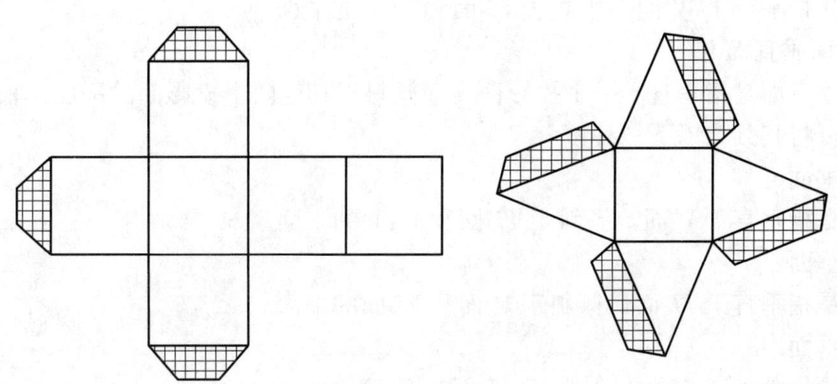

图 3－23　正方体和四棱锥

折叠后形成了一个正方体和一个四棱锥，由此可知平面也是构成几何体的要素之一。本节将介绍平面的投影规律。

平面的投影是由其轮廓线的投影所组成的图形。因此，作平面的投影时，可找出决定平面的形状、大小和位置的一系列点的投影，然后依次连接这些点的同面投影，即得到平面的三面投影。

一、平面的投影特性

平面相对于投影面的位置有三种情况，其投影特性见表 3－3。

表 3－3　**平面的投影特性**

平面与投影面的关系	平行	倾斜	垂直
视图			
投影	与原平面形状、大小相同	与原形类似且缩小	积聚成一条直线
投影特性	真实性	类似性	积聚性

二、平面在三投影面体系中的投影特性

在三投影面体系中，平面相对于投影面的位置可分为以下三类：

1. 投影面平行面

投影面平行面是指平行于一个投影面，而垂直于其他两个投影面的平面。根据与投影面的位置不同可将其分为以下三种：

（1）正平面

正平面是指平行于 V 面，垂直于 H 面和 W 面的平面。

（2）水平面

水平面是指平行于 H 面，垂直于 V 面和 W 面的平面。

（3）侧平面

侧平面是指平行于 W 面，垂直于 H 面和 V 面的平面。

2. 投影面垂直面

投影面垂直面是指垂直于一个投影面，而倾斜于其他两个投影面的平面。根据与投影面的位置不同可将其分为以下三种：

（1）正垂面

正垂面是指垂直于 V 面，倾斜于 H 面和 W 面的平面。

（2）铅垂面

铅垂面是指垂直于 H 面，倾斜于 V 面和 W 面的平面。

（3）侧垂面

侧垂面是指垂直于 W 面，倾斜于 H 面和 V 面的平面。

3. 一般位置平面

一般位置平面是指与三个投影面都处于倾斜位置的平面。

各种位置平面的投影特性见表 3-4。

表 3-4　　各种位置平面的投影特性

名称		立体图	三视图	平面的投影特性
投影面平行面	正平面	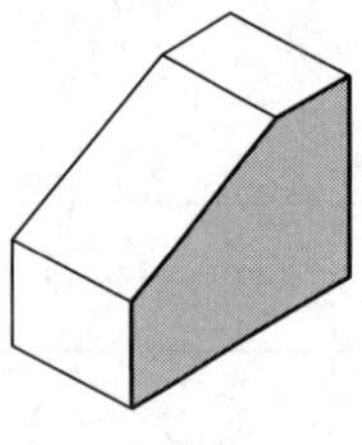	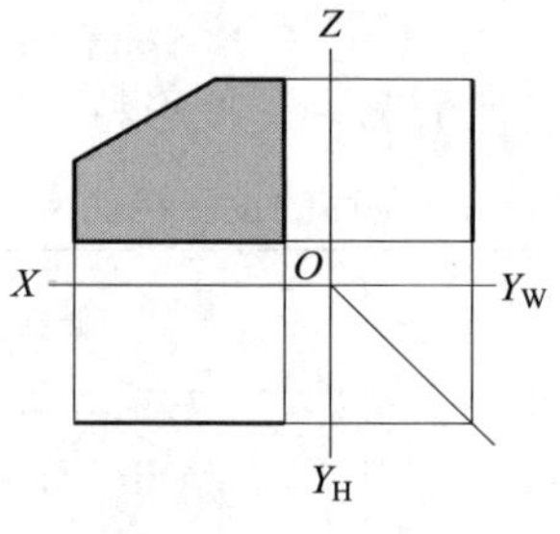 Z, X, O, Y_W, Y_H	1. 主视图反映实形 2. 俯视图和左视图均积聚成一直线
	水平面	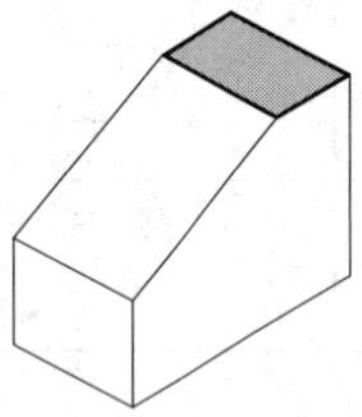	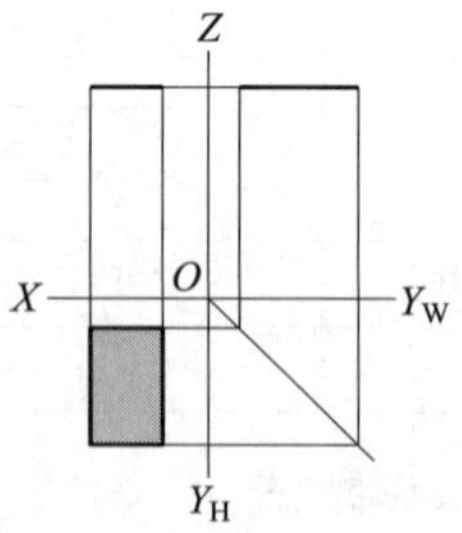 Z, X, O, Y_W, Y_H	1. 俯视图反映实形 2. 主视图和左视图均积聚成一直线

续表

名称		立体图	三视图	平面的投影特性
投影面平行面	侧平面	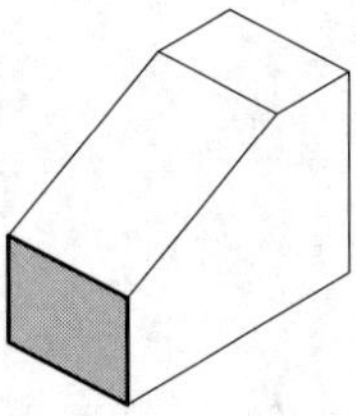	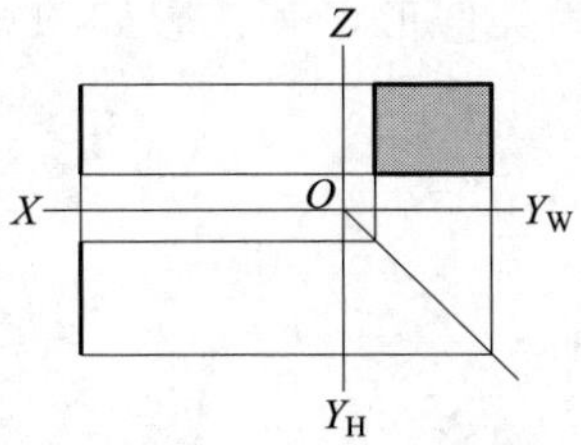 Z X O Y_W Y_H	1. 左视图反映实形 2. 主视图和俯视图均积聚成一直线
投影面垂直面	正垂面	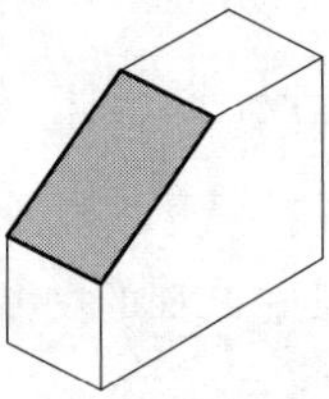	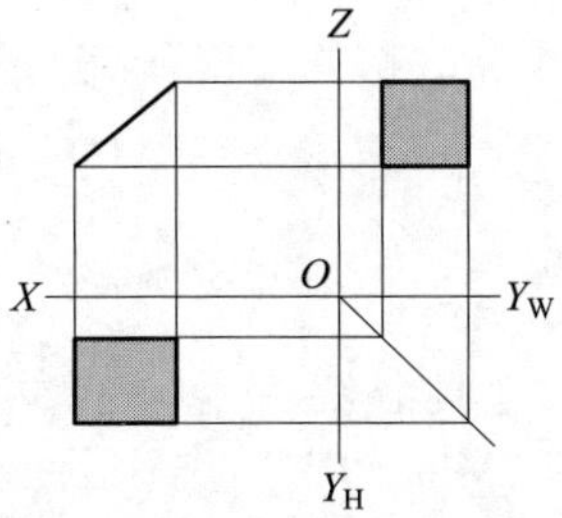 Z X O Y_W Y_H	1. 主视图积聚成一直线 2. 俯视图和左视图形状缩小
	铅垂面	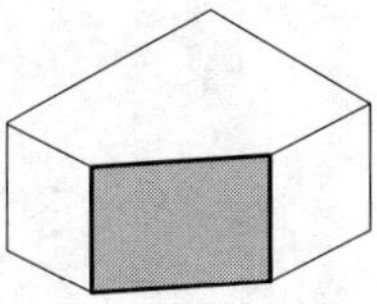	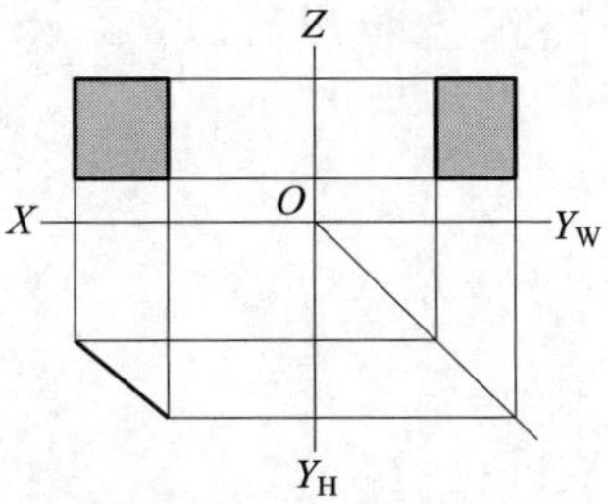 Z X O Y_W Y_H	1. 俯视图积聚成一直线 2. 主视图和左视图形状缩小
	侧垂面	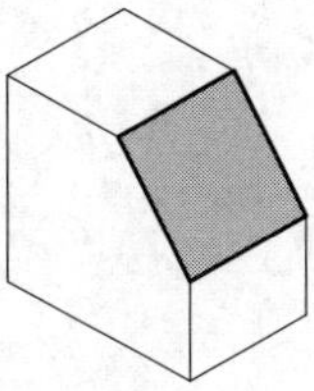	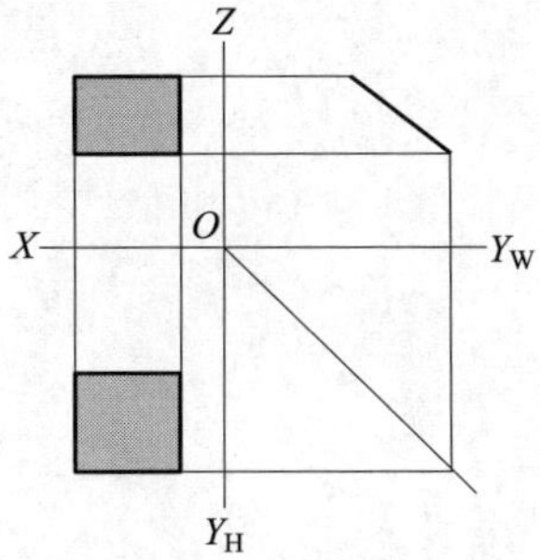 Z X O Y_W Y_H	1. 左视图积聚成一直线 2. 主视图和俯视图形状缩小
一般位置平面	倾斜面	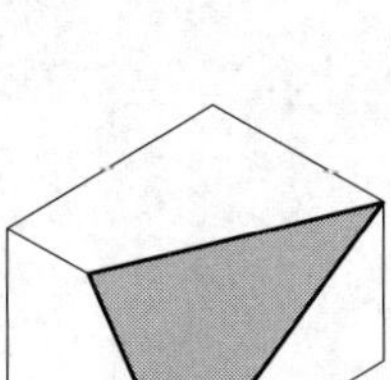	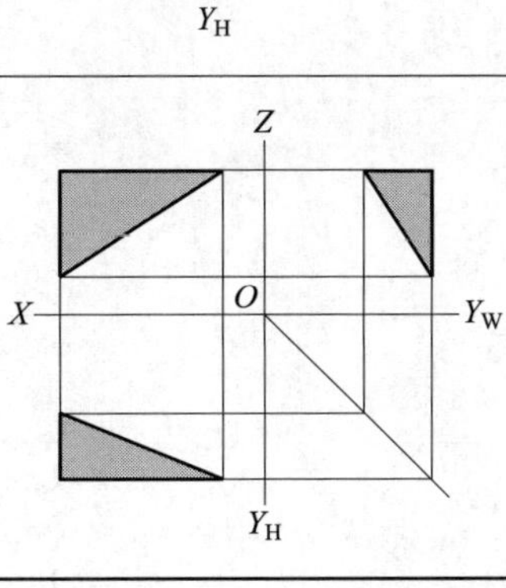 Z X O Y_W Y_H	三个视图形状均缩小，但边数不变

例 3－7　求图 3－24 所示四棱锥中 P 面的三面投影。

解：P 面是正垂面，与 V 面垂直，与 H 面和 W 面倾斜，所以在 V 面上的投影积聚为一直线，在 H 面和 W 面的投影为类似形，其投影如图 3－25 所示。

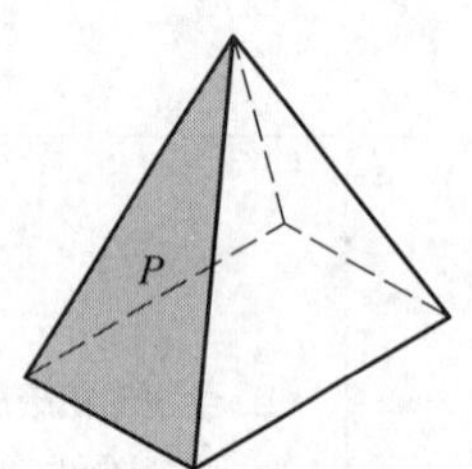

图 3－24　四棱锥

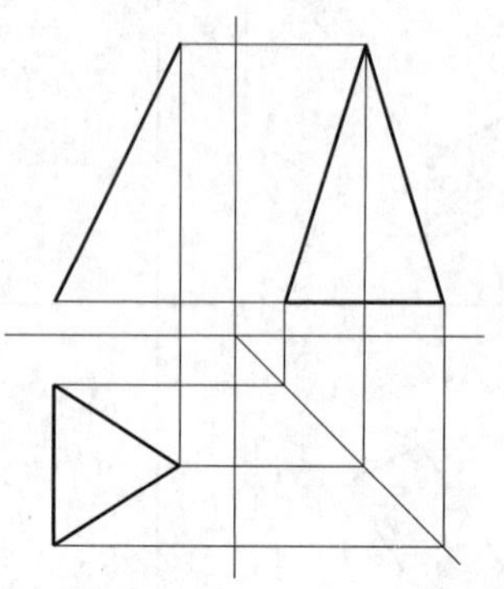

图 3－25　四棱锥中 P 面的投影

试分析四棱锥上其他面与投影面的关系及各面的三视图。

课题四　基本几何体

§4－1　认识基本几何体

说出图4－1所示各几何体实例图基本组成形状的名称。

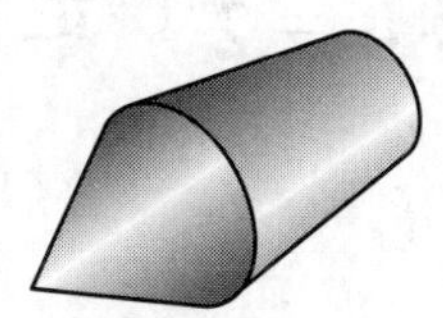
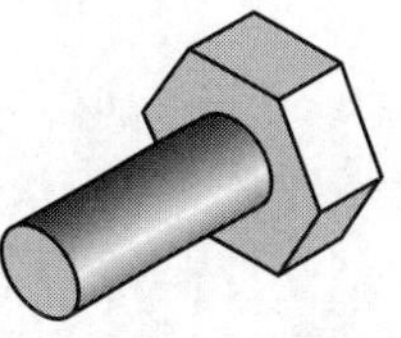

图4－1　几何体实例图

众所周知，足球是球形，金字塔是四棱锥形，顶尖是由圆锥和圆台组合成的，螺栓毛坯则可看成是由圆柱和六棱柱组合成的。由此可知，由简单的基本几何体可以组成比较复杂的物体。

常见的基本几何体有棱柱、棱锥、圆柱、圆锥、球、圆环等，如图4－2所示。根据这些几何体表面的几何性质，基本几何体可分为平面立体和曲面立体。

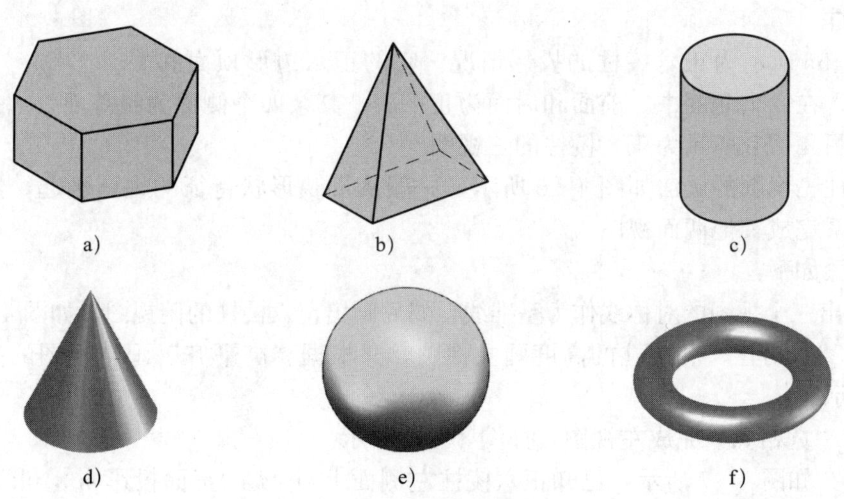

图4－2　常见的基本几何体

a）正六棱柱　b）四棱锥　c）圆柱　d）圆锥　e）球　f）圆环

平面立体是指表面都是由平面组成的形体，如棱柱、棱锥等。

曲面立体是指表面由曲面或曲面和平面组成的形体，如球、圆环、圆柱、圆锥等。

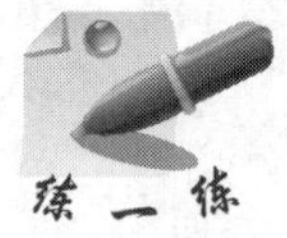

练一练　　说出如图 4－3 所示的实物图各由哪些基本几何体组成？

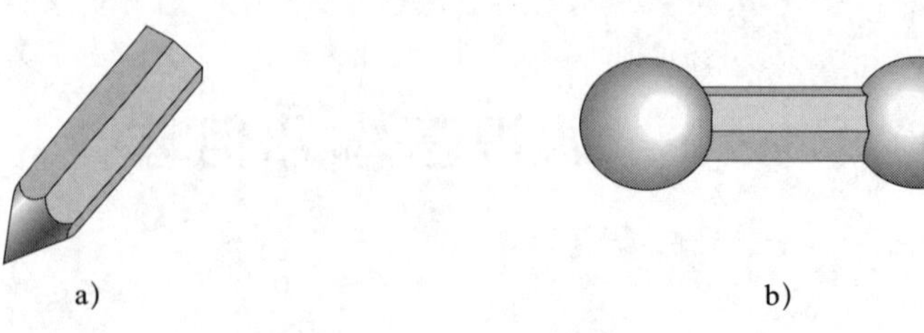

图 4－3　实物图

§4－2　平面立体的三视图

做一做　　试分析图 4－4 所示正六棱柱各表面的形状及其相互位置关系。

我们知道正六棱柱的顶面和底面是两个正六边形，六个侧面是相同的矩形，六个矩形与顶面和底面垂直。了解了正六棱柱的平面与投影面的关系后，根据上一课题所学的点、直线、平面在三投影面中的投影规律，我们就可以绘制几何体的三视图了。下面一起分析正六棱柱三视图的画法。

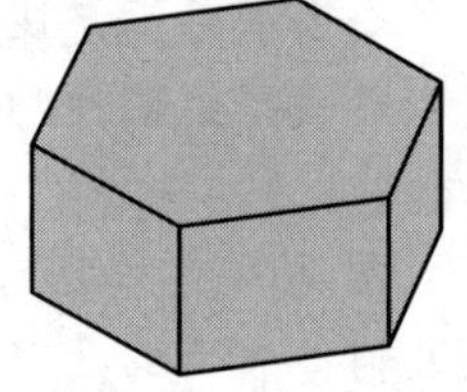

图 4－4　正六棱柱

一、棱柱

如图 4－5a 所示为正六棱柱的投影情况。它的正六边形顶面和底面为水平面，在六个侧面中，前面和后面为正平面，其余四个侧面为铅垂面，六条侧棱线为铅垂线。如图 4－5b 所示为正六棱柱的三视图。

正六棱柱三视图的画法如图 4－6 所示，一般从反映形状特征的视图画起，然后再按视图间投影关系完成其他两面视图。

作图步骤如下：

1. 先画出三个视图的对称线作为基准线，然后画出正六棱柱的俯视图，如图 4－6a 所示。

2. 根据“长对正”和棱柱的高度画主视图，并根据“高平齐”画左视图的高度线，如图 4－6b 所示。

3. 根据“宽相等”完成左视图，如图 4－6c 所示。

例 4－1　如图 4－7 所示，已知正六棱柱左侧面上点 M 的正面投影 m'，求其余两个投影 m 和 m''。

解：由于图 4－7 所示正六棱柱的表面都处在特殊位置（与投影面平行或垂直），因此，棱柱表面点的投影均可用平面投影的积聚性求出。

作图步骤如下：

(1) 因为左侧面的水平投影积聚成直线，所以点 M 的水平投影 m 一定在左侧面的水平投影上。因此，从 m' 向俯视图作投影连线，与该直线的交点即为 m，如图 4－7a 俯视图所示。

(2) 根据“高平齐、宽相等”的投影规律，由正面投影 m' 和水平投影 m 就可求得 m''，如图 4－7a 左视图所示。

二、棱锥

如图 4－8a 所示为四棱锥，底面为长方形，四个侧面均为等腰三角形，所有棱线都交于一点，即锥顶 S。如图 4－8b 所示为四棱锥的三视图。

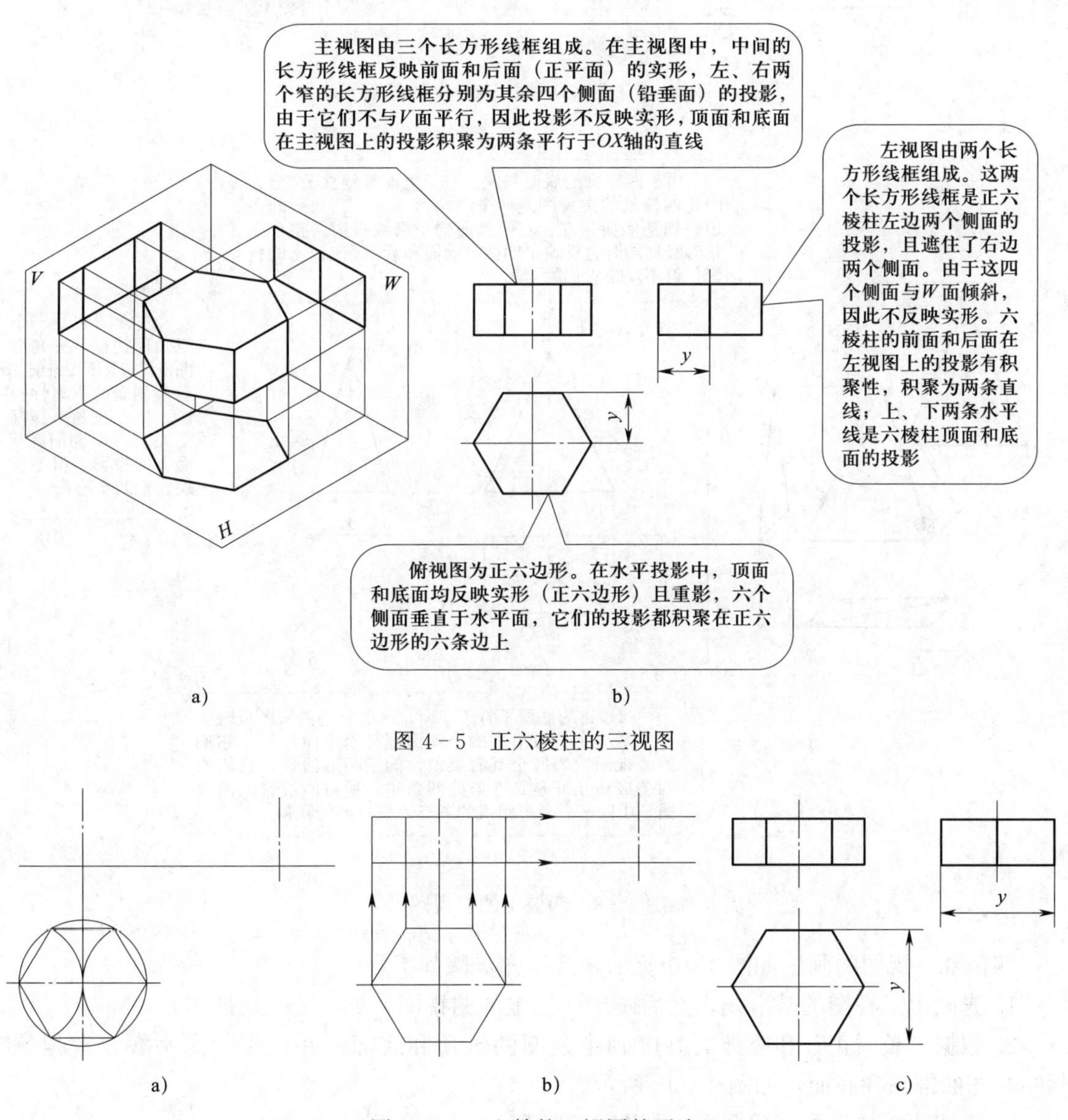

图 4－5　正六棱柱的三视图

图 4－6　正六棱柱三视图的画法

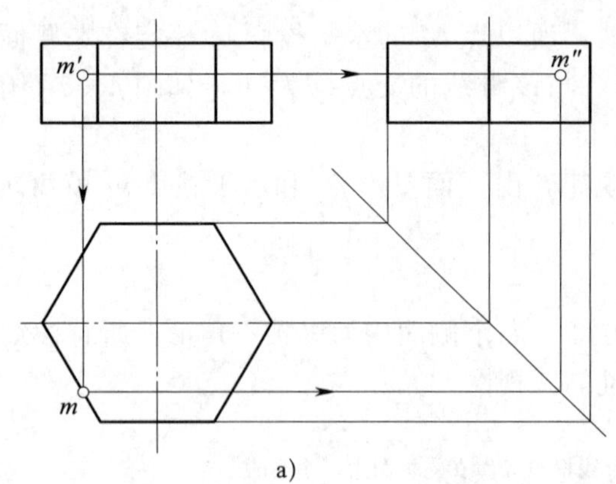

a)

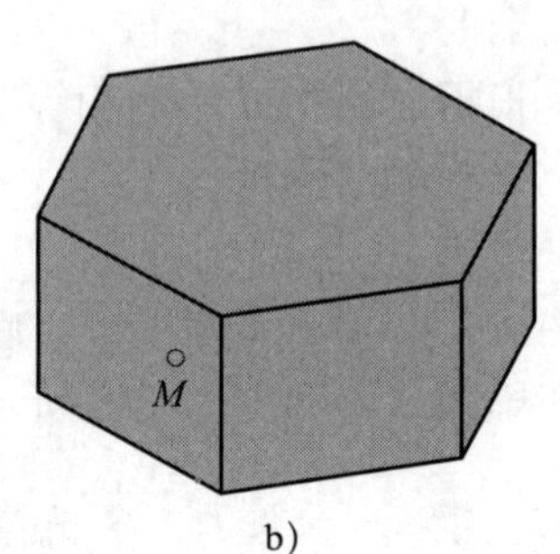

b)

图 4-7　求正六棱柱表面点的投影

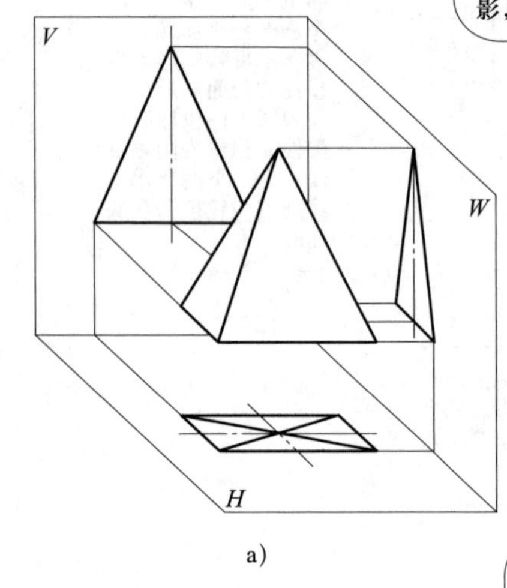

a)

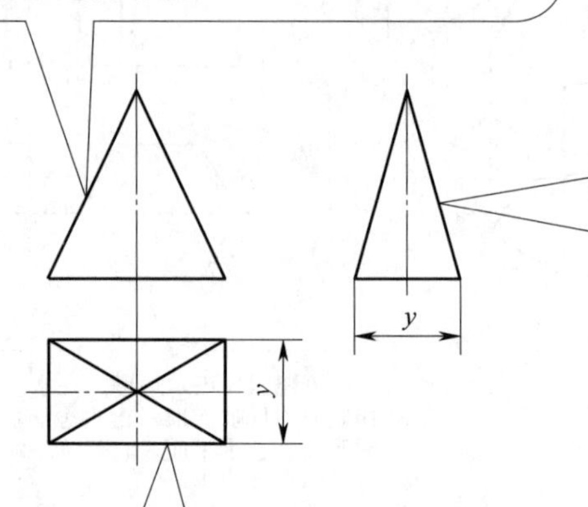

b)

图 4-8　四棱锥的三视图

四棱锥三视图的画法如图 4-9 所示，其作图步骤如下：

1. 先画出三视图的基准线，然后画出四棱锥的俯视图，如图 4-9a 所示。

2. 根据“长对正”和棱锥的高度画主视图的锥顶和底面，并根据“高平齐、宽相等”画左视图的锥顶和底面，如图 4-9b 所示。

3. 连棱线，描深，完成全图，如图 4-9c 所示。

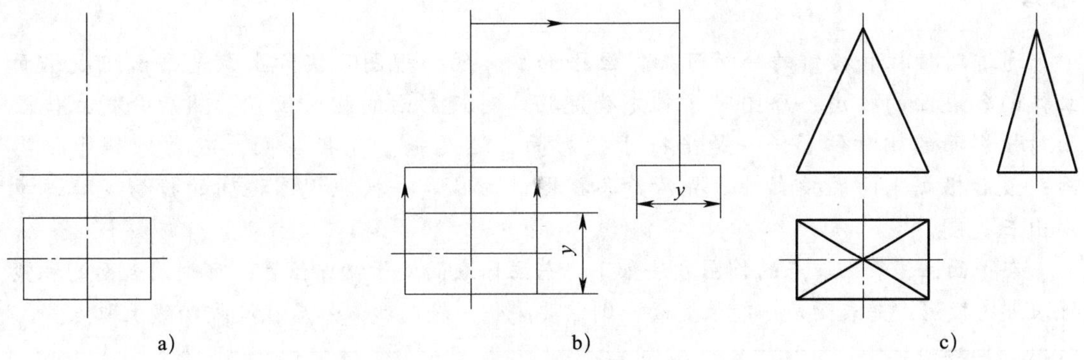

a) b) c)

图 4-9　四棱锥三视图的画法

例 4-2　如图 4-10 所示，已知四棱锥右侧面上点 N 的水平面投影 n，求其余两个投影 n'和 n''。

解：由于点 N 所在的表面处于特殊位置，因此可利用投影的积聚性直接求得。

作图步骤如下：

(1) 由于右侧面的 V 面投影积聚成一条直线，点 N 的正面投影 n'一定在右侧面的投影上，因此，根据“长对正”的投影规律，过 n 点画竖线，与主视图中右侧面的积聚投影相交，得交点 n'，如图 4-10a 主视图所示。

(2) 根据“高平齐、宽相等”的投影规律，由正面投影 n'和水平投影 n 可在左视图中求得 n''。

(3) 因为 n''在左视图中被左侧面的投影挡住，所以 n''应加括号，即 (n'')，表示不可见，如图 4-10a 所示。

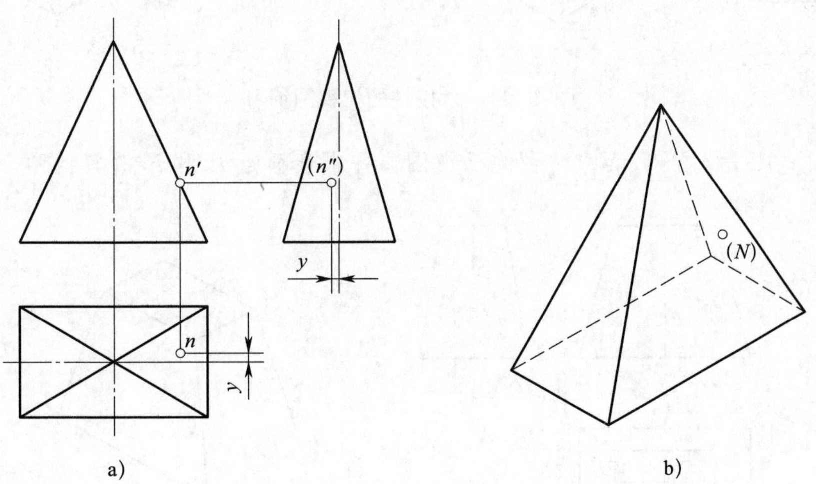

a) b)

图 4-10　求四棱锥表面点的投影

小结

通过对棱柱和棱锥的分析可知，画平面立体的三视图，实际上就是画出组成平面立体的各表面的投影。画图时，首先确定物体对投影面的相对位置；然后分析立体表面对投影面的相对位置——是平行于投影面，还是垂直于投影面，或是倾斜于投影面；最后根据平面的投影特性弄清楚各视图的形状，并按照视图之间的投影规律逐步画出三视图。

在平面立体表面取点的作图方法如下：若立体表面处于特殊位置，可利用表面的积聚性求点的投影；若表面是一般位置面，则需要先作一辅助线，然后在此辅助线上取点。

练一练

1. 如图 4-11 所示，根据六棱柱不同主视方向，求表面点的其他两个投影。

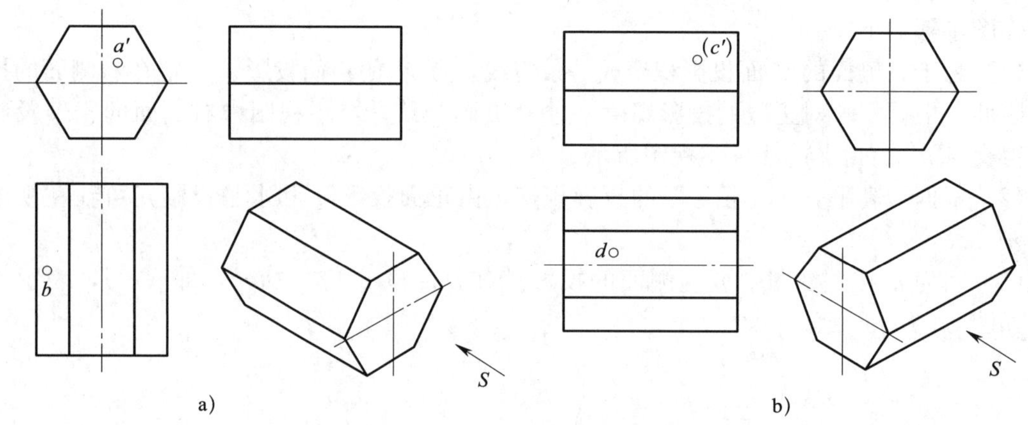

图 4-11　六棱柱的三视图练习

2. 如图 4-12 所示，识读四棱台的三视图，并求表面点 E 和 F 的其他两个投影。

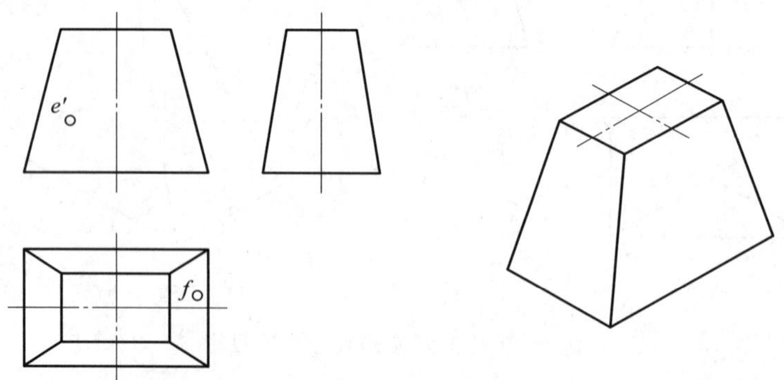

图 4-12　四棱台的三视图

§4－3　曲面立体的三视图

一、圆柱

如图 4－13 所示，圆柱面可看作由一条直线围绕与它平行的轴线 OO' 回转而成。OO' 称为回转轴，直线 CD 称为母线，母线转至任一位置时称为素线。将圆柱按图 4－14a 所示放置，其顶面和底面均为平行于水平投影面的圆，圆柱面可看成一个圆形的铅垂曲面，其三视图如图 4－14b所示。

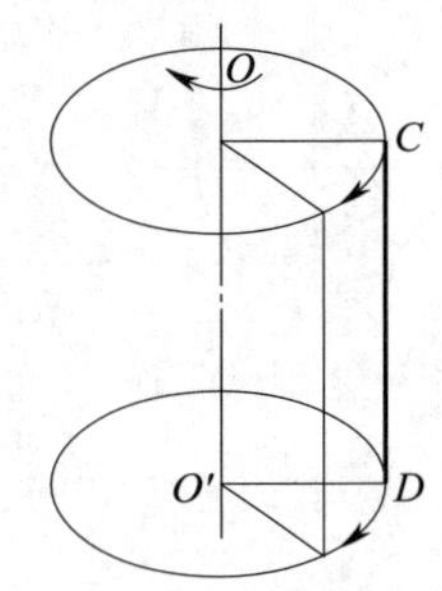

图 4－13　圆柱面的形成

画圆柱的三视图时，一般先画投影具有积聚性的圆，再根据投影规律和圆柱的高度完成其他两面视图，其画法如图 4－15 所示。

例 4－3　如图 4－16 所示，已知圆柱面上点 M 的正面投影 m'，求另两面投影 m 和 m''。

解：根据给定的 m'（可见）的位置，可判定点 M 在前半圆柱面的左半部分；因圆柱面的水平投影有积聚性，故 m 必在前半圆周的左部，m''（可见）可根据 m' 和 m 求得。

请再试试分析点 N 的投影。

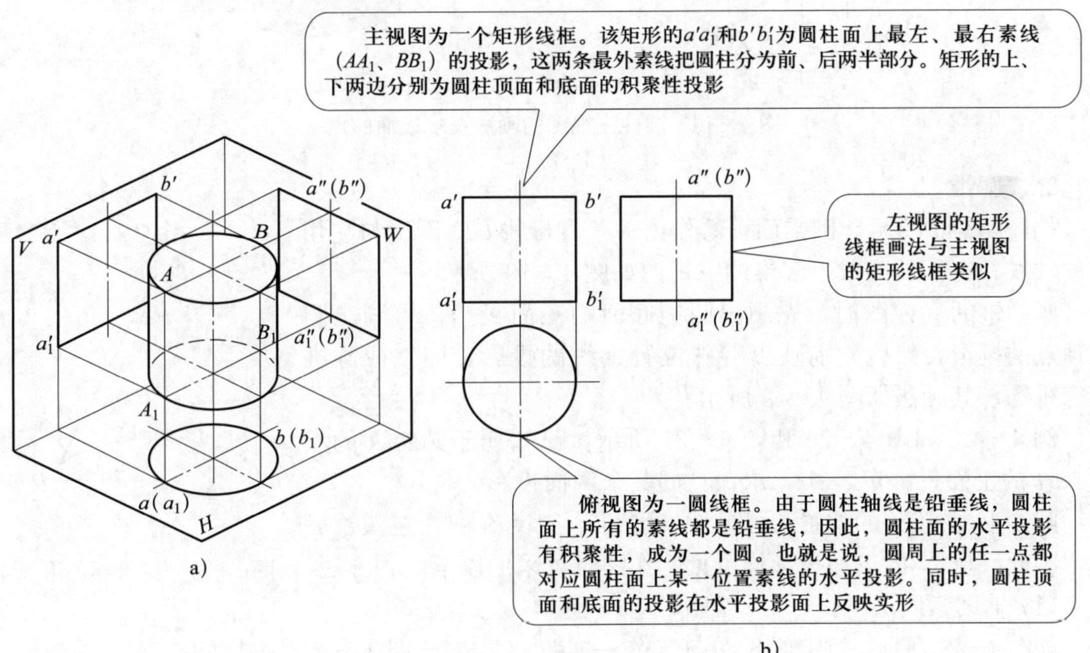

图 4－14　圆柱的三视图

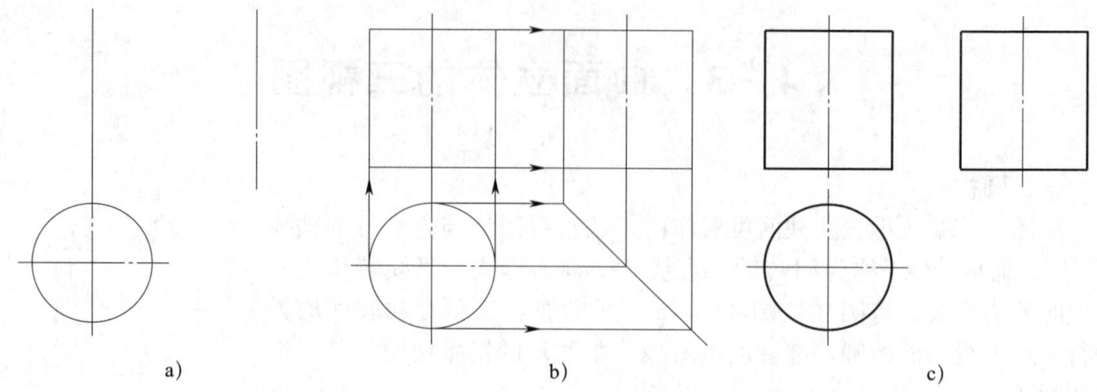

图 4-15　圆柱三视图的画法

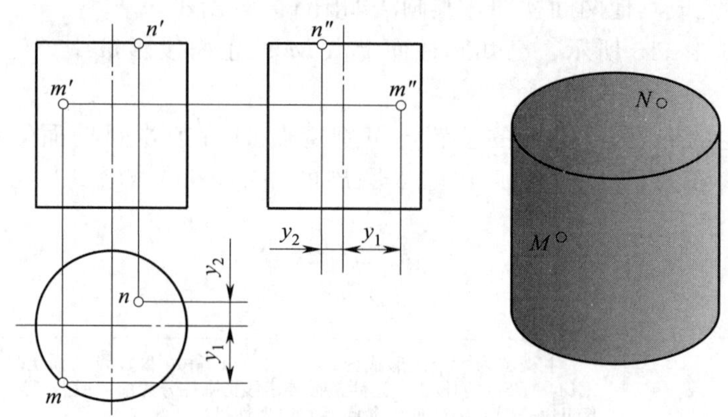

图 4-16　圆柱三视图的画法及求表面的点

二、圆锥

如图 4-17 所示，圆锥面可看作由一条直母线 CD 围绕与它相交的轴线 OO' 回转而成。圆锥的三视图如图 4-18 所示。

画圆锥的三视图时，先画出圆锥底面的三面投影，再画出圆锥顶点的投影，然后分别画出特殊位置素线的投影，即完成圆锥的三视图，其画法如图 4-19 所示。

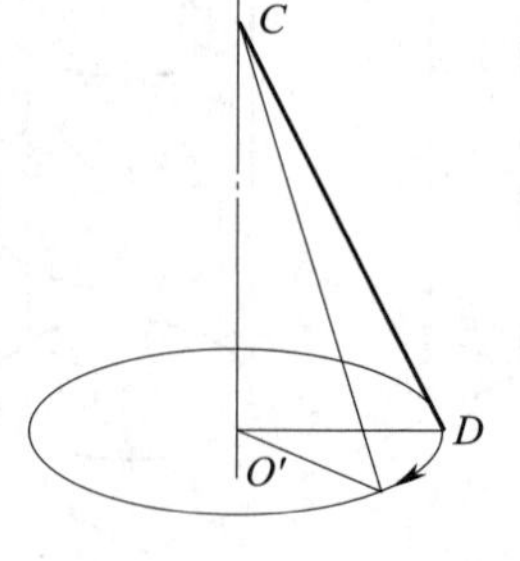

图 4-17　圆锥面的形成

例 4-4　如图 4-20 和图 4-21 所示，已知属于圆锥面的点 N、M 的正面投影 n'、m'，求两点的其余两面投影。

解：根据点 N 的位置和可见性，可判定点 N 在前、左圆锥面上，因此，点 N 的三面投影均可见。作图时可采用以下两种方法：

（1）辅助素线法

如图 4-20 所示，过锥顶 S 和点 N 作一辅助素线 SK，即在图 4-20 中连接 $s'n'$，并延长到与底面的正面投影相交于 k'，求得 sk 和 $s''k''$；再由 n' 根据点属于线的投影规律，求出 n 和 n''。

（2）辅助截平面法

如图 4-21 所示，过圆锥面上点 M 作垂直于圆锥轴线的水平辅助截平面，该截平面与圆锥表面产生的交线为圆（该圆的正面投影积聚为一直线），即过 m' 所作的直线平行于水平

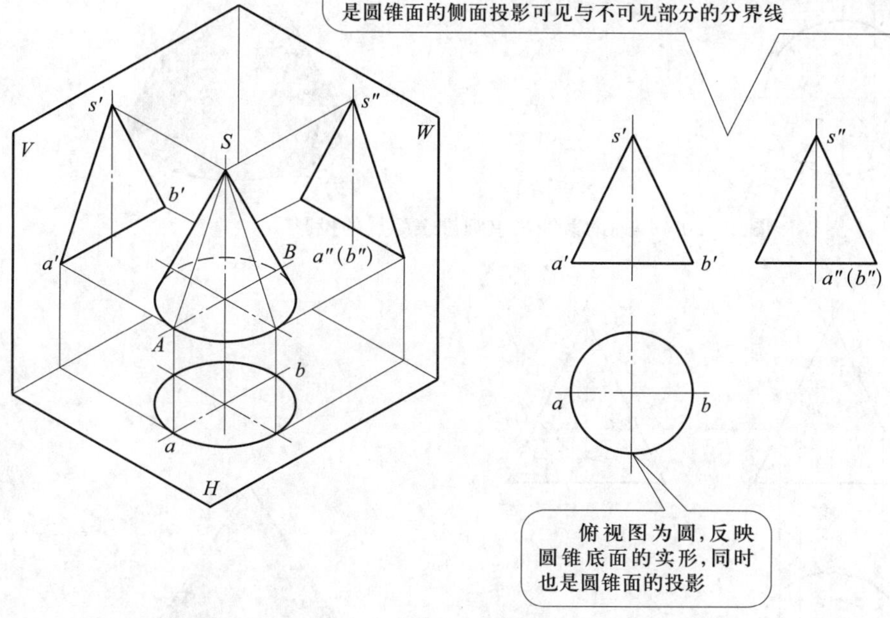

图 4-18　圆锥的三视图

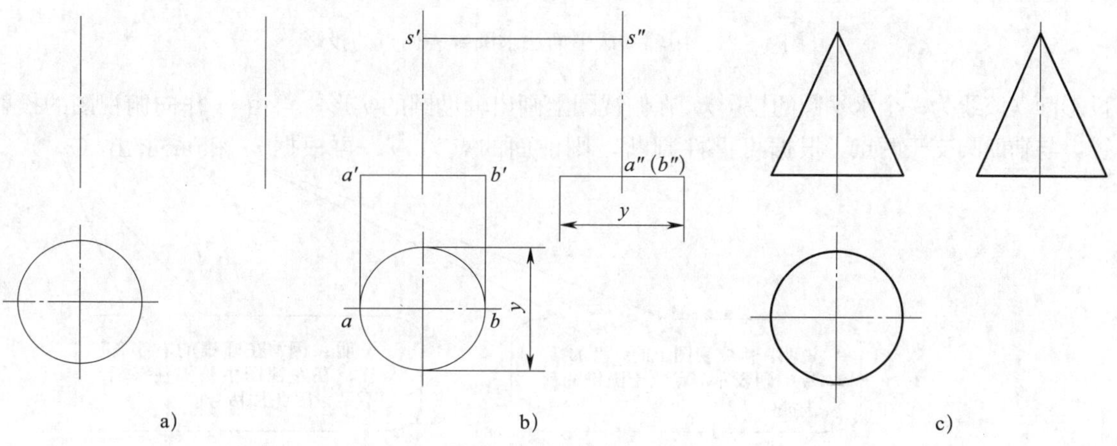

图 4-19　圆锥三视图的画法

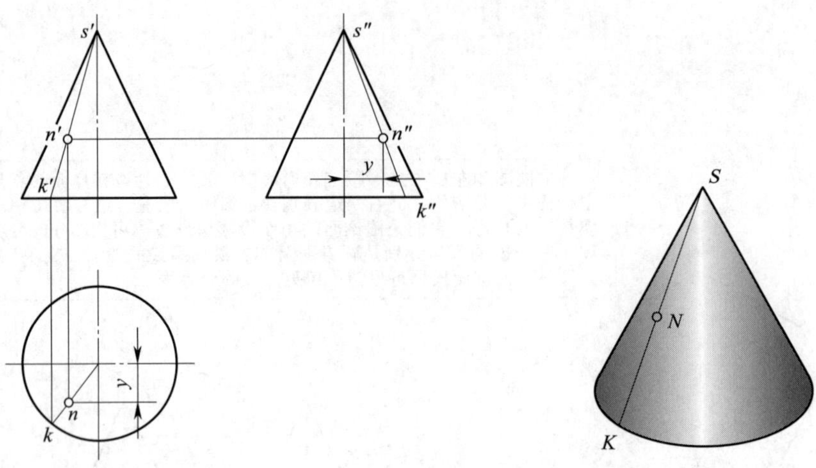

图 4－20　用辅助素线法求圆锥表面点的投影

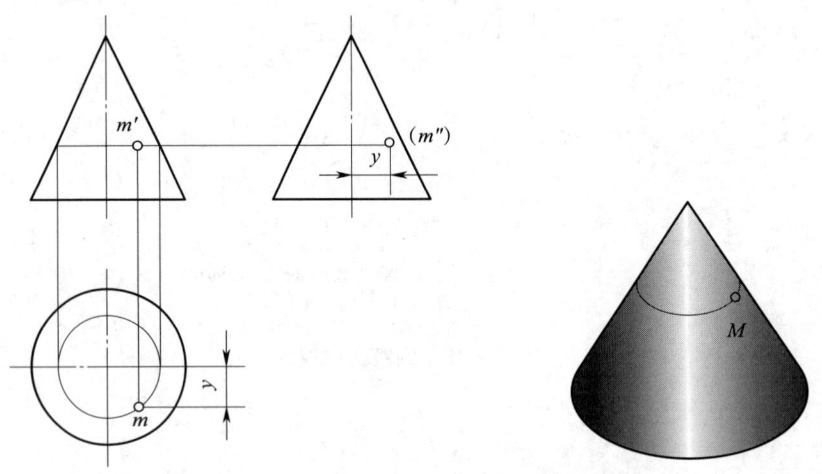

图 4－21　用辅助截平面法求圆锥表面点的投影

投影面（该线为一个水平圆的投影），在俯视图上画出辅助圆的实形，再由 m' 作向俯视图的投射线，与辅助圆交于两点，根据可见性判断，则前面的点为 m。再根据 m' 和 m 求出（m''）。

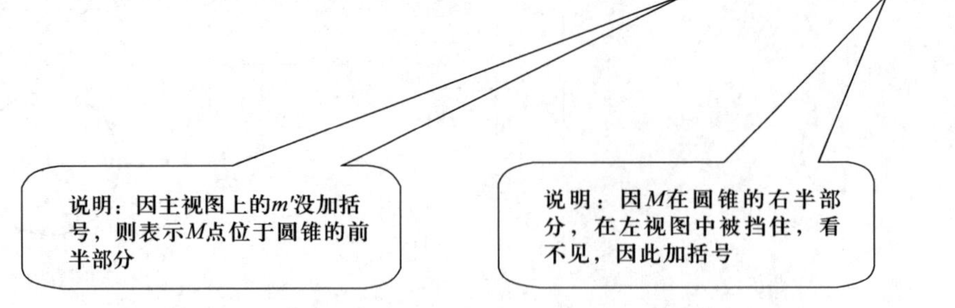

三、球

球面的形成如图 4－22a 所示，球面可看作一圆（母线）围绕它的直径回转而成，如图 4－22b 所示。

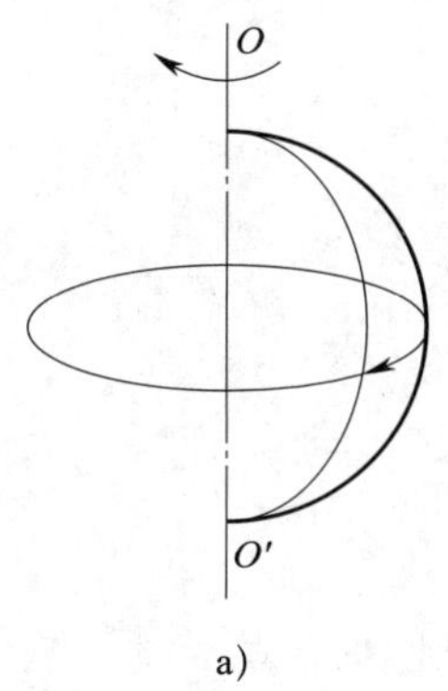

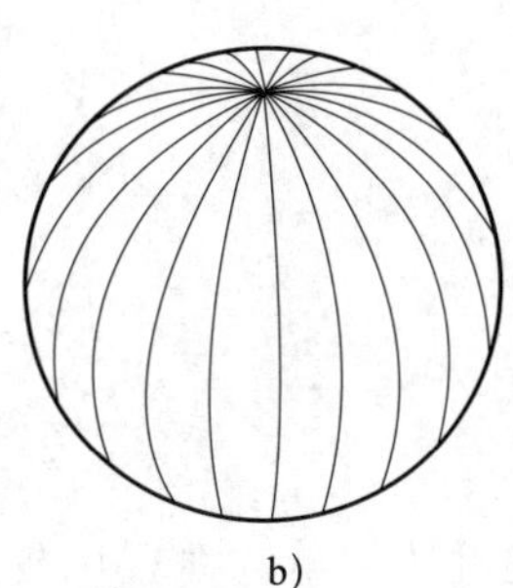

图 4-22　球面的形成

如图 4-23a 所示为球的三视图。它们都是与球直径相等的圆，均表示球面的投影。球的各投影虽然都是圆形，但各圆的意义不同。正面投影的圆是平行于 V 面的圆素线 A（前、后两半球的分界线，球面正面投影可见与不可见的分界线）的投影；同理，水平投影的圆是平行于 H 面的圆素线 B 的投影；侧面投影的圆是平行于 W 面的圆素线 C 的投影。这三条圆素线的其他两面投影都与圆的相应中心线重合。

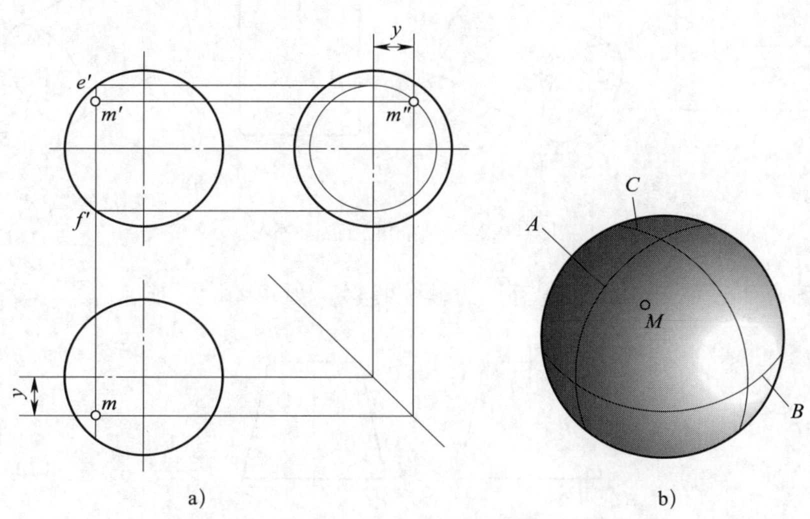

图 4-23　圆球的三视图及其表面点的投影

例 4-5　如图 4-23 所示，已知圆球面上点 M 的正面投影 m'，求另两面投影 m 和 m''。

解：根据点 M 的位置和可见性，可判定点 M 在前半球的左上部分，因此，点 M 的三面投影均可见。

（1）采用辅助截平面法作图。即过点 M 在球面上作一平行于侧面的辅助截平面，该平面与球产生的交线为圆（也可作平行于水平投影面或正投影面的截平面），因点在圆周上，故点的投影必在圆周的同面投影上。

（2）作图时，先在正面投影中过 m' 作 $e'f' /\!/ OZ$，$e'f'$ 为辅助圆在正投影面上的积聚性投影，其侧面投影为直径等于 $e'f'$ 的圆，由 m' 作 OZ 轴的垂线，与辅助圆侧面投影的交点

即为 m''，再由 m' 和 m'' 求得 m。注意：因 m 可见，应取前面的交点作为 m''。

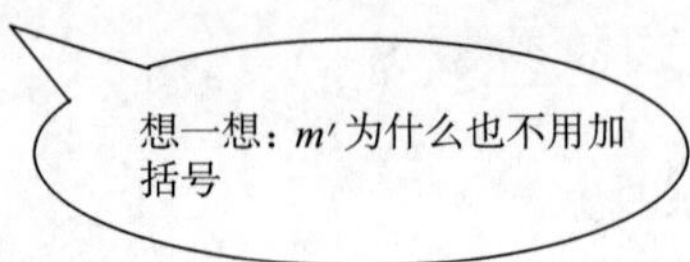

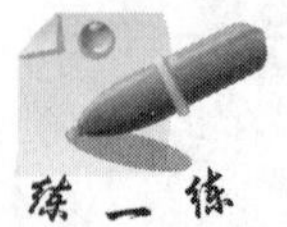

1. 改变圆柱的投射方向，比较它们三视图的异同，并求表面点的其他两个投影，其三视图如图 4-24 所示。

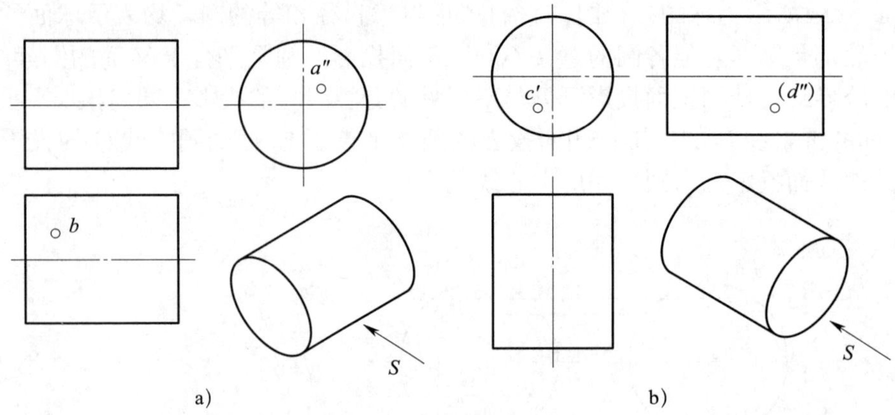

图 4-24　圆柱的三视图练习

2. 认识圆台的三视图，并求表面点的其他投影，如图 4-25 所示。

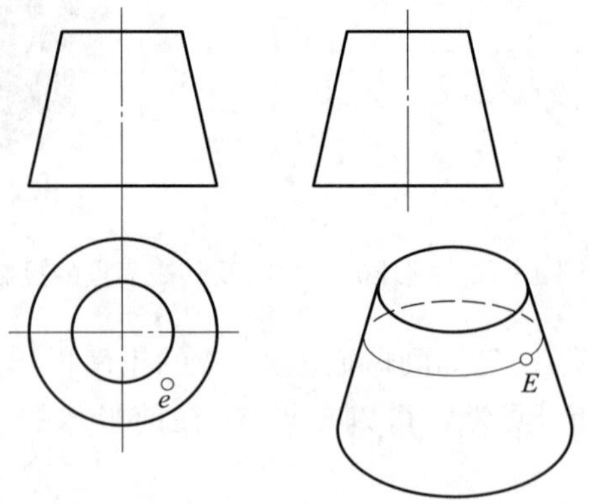

图 4-25　圆台的三视图练习

§4－4　基本几何体的尺寸标注

画一个长方体需要确定几个尺寸？

我们都知道画一个长方体需要长、宽、高三个尺寸。应该说物体都可以通过长、宽、高三个方向的尺寸确定其形状特征。所以，在视图上标注基本几何体的尺寸时，应将三个方向的尺寸标全，既不能少，也不能重复和多余。

通过前面几节的学习，我们了解了如何将基本几何体表达为三视图的方法，除此之外，还需要对基本几何体进行尺寸标注，才能准确地反映其大小和形状要求。典型基本几何体的尺寸标注见表4－1。

表4－1　　典型基本几何体的尺寸标注

名称	图例	视图的尺寸标注	说明
长方体			标注长、宽、高三个方向的尺寸
正五棱柱			注出高和正多边形外接圆直径
正三棱锥			注出高和正三角形底边的边长

续表

名称	图例	视图的尺寸标注	说明
四棱锥	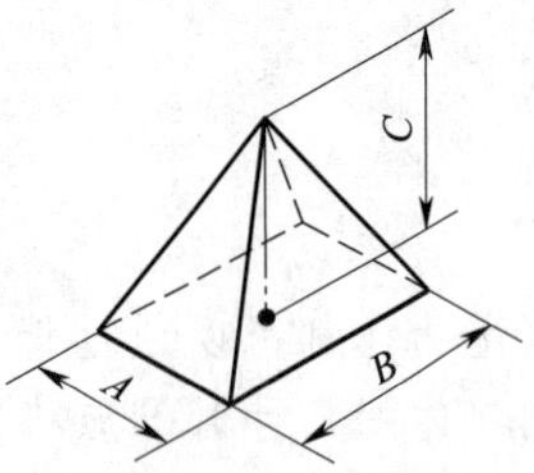	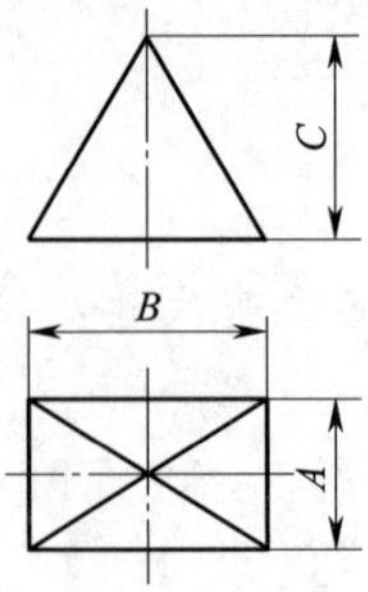	注出高与底面的长和宽
正四棱台	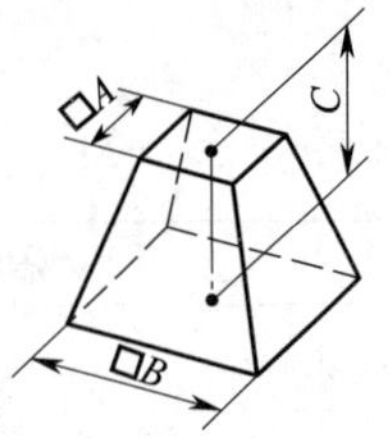	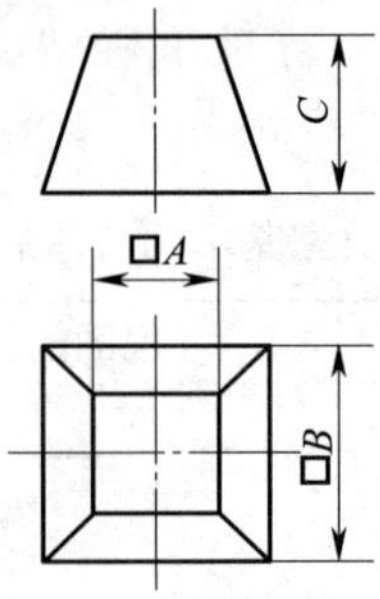	注出高和上、下底面的边长（□A 表示上面正方形的边长为 A，□B 表示下面正方形的边长为 B）
圆柱	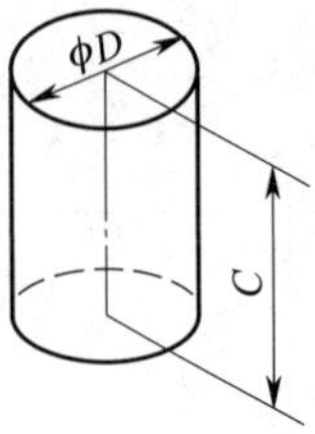	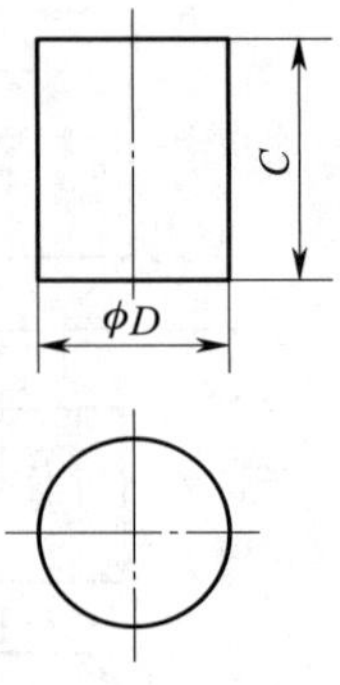	注出高和圆的直径
圆锥	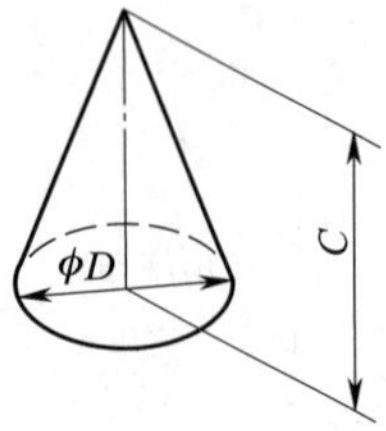	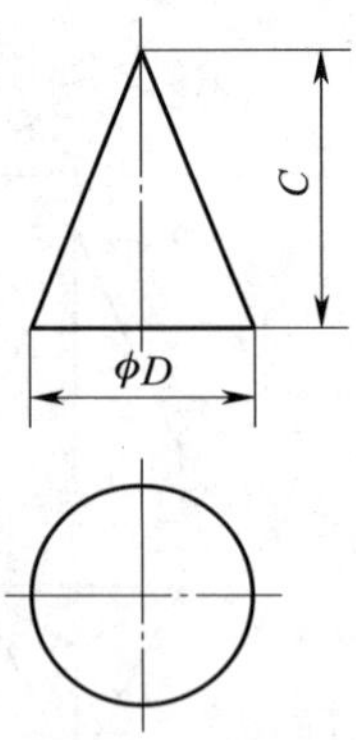	注出高和底圆的直径

续表

名称	图例	视图的尺寸标注	说明
圆台			注出高和上、下两圆的直径
球			注出球的直径
半球			注出球的半径

练一练　标注图 4-26 所示几何体的尺寸，取整数。

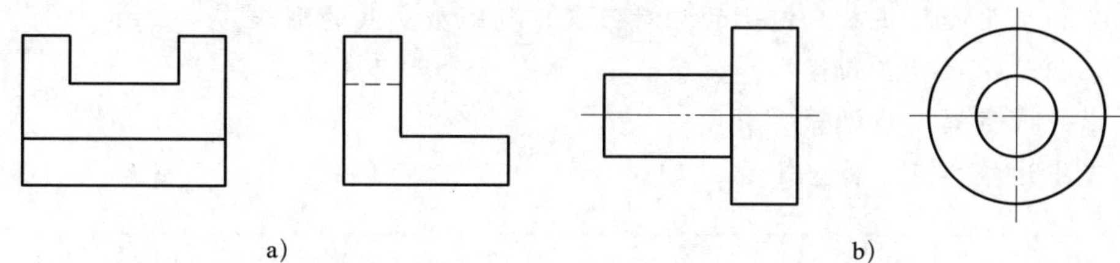

图 4-26　尺寸标注实例

§4-5　平面切割几何体的画法

如图 4-27 所示的组合体是怎样形成的？

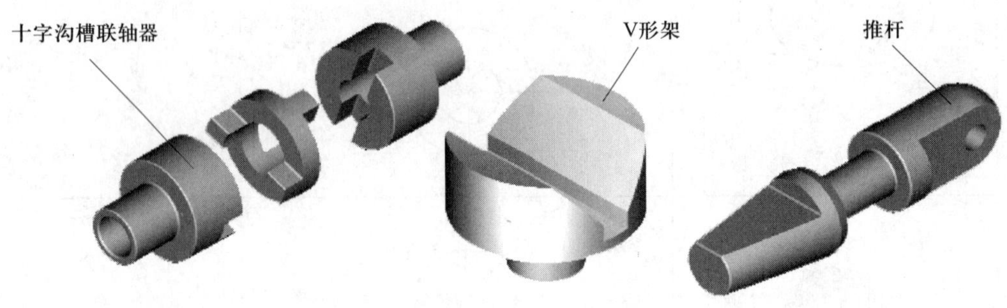

图 4-27　组合体

我们发现这些零件的外形可以看成是由基本几何体被平面切割后所形成的。

一、截交线的概念

立体被截平面切割后的形体称为截割体，切割所产生的截断面轮廓，即截平面与立体表面的交线称为截交线，如图 4-28 所示为圆锥的截割。

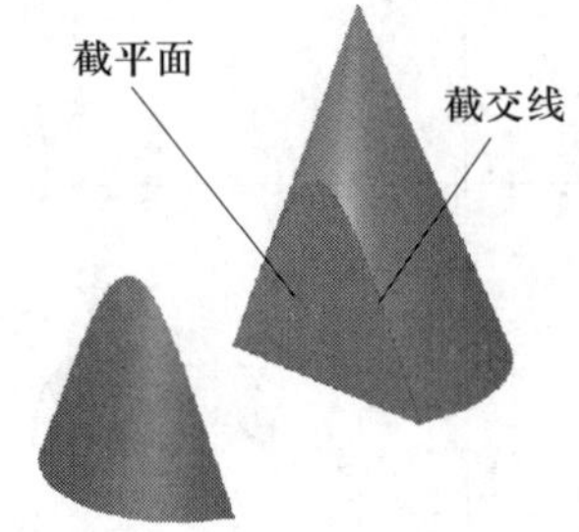

图 4-28　圆锥的截割

截平面完全切割基本体所产生的截交线具有下列性质：

1. 封闭性

截交线为一个封闭的平面图形。

2. 共有性

截交线是截平面与基本体表面的共有线。共有性是求作截交线的重要依据。

说明

要准确地表达被切割几何体的三视图，关键就是确定截交线的位置。

求截交线的方法和步骤如下：

1. 分析截平面与基本几何体的相对位置，判断截交线的形状。
2. 求出特殊位置点的投影。
3. 求一般位置点的投影。
4. 光滑连接各点，补全轮廓。

二、截平面与平面立体相交的截交线投影分析

求平面立体的截交线投影有两种方法：一种是求各棱线与截平面的交点——棱线法，另一种是求各棱面与截平面的交线——棱面法。

说明

空间截交线取决于两个因素：一是基本几何体的形状，二是基本几何体与截平面的相对位置。

1. 六棱柱开槽

分析：如图 4－29 所示为开槽六棱柱的三视图。该槽由两个侧平面和一个水平面切割而成。两个侧平面在 V 面和 H 面都有积聚性；一个水平面在 V 面和 W 面具有积聚性。

画法：

(1) 先画出六棱柱的三视图，如图 4－29b 所示。

(2) 根据槽宽、槽深尺寸直接画出其三条截交线 V 面的积聚性投影，并根据槽宽尺寸在水平投影中画出两个侧平面的积聚性投影，再根据主视图和俯视图，按投影规律完成开槽部分的侧面投影，如图 4－29c 所示。

(3) 擦除多余的图线，描深全图，如图 4－29d 所示。

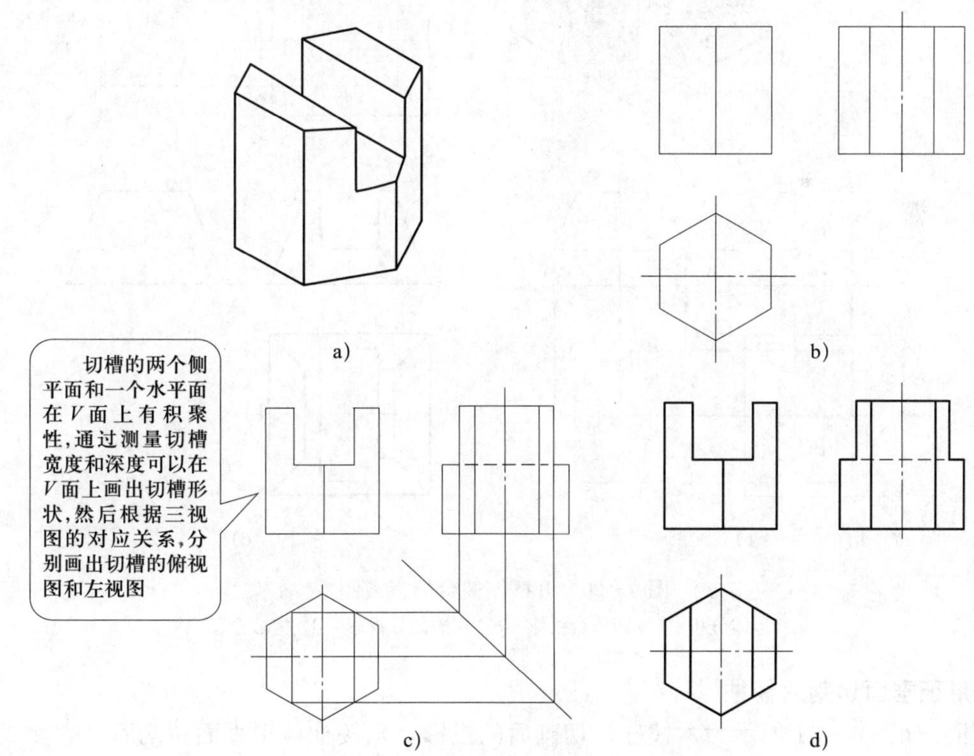

图 4－29　开槽六棱柱的三视图

a）开槽六棱柱　b）六棱柱投影　c）开槽部分投影　d）完成全图

2. 四棱台开槽

分析：如图 4－30 所示为开槽四棱台的三视图。该槽由两个侧平面和一个水平面切割而成。两个侧平面在 V 面和 H 面都有积聚性；一个水平面在 V 面和 W 面具有积聚性。

画法：

(1) 先画出四棱台的三视图，如图 4－30b 所示。

(2) 根据槽宽、槽深尺寸直接画出其三条截交线 V 面的积聚性投影，再利用投影规律画出槽底的 W 面投影。

(3) 再根据主视图和左视图，按投影规律完成开槽部分在俯视图上的投影，如图 4－30c 所示。

(4) 最后描深图线，完成全图，如图 4－30d 所示。

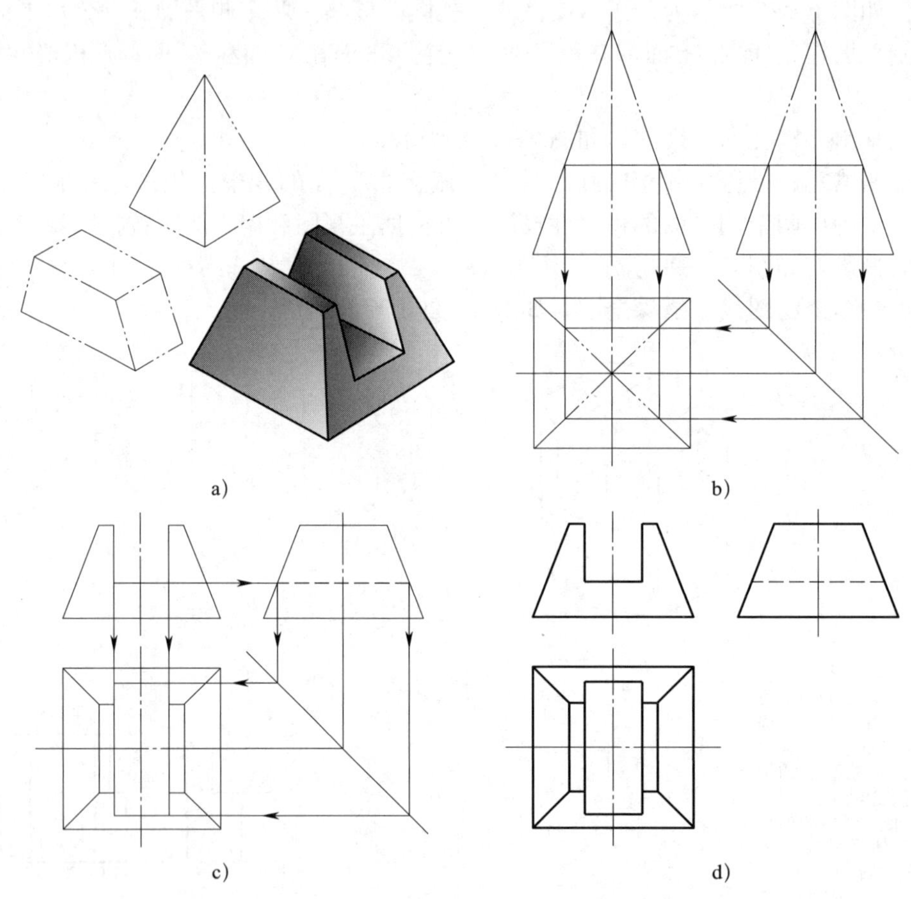

图 4－30　开槽四棱台的三视图

a) 形体分析　b) 四棱台投影　c) 开槽部分投影　d) 完成全图

3. 用正垂面切割六棱柱

分析：如图 4－31 所示为六棱柱被切割后的投影，六棱柱被正垂面切割后，截交线在正投影面上的投影积聚为一直线。在水平投影面的投影中，除顶面上的截交线外，其余各段截交线都积聚在俯视图的六边形上。

画法：由截交线的正面投影可在水平面和侧面相应的棱线上求得截平面与各棱线的交

点，依水平投影的顺序连接侧面投影各交点，可得截交线的投影。画左视图时，既要画出截交线的投影，又要画出六棱柱轮廓线的投影。判别可见性：俯视图、左视图上截交线的投影均为可见，最右棱线在左视图中的投影不可见，应画成细虚线。

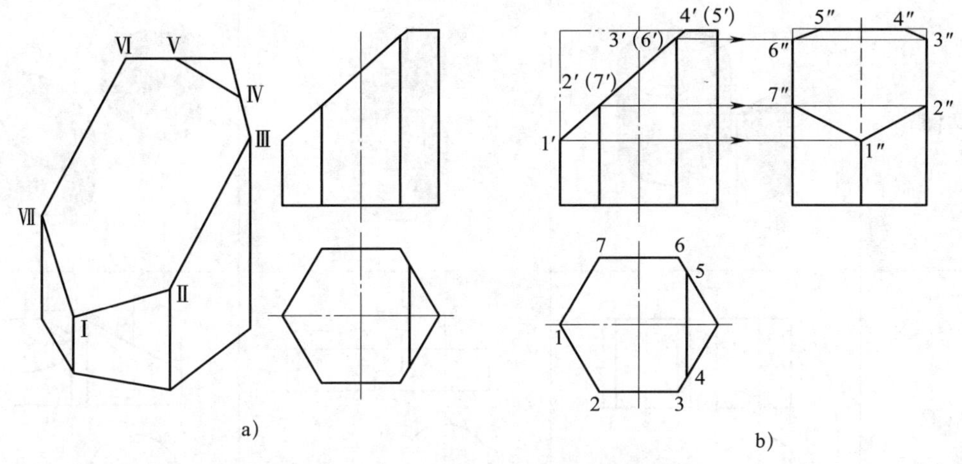

图 4-31　六棱柱被切割后的投影

a）形体分析　b）正垂面切割六棱柱的投影

4. 用正垂面切割四棱锥

分析：如图 4-32 所示为用正垂面切割四棱锥后的投影，截交线的正面投影积聚为直线。截平面与四条棱线相交，从正面可直接找出交点，其余投影必在各棱线的同面投影上。

画法：根据点的投影规律，在相应的棱线上求出截平面与棱线的交点，判断可见性后依次连接各点的同面投影，即得截交线。

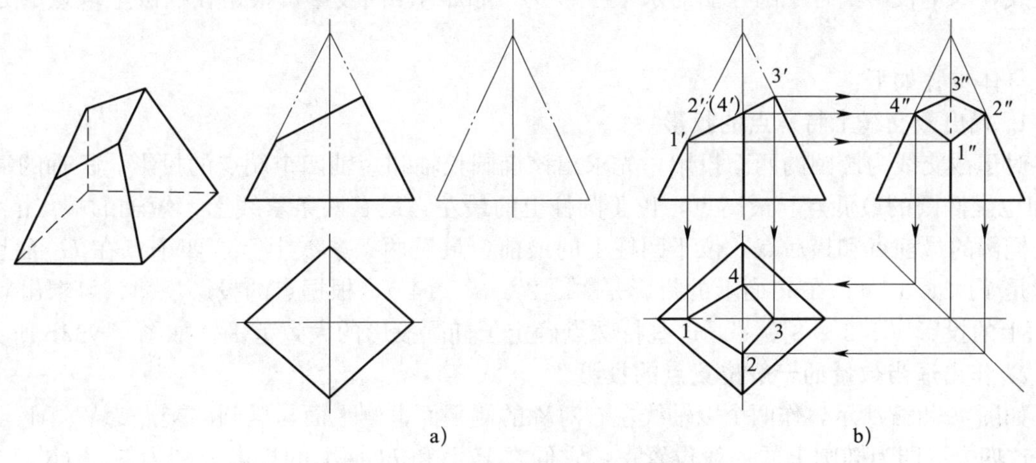

图 4-32　四棱锥被切割后的投影

a）形体分析　b）正垂面切割四棱锥的投影

三、截平面与圆柱相交的截交线投影分析

根据截平面与圆柱轴线的相对位置不同，截平面与圆柱的截交线有三种形状，见表 4-2。

表 4－2　　截平面与圆柱相交的截交线

截平面的位置	平行于轴线	垂直于轴线	倾斜于轴线
截交线的形状	矩　形	圆	椭　圆
立体图	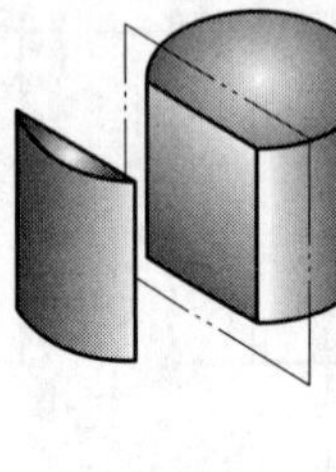	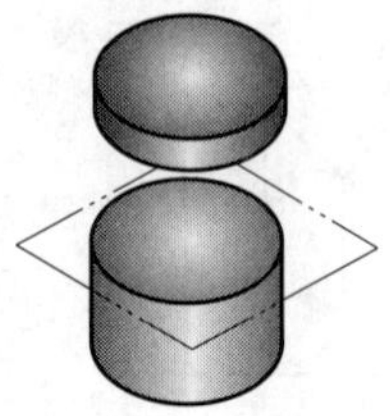	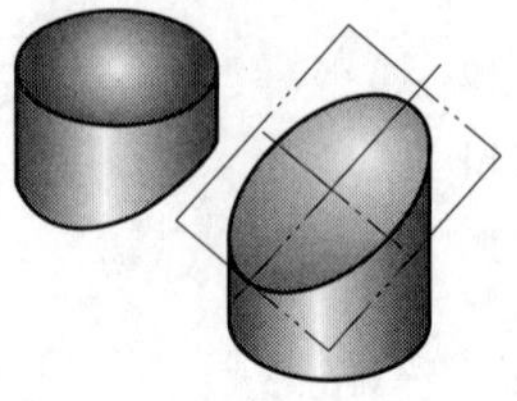
投影图	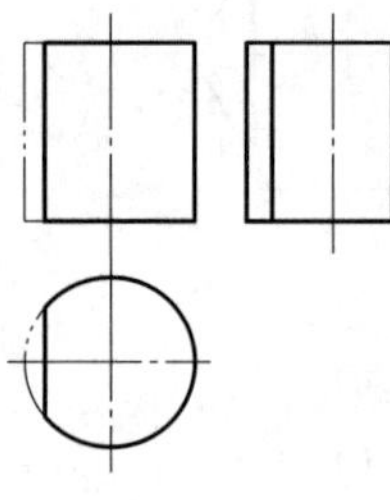	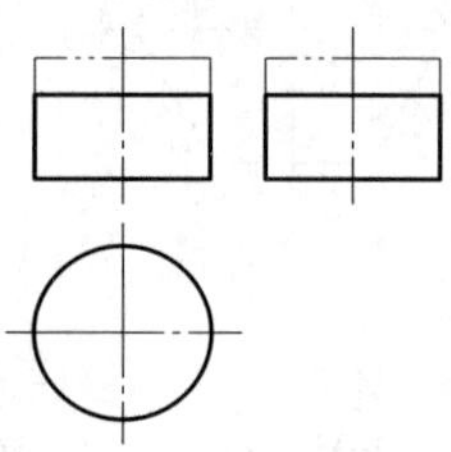	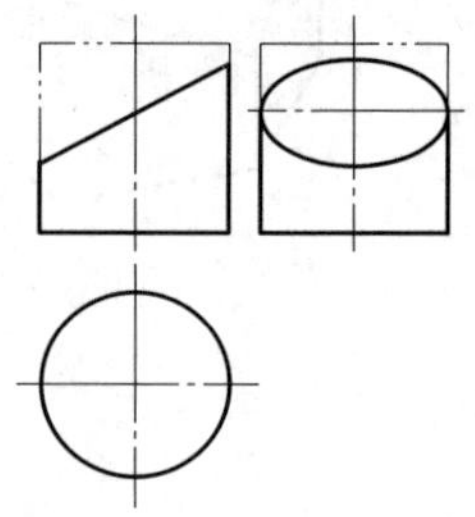

前两种情况比较简单，直接按截平面位置和投影关系即可得到截交线的投影。下面介绍第三种情况中椭圆截交线的画法，如图 4－33 所示。

完成圆柱被正垂面切割后的投影，如图 4－33a 所示。

分析：由于截平面倾斜于圆柱轴线切割，故截交线为一椭圆。该椭圆的正面投影积聚为一直线，水平投影重合于圆柱面的水平投影上。椭圆的侧面投影可根据在椭圆上取点的方法求出。

具体步骤如下：

1. 找出截交线上特殊点的投影

对于截交线为椭圆的两面投影，先求出该椭圆长轴和短轴四个端点的投影。长轴的端点Ⅰ和Ⅲ也是椭圆的最低点和最高点，位于圆柱上的最左、最右两条素线上；短轴的端点Ⅱ和Ⅳ也是椭圆的最前点和最后点，位于圆柱上的最前、最后两条素线上。这四个点在 H 面上的投影是 1、2、3、4，在 V 面上的投影是 $1'$、$2'$、$3'$、($4'$)，根据点的投影规律，可求出其在 W 面上的投影 $1''$、$2''$、$3''$、$4''$。这些特殊点确定了椭圆投影的大致范围，如图 4－33b 所示。

2. 作出适当数量的一般位置点的投影

如图 4－33a 所示，作两个以轴线左右对称的侧平面，侧平面与椭圆的交点为Ⅴ、Ⅵ、Ⅶ、Ⅷ，这四个点即为椭圆上的一般位置点，它们在 V 面和 H 面上的投影分别为 $5'$、($6'$)、$7'$、($8'$) 和 5、6、7、8。同样根据点的投影规律可求出它们在 W 面上的投影 $5''$、$6''$、$7''$、$8''$，如图 4－33c 所示。

3. 依次连接各点

将作出的各点的投影依次光滑连接起来，就可得到截交线的 W 面投影，如图 4－33d 所示。

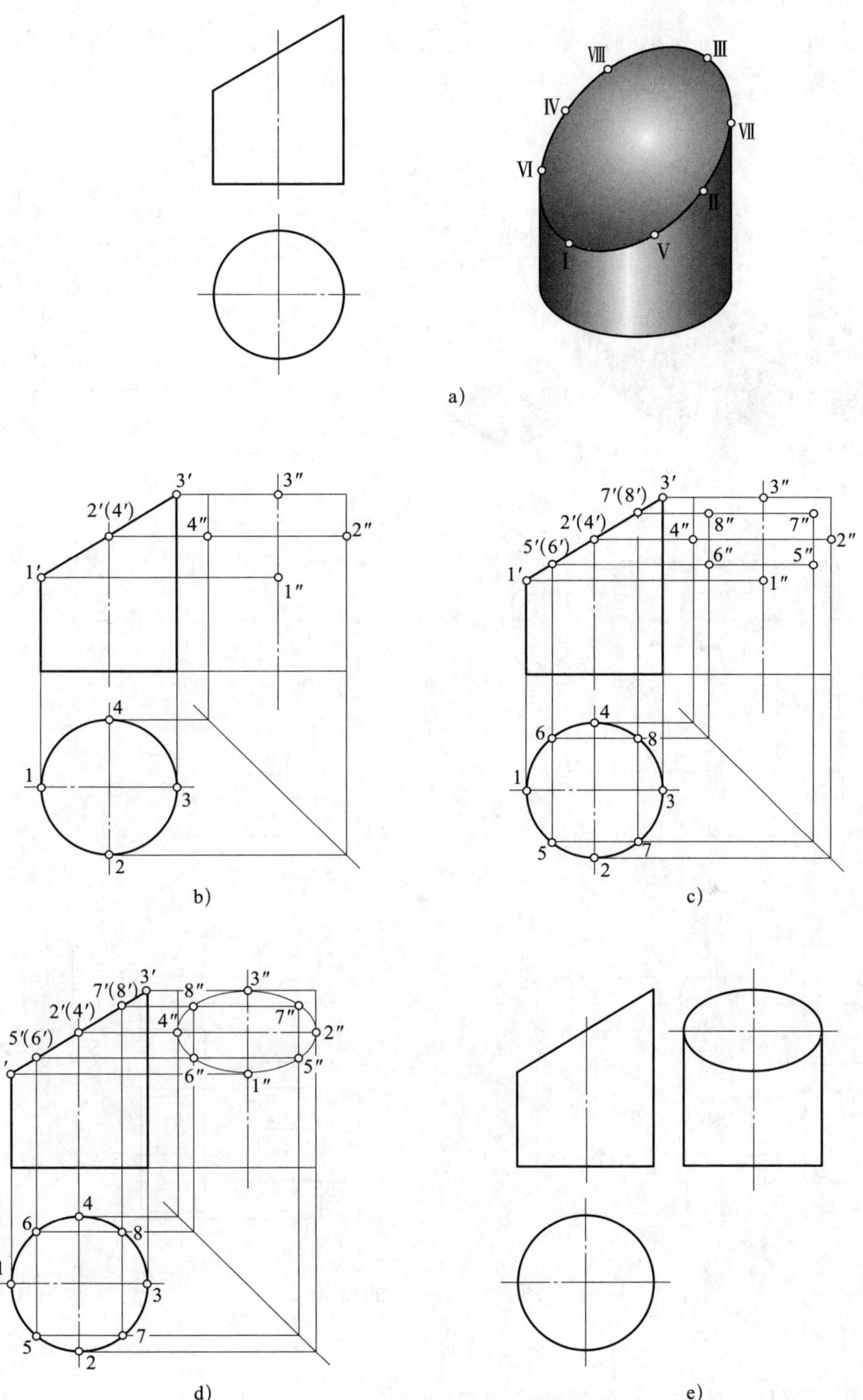

图 4－33　椭圆截交线的画法

a）形体分析　b）求特殊位置点的投影　c）求一般位置点的投影　d）连接各投影点　e）完成全图

例 4－6　画接头的投影，如图 4－34 所示。

分析：如图 4－34a 所示的接头是由一个圆柱被多次切割而成的形体，形成了如图 4－34a 所示的截交线。

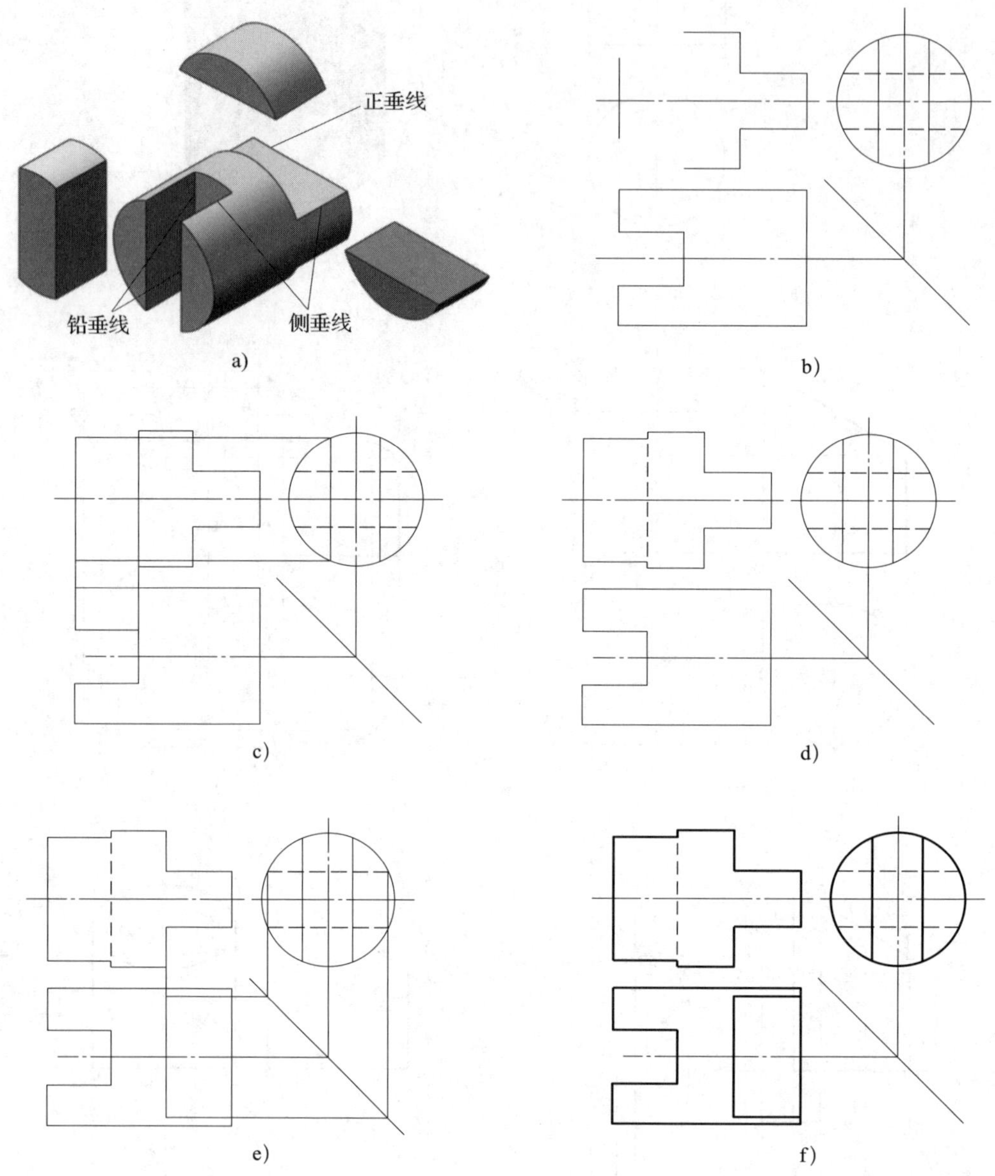

图 4－34　接头的投影

画法：

（1）根据圆柱开槽和切片的形状绘制三视图，如图 4－34b 所示。

（2）绘制左端开槽的主视图投影，如图 4－34c、d 所示。

（3）绘制右端切片的俯视图投影，如图 4－34e 所示。

（4）擦除多余的图线，描深，完成全图，如图 4－34f 所示。

例 4-7 绘制如图 4-35 所示圆筒被开槽后的投影。

分析：如图 4-35a 所示为圆筒，是在一个圆筒上用两个平行于圆筒轴线的平面和一个垂直于圆筒轴线的平面切割，在圆筒表面产生了截交线。

画法：

（1）画圆筒切口前的三视图，如图 4-35b 所示。

（2）作两个平行于圆筒轴线的平面与圆筒内、外圆柱面截交线的正面投影、水平投影和侧面投影，并作出垂直于圆筒轴线的平面的侧面投影，如图 4-35c 所示。

（3）切口后，圆筒中间部分的平面被切去，擦除多余的轮廓线，描深，完成全图，如图 4-35d 所示。

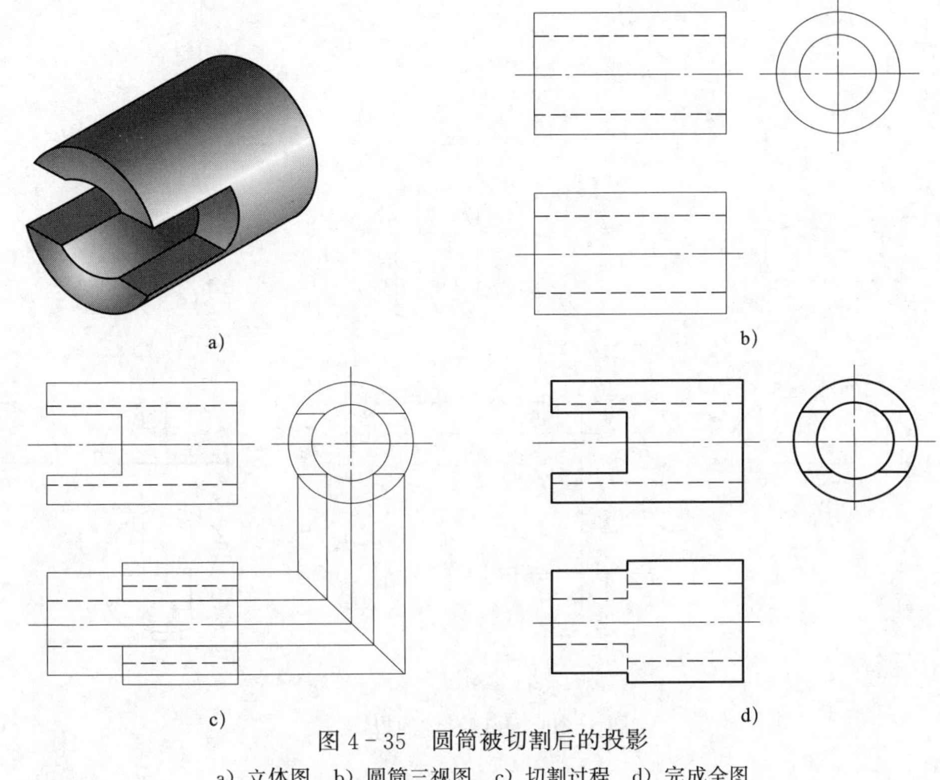

图 4-35 圆筒被切割后的投影

a）立体图 b）圆筒三视图 c）切割过程 d）完成全图

四、平面与球体相交的截交线投影分析

平面与球体相交时无论截平面处于什么位置，截平面与圆球表面的交线都是圆，但由于截平面对投影面的位置不同，截交线的投影可能会是圆、椭圆或直线。

例 4-8 画开槽半球的投影，如图 4-36 所示。

分析：如图 4-36a 所示，在半球上开槽，该槽由两个侧平面和一个水平面切割而成。两个侧平面在 V 面和 H 面都有积聚性；一个水平面在 V 面和 W 面具有积聚性，在 H 面上的投影为圆弧。

画法：

（1）先画出开槽半球的正面投影，如图 4-36a 所示。

（2）画出水平面与半球的截交线的水平投影，如图 4-36b 所示。

(3) 再画出两个侧平面与半球截交线的水平投影，如图 4-36c、d 所示。

(4) 分别画出水平面、侧平面与半球截交线的侧面投影，如图 4-36e 所示。

(5) 擦除多余图线，描深，完成全图，如图 4-36f 所示。

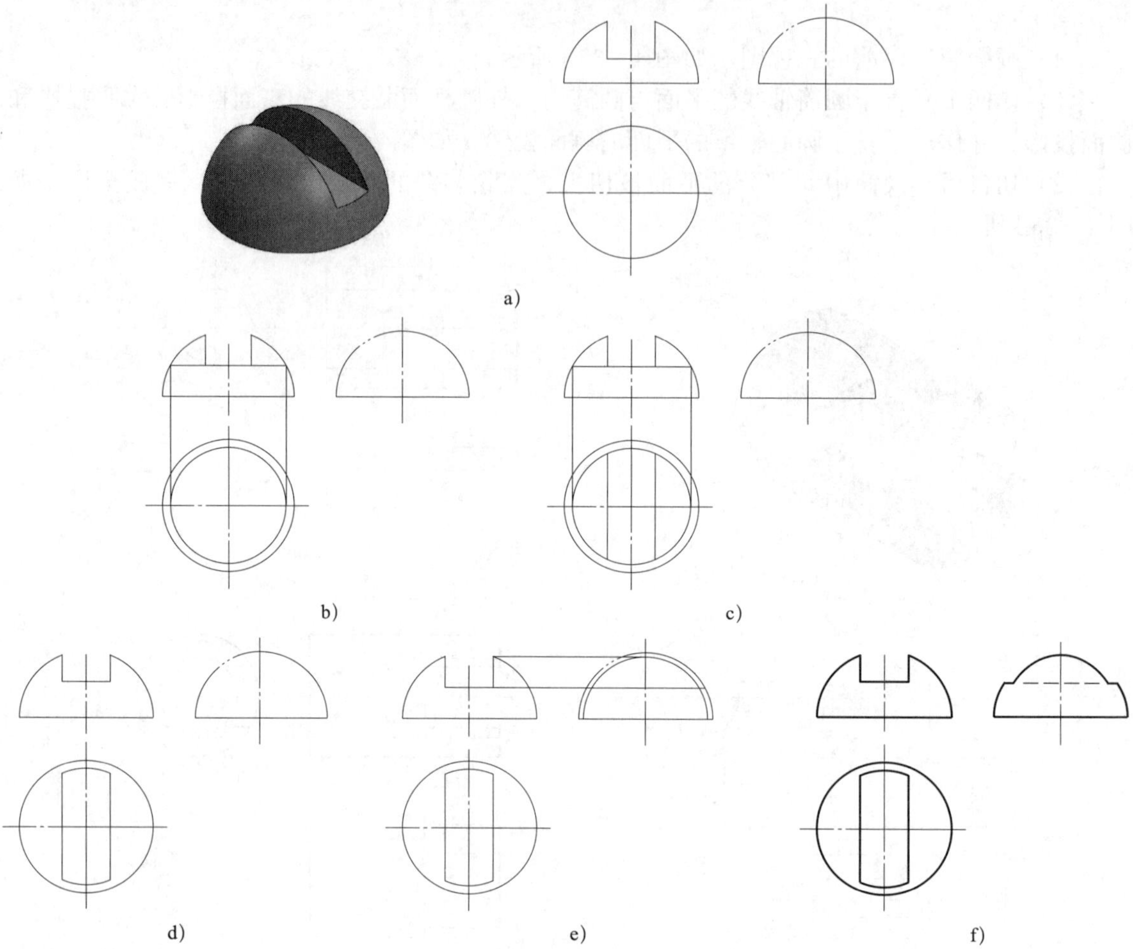

a)

b) c)

d) e) f)

图 4-36 开槽半球的投影

分别画出图 4-37 所示立体图的三视图（尺寸从图中量取，取整数）。

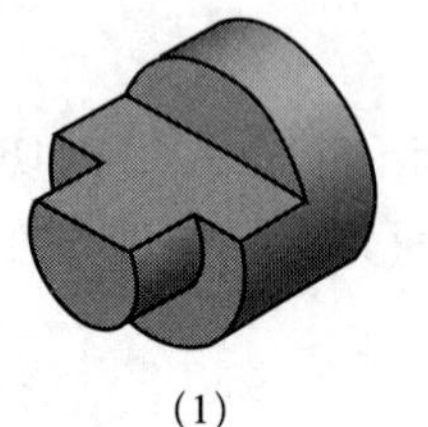

(1)

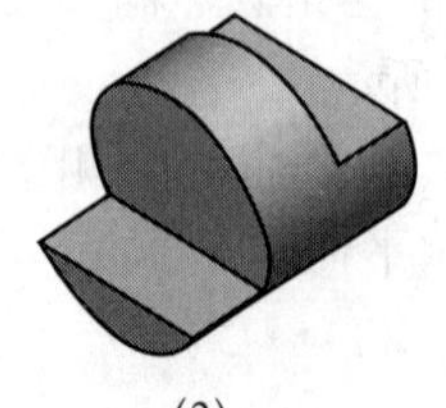

(2)

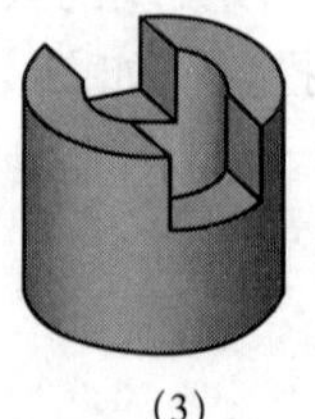

(3)

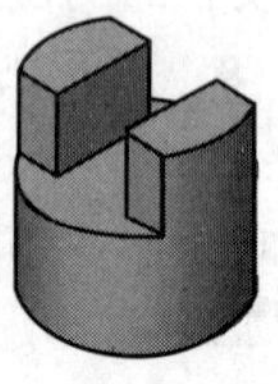

(4)

图 4-37 零件的立体图

§4－6　基本几何体相交的表面交线

想一想　如图 4－38 所示为基本几何体相交实例，试判断图中的形体分别是由哪些基本几何体相交而成的？

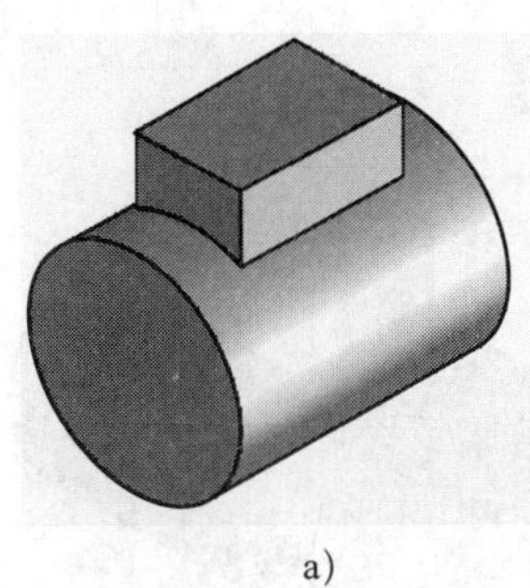

a)

b)

图 4－38　基本几何体相交实例

从图 4－38 中可以看出，在一些机器零件上，常常会遇到两个几何体相交的情况，特别是对于钣金加工而言，如锅炉的制造等。要完整、清晰地描述相交形状的机器零件，必须正确地画出它们的表面交线——相贯线。在本节中我们就来学习相贯线的有关知识。

一、相贯线的概念

如图 4－38 所示的各种形体，它们都是由一些相交的基本几何体组成的，这种相交的立体称为相贯体，其立体表面间的交线称为相贯线，如图 4－39 所示。那么相贯线有哪些特点呢？

1. 共有性

从相贯线的定义可以知道，相贯线既在一个立体的表面，同时又在另一个立体的表面，它是两个立体表面的共有线，相贯线上的每个点都是两立体表面的共有点。

2. 封闭性

由于立体的表面是封闭的，因此，在一般情况下它们的相贯线是封闭的。

3. 空间性

在一般情况下，两立体形成的相贯线为空间曲线，相贯线的形状取决于相交立体的形状、大小以及相对位置。

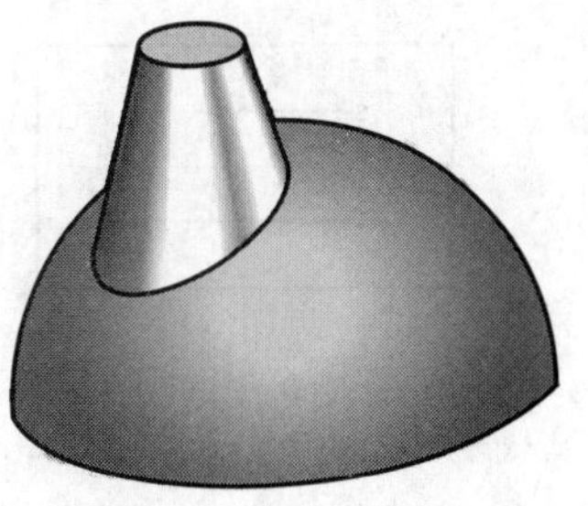

图 4－39　相贯线

二、相贯线的作图方法

求相贯线的投影实质上是找出相贯的两立体表面的若干共有点的投影。具体分为以下几步：

1. 分析形体的相交特性。

2. 求出相贯线上特殊位置点的投影。

3. 求出相贯线上一定数量的一般位置点的投影。

4. 将各点按照位置顺序依次平滑地连接起来，可见的轮廓线画粗实线，不可见的轮廓线画细虚线。

三、平面体与回转体相交

平面体与回转体相交形成的相贯线是平面体的表面与回转体表面的交线，由若干段平面曲线或直线组成。

例 4－9 求长方体与圆柱相贯线的投影，如图 4－40 所示。

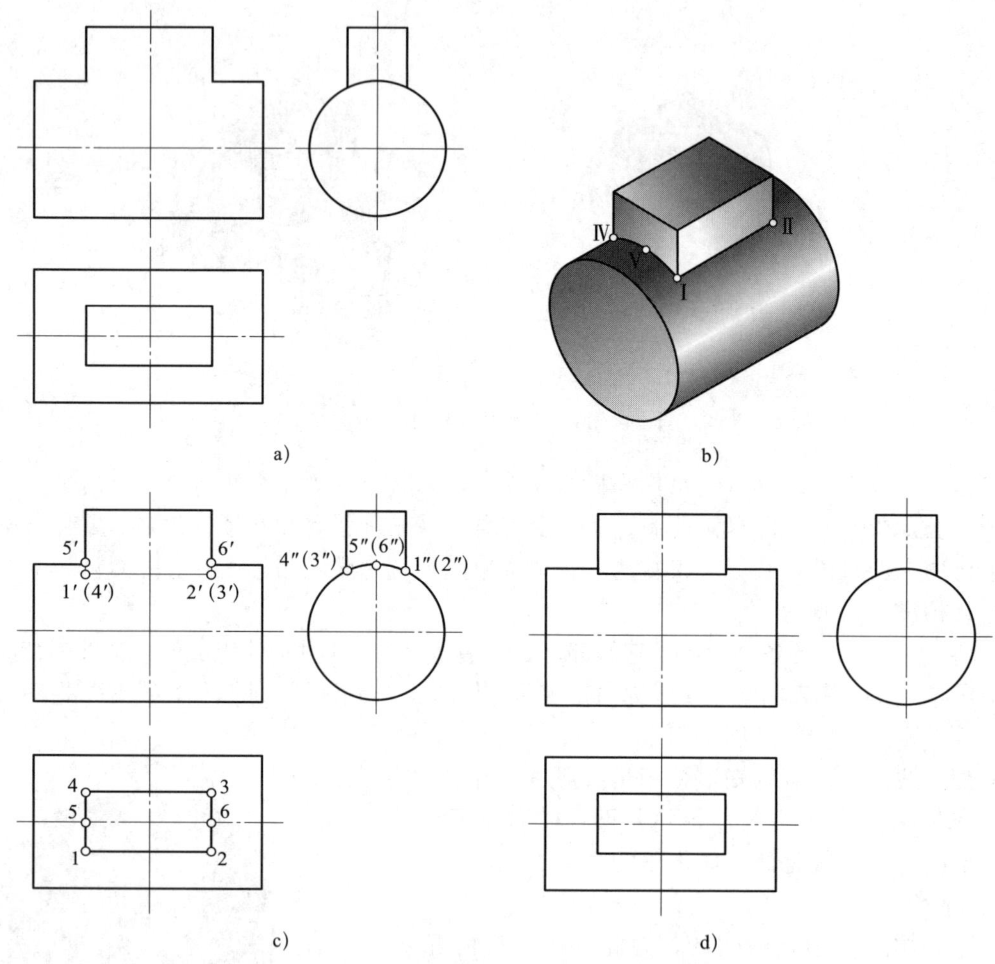

图 4－40 长方体与圆柱相贯线的投影

分析：由图 4－40a 可以看出长方体与圆柱垂直正交，如图 4－40b 所示。因为相贯线是两立体表面的共有线，所以其水平投影积聚在长方体水平投影的矩形上，而侧面投影积聚在圆柱侧面投影的圆周上，需要求作的是相贯线的正面投影。

画法：

（1）在左视图上找出相贯线中的最高点Ⅴ和Ⅵ的侧面投影 5″和（6″），Ⅴ在左边，Ⅵ在右边，它们重影，表示为 5″(6″)，与之相对应的点在俯视图中位于中心线上，即 5 和 6 两点；在主视图中，5′和 6′位于最高轮廓线上。

(2) 在左视图上找出最低点Ⅰ、Ⅱ、Ⅲ、Ⅳ的侧面投影1″(2″)和4″(3″)，与之相对应的点在俯视图中位于长方体的最前、最后位置，即1、2和4、3四点；根据“长对正、高平齐”的特点，在主视图中找到相应的1′(4′)和2′(3′)，如图4-40c所示。

(3) 连接5′1′、1′2′和2′6′，擦除多余线条，描深，即得该相贯线的投影，如图4-40d所示。

四、圆柱（孔）与圆柱（孔）正交

如图4-41所示，该形体由两个正交的圆柱组成，此时，两曲面形成的相贯线在一般情况下是一条封闭的空间曲线，在特殊情况下，也可能是平面曲线。两个正交的圆柱产生的相贯线投影的画法有表面取点法和简化画法两种。

表面取点法是根据已知曲面立体表面点的投影求其他投影的方法。

图4-41　圆柱与圆柱相贯

如图4-42所示为两圆柱相贯线的投影。由投影关系可以看出：这两个圆柱的轴线正交，如图4-42b所示。其中，直立圆柱的轴线垂直于水平投影面，其水平投影积聚为一个圆，相贯线也积聚在这个圆上；水平圆柱的轴线垂直于侧投影面，其侧面投影积聚为一个圆，相贯线也积聚在这个圆上。

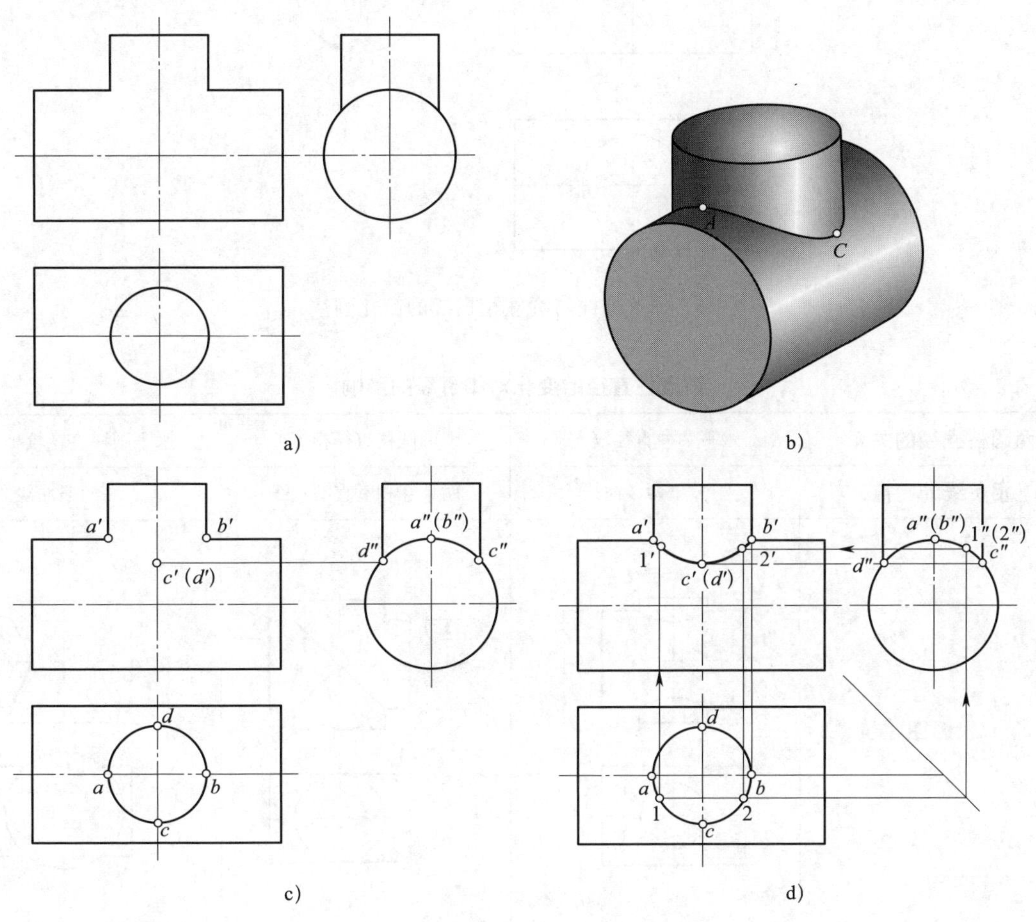

图4-42　两圆柱相贯线的投影

采用表面取点法时，先确定出特殊位置点的投影。通常把相贯线上最前、最后、最左、最右、最高、最低的点看成是特殊点。如图 4－42c 所示，A 点是最左点，B 点是最右点，C 点是最前点，D 点是最后点，这四个点就是相贯线上的特殊点。可根据投影规律求出这四个点的三面投影。再求一般位置点的投影。在相贯线的水平投影上取左右对称的两个点 1 和 2，根据投影规律，通过“宽相等”找出其侧面投影，记为 $1''$和（$2''$）；再利用“高平齐、长对正”找出其正面投影，记为 $1'$和 $2'$。光滑连接各点，即得相贯线的正面投影，并判断其可见性，如图 4－42d 所示。

实际作图中，在两圆柱轴线垂直相交、直径不等的情况下，如对作图准确程度无特殊要求，可简化作图，即用圆弧代替这段非圆曲线，得到相贯线近似的投影，其简化画法如图 4－43所示。其要领可概括如下：以大圆柱的半径为半径，在小圆柱的轴线上找圆心 O，以 O 点为圆心，R 为半径画弧。

两圆柱直径的变化对相贯线的影响见表 4－3。

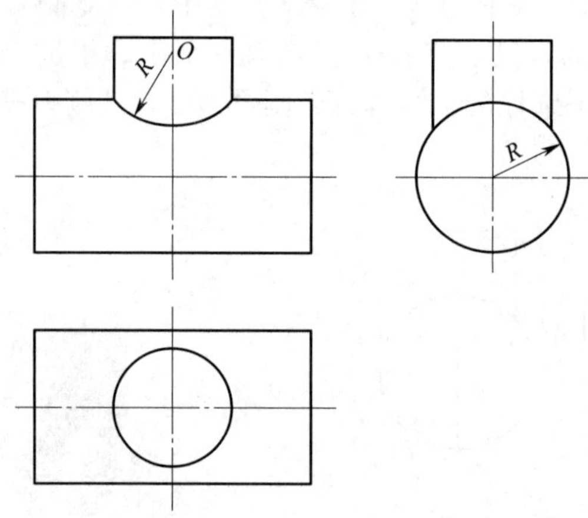

图 4－43　圆柱与圆柱相贯线的简化画法

表 4－3　　两圆柱直径的变化对相贯线的影响

两圆柱直径的关系	水平圆柱直径较大	两圆柱直径相等	水平圆柱直径较小
相贯线的特点	上、下两条曲线	两条互相垂直的直线	左、右两条曲线
投影图	φ	φ	φ

两正交圆柱的相贯线有以下三种形式，如图 4－44 所示。

1. 两正交圆柱外表面相交，如图 4－44a 所示。

2. 两正交圆柱外表面与内表面相交，如图 4－44b 所示。

3. 两正交圆柱内表面相交，如图 4－44c 所示。

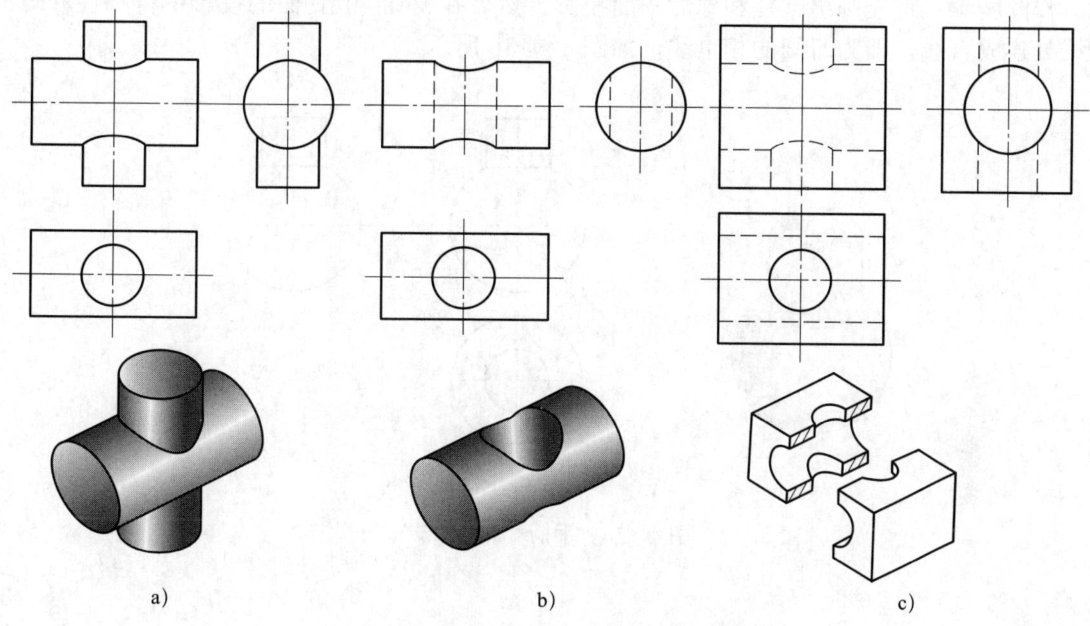

图 4－44　两正交圆柱相贯线的三种形式

a）两外表面相交　b）外表面与内表面相交　c）两内表面相交

五、圆柱与圆锥正交

当圆柱与圆锥轴线垂直相交，圆柱直径发生变化时，相贯线的形状也会发生改变。圆柱与圆锥轴线垂直相交时圆柱直径变化对相贯线的影响见表 4－4。

表 4－4　圆柱与圆锥轴线垂直相交时圆柱直径变化对相贯线的影响

两圆柱直径的关系	圆柱贯穿圆锥的投影图	圆柱与圆锥公切于球的投影图	圆锥贯穿圆柱的投影图
投影图	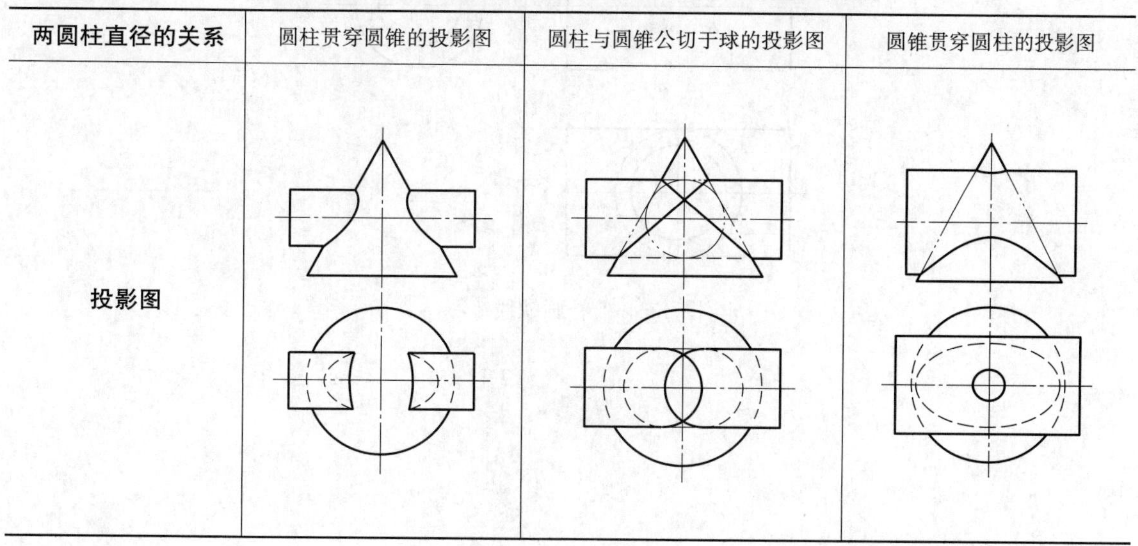		

六、圆柱与球同轴相交

如图 4-45a 所示的手柄端部就是一个圆柱与球同轴相交的情况。圆柱在 H 面的投影积聚为圆，相贯线在 H 面的投影必然积聚在该圆上。因为相贯线所组成的平面与 V 面和 W 面垂直，所以该线在 V 面和 W 面的投影必然是一条直线。

作图步骤：首先画出圆柱和球的三面投影，然后在 V 面和 W 面的投影中将圆柱和球的交线处连成直线，即为所画的相贯线，如图 4-45b 所示。

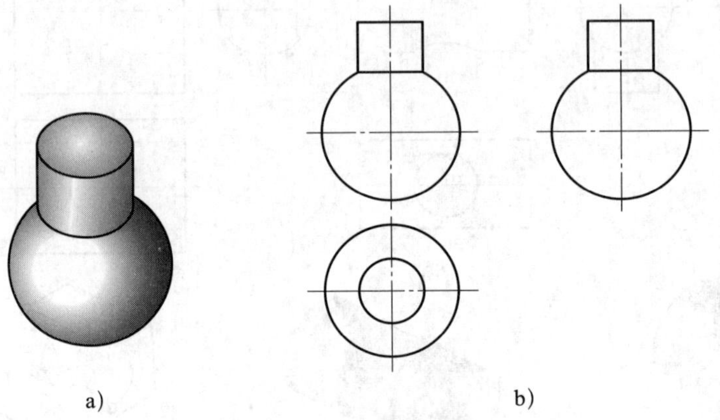

a)　　　　b)

图 4-45　手柄端部的投影

1. 如图 4-46 所示，补全主视图中的缺线。

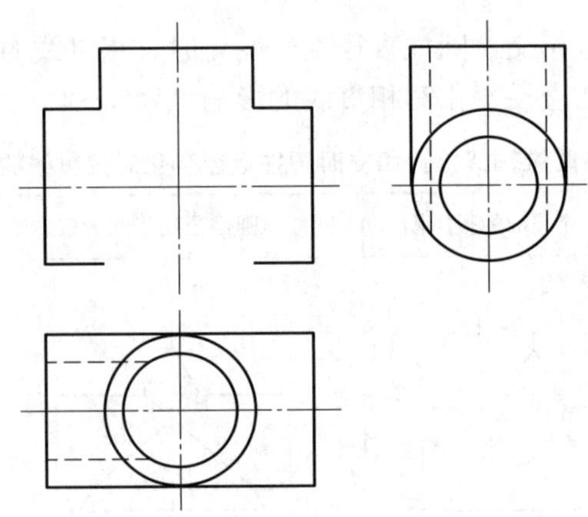

图 4-46　补画缺线练习

2. 如图 4－47 所示，补画左视图。

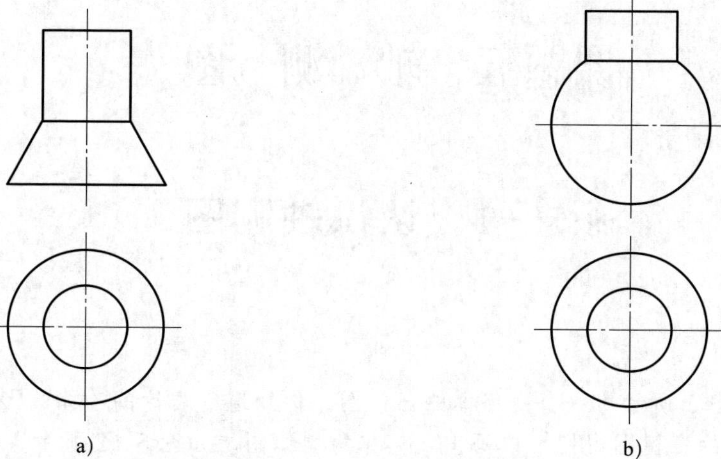

图 4－47　补画左视图练习

课题五　轴　测　图

§5－1　认识轴测图

想一想　如图 5－1 所示为一个几何体的三视图，你知道它表达的物体的形状吗？

由图 5－1 所示的三视图我们可以画出几何体的立体图，如图 5－2 所示。

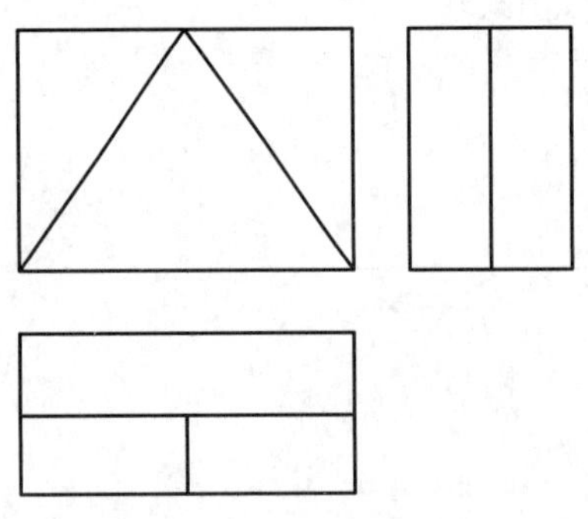

图 5－1　几何体的三视图

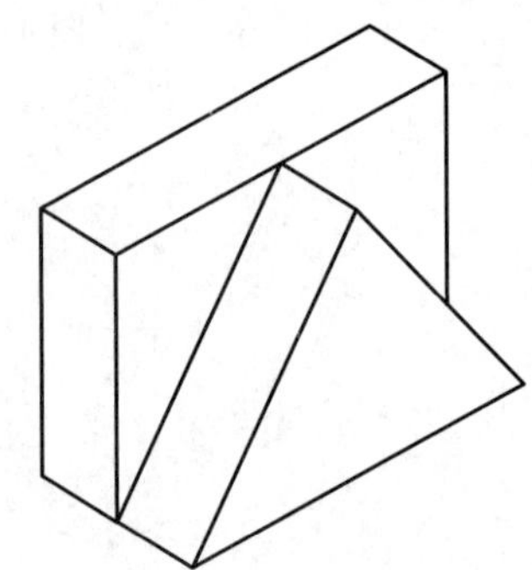

图 5－2　立体图

比较图 5－1 和图 5－2 这两种图形，可以看出三视图可将物体的各部分形状完整、准确地表达出来，而且度量性好，作图方便，因而在工程上广泛采用，但这种图样缺乏立体感，直观性差，为了弥补不足，工程上有时也采用富有立体感的轴测图来表达设计意图。

一、轴测图的形成

轴测图是将物体连同其直角坐标体系，沿不平行于任一坐标平面的方向，用平行投影法将其投射在单一投影面上所得的图形，如图 5－3 所示。

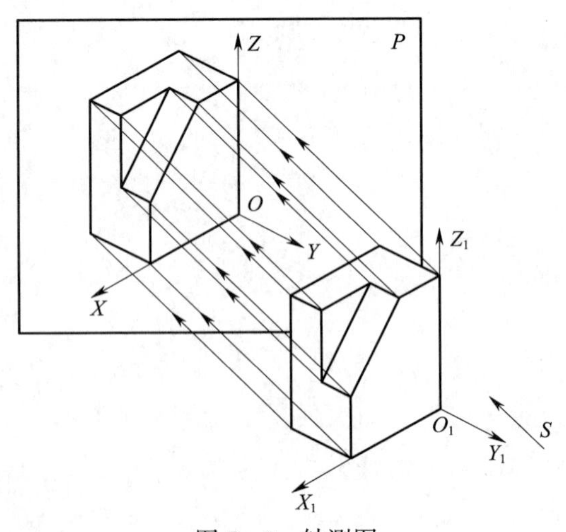

图 5－3　轴测图

轴测图的单一投影面称为轴测投影面，如图 5－3 中的平面 P。在轴测投影面上的坐标轴 OX、OY、OZ 称为轴测投影轴，简称轴测轴；S 表示投射方向，如图 5－3 所示。

二、常用轴测图

国家标准推荐了三种作图比较简便的轴测图，即正等轴测图（简称正等测）、正二等轴测图（简称正二测）、斜二等轴测图（简称斜二测）三种标准轴测图，见表 5－1。

表 5－1　　常用轴测图

		正轴测投影			斜轴测投影		
特性		投射线与轴测投影面垂直			投射线与轴测投影面倾斜		
轴测类型		等测投影	二测投影	三测投影	等测投影	二测投影	三测投影
简称		正等测	正二测	正三测	斜等测	斜二测	斜三测
应用举例	轴向伸缩系数	$p_1=q_1=r_1=0.82$	$p_1=r_1=0.94$ $q_1=\frac{p_1}{2}=0.47$	视具体要求选用	视具体要求选用	$p_1=r_1=1$ $q_1=0.5$	视具体要求选用
	简化伸缩系数	$p=q=r=1$	$p=r=1$ $q=0.5$			无	
	轴间角	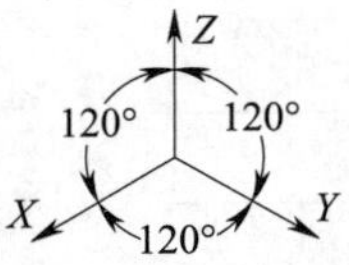 Z X Y 120° 120° 120°	Z X Y ≈97° 131° 132°			Z X Y 90° 135° 135°	
	例图	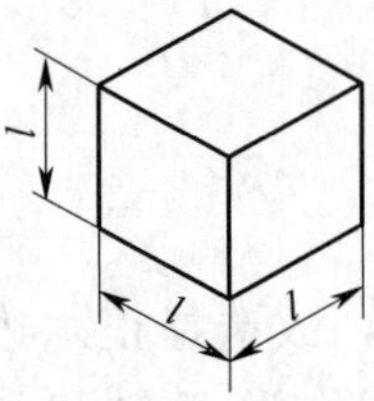 l l l	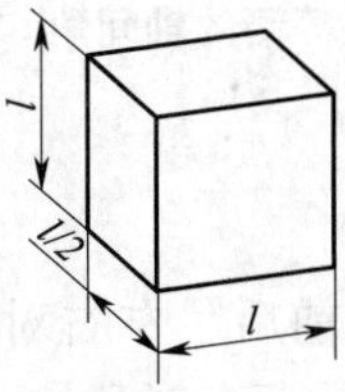 l l/2 l			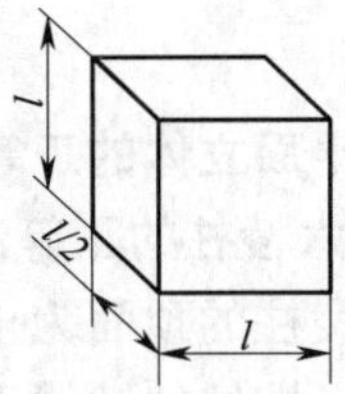 l l/2 l	

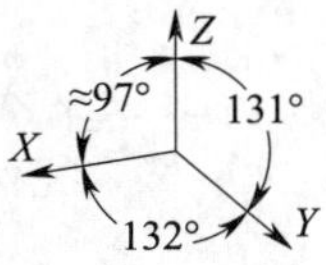

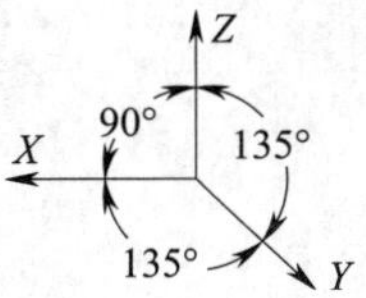

说明

在轴测投影面中，任意两根轴测轴之间的夹角称为轴间角。

轴测轴上的单位长度与相应直角坐标轴上单位长度的比值称为轴向伸缩系数。OX、OY、OZ 轴上的伸缩系数分别用 p_1、q_1 和 r_1 表示。为便于作图，绘制轴测图时对轴向伸缩系数进行简化，以使其比值成为简单的数值。简化伸缩系数分别用 p、q、r 表示。

三、轴测图的基本性质

轴测图具有以下基本性质：

1. 立体上与坐标轴平行的线段，它的轴测投影必与相应的轴测轴平行。
2. 立体上相互平行的线段，它们的轴测投影也互相平行。

§5－2　正等轴测图

做一做　用量角器量一下图 5－4 中 OX 轴、OY 轴与 OZ 轴之间夹角的大小。根据表 5－1 的知识，判断这是哪一种轴测图。

很显然这是正等测。正等测中的轴间角均为 120°，画图时，一般使 OZ 轴处于竖直位置，OX 轴和 OY 轴与水平线成 30°角，如图 5－4 所示。

由表 5－1 可知，正等测中轴向伸缩系数均为 0.82，画图时通常采用三根轴的轴向简化伸缩系数 1。因此，在绘制正等测时，沿轴向的尺寸都可沿相应的轴测轴按 1∶1 的比例直接量取，作图很方便。

本节将介绍正等测的画法。

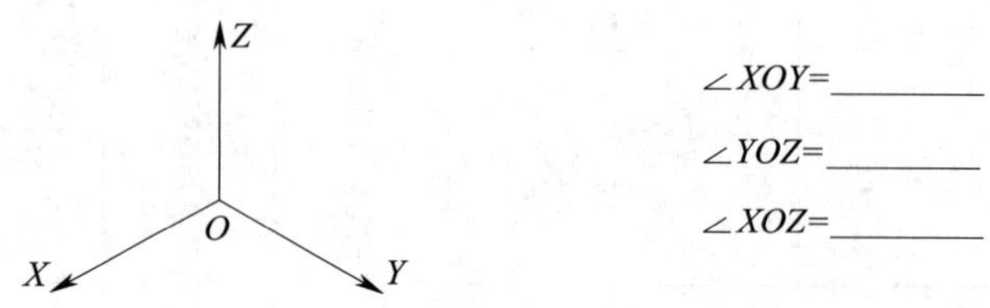

图 5－4　正等测的轴间角

一、平面立体的正等测画法

1. 正六棱柱的正等测画法

正六棱柱的顶面为正六边形 $ABCDEF$，前后、左右对称，故选择正六边形的中心作为坐标原点，棱柱的轴线作为 Z 轴，正六边形的两条对称中心线作为 X 轴和 Y 轴，这样作图较为方便，其正等测画法如图 5－5 所示。

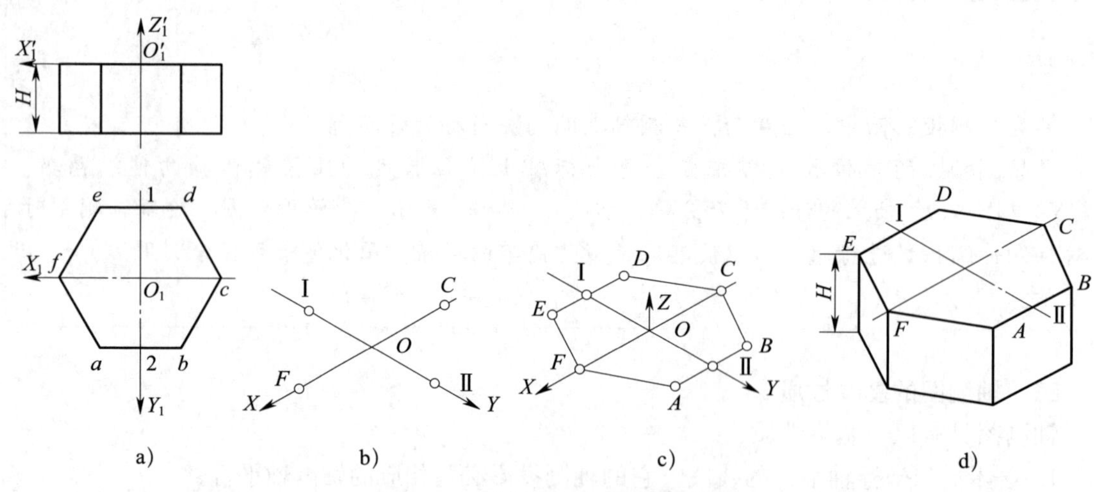

图 5－5　正六棱柱的正等测画法

作图步骤如下：

（1）在两面视图上画出投影轴，如图 5－5a 所示。

（2）根据投影轴画出轴测轴，使 OⅠ$=O_1 1$，OⅡ$=O_1 2$，$OC=O_1 c$，$OF=O_1 f$；定出Ⅰ、Ⅱ、C、F 四个点，如图 5－5b 所示。

（3）过Ⅰ和Ⅱ两点作 $DE/\!/OX$ 轴、$AB/\!/OX$ 轴，并使Ⅰ$D=$Ⅰ$E=1d=1e$，Ⅱ$A=$Ⅱ$B=2a=2b$，定出 A、B、D、E 四个点，并连接 A、B、C、D、E、F 各点，如图 5－5c 所示。

（4）过 A、B、C、D、E、F 各点分别向下量取尺寸 H 画侧棱，并画底面各边，擦除多余线条，描深，即完成全图，如图 5－5d 所示。

2. 切割体的正等测画法

如图 5－6a 所示为一个 L 形板经切割掉一个三棱柱和一个小长方体而制成。只要画出 L 形板后，再用切割的方法即可得到正等轴测图，如图 5－6 所示。

作图步骤如下：

（1）在两面视图上画出投影轴，如图 5－6a 所示。

（2）根据已知尺寸画出 L 形板的侧面，如图 5－6b 所示。

（3）将 L 形板的侧面沿 X 轴反方向移动 30 mm（只画可见部分），如图 5－6c 所示。

（4）按图示量取尺寸 15 mm，切去三棱柱；再量取 8 mm 和 14 mm，切去小长方体，如图 5－6d 所示。

（5）擦除多余线条，描深，即完成全图，如图 5－6e 所示。

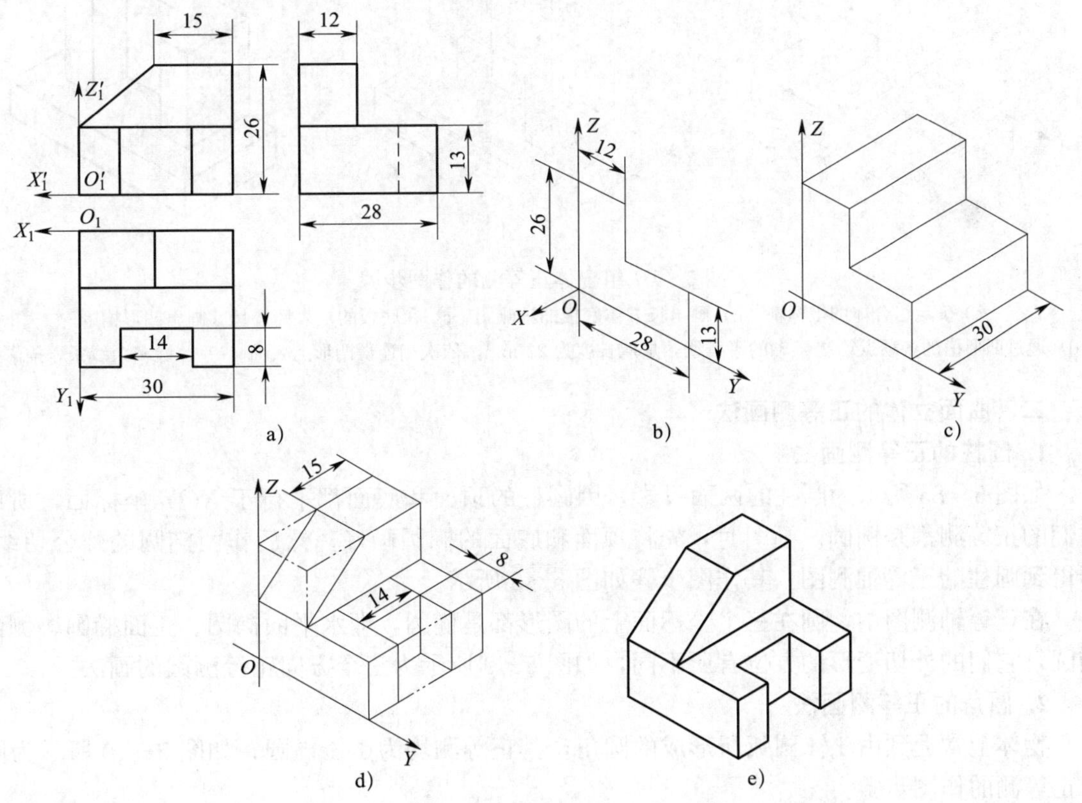

图 5－6　切割体正等测的作图步骤

3. 组合体的正等测画法

如图 5-7a 所示为一个长方体底板和凹形槽叠加而成的立体的两面投影。只要画出长方体底板后，再用组合的方法画出凹形槽的正等轴测图，即可得到该立体的正等轴测图。其作图步骤如图 5-7 所示。

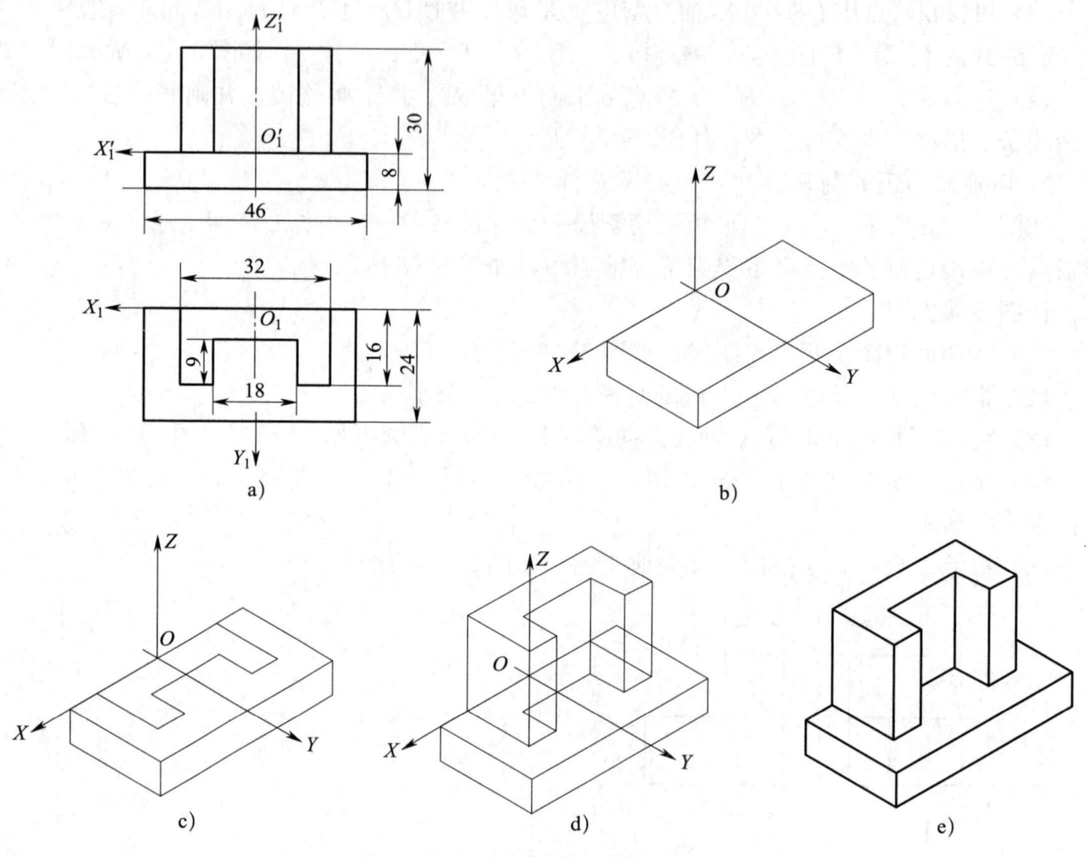

图 5-7　组合体正等测的作图步骤

a）确定组合体的坐标轴　b）画出长方体底板的轴测图　c）在底板的上表面按尺寸画出凹形槽
d）通过凹形槽的各顶点绘制 Z 轴的平行线，量取长度为 22 mm，依次相连得凹形上表面　e）擦除多余线条，描深

二、曲面立体的正等测画法

1. 圆柱的正等测画法

如图 5-8a 所示为圆柱的两面投影，因圆柱的顶面和底面都平行于 XOY 坐标面，所以它们的正等测都是椭圆。画图时，先将顶面和底面的椭圆画好，然后作两椭圆的外公切线，即得到圆柱的正等轴测图。其作图步骤如图 5-8 所示。

在正等轴测图中，圆在三个坐标面上的图形都是椭圆，即水平面椭圆、正面椭圆、侧面椭圆，它们的外切菱形的方位有所不同，如图 5-9 所示为三个方向正等测圆的画法。

2. 圆角的正等测画法

物体上常遇到由 1/4 圆弧所形成的圆角，其正等测均为 1/4 椭圆，如图 5-10 所示为圆角正等测的作图步骤。

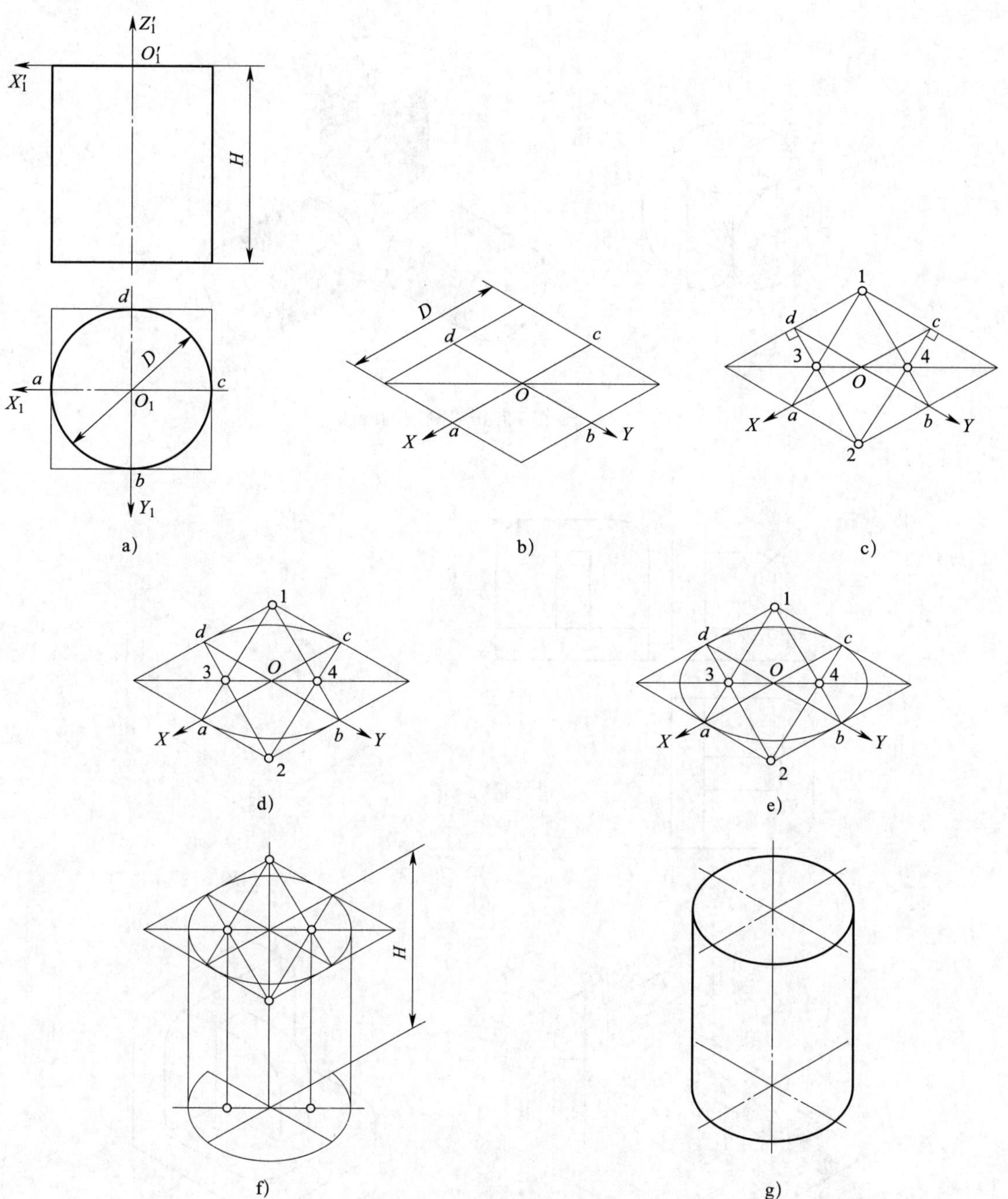

图 5-8　圆柱正等测的作图步骤

a）确定圆柱的坐标轴　b）画轴测轴，按圆的外切正方形画出菱形　c）连接 $1a$、$1b$、$2c$、$2d$ 得交点 3、4

d）以 1 点为圆心，$1a$ 为半径画圆弧 $\overset{\frown}{ab}$；以 2 点为圆心，$2c$ 为半径画圆弧 $\overset{\frown}{cd}$

e）以 3 点为圆心，$3a$ 为半径画圆弧 $\overset{\frown}{ad}$；以 4 点为圆心，$4c$ 为半径画圆弧 $\overset{\frown}{cb}$，形成顶面的椭圆

f）由顶面椭圆的四个圆心向下度量圆柱的高度 H，即可得到底面椭圆的圆心，并画出底面椭圆

g）画出椭圆的轮廓素线，擦除多余线条，描深，即得圆柱的正等测

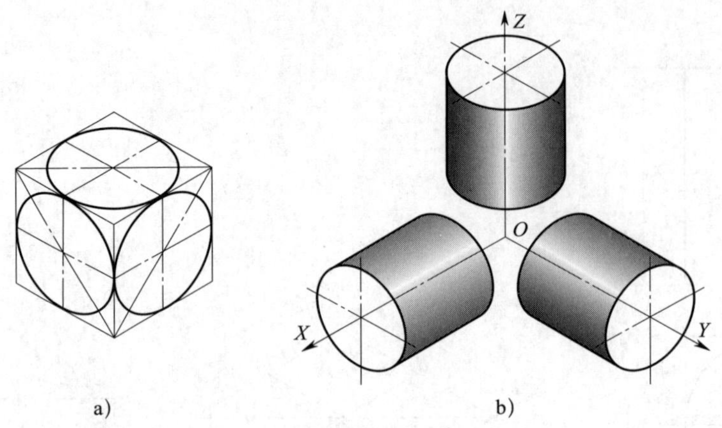

图 5-9　三个方向正等测圆的画法

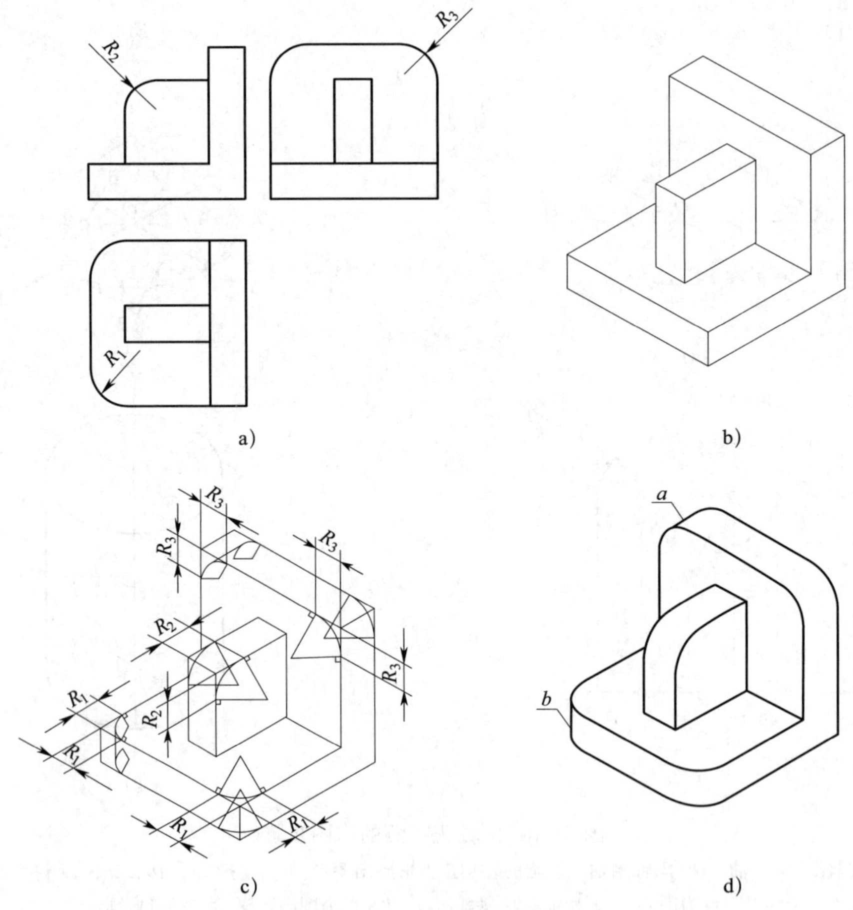

图 5-10　圆角正等测的作图步骤

a）三视图　b）画出物体方角时的正等测

c）以 R_1、R_2、R_3 的大小定切点，过切点作垂线，交点即为圆弧的圆心，以圆心到切点的距离为半径画圆弧

d）擦除多余线条，描深轮廓线（其中 a、b 两条轮廓转向线为圆弧的外公切线）

小结

1. 在轴测图中，轴测轴与图形间相对位置不同时，对图形的直观性毫无影响。因此，为了在作图中沿轴向度量方便起见，一般把轴测轴设置在立体的棱线或对称中心线上。

2. 平面立体的正等测作图时应注意以下几点：

(1) 立体上分别平行于长、宽、高三个坐标轴方向的棱线，在轴测图上分别平行于相应的 OX、OY、OZ 等轴测轴，并按规定的简化伸缩系数作图。

(2) 立体上不平行于长、宽、高三个坐标轴方向的棱线，在轴测图上既不平行于任一轴测轴，也不能直接度量。

(3) 立体上相互平行的棱线在轴测图上仍互相平行。

(4) 轴测图中一般只画出可见轮廓线，必要时才用细虚线画出其不可见轮廓。

3. 对于圆的正等测作图时，分别作菱形四条边的中垂线，这四条中垂线的交点即为近似椭圆小圆弧的圆心，交点到边的距离即为四段圆弧的半径，画出圆弧，即可得到椭圆。

根据图 5-11 所示画出正等轴测图。

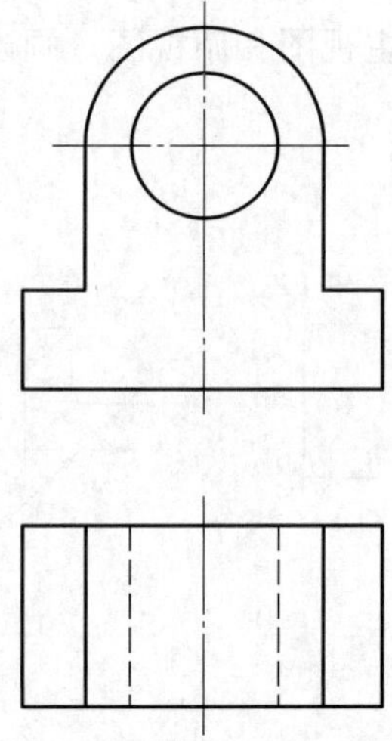

图 5-11 正等测作图练习

§5-3　斜二等轴测图

做一做　用量角器量一下图 5-12 所示的 OX 轴、OY 轴与 OZ 轴之间夹角的大小。根据表 5-1 的知识，判断这是哪一种轴测图。

很显然这是斜二等轴测图，斜二测的轴测轴 OX 和 OZ 仍分别为水平方向和铅垂方向，它们之间的轴间角为 90°，OY 轴的方向与水平方向成 45°角。

由表 5-1 可知，OX 轴和 OZ 轴上的轴向伸缩系数为 1；OY 轴上的轴向伸缩系数为 0.5，即在 OY 轴上的尺寸是三视图上对应 y 值的一半，如图 5-13c 所示。

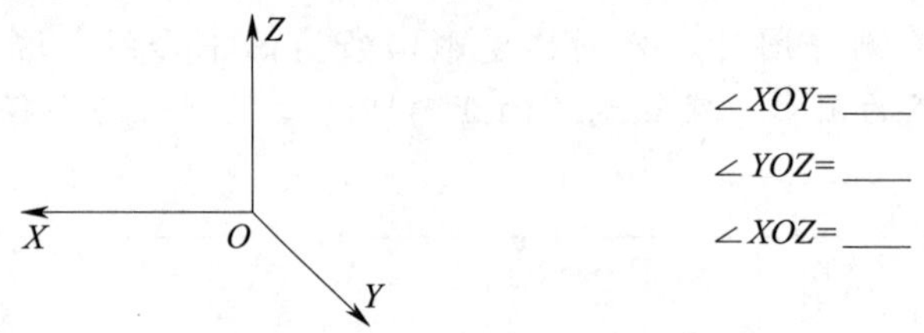

图 5-12　斜二测的轴间角

一、平面立体的斜二测画法

如图 5-13a 所示，已知物体的主视图和俯视图，画出其斜二等轴测图。

作图步骤如图 5-13 所示。

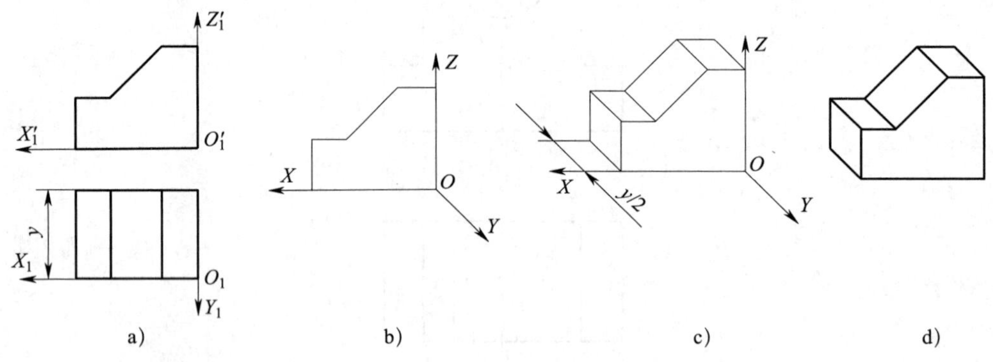

图 5-13　平面立体斜二测的作图步骤

a）确定坐标轴　b）画前面的斜二测（因平行于坐标面，所以与主视图相同）

c）把各顶点沿 OY 轴的反方向量取 $y/2$ 的距离，并对应相连　d）擦除多余线条，描深

二、曲面立体的斜二测画法

由于斜二测中 XOZ 坐标面平行于轴测投影面，因此物体上平行于该坐标面的图形均反映实形。如图 5-13 所示，正面投影不变形。为了作图时方便，一般将物体上圆或圆弧较多

的面平行于该坐标面，可直接画出圆或圆弧，因此，当物体仅在某一视图上有圆或圆弧投影的情况下，常采用斜二测来表示。

如图 5 - 14a 所示，已知物体的主视图和俯视图，画出其斜二等轴测图。

作图步骤如图 5 - 14 所示。

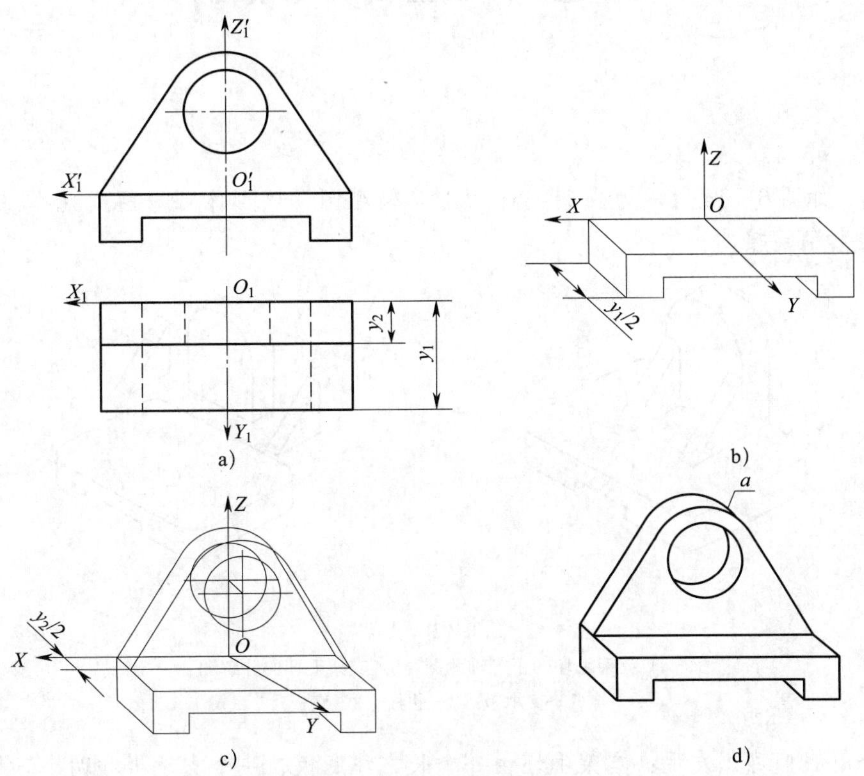

图 5 - 14　斜二测画法实例

a）确定坐标轴　b）画带槽长方体的斜二测

c）画出竖板部分，把各顶点沿 OY 方向量取 $y_2/2$ 的距离（有圆弧时，把圆心向前移），并对应相连

d）擦除多余线条，描深（a 为外公切线）

练一练　根据图 5 - 11 所示的主视图和俯视图画出斜二等轴测图，并就作图过程与正等轴测图进行比较。

课题六　组合体视图

想一想　如图 6－1a 所示为支架毛坯的正等轴测图，该形体可分解成几个基本几何体？它们之间是如何连接的？

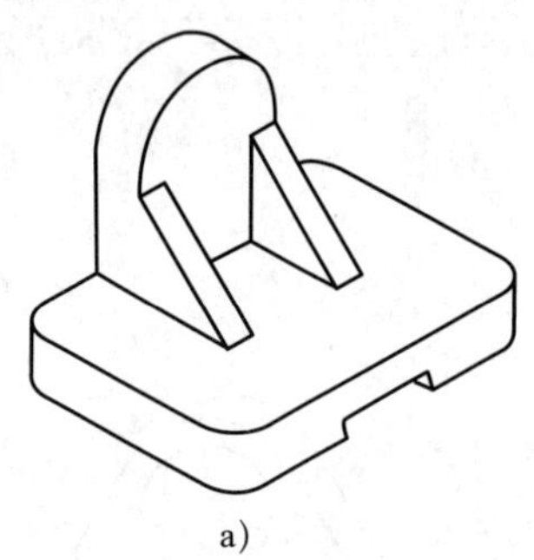

a)

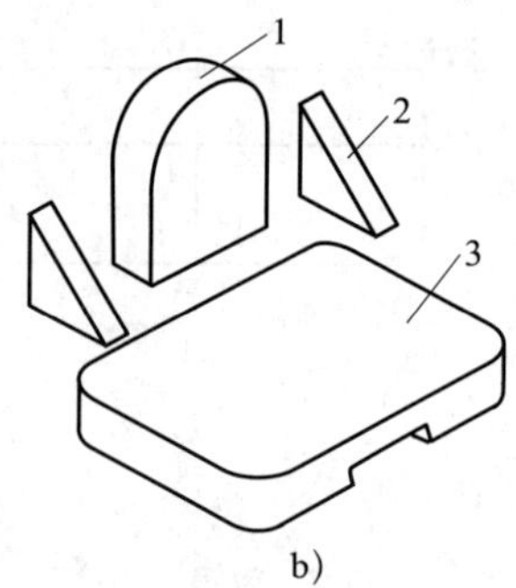

b)

图 6－1　支架

a）支架毛坯的正等轴测图　b）支架毛坯的分解图

1—支承板　2—肋板　3—底板

通过分解我们可以发现：支架毛坯由一个长方体底板、一个支承板和两个三棱柱肋板组合而成。支承板在底板上左右对称，在支承板前左、右各有一个肋板，如图 6－1b 所示。

实际上，任何复杂的机器零件都可以看成是由若干个基本几何体组成的，由两个或两个以上基本几何体构成的物体称为组合体。本课题重点研究组合体视图的读图、画法以及有关尺寸标注等问题。

§6－1　组合体的分析方法

画、读组合体视图时，通常按照组合体的结构特点和各组成部分的相对位置，把它划分为若干个基本几何体（这些基本几何体可以是完整的，也可以是不完整的），并分析各基本几何体之间分界线的特点和画法，然后组合起来画出视图或想象出其形状。这种分析组合体的方法叫作形体分析法。形体分析法是画图和读图的基本方法。

如图 6－2a 所示的连杆可以分解为图 6－2b 所示的几个基本几何体，画出的视图如图 6－2c 所示。

从图中可以看出，连接板的前、后表面与大、小圆筒的外表面相切；肋板的左、右表面与大、小圆筒相交；肋板和连接板表面相接触。图 6－2c 所示视图的形体投影分界处清楚地表达了这些情况。从上述例子可以看出，应用形体分析法，给画图和读图带来很大方便。那么，下面我们首先学习组合体的组合形式。

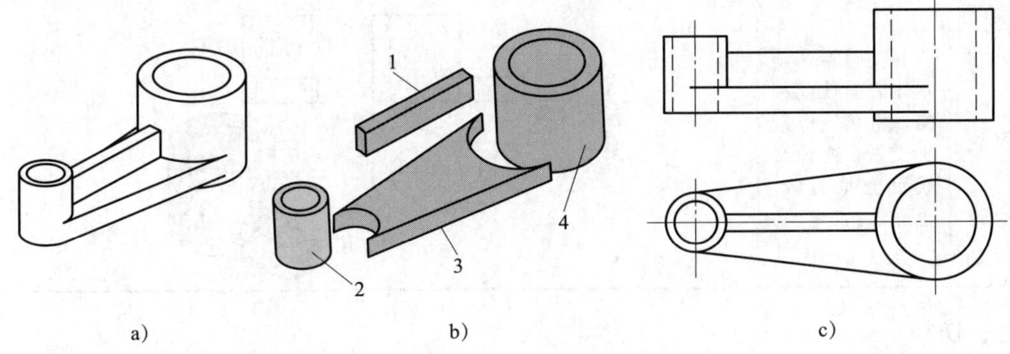

图 6－2　连杆

a）组合体　b）形体分析　c）视图

1—肋板　2—小圆筒　3—连接板　4—大圆筒

组合体的形状多种多样，千差万别，但就其组合形式来说，一般可分为叠加、切割和综合三大类。

一、叠加

叠加类组合体是由基本几何体叠加而成的，按照形体表面接触方式的不同，又可分为相贴、相切、相交三种，叠加的组合类型见表 6－1。

表 6－1　　**叠加的组合类型**

叠加形式	特点	示　　例
相贴	两形体按平面的方式相互接触称为相贴	上、下长方体的前面共面　上、下长方体的前面异面 由上、下长方体组合而成的形体相贴
相切	相切是指两形体表面（平面与曲面、曲面与曲面）光滑过渡。当平面与曲面、曲面与曲面相切时，在相切处不存在交线	无线

续表

叠加形式	特点	示例
相交	相交是指两基本体表面彼此相交。相交处应画出交线，这种交线可能是直线，也可能是曲线	有线

二、切割

切割类组合体可以看成在基本几何体上进行切割、钻孔、开槽等所构成的形体。

如图 6-3a 所示的物体可看成是由长方体经切割而成的（见图 6-3b）。画图时先画长方体的三视图，然后逐个画出切割后的投影，如图 6-3c、d 所示。

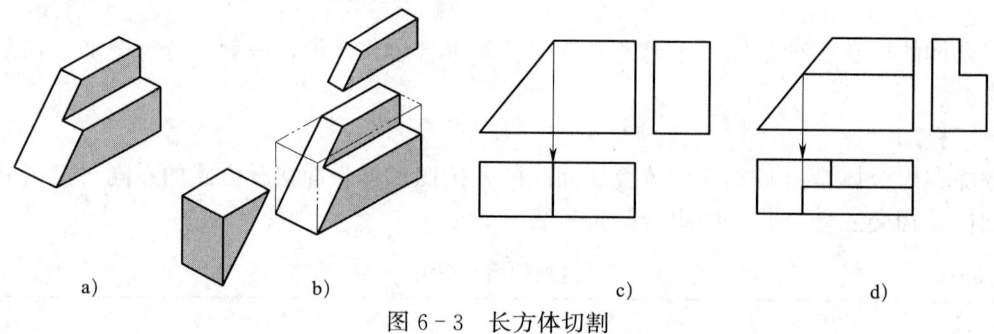

图 6-3　长方体切割

三、综合

常见的组合体大多是综合类组合体，有叠加又有切割。如图 6-1 所示的组合体就是综合类组合体。

组合体的轴测图如图 6-4a 所示，试指出图 6-4b 所示视图中的错误。

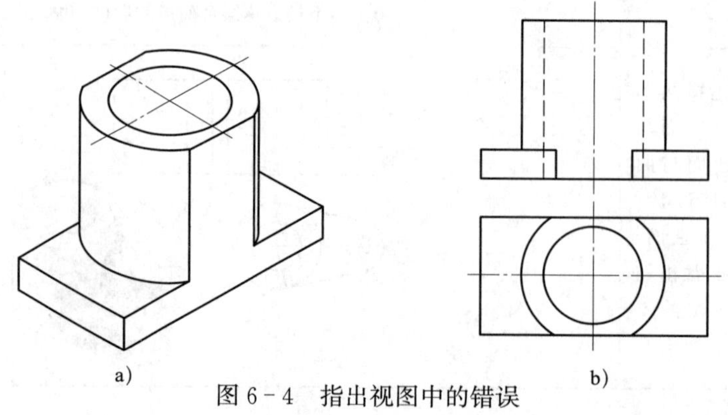

图 6-4　指出视图中的错误

§6－2　组合体视图的画法

在本节中，我们将通过画轴承座的三视图学习组合体三视图的画法。

如图6－5所示为轴承座，要正确画出它的三视图，应按照以下步骤进行：

a)　　b)

图6－5　轴承座

1—支承板　2—底板　3—圆筒　4—肋板

一、形体分析

先认清组合体的形状和结构，然后分析它由几个简单的形体组成以及表面间的连接关系。

重点提示

画组合体视图时，经常采用形体分析法，就是假想把物体分解为几个较简单的基本几何体，并确定它们的组合形式和相互位置，这种方法是画图和读图的基本方法。

如图6－5b所示的轴承座由底板、圆筒、支承板和肋板几个部分叠加而成，底板和肋板间的组合形式为相贴，支承板的左、右侧面与圆筒外表面相切，肋板和圆筒相交，底板上钻出两个圆孔，由此可知轴承座属于综合类的组合形式。

二、选择视图

在分析组合体的组成后，再确定主视图投射方向，通常要求主视图能够较多地表达物体的形状特征，也就是要尽量将组成部分的形状和相对位置关系的特征在主视图上显示出来，并尽量使形体上主要面与投影面平行，可使投影得到真实形状，如图6－5所示的轴承座，从箭头方向看所得视图能满足上述基本要求，可作为主视图。

为了把轴承座各部分的形状和相对位置完整、清晰地表达出来，除主视图外，还要进一步表达宽度方向大小和底板形状，必须画出俯视图，肋板形状则需要用侧面投影来表达。

三、选择比例，确定图幅及布置视图

视图确定后，便要根据物体的大小，选择适当的图幅和比例，并应符合国家标准的规定；同时，要注意所选幅面要留有余地，以便标注尺寸及画标题栏等。

布置视图时要根据各视图每个方向上的最大尺寸来确定每个视图的位置，且视图间要留有间隙，应保证标注尺寸后仍留有适当的空隙。整个图面布置要均匀，不宜偏向一方。

四、画图

画图时，要先画出基准线，如各视图的对称中心线、大圆中心线及其对应的回转体轴线、底面、端面等，然后逐个画出各基本几何体的投影。如图 6－6 所示为轴承座三视图的作图步骤。

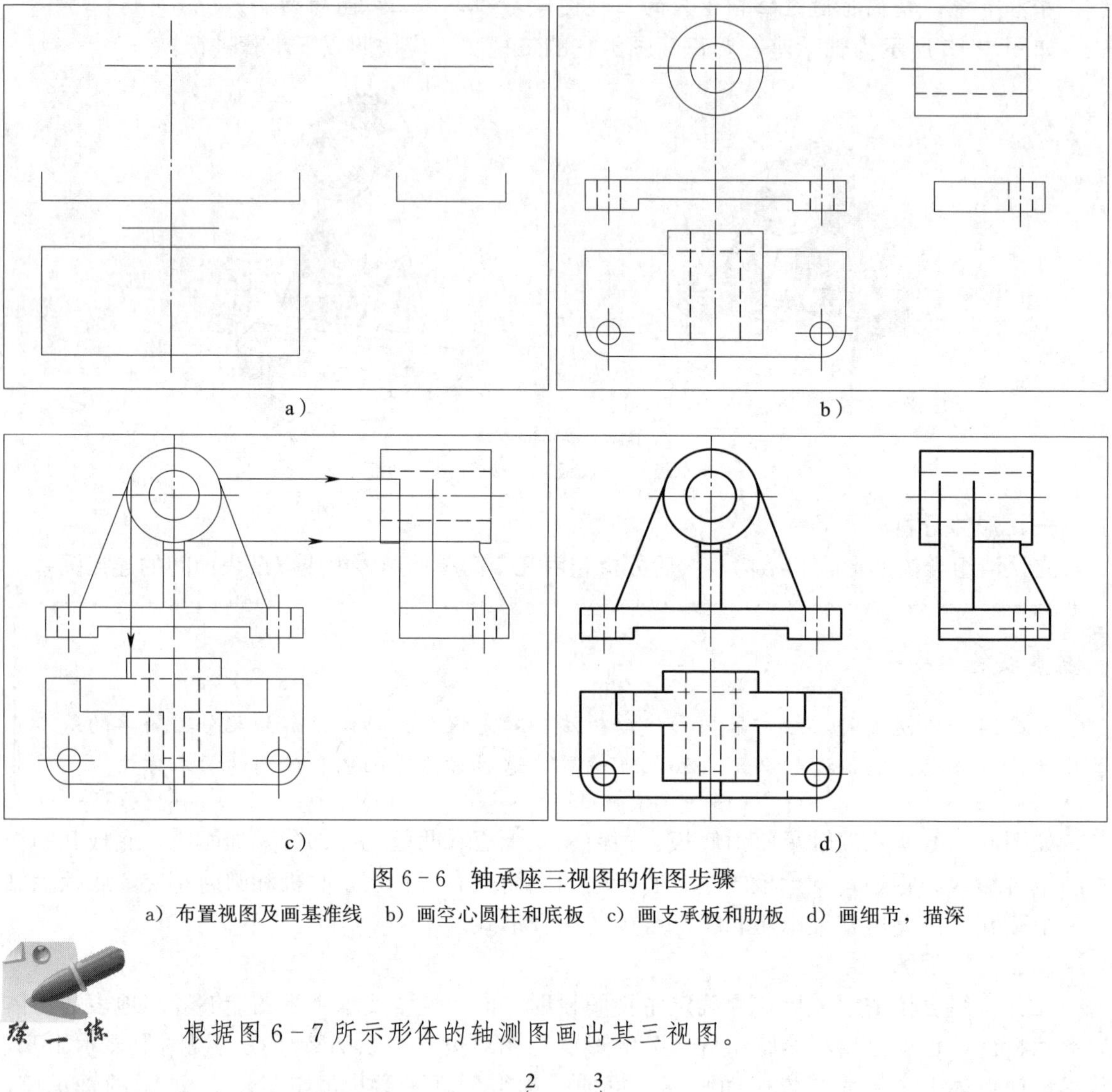

a） b）

c） d）

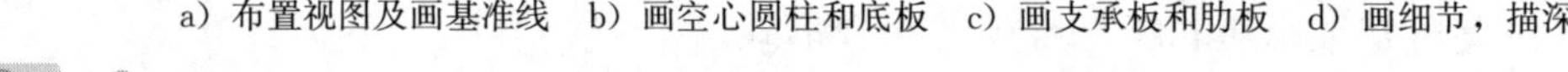

图 6－6 轴承座三视图的作图步骤

a）布置视图及画基准线 b）画空心圆柱和底板 c）画支承板和肋板 d）画细节，描深

练一练 根据图 6－7 所示形体的轴测图画出其三视图。

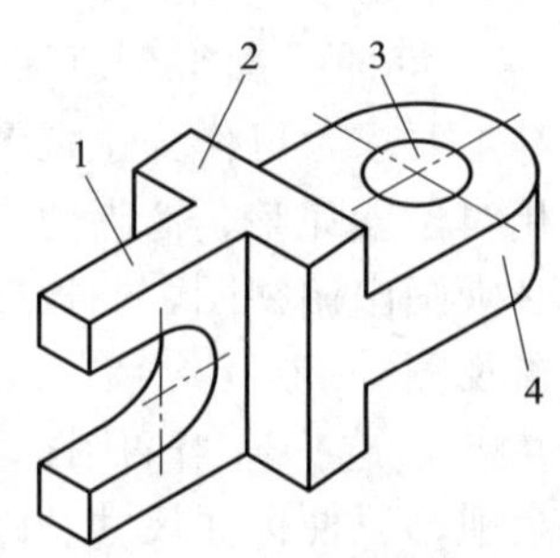

图 6－7 轴测图

1—开槽长方体 2—长方体 3—圆柱通孔 4—长方体与半圆柱组合

§6-3 组合体的尺寸标注

画出组合体的三视图后，只是解决了形状问题，要想表明其真实大小，还需要在视图上标注出尺寸。在本节中我们来学习组合体尺寸标注的有关方法。

一、基本要求

在组合体的视图上标注尺寸，应做到正确、完整、清晰。

1. 正确

尺寸标注必须符合国家标准的规定。

2. 完整

所注各类尺寸应齐全，做到不遗漏、不重复。

3. 清晰

尺寸布置要整齐、清晰，便于读图。

二、尺寸种类

组合体是由若干基本几何体按一定的位置和方式组合而成的，因此，在视图上除了要决定基本几何体的大小外，还需要确定它们之间的相对位置和组合体本身的总体大小。所以，组合体的尺寸包括以下三种：

1. 定形尺寸

定形尺寸是指表示各基本几何体大小（长、宽、高）的尺寸。

2. 定位尺寸

定位尺寸是指表示各基本几何体之间相对位置（上下、左右、前后）的尺寸。

3. 总体尺寸

总体尺寸是指表示组合体总长、总宽、总高的尺寸。

三、基本方法

为保证尺寸标注完整，最适宜的方法是应用形体分析法，就是说将组合体分解为若干个基本形体，逐个注出这些基本形体的定形尺寸，然后注出确定各基本形体位置关系的定位尺寸，最后注出组合体的总体尺寸。

四、尺寸基准

标注尺寸的起点称为尺寸基准，简称基准。

组合体具有长、宽、高三个方向的尺寸，标注每一个方向的尺寸都应先选择好基准。标注时，通常选择组合体的底面、端面、对称面、轴线、对称中心线等作为基准。如图 6-8 所示为轴承座的尺寸基准，其中长度方向尺寸以左右对称面为基准；宽度方向尺寸以底板后端面为基准；高度方向尺寸以底面为基准。

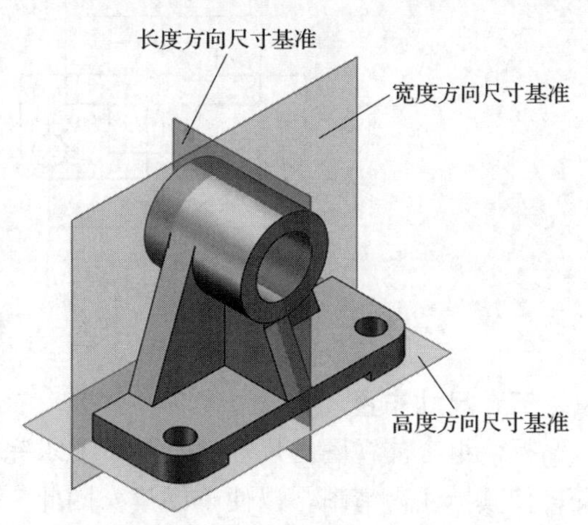

图 6-8　轴承座的尺寸基准

如图 6-9a 所示为对轴承座进行形体分析后注出的各组成部分的尺寸，如图 6-9b 所示为轴承座的全部尺寸。

组合体的各基本形体组合起来后，首先必须从长、宽、高三个方向分别标注各基本形体相对组合体基准的定位尺寸，如图 6－9b 中圆筒高度方向的定位尺寸 32 mm、圆筒宽度方向的定位尺寸 6 mm 等；其次再注出各基本形体的定形尺寸，最后注出总体尺寸。

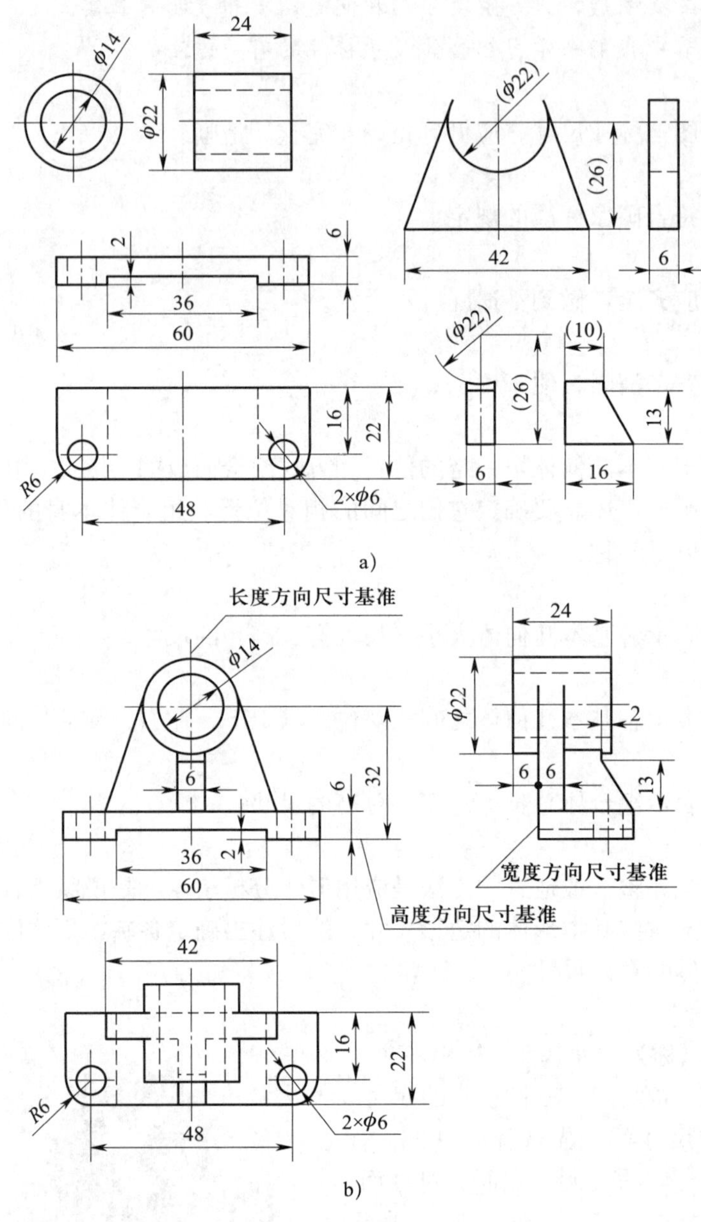

图 6－9　轴承座尺寸标注

五、尺寸布置

标注组合体视图的尺寸时，除了要求完整、准确地注出三类尺寸外，还要注意尺寸的布置，使其标注得清晰，以便于阅读。因此，在标注尺寸时，除应严格遵守国家标准的有关规定外，还要注意以下几点：

1. 各基本形体的定形尺寸和有关定位尺寸要尽量集中标注在一个或两个视图上，这样集中标注便于读图。

2. 尺寸应注在表达形体特征最明显的视图上，并尽量避免标注在细虚线上。

3. 对称结构的尺寸一般应对称标注。

4. 尺寸应尽量注在视图外边，布置在两个视图之间。

5. 多个尺寸平行标注时，应使较小的尺寸靠近视图，较大的尺寸依次向外分布，以免尺寸线与尺寸界线交错。

六、标注尺寸的步骤

柱注组合体的尺寸时，归纳起来可按以下步骤进行：

1. 分析组合体由哪些基本形体组成。

2. 选择组合体长、宽、高各方向的尺寸基准。

3. 标注各基本形体相对组合体基准的定位尺寸。

4. 标注各基本形体的定形尺寸。

5. 标注组合体的总体尺寸。

6. 检查及调整尺寸。对所标注的尺寸进行检查、整理、调整，把多余的和不合适的尺寸去掉。

练一练　如图 6－10 所示为轴承座的三视图，试分析三视图中有哪些定位尺寸，哪些是底板的定形尺寸。

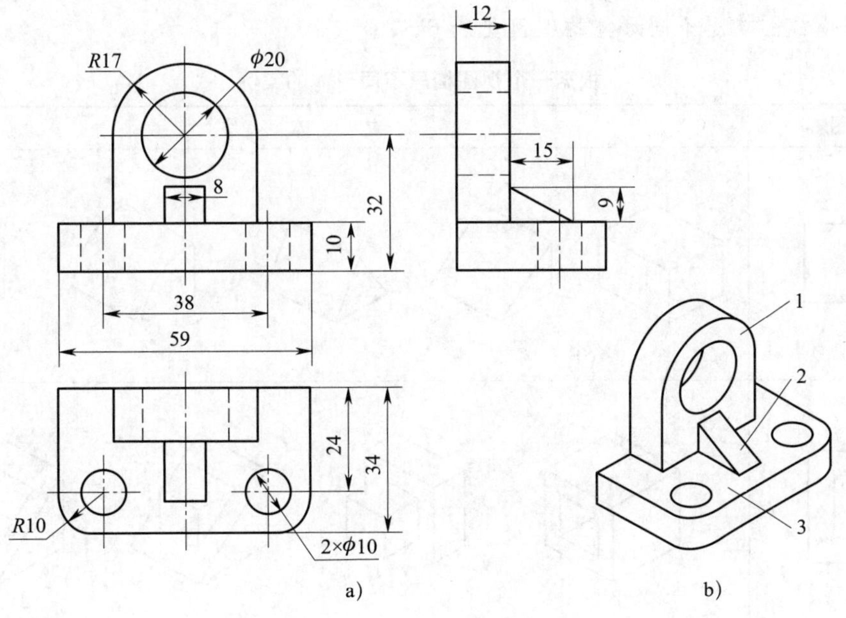

图 6－10　轴承座的三视图

a）三视图　b）轴测图

1—支承板　2—肋板　3—底板

§6－4　读组合体视图

画图是将实物或想象（设计）中的物体运用正投影法表达在图纸上，是一种从空间形体到平面图形的表达过程。而读图是这一过程的逆过程，是根据平面图形（视图）运用正投影原理，想象出空间物体的结构和形状。对于初学者来说，读图是比较困难的，但只要我们综合运用所学的投影知识，掌握读图的要领和方法，多读图，多想象，逐步锻炼由图到物的形象思维，就能不断提高读图能力。

如图 6－11 所示给出了两个主视图，想一想分别有哪些物体的主视图可以是这两种形式。

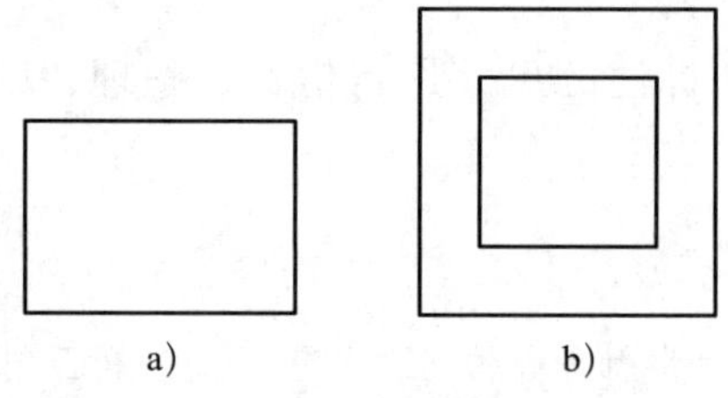

图 6－11　主视图

根据一个视图构思不同形体的实例见表 6－2。

表 6－2　　根据一个视图构思不同形体的实例

主视图	立　体　图
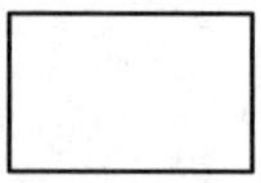	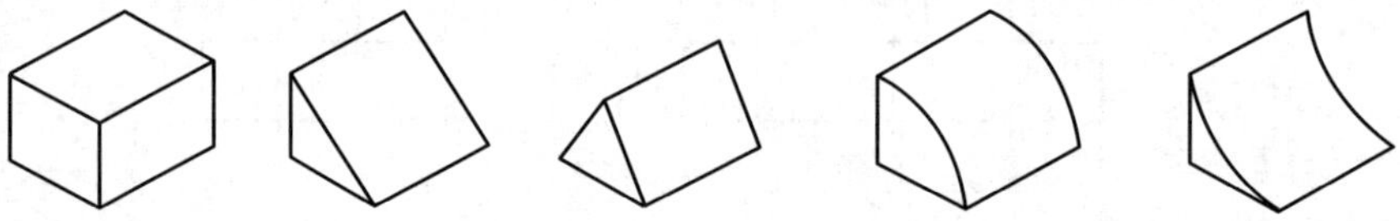
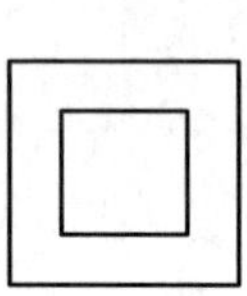	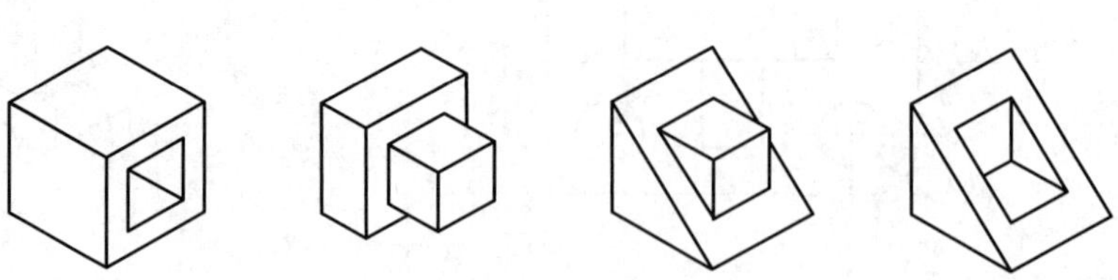

由表 6－2 可知，一个视图不能确定物体的形状，那么两个视图能否确定物体的形状呢？实际上还存在一些视图相近的物体，见表 6－3。通过观察表 6－3 中的物体可知，尽管它们有两个视图相同，但物体的结构和形状仍不一样。

表 6-3　　视图相近的物体

物体的三视图及轴测图		三视图比较
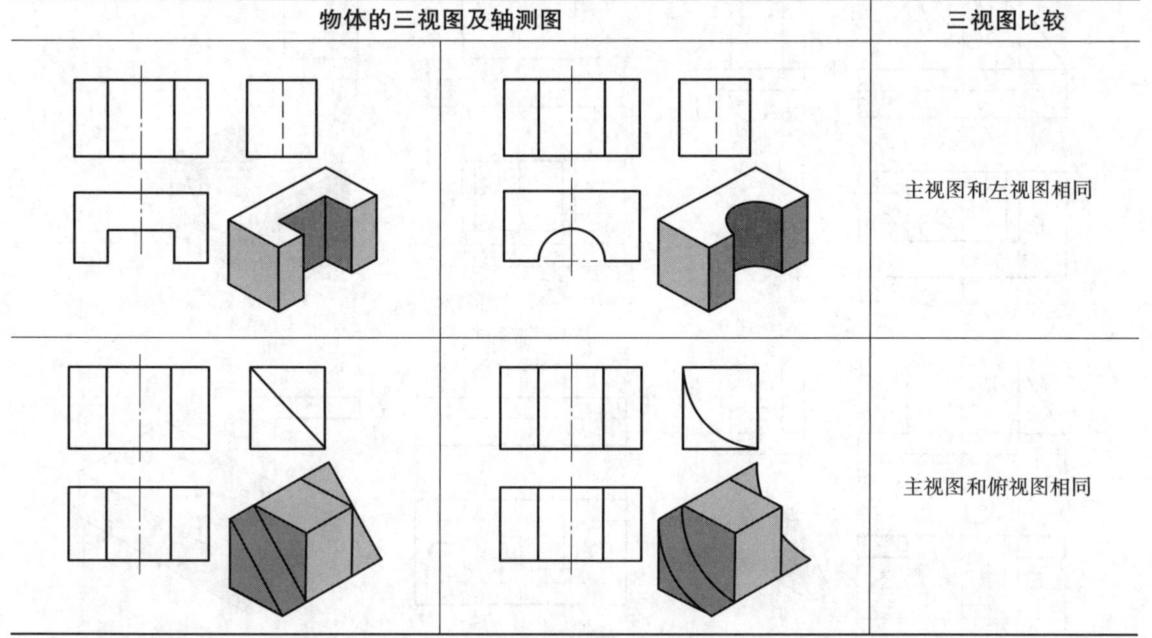		主视图和左视图相同
		主视图和俯视图相同

根据上述分析，说明在某些情况下两个视图也不能确定物体的形状，因此，读图时一定要将三视图联系起来分析。

读图的基本方法有两种：一种叫作形体分析法，另一种叫作线面分析法。

一、形体分析法

形体分析法是根据视图的特点和基本形体的投影特征，把物体分解成若干个简单的形体，分析出它们的组合形式后，再将其组合起来，构成一个完整的组合体。

用形体分析法看视图的步骤和方法如下：

1. 认识视图，抓住特征

认识视图就是先弄清楚图样上共有几个视图，然后分清图样上其他视图与主视图之间的位置关系。

抓住特征就是先找出最能代表物体结构的特征视图，通过与其他视图的配合，对物体的空间结构有一个大概的了解。

2. 分析投影，联想形体

参照物体的特征视图，从图上对物体进行形体分析，按照每一个封闭线框代表一个形体轮廓的投影原理，把图形分解成几个部分。再根据三视图“长对正、高平齐、宽相等”的投影规律，划分出每一块的三个投影，分别想象出它们的形状。一般顺序是先看主要部分，后看次要部分；先看容易确定的部分，后看难以确定的部分；先看整体形状，后看细节形状。

下面以支承座为例，说明用形体分析法读图的方法。

如图 6-12a 所示为支承座的三视图，反映形状特征较多的是主视图，它反映了Ⅰ、Ⅱ、Ⅲ、Ⅳ 四块形体的特征形状。

从形体Ⅰ的主视图入手，根据三视图的投影规律，可找到俯视图和左视图上相对应的投影，如图 6-12b 封闭的粗实线线框所示。可以想象出形体是一个长方体，上部挖了一个半圆槽。

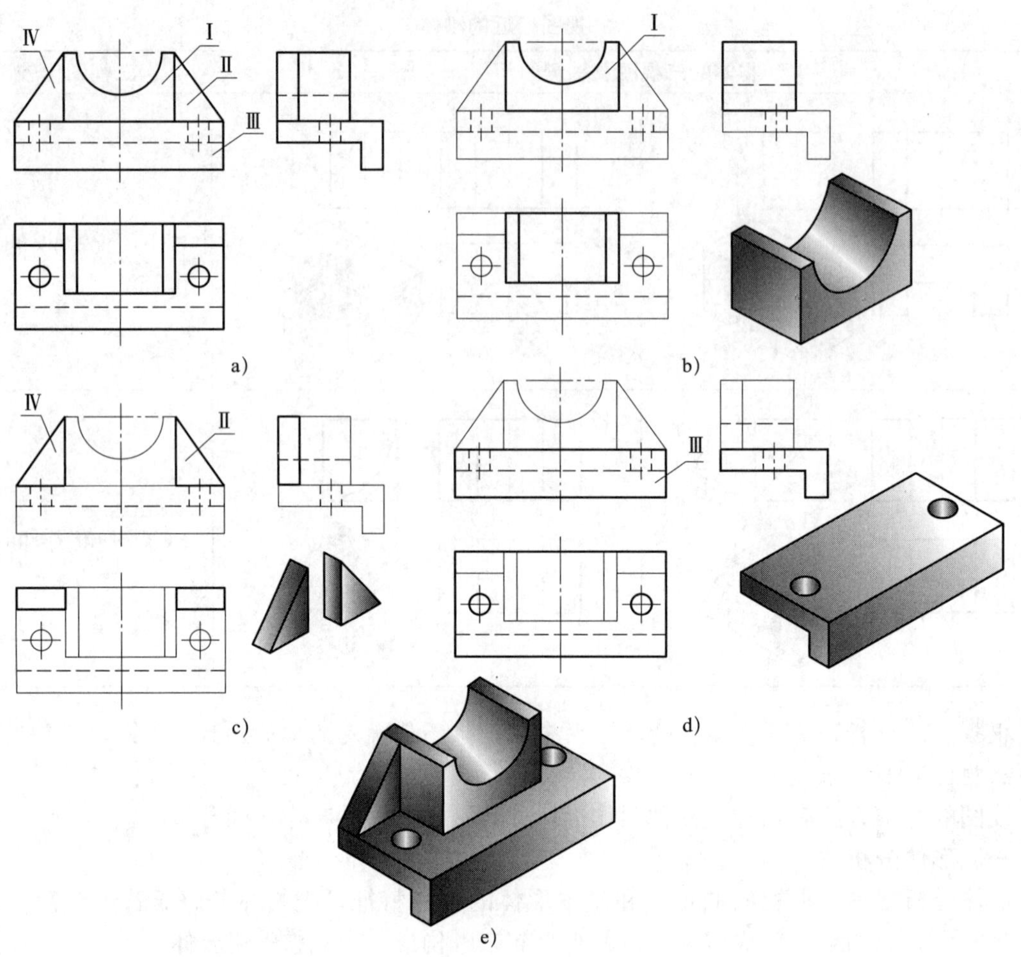

图 6-12　支承座的读图方法

a) 三视图　b) 形体Ⅰ的投影分析　c) 形体Ⅱ和Ⅳ的投影分析　d) 形体Ⅲ的投影分析　e) 支承座的立体图

同样，可以找出三角形肋板的其他两个投影，如图 6-12c 封闭的粗实线线框所示。可以想象出其形状是一个三角块，左右两边各一块。

最后再来看底板，如图 6-12d 封闭的粗实线线框所示，俯视图反映了它的形状特征，再配合左视图可以想象出它是带弯边的矩形板，上面钻了两个孔。

3. 综合起来，想象整体

在看懂了每一块形体形状的基础上，再根据整体的三视图，找它们之间的相对位置关系，逐渐想象出一个整体形状。

通过对支承座的分析可知，长方体Ⅰ在底板Ⅲ的上面并居中，两者后面共面。肋板Ⅱ和Ⅳ在长方体Ⅰ的左右两侧并与其后面共面。从左视图中可见底板Ⅲ的前面带弯边。这样综合起来想其整体形状，可得到图 6-12e 所示的支承座的立体图。

二、线面分析法

线面分析法是运用点、线、面的投影规律，分析视图中的线条、线框的含意和空间位置，从而把视图看懂。这种方法主要用来分析较复杂的切割类组合体。

一般来说，在不同情况下，每条线和每个封闭线框有着不同的含义，可供读图想形状时参考，如图 6－13 所示。

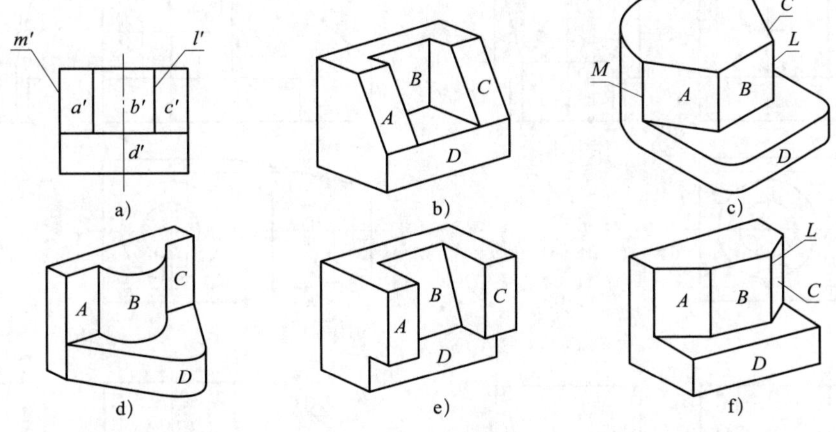

图 6－13　读图想形状

1. 视图上每条线的含义

视图上的每条线可能有以下三种含义：

（1）表面交线的投影。

（2）有积聚性面的投影。

（3）曲面外形素线的投影。

2. 视图上每个封闭线框的含义

视图上的每个封闭线框可以是物体上不同位置平面和曲面的投影，即：

（1）平面的投影。

（2）曲面的投影。

（3）曲面和其相切平面的投影。

（4）通孔的投影。

3. 视图上相邻线框的含义

视图上任何相邻的封闭线框必定是物体上相交的或错开的两个面的投影，如图 6－13 所示。

下面以图 6－14 所示的压块为例，说明用线面分析法读图的方法。

从图 6－14a 所表明的三视图中，可以初步想象出该形体是由长方体经过切割而形成的。通过对每个面的形状、相对位置以及面与面交线的分析，可知 A 面为梯形正垂面，如图 6－14b 所示。B 面为七边形铅垂面，如图 6－14c 所示。C 面为梯形水平面，D 面为矩形正平面，如图 6－14d 所示。因此，该形体是由长方体被正垂面切去左上角，被两个铅垂面切去左端前、后两个角，被水平面和正平面切去前、后两条的形体，并在中间偏右的方向钻一个台阶孔，最后想象出它的形状，如图 6－14e 所示。

三、读图的步骤

1. 初步了解

根据形体的一组视图和尺寸，初步了解它的大概形状，并按形体分析法分析它是由几个部分组成的，它们的组合形式以及表面连接处的关系如何。一般可从较多地反映组合体形状特征的主要视图着手，对照其他视图联系着看。

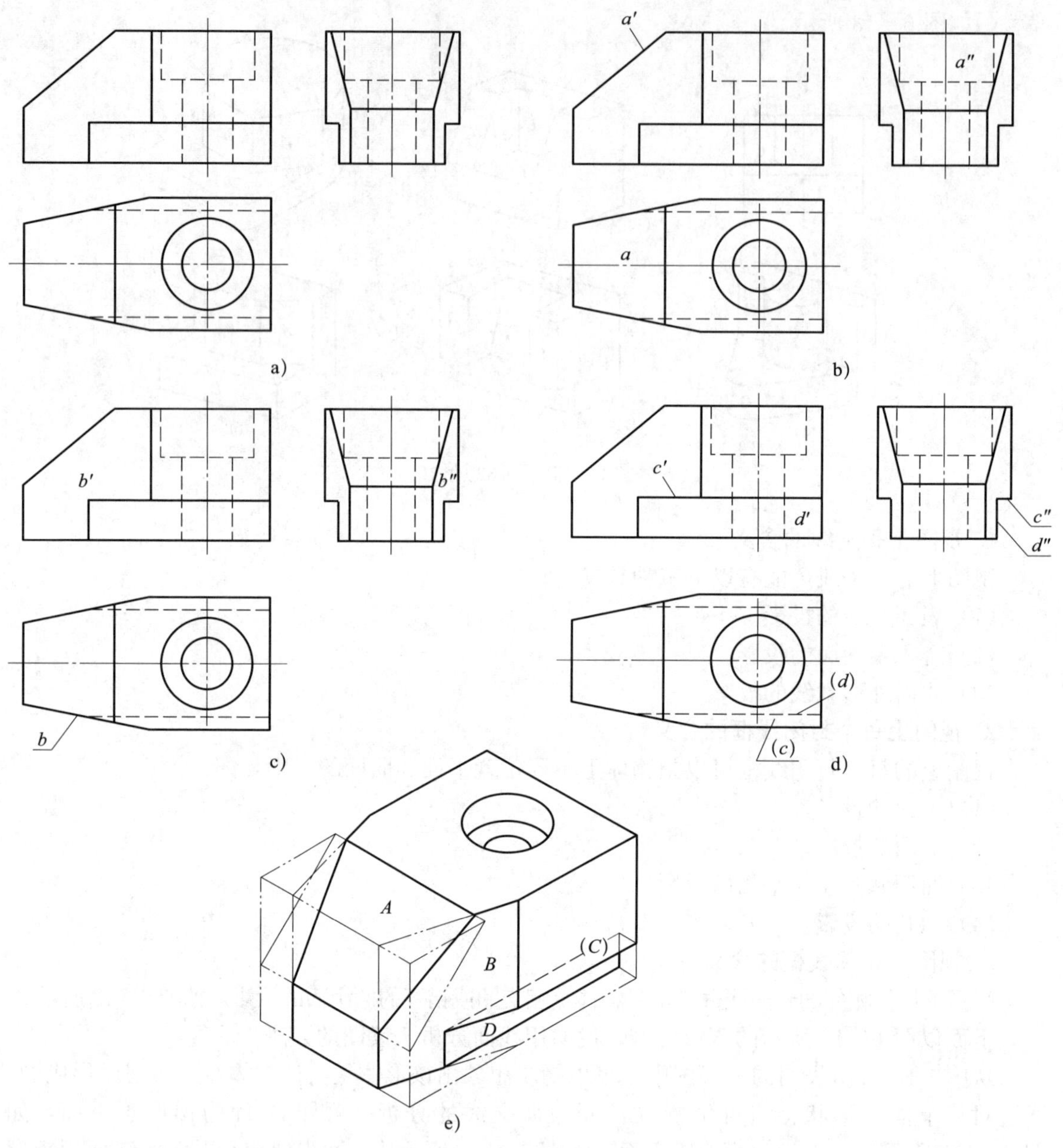

图 6－14　用线面分析法读图

a）三视图　b）用正垂面切割　c）用铅垂面切割　d）用正平面和水平面切割　e）压块立体图

2. 逐个分析

采用线面分析法，把主视图按线框适当地划成几块，用对线条、找关系的方法，把各线框相应的视图联系起来，想象出各线框的形状（对线条时，可利用三角板、分规等绘图工具），逐步看懂各部分形状。

3. 综合想象

想出各部分形状和它们之间的相对位置，综合起来想象整体。

练一练　根据图 6－15 所示的两个视图，想象出立体图，补画左视图。

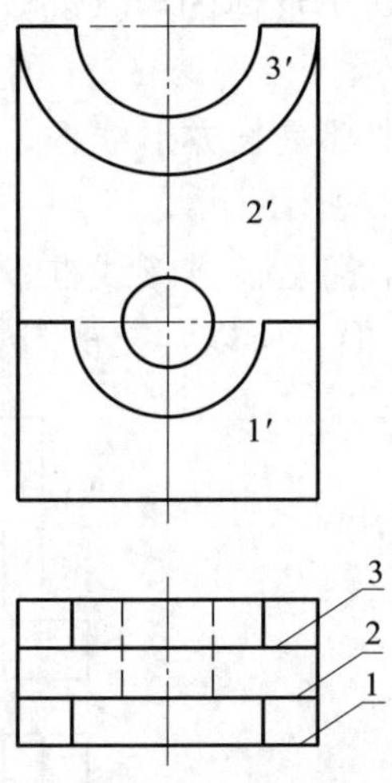

图 6－15　由视图想形状

§6－5　补视图和补缺线

做一做　我们一起来做一做如图 6－15 所示的练习。

根据已知视图，运用形体分析法想出物体形状。进行形体分析时，在主视图上分解出三个封闭线框 1′、2′和 3′，再在俯视图中找出对应投影，由于俯视图中不能直接找到对应的线框，可先假设与直线相对应（1、2、3），说明三个封闭线框所表示的是由前至后的三个平面，将物体分成前、中、后三层。从高度方向看，可分为上、中、下三层，由中部小圆孔的前后起止情况（见俯视图中细虚线）可确定 2 在中间，上方切去半圆柱。前、后层上方都有小圆柱槽且半径相等，其投影在俯视图上都是可见的。小圆孔贯通中、后两层。经过上述分析，可想象出该物体的整体形状如图 6－16 所示。

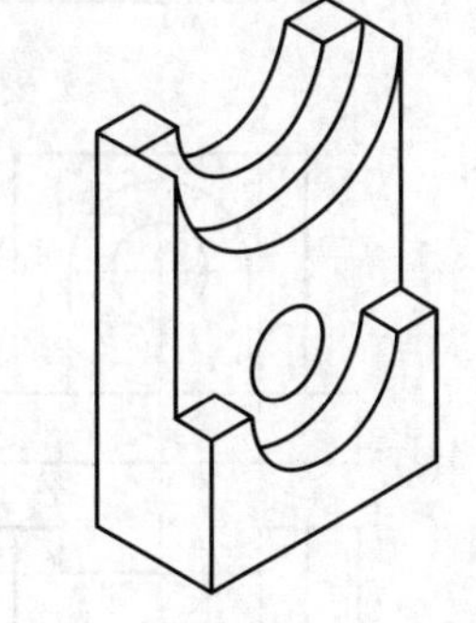

图 6－16　图 6－15 的答案

补视图和补缺线是培养读图能力及检验能否看懂视图的一种有效手段，在本节中我们就一起来练习补视图和补缺线。其基本方法仍然遵循形体分析法和线面分析法。

一、补视图

补视图是根据已知两视图，运用形体分析和线面分析的方法，想象出组合体的形状，把第三视图补画出来。

如图 6－17 所示，补画支座的左视图。

形体分析：已知视图，想象物体形状。将形体按线框分为Ⅰ（底板）、Ⅱ（立板）、Ⅲ（凸台）三个组成部分，分别想象出每个形体的形状。

画左视图的步骤如下：

1. 线框Ⅰ是底板，在两个视图中都是长方形线框，显然其形状是长方体，按照投影规律绘制长方形的左视图，如图 6－17b 所示。

2. 线框Ⅱ是立板，在两个视图中都是长方形线框，其形状也是长方体，并竖立在底板上，在俯视图中其后面与底板后面共面，所以，左视图中两者后面共面，如图 6－17c 所示。

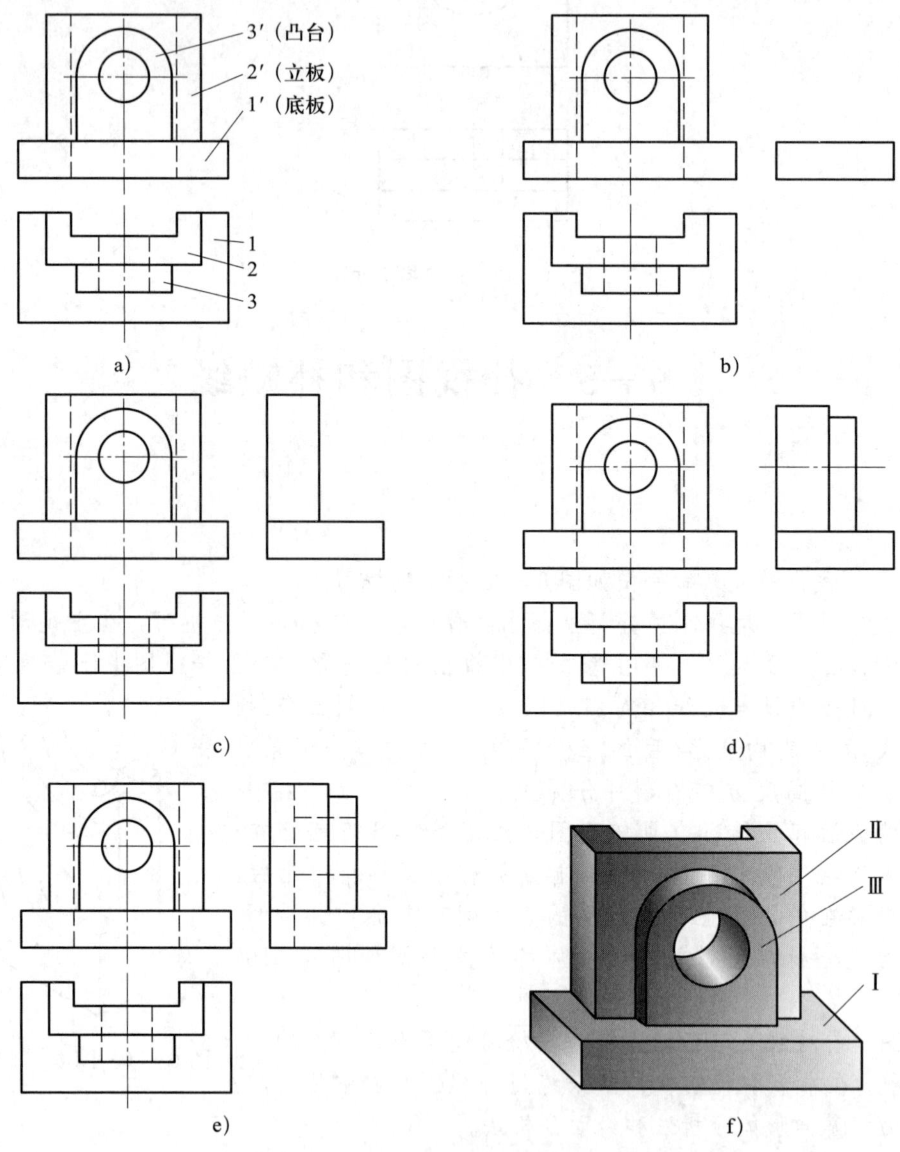

图 6－17　补画支座的左视图

a）支座视图　b）画底板Ⅰ　c）画立板Ⅱ　d）画凸台Ⅲ　e）画通槽和孔　f）支座立体图

3. 线框Ⅲ是凸台，它在俯视图上是长方形线框，在主视图上是上圆下方的线框，并竖立在底板之上、立板之前。其形体结构是半圆柱与长方块的组合。所以，它的左视图仍然是长方形并应画在底板之上，紧靠立板，如图 6－17d 所示。

4. 由线框Ⅱ和Ⅲ的已知视图，可知它们的上面有一通孔，在形体Ⅰ和Ⅱ的后面开有凹形通槽。所以，在左视图上应用细虚线表示出来，如图 6－17e 所示。

5. 综合想象，检查及校对，按标准描深图线，得到支座的立体图，如图 6－17f 所示。

二、补缺线

补缺线主要是利用形体分析和线面分析的方法，分析已知视图并补全图中遗漏的图线，使视图表达完整、正确。

如图 6－18 所示，补画三视图中的缺线。

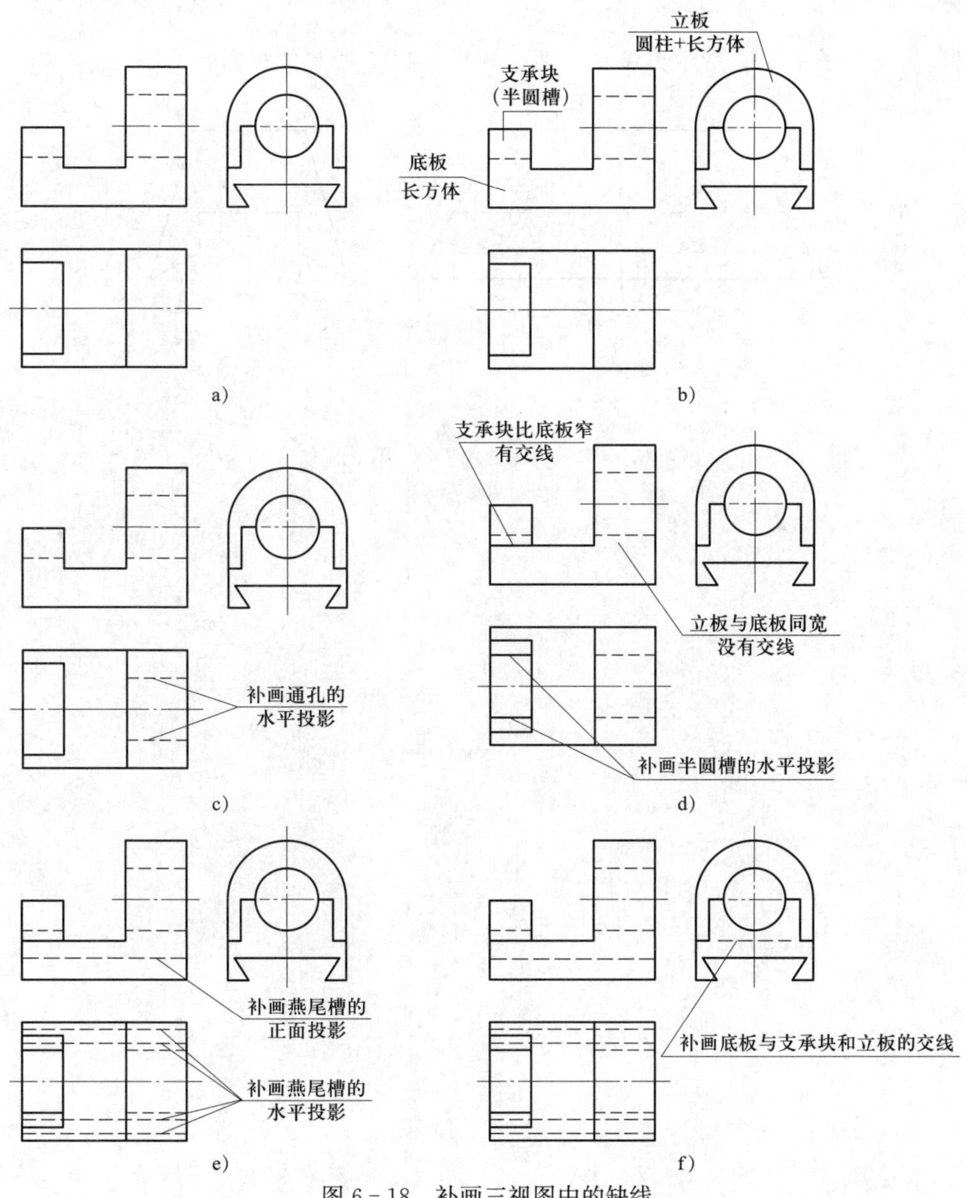

图 6－18 补画三视图中的缺线

形体分析：根据视图将形体分为底板、立板和支承块三部分，根据图中的已知线条，想象形体各部分的形状，如图 6－18b 所示。

1. 补画右侧立板上半圆筒的通孔在俯视图上的投影，如图 6－18c 所示。

2. 补画支承块上半圆槽在俯视图上的投影以及主视图上支承块与底板的分界线，如图 6－18d 所示。

3. 绘制底板上燕尾槽在主视图和俯视图上的投影，如图 6－18e 所示。

4. 检查及校对。根据所补缺线，看是否与形体结构相符合。经检查发现，在左视图上漏画了底板与支承块和立板交线的投影。补画该投影，再次检查无误后擦除多余图线，按线型描深，如图 6－18f 所示。

练一练　如图 6－19 所示为镶块的两个视图，试补画其俯视图。

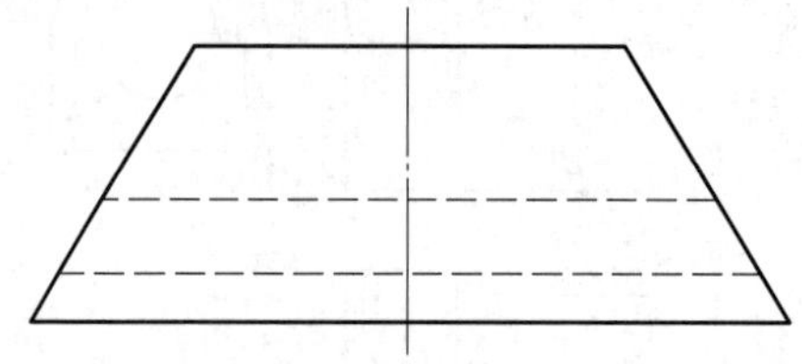

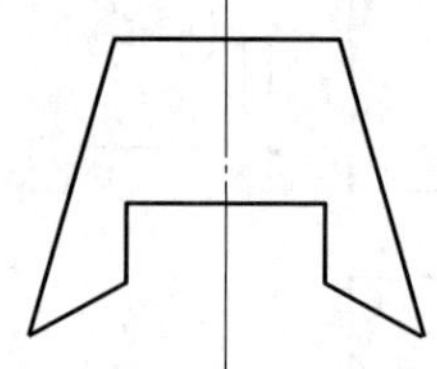

图 6－19　补视图练习

课题七　机件的基本表示法

前面我们学习了用三个视图来表达机件形状、位置的方法，但在实际生产中，由于机件的结构和形状是多种多样的，用三视图就不能清楚地表达机件的内、外结构和形状，为此，国家标准中规定了视图、剖视图、断面图等基本表示法，本课题就来学习这些基本表示法的术语、概念、画法、读法和有关注意事项。

§7－1　视　　图

做一做　补全图7－1所示俯视图和左视图中的缺线。

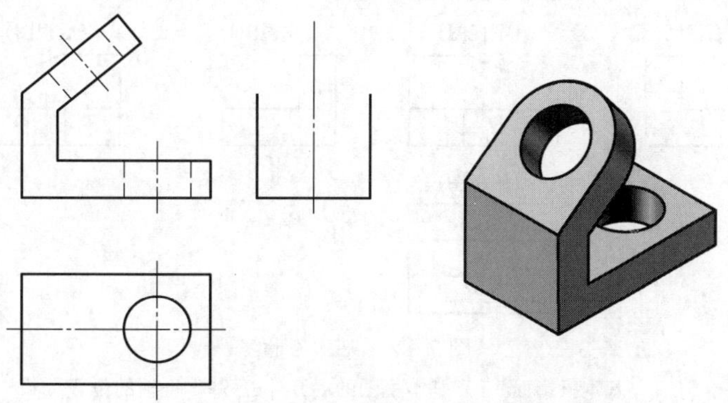

图7－1　补画俯视图和左视图中的缺线

通过补画俯视图和左视图中的缺线后可发现，由于半圆柱的上、下两面与 H 面和 W 面倾斜，因此圆的投影变成了椭圆，很显然，我们在画图时很不方便，如何画这样的图呢？采用国家标准《技术制图　图样画法　视图》（GB/T 17451—1998）和《机械制图　图样画法　视图》（GB/T 4458.1—2002）中规定的视图表示法，就能解决上述图形的问题。

视图包括基本视图、向视图、局部视图和斜视图四种。

一、基本视图

前面已经介绍过三个互相垂直的投影面，现在再增设相对应的另外三个互相垂直的投影面，得到一个正六面体，这六个投影面即为基本投影面，如图7－2a所示。

将机件向基本投影面投射所得的视图即基本视图。将机件放在正六面体中间，分别从前、后、上、下、左、右六个方向向六个基本投影面投射，即得到六个基本视图。右视图是由右向左投射所得的视图，与左视图相对应；仰视图是由下向上投射所得的视图，与俯视图相对应；后视图是由后向前投射所得的视图，与主视图相对应。为了便于画图，需将六个视图展开在一个平面内，展开方法与三视图相同，如图 7－2b 所示。

国家标准规定了将六个视图展开在一个平面后六个视图所处的位置，即基本位置。此时六个视图不需要标注视图名称，如图 7－2c 所示。

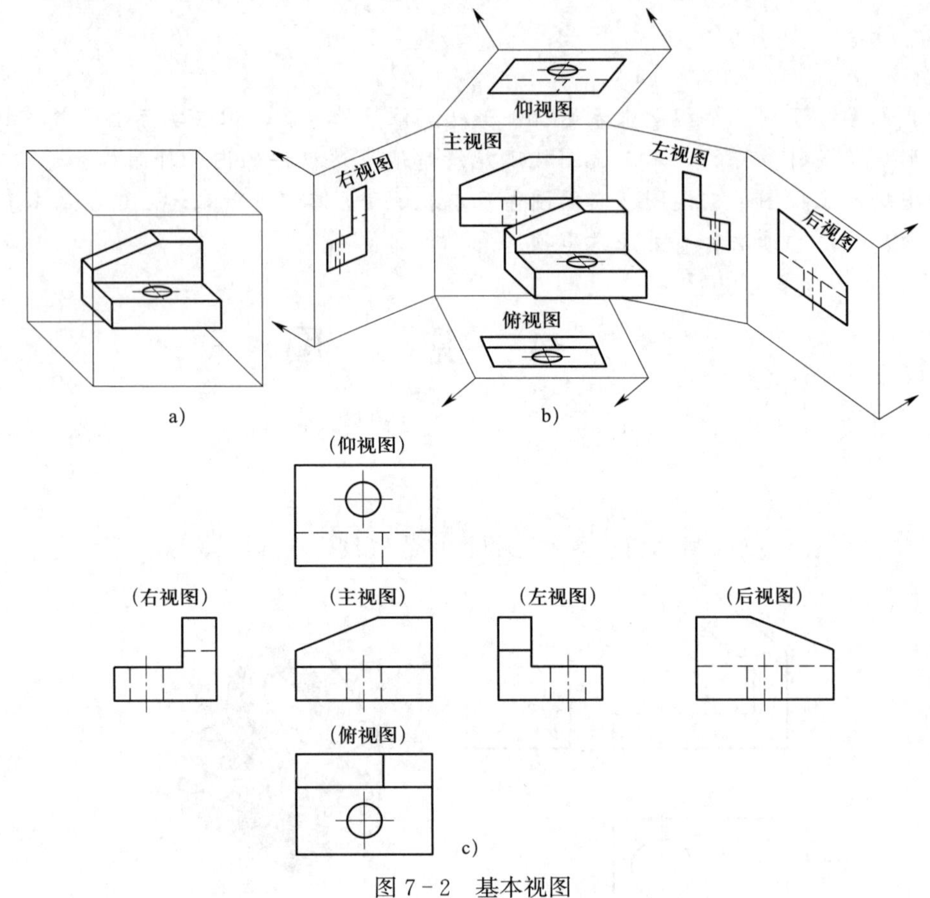

图 7－2　基本视图

a）基本投影面　b）基本视图的展开　c）基本视图的位置

重点提示

六个基本视图也符合“长对正、高平齐、宽相等”的投影规律，具体为“仰、主、俯、后视图长对正；右、主、左、后视图高平齐；右、仰、左、俯视图宽相等”。

基本视图的画法与三视图的画法一样，可见轮廓线用粗实线表达，不可见轮廓线用细虚线表达。在不考虑线型的前提下，六个视图有这样的特点：左视图和右视图以主视图为中心对称布置；仰视图和俯视图以主视图为中心对称布置；主视图和后视图以左视图为中心对称布置。用六个基本视图同时表达一个机件形状的情况是很少的，一般都是根据机件的复杂程度，从六个基本视图中选用适当数量的视图来表达。

基本视图的读法与读三视图的方法一样。

二、向视图

由于受图纸幅面等因素的影响，当基本视图不能按基本位置放置时，此时的视图称为向视图，它是一种可自由配置的基本视图。

为便于读图，应用箭头在视图旁指明所得向视图的投射方向，并在向视图上方及箭头旁写上相同的大写拉丁字母，如图 7－3 所示，投射方向规定采用图 7－3 中的五个方向。

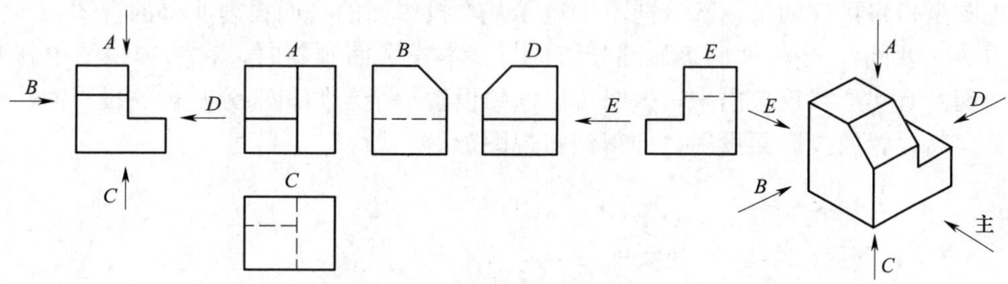

图 7－3　向视图及其投射方向

画向视图时，将被投射的视图当成主视图，在箭头所指的方向上设置一个投影平面，投射后即将该投影面向后翻转 90°，然后将投影面上的图形画出。向视图的读法与基本视图相同。

三、局部视图

局部视图是指将机件的某一部分向基本投影面投射所得的视图。局部视图相当于基本视图的一部分。

如图 7－4a 所示的支座，在画了主视图和俯视图后，其结构、形状和部分的相互位置大体清楚了，只有左边凸台和右边凸缘没有表达出来。作图时可以只画出凸台、凸缘局部的图形，即局部视图 A 和 B，这样既突出了重点，又简单明了，如图 7－4b 所示。

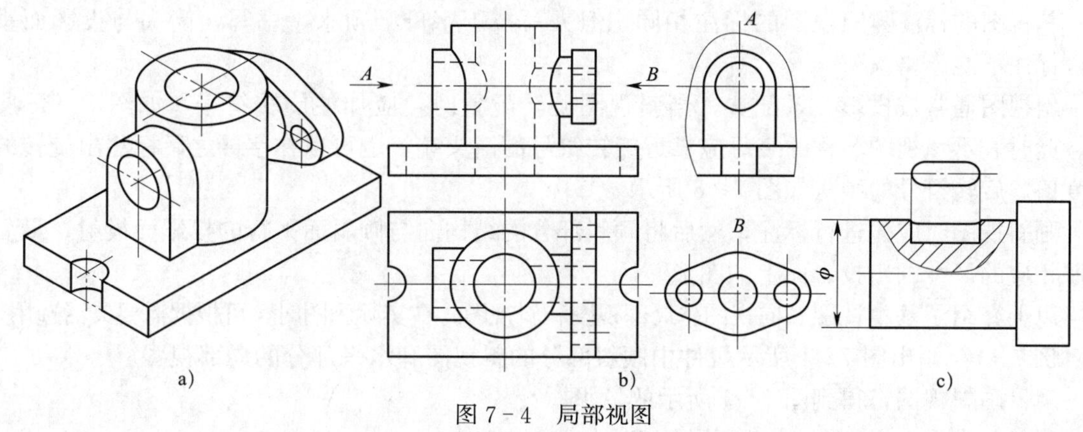

图 7－4　局部视图

局部视图标注的内容为投射方向和名称，其方法与向视图的标注方法相同。当局部视图按投影关系配置在基本位置，中间无其他视图时，可省略标注，如图 7－4 中的局部视图 A 可省略标注。

局部视图可按基本视图配置在投射方向上，如图 7－4 中的局部视图 A；还可按向视图的形式配置在其他适当位置，如图 7－4 中的局部视图 B；也可按第三角画法①配置在视图上所需

① 参见国家标准《技术制图　投影法》（GB/T 14692—2008）。

表示机件局部结构的附近，用细实线连起来，如图 7－4c 所示。

局部视图的画法与三视图的画法相同，通常只画出表面可见的轮廓形状，其局部大小的范围边界线用波浪线或双折线画。当局部视图有完整的轮廓边界时，可用轮廓边界线代替范围边界线，即可不画范围边界线，如图 7－4 中的局部视图 B 所示。

四、斜视图

斜视图是指将机件的某一部分向不平行于基本投影面的平面投射所得的视图。

如图 7－5 所示，当机件的某一部分结构与基本投影面倾斜时，在基本视图中就不能将此部分斜面的真实形状反映出来，这时可以假想设置一个与倾斜部分平行的投影面，然后将倾斜部分向新设置的投影面投射，即得到斜视图 B。

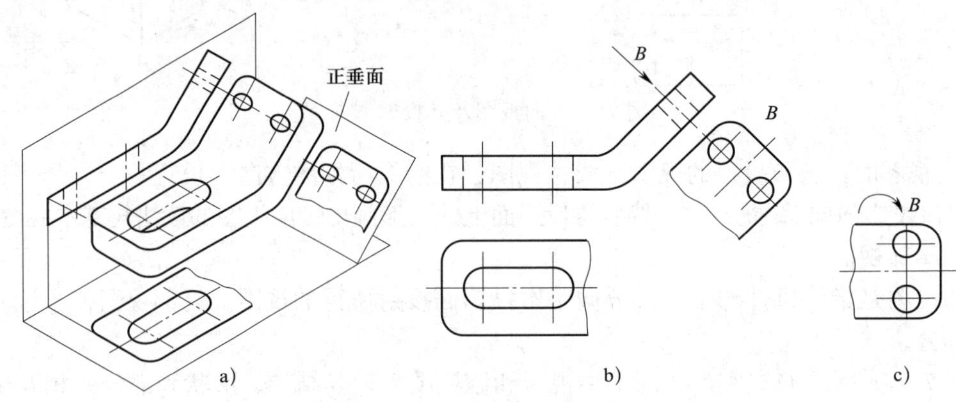

图 7－5　局部视图和斜视图

a）斜视图的形成　b）斜视图的画法及标注　c）旋转配置

斜视图的标注与向视图的标注相同，但大写拉丁字母必须水平书写，箭头与投影面垂直，标注不能省略。

斜视图通常按投影关系配置，当斜视图旋转配置时，应加注旋转符号，如图 7－5c 所示。此时表示该视图名称的字母应靠近旋转符号的箭头端，也可以在字母之后标注出旋转的角度值。旋转符号的画法如图 7－6 所示。

画斜视图时应先进行标注，然后将倾斜部分的结构向与倾斜面平行的投影面投射，最后量取相应的尺寸画出投影面上的图形。

以上介绍了基本视图、向视图、局部视图和斜视图，在实际画图时，可根据需要灵活选用。

例 7－1　画出图 7－1 所示机件中倾斜部分的斜视图和水平部分的局部视图。

解：画斜视图，得到图 7－7 所示的 A 图。

画局部视图，得到图 7－7 所示的 B 图。

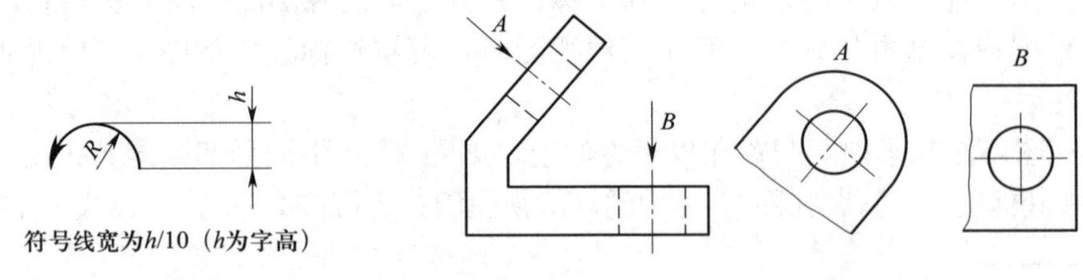

图 7－6　旋转符号的画法　　图 7－7　画斜视图和局部视图

想一想　试比较斜视图和局部视图的异同点。

§7－2　剖视图的形成

做一做　如图 7－8 所示给出了零件的主视图和俯视图，请补画左视图。

观察俯视图，我们发现圆柱孔左、右两条素线的投影与上面两条交线的投影重叠了，这给我们读图增加了困难。在生产中，当形体的内、外结构复杂时，往往会出现细虚线、粗实线重叠的情况，遇到这种情况时应如何解决呢？采用国家标准《技术制图　图样画法　剖视图和断面图》(GB/T 17452—1998）和《机械制图　图样画法　剖视图和断面图》(GB/T 4458.6—2002）中规定的剖视图表示法，就能使图形的内、外结构清晰地表达出来。在本节中我们一起来学习剖视图知识。

一、剖视图的概念及其术语

剖视图简称剖视，是指假想用剖切面剖开机件，将处在观察者与剖切面之间的部分移去，而将其余部分向投影面投射所得的图形，如图 7－9 所示为剖视图的形成。用剖视图可以清晰地表达机件内部的结构和形状，使图形简单。

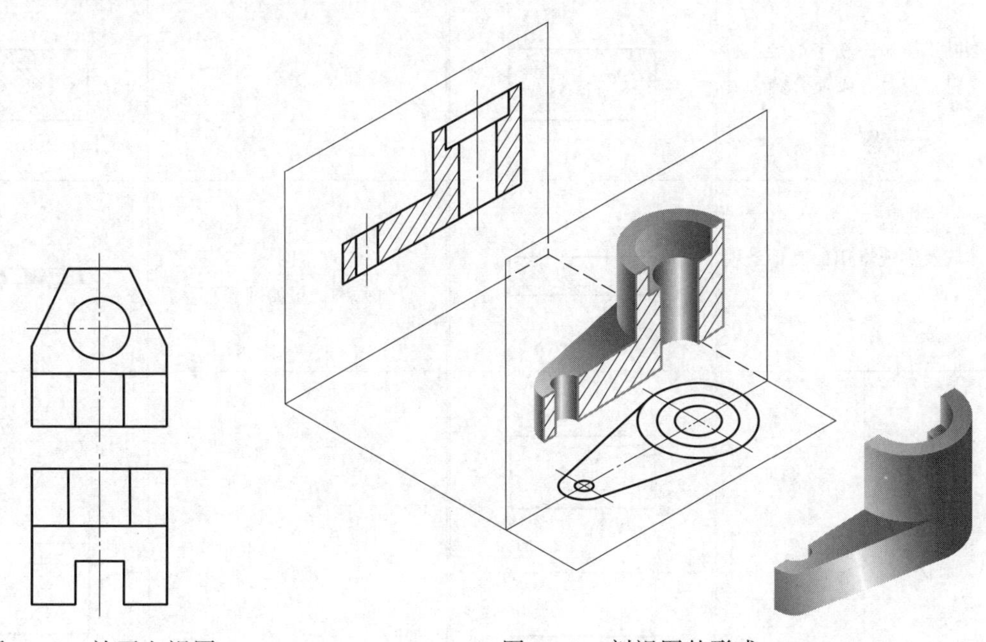

图 7－8　补画左视图　　图 7－9　剖视图的形成

剖切被表达机件的假想平面或曲面称为剖切面。假想用剖切面剖开机件，剖切面与机件接触的部分称为剖面区域，如图 7－9 中画上剖面线的部分。

在剖视图中，为区分剖面区域和非剖面区域之间的层次关系，应在剖面区域内画上适当的符号，即剖面符号。根据不同的材料，国家标准规定了不同的剖面区域表示法，见表 7－1。

表 7－1　　剖面区域表示法（GB/T 4457.5—2013）

材料	剖面符号	材料	剖面符号
金属材料（已有规定剖面符号者除外）	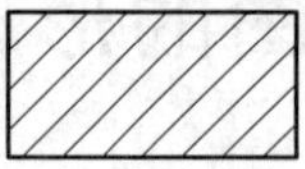	木质胶合板（不分层数）	
线圈绕组元件	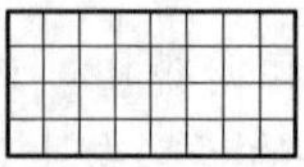	基础周围的泥土	
转子、电枢、变压器和电抗器等的叠钢片	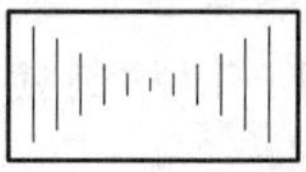	混凝土	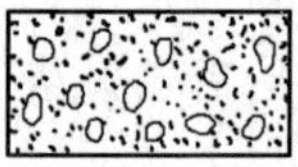
非金属材料（已有规定剖面符号者除外）	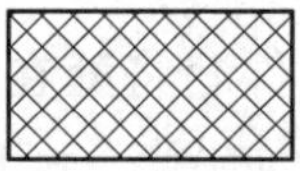	钢筋混凝土	
型砂、填砂、粉末冶金、砂轮、陶瓷刀片、硬质合金刀片等	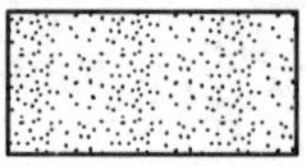	砖	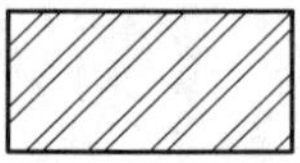
玻璃及供观察用的其他透明材料	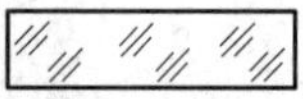	格网（筛网、过滤网等）	
木材　纵断面		液体	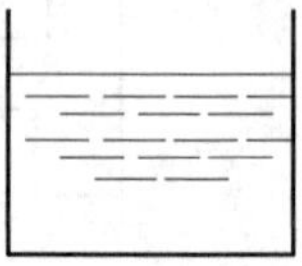
木材　横断面	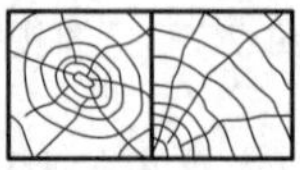		

说明

金属材料的剖面符号通常称为剖面线，国家标准《技术制图　图样画法　剖面区域的表示法》（GB/T 17453—2005）规定，在同一金属零件的零件图中，剖视图、断面图的剖面线应画成间隔相等、方向相同而且与主要轮廓或剖面区域的对称线成45°角的平行细实线。当不需要在剖面区域中表示材料的类别时，剖面符号可采用通用剖面线，即应以适当角度的细实线绘制剖面线，最好与主要轮廓或剖面区域的对称线成45°角，如图7-10所示。

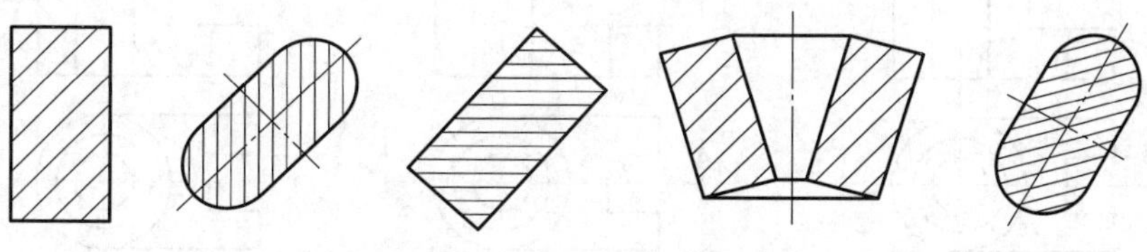

图7-10　通用剖面线

剖视图可按基本视图或向视图的配置规定进行配置。

为了便于读图时查找投影关系，剖视图一般应标注剖切符号、剖切线、名称三项，如图7-11所示。

剖切符号——表示剖切面起讫和转折位置及投射方向的符号。剖切面位置用不与轮廓线相交的粗实线表示，投射方向用箭头表示。

剖切线——表示剖切面位置的线。剖切线用细点画线表示，通常借助图中的对称线，一般可省略。

名称——在剖视图上方写上名称"×—×"（×代表大写拉丁字母），并在剖切符号旁写上相同的字母。

二、剖视图的画法

画剖视图时按以下五个步骤进行：

1. 由视图想象出机件的空间形状，可画出立体草图，如图7-11b所示。

2. 根据题意做适当剖切，剖切面一般要通过孔的轴线或槽的对称平面，如图7-11c所示。

3. 标注剖切符号、剖切线和字母，如图7-11d所示。

4. 根据箭头投射方向作投影图，凡是可见轮廓线都应该用粗实线画，因剖切而移除部分的轮廓线不应画出，不可见轮廓的细虚线一般省略不画，如图7-11e所示。只有当不可见轮廓表达不清楚时，才可画出细虚线，如图7-15g所示的细虚线用于表示小孔的深度。

5. 在剖面区域中画上剖面线，如图7-11f所示。

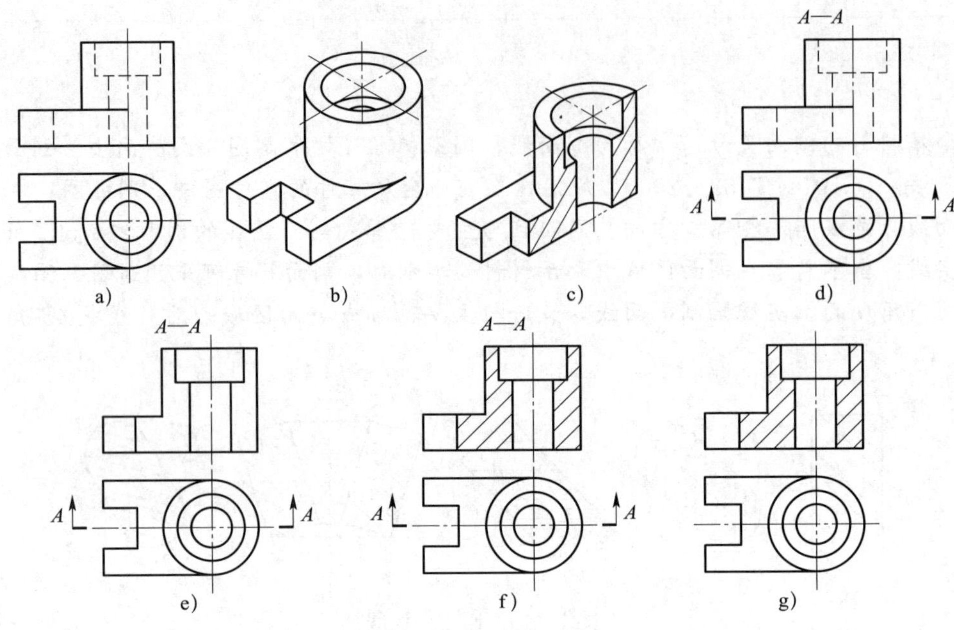

图 7－11　画剖视图的步骤

a）两面视图　b）立体形状　c）适当剖切　d）标注　e）作投影图　f）画剖面线　g）省略标注

重点提示

画剖视图的注意事项

1. 剖视图是假想把机件剖开，而不是真正地把机件剖去一部分，因此，画图时，除剖视图本身外，其他视图仍应按照机件的整体形状画出。

2. 不要忽略剖视图的标注，表示起讫及转折位置的粗短画不与轮廓线接触。

3. 不要忽略剖切面后面看得见的轮廓线，如图 7－12 所示为漏画线与多画线实例。

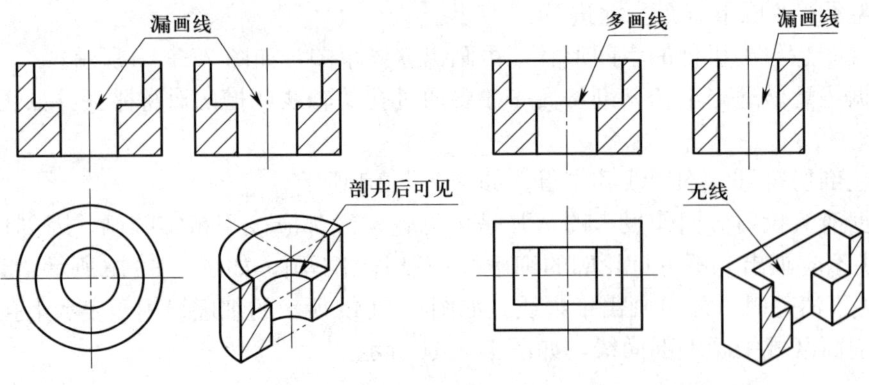

图 7－12　漏画线与多画线实例

三、读剖视图的方法

首先应明确剖视图的概念，该剖视图是如何剖切得到的，然后利用形体分析法和线面分析法分别想象图形的外部结构和内部结构，最后获得剖视图所表达机件的整体形状。

1. 如图 7－13 所示，试补画用 A—A 剖切面剖切后的左视图。

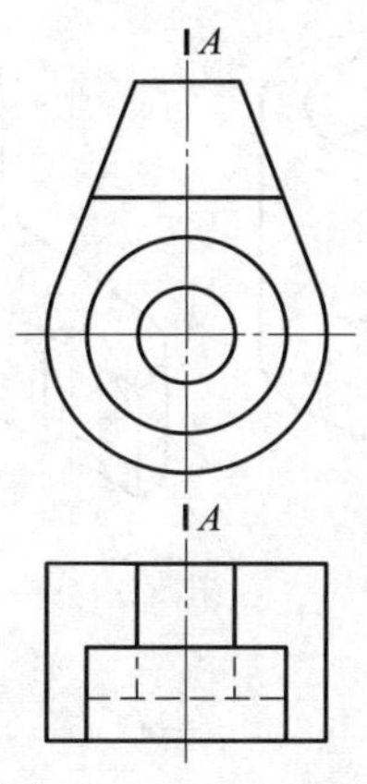

图 7－13　补画左视图

2. 想一想画剖视图的目的是什么。

§7－3　剖视图的种类

分析图 7－14 所示的三个机件，判断如何通过剖切表达机件的内部结构。

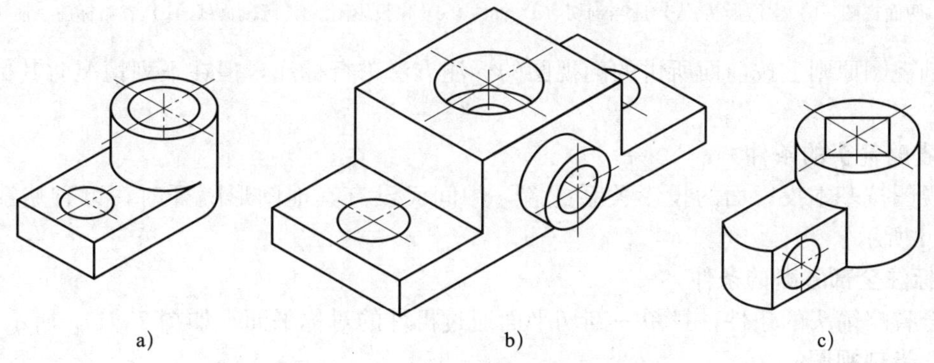

图 7－14　如何表达机件的内部结构

如图 7－14 所示为三个立体图，其结构和形状不同，图形的表示方法也不相同，应根据实际表达的需要，采用不同的剖切部位来表达其内、外结构和形状。

根据剖切范围的大小，剖视图可分为全剖视图、半剖视图和局部剖视图三种。

一、全剖视图

全剖视图是指用剖切面完全地剖开机件所得的剖视图，如图 7－9、图 7－11g 和图 7－15g 所示。全剖视图适用于表达内部形状复杂的不对称机件或外形简单的对称机件。它能很好地表达机件的内部结构，但外形表达较差。

如图 7－15 所示为画全剖视图的步骤。

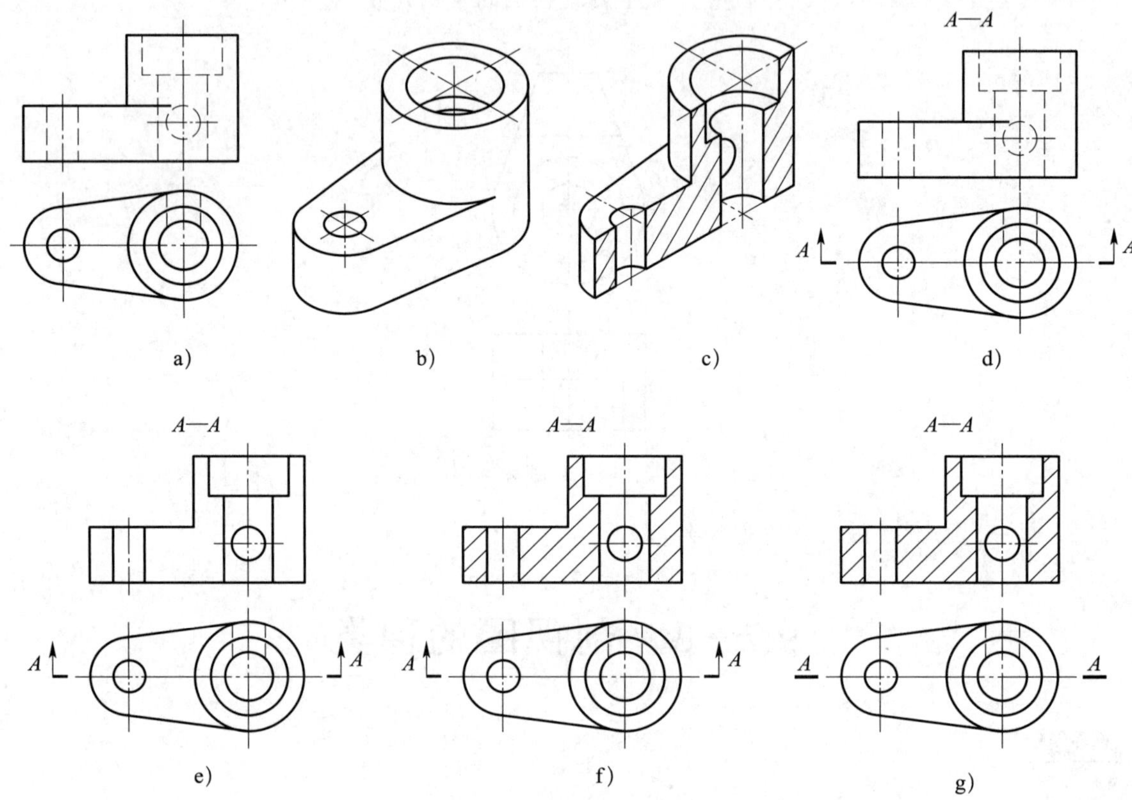

图 7－15 画全剖视图的步骤

a）两面视图 b）立体形状 c）适当剖切 d）标注 e）作投影图 f）画剖面线 g）省略标注（箭头）

全剖视图原则上按前面所讲的剖视图的标注方法进行标注，但在下列情况时其标注可以省略：

1. 省略箭头的条件

剖视图按基本投影面的投影关系配置，中间又没有其他图形隔开时，可省略箭头，如图 7－15g 所示。

2. 标注全部省略的条件

符合省略箭头的条件，且单一剖切平面通过机件的对称平面，如图 7－11g 所示。

二、半剖视图

当机件具有对称平面时，向垂直于对称平面的投影面上投射所得的图形，可以用对称中心线为界，一半画成剖视图，另一半画成视图，这种剖视图称为半剖视图，如图 7－16g 所示。画半剖视图的步骤如图 7－16 所示。

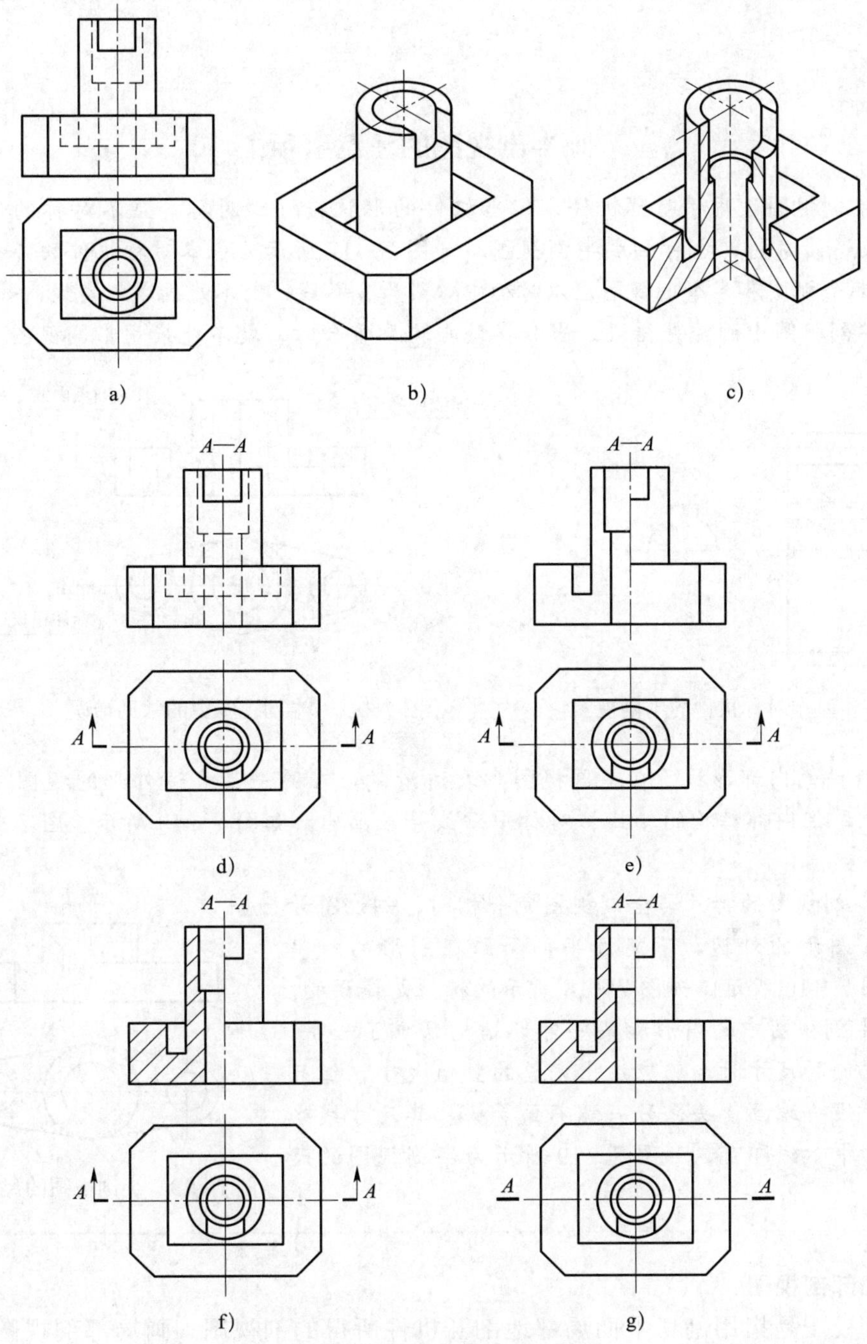

图 7-16　画半剖视图的步骤

a）两面视图　b）立体形状　c）适当剖切　d）标注

e）作投影图　f）画剖面线　g）省略标注（箭头）

半剖视图主要用于内、外结构和形状都需要表达的对称机件，其优点在于能在一个图形中同时反映机件的内形和外形。由于机件是对称的，因此，据此很容易想象出整个机件的结构和形状。

重点提示

画半剖视图的注意事项

1. 半剖视图适用于对称机件，但当机件的形状接近于对称，且不对称的部分已另有图形表达清楚时，也可画成半剖视图，如图 7－17 所示为基本对称机件的半剖视图。

2. 半个视图和半个剖视图应以对称中心线为分界线，而不能画成粗实线，如图 7－18 所示为半剖视图中的常见错误。当分界处与轮廓重合时，就不能采用半剖视图。

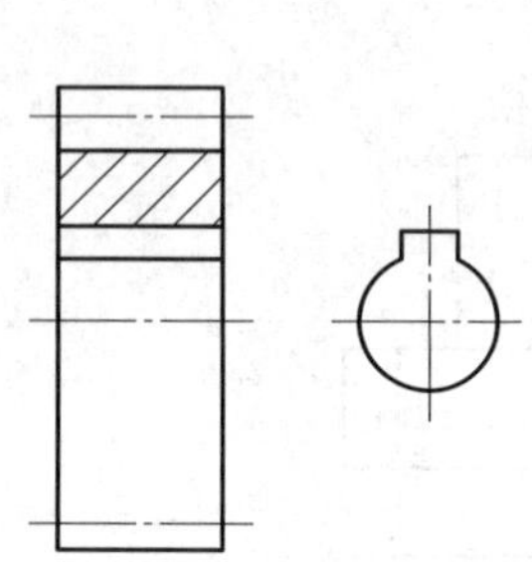

图 7－17　基本对称机件的半剖视图

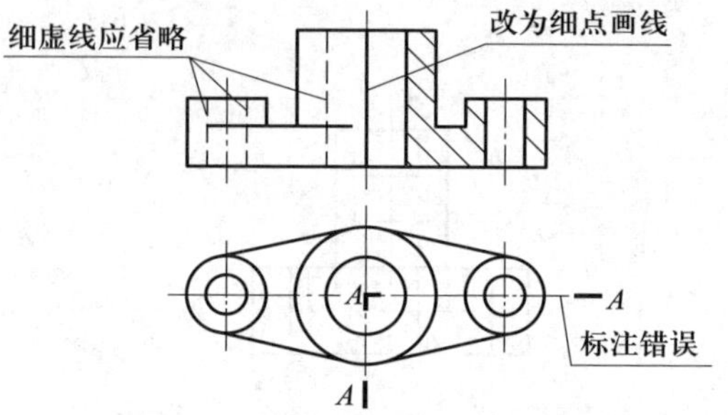

图 7－18　半剖视图中的常见错误

3. 机件的内部形状已在半剖视图中表达清楚，在另一半表达外形的视图中不再画出细虚线，但内部结构的轴线、对称中心线等应画出，如图 7－19 所示。图 7－18 中多画了细虚线。

4. 半剖视图的标注与全剖视图完全相同，剖切符号仍应画在图形的外边，不能因半剖而画在图形的一半处，如图 7－16 所示。如图 7－18 所示的标注是错误的。

5. 半剖视图中的内形和某些外部结构只画了一半，在标注它们的尺寸时，仍应注出完整的数值大小，但只需在尺寸线一端画箭头，另一端不画箭头，其尺寸线略超过对称中心线即可，如图 7－19 所示为半剖视图的尺寸标注。

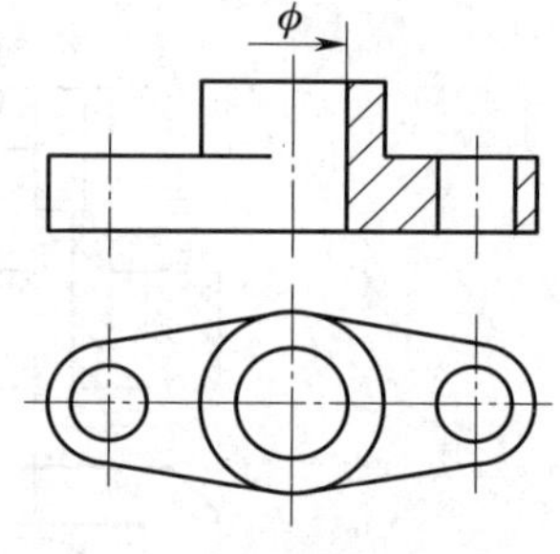

图 7－19　半剖视图的尺寸标注

三、局部剖视图

局部剖视图是指用剖切平面局部地剖开机件所得的剖视图。画局部剖视图的步骤如图 7－20 所示。

局部剖视图的优点是机动、灵活，剖切的位置和范围大小可根据需要确定，能在一个图形中既表达外形，又表达内形。

由于局部剖视通常在基本视图上进行，且剖切位置比较明显，因此一般省略标注。但在剖视图中再进行局部剖视时，应进行标注，此时两个剖切面中剖面线的方向、间隔应相同，但要互相错开，如图 7－21 所示为全剖视图再进行局部剖视的画法。

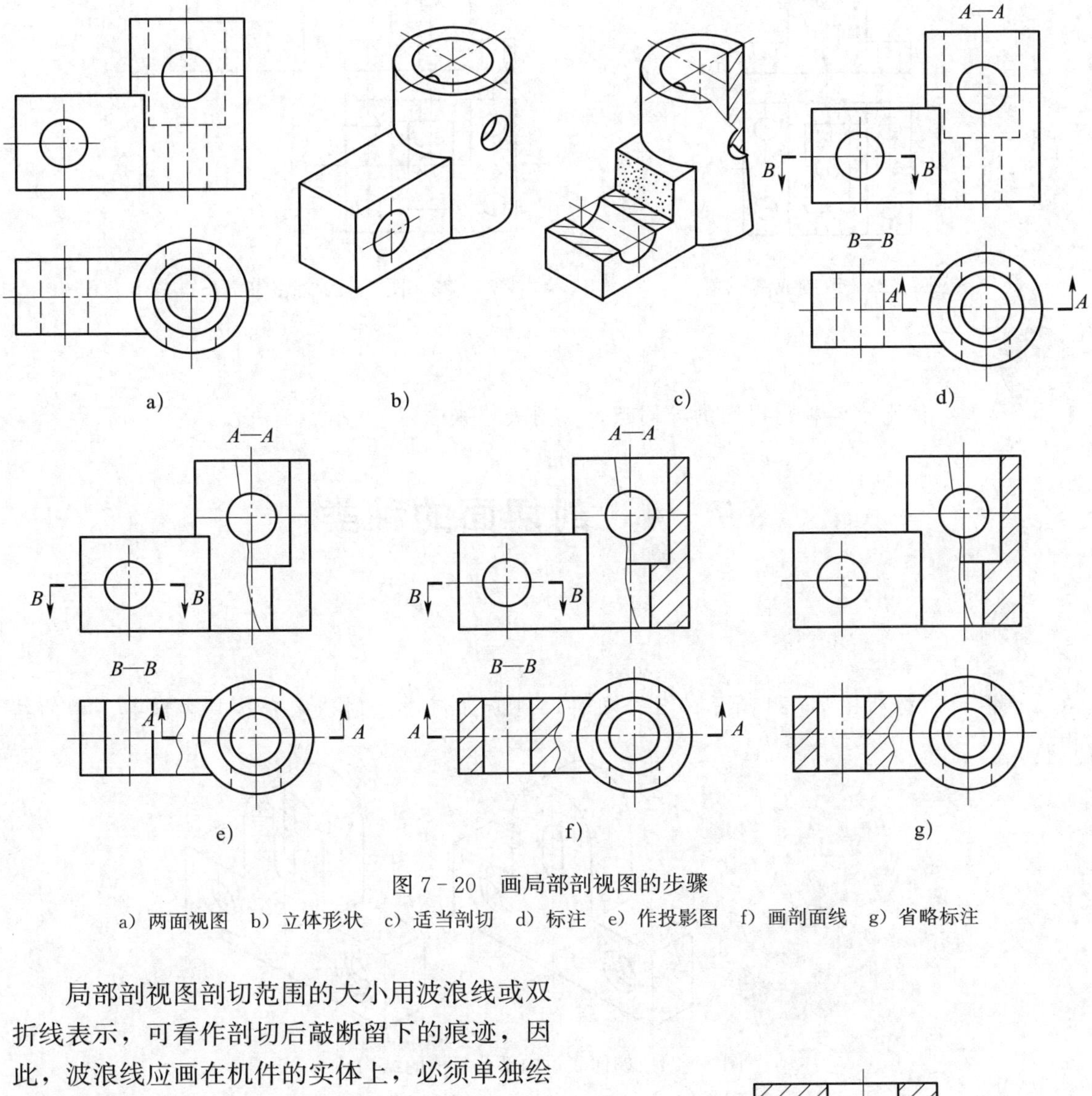

a)　b)　c)　d)　e)　f)　g)

图 7-20　画局部剖视图的步骤

a）两面视图　b）立体形状　c）适当剖切　d）标注　e）作投影图　f）画剖面线　g）省略标注

局部剖视图剖切范围的大小用波浪线或双折线表示，可看作剖切后敲断留下的痕迹，因此，波浪线应画在机件的实体上，必须单独绘制。

例 7-2　如图 7-22 所示，将主视图改画成剖视图，并补画剖视的左视图，剖切范围自定。

解：根据主视图和俯视图，可想象出该机件的空间形状，机件左右对称，前后不对称，依据全剖视图、半剖视图和局部剖视图适用的条件，主视图采用半剖视图和局部剖视图，左视图采用全剖视图，画主视图半剖视图时应适当进行标注，答案如图 7-23 所示。

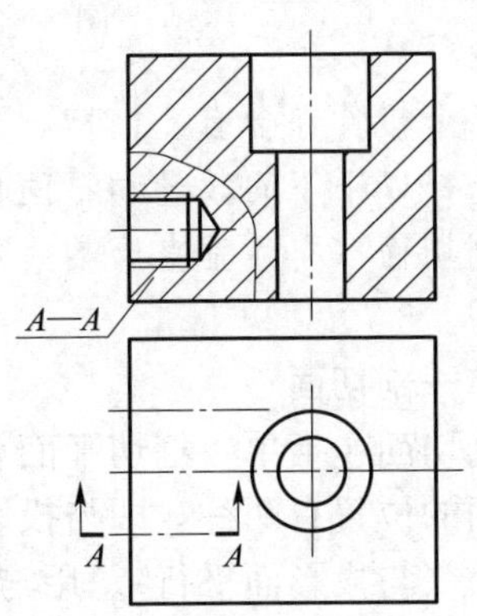

图 7-21　全剖视图中再进行局部剖视的画法

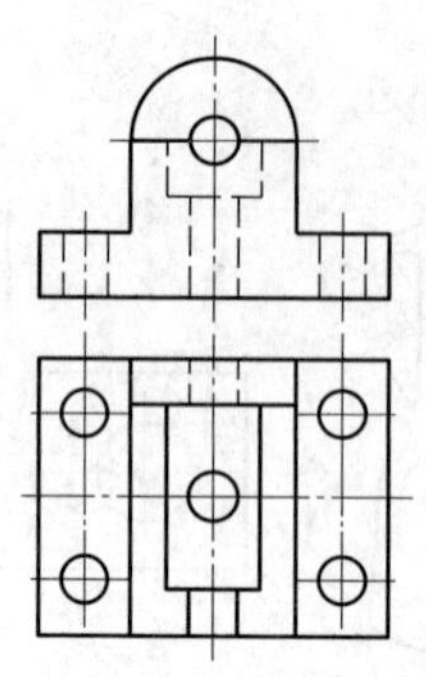

图 7－22　改画成剖视图

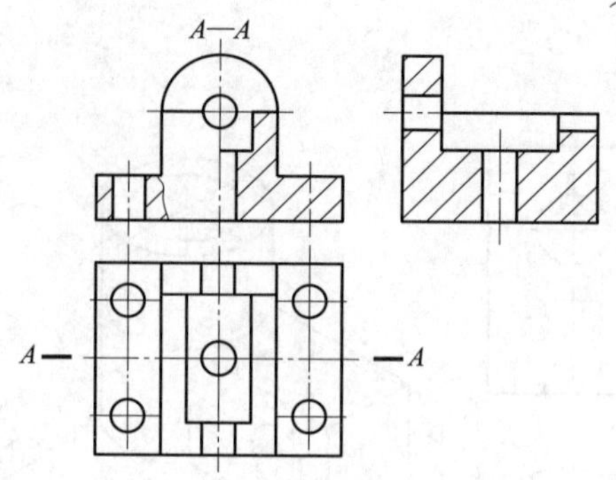

图 7－23　图 7－22 练习答案

试比较各种剖视图的异同点，并用表格来表示。

§7－4　剖切面的种类

分析图 7－24 所示的三个机件，判断如何通过剖切来表达其内部孔、槽的结构。

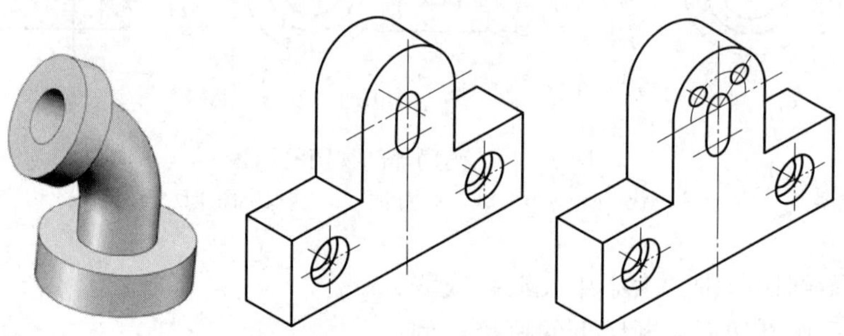

图 7－24　如何表达内部孔、槽的结构

图中三个机件都含有孔、槽，要清晰地表达这些结构，国家标准规定，根据机件的结构特点，可选择以下不同数量和不同位置的剖切面，即单一剖切面、几个平行的剖切平面和几个相交的剖切面（交线垂直于某一投影面）。这三种剖切面都适用于全剖视图、半剖视图和局部剖视图。

一、单一剖切面

单一剖切面包括单一剖切平面和单一剖切柱面，剖切面的数量为一个，当剖切面为平面时，剖切面的位置有两种，即与投影面平行和与投影面垂直。前面所列举的剖视图均采用单一剖切平面（与投影面平行）。用与投影面垂直的单一剖切平面剖切机件画剖视图时，标注不能省略，字母应水平书写，箭头与粗实线垂直。剖视图配置在箭头方向或适当位置，也可以将剖视图旋转放置，并加注旋转符号，如图 7－25、图 7－26 所示。

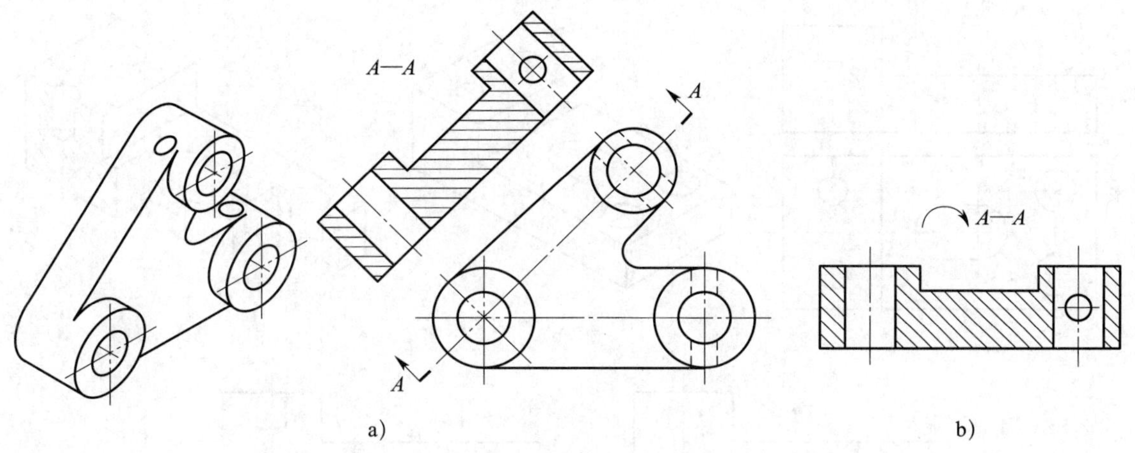

图 7-25　与投影面垂直的单一剖切平面（一）

a）正常配置与标注　b）旋转配置与标注

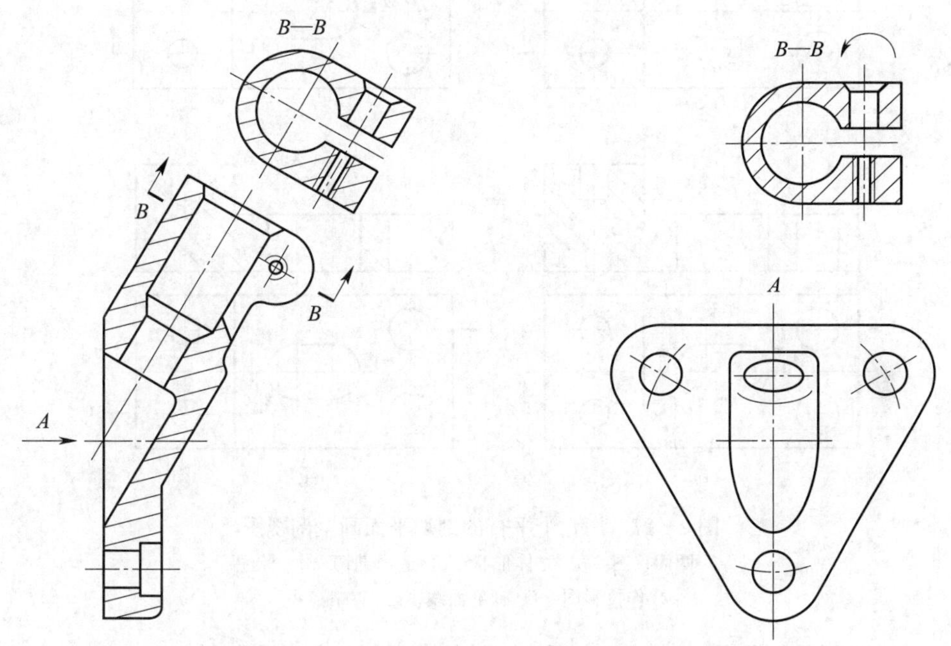

图 7-26　与投影面垂直的单一剖切平面（二）

二、几个平行的剖切平面

用几个平行的剖切平面剖切时，剖切面的数量为两个以上（包含两个），位置与投影面平行。在剖切平面起讫及转折处都应标注剖切符号和字母（当转折处空间有限，又不会引起误解时，允许不注字母），省略箭头的条件与全剖视图相同，如图 7-27 所示为用几个平行的剖切平面画全剖视图。

当孔的轴线、槽的对称平面排列在互相平行的平面内时，可考虑用几个平行的剖切平面将机件剖开。

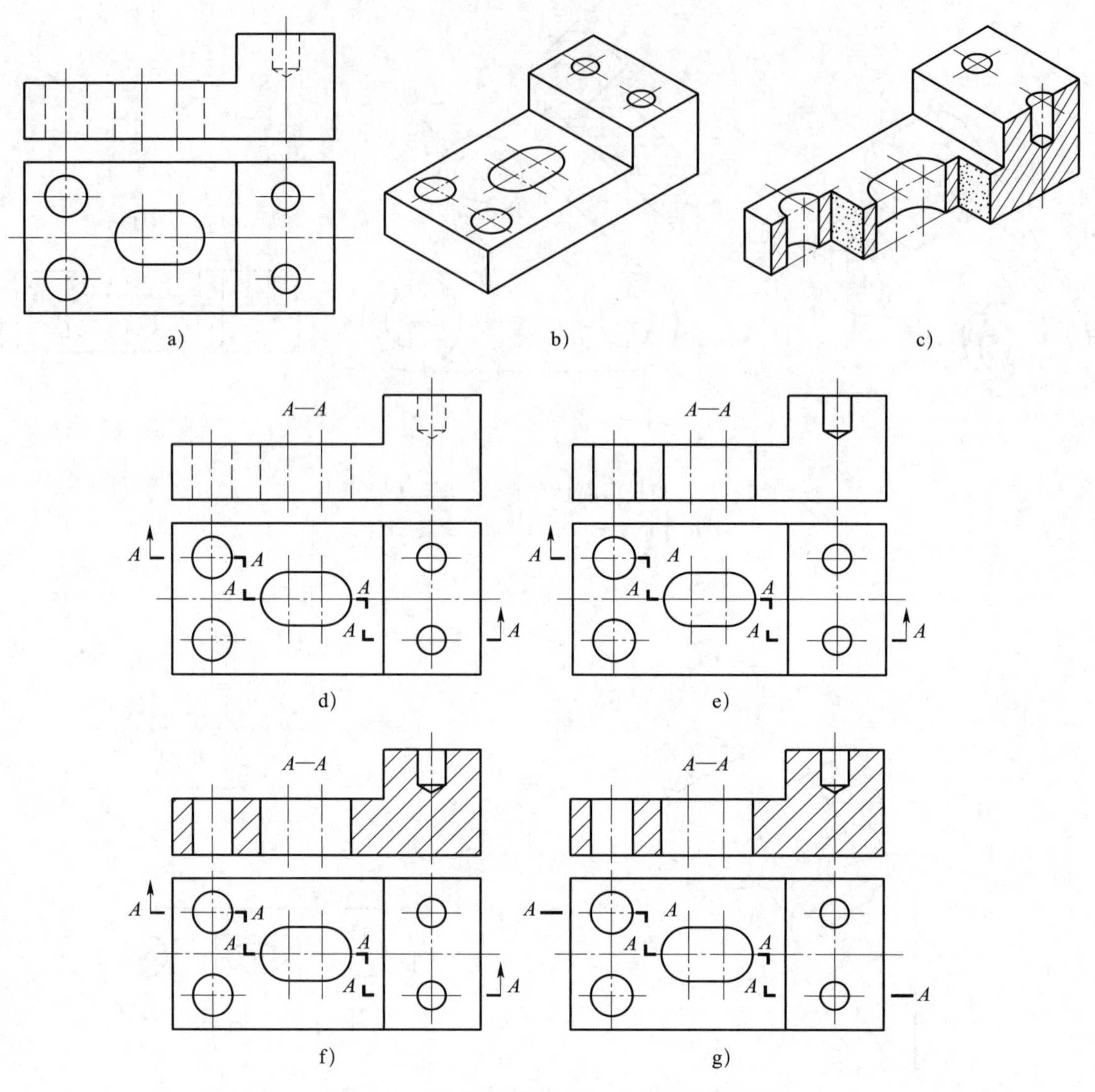

图 7－27　用几个平行的剖切平面画全剖视图

a）两面视图　b）立体形状　c）适当剖切　d）标注

e）作投影图　f）画剖面线　g）省略箭头

因为剖切平面是假想的，所以不应该画出剖切面转折处的投影，如图 7－28 所示为常见错误画法。

剖视图中不能出现不完整结构要素，如图 7－28 所示。但当两个要素具有公共对称中心线或轴线时，可各画一半，此时，以对称中心线或轴线为界，如图 7－29 所示。

三、几个相交的剖切面

用几个相交的剖切面剖切时，剖切面的数量为两个以上（包含两个），既可以是平面，也可以是柱面，当剖切面为平面时，剖切平面的位置既有投影面平行面，又有投影面垂直面，且相邻两剖切面的交线垂直于某一投影面。画图时，首先必须在起讫和转折处标注，即标上剖切符号和名称，在剖视图上方标上相同的名称，但当转折处空间狭小又不至于引起误

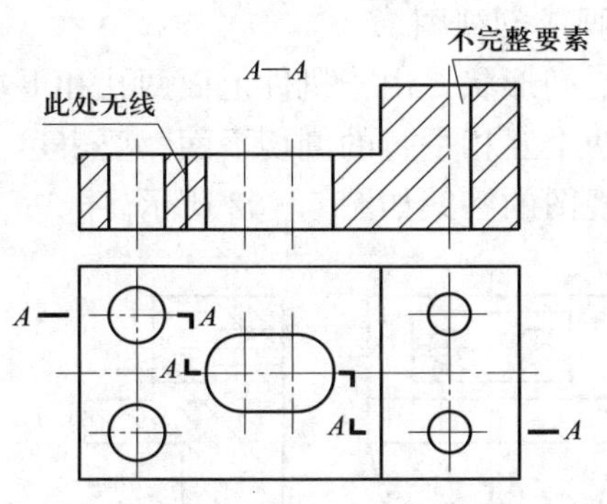

图 7－28　常见错误画法

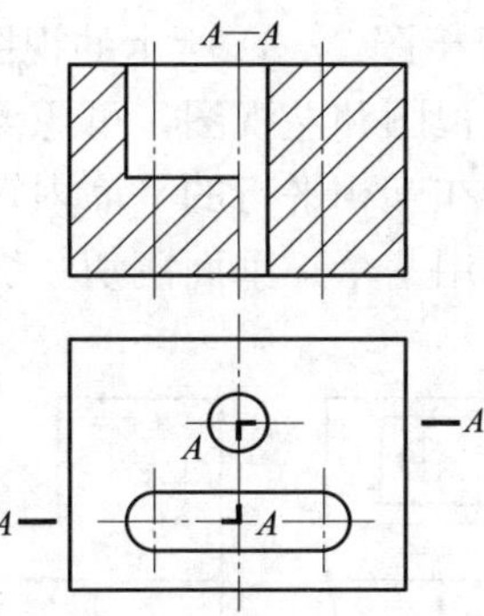

图 7－29　具有公共对称中心线的剖视图

解时，转折处允许省略字母；其次应将倾斜的剖切平面旋转到与基本投影面平行后，再作投影图，此时倾斜剖切平面上的结构不再符合投影规律，尺寸关系直接用分规量取，如图 7－30 所示。但当位于剖切面后的其他结构与剖切面关系不紧密时，一般仍应按投影关系作图，如图 7－30 中剖切平面后的小圆孔。

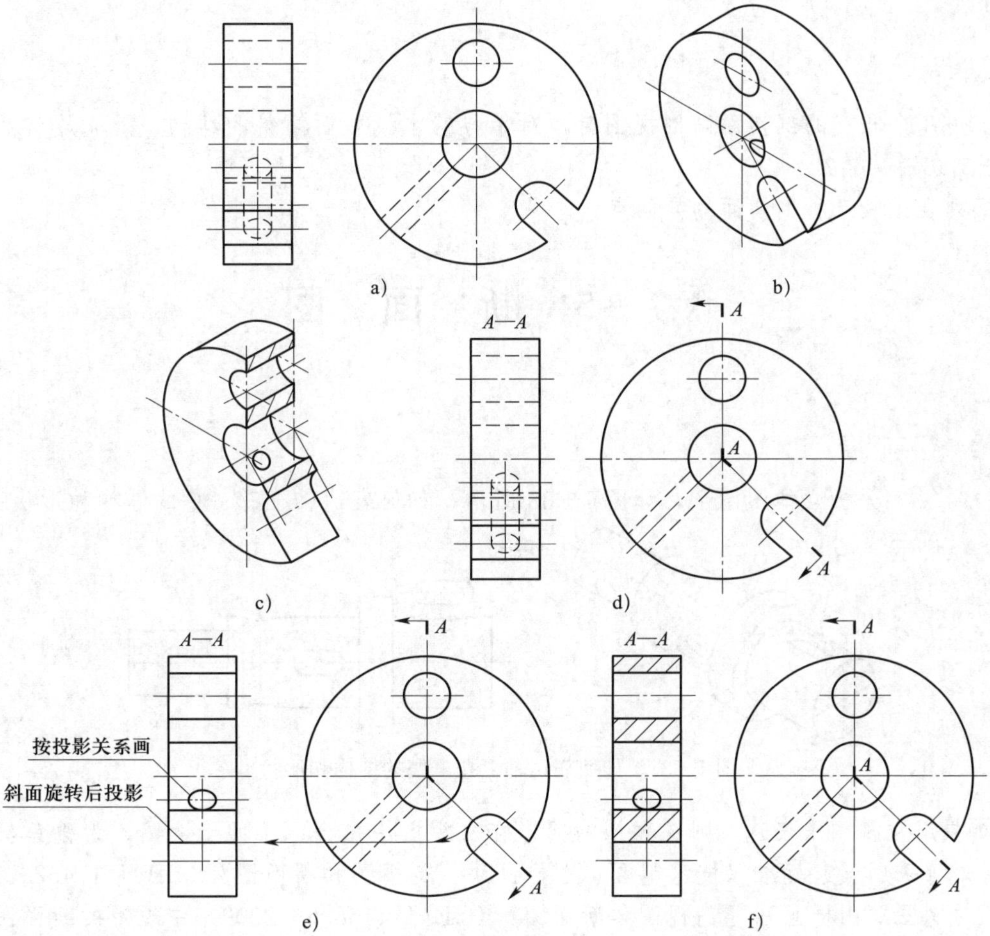

a)　b)　c)　d)　e)　f)

按投影关系画
斜面旋转后投影

图 7－30　用几个相交的剖切面剖切的全剖视图

a）两面视图　b）立体形状　c）适当剖切　d）标注　e）作投影图　f）画剖面线

例 7－3　分析图 7－31 所示的视图，将左视图画成剖视图。

解：根据主视图和左视图，可想象出该机件的空间形状。由于机件上面两孔和下端一个大孔的轴线排列在互相平行的平面内，因此可采用两个互相平行的剖切平面。要表达下端四个小孔，必须采用一个正垂面剖切。综上所述，左视图的答案如图 7－32 所示。

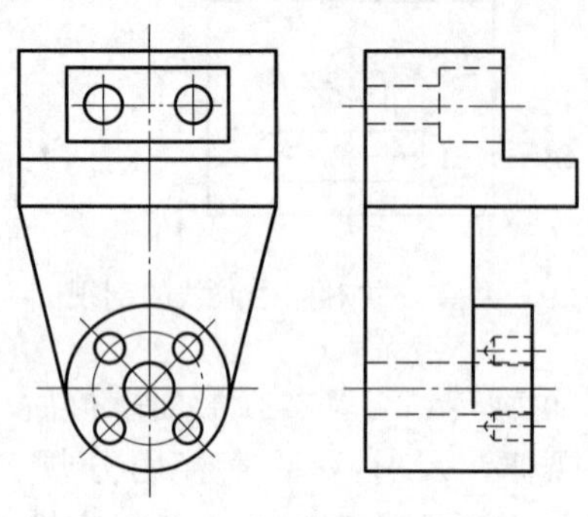

图 7－31　将左视图画成剖视图

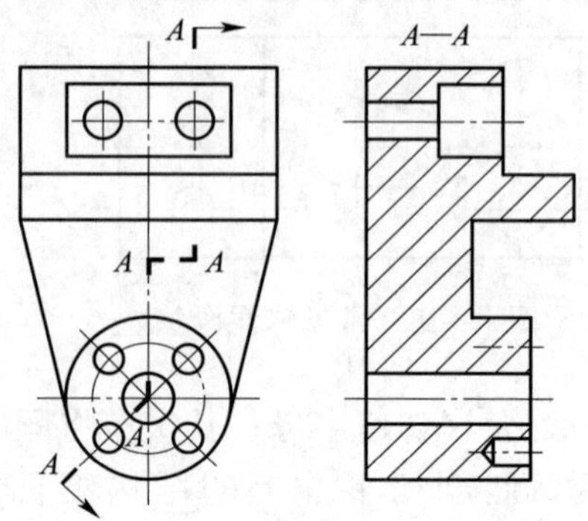

图 7－32　图 7－31 练习答案

1. 用几个相交的剖切面画剖视图时，对于与基本投影面倾斜的结构，是先旋转后剖切还是先剖切后旋转？

2. 列表比较三种剖切面的异同点。

§7－5　断　面　图

分析立体图图形，如图 7－33 所示，如何表达轴上孔、槽的结构和形状？

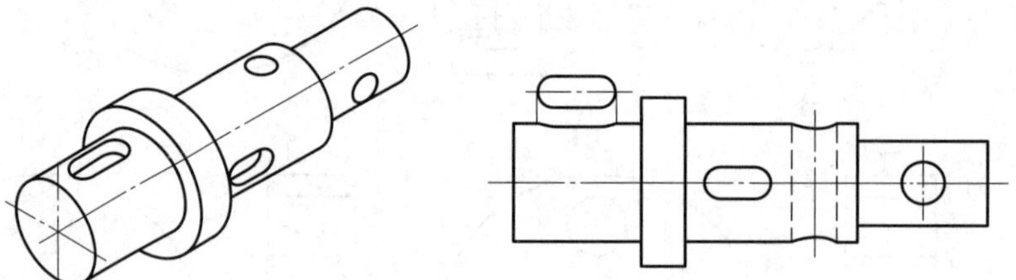

图 7－33　如何表达轴上孔、槽的结构和形状

如果用左视图来表达，则孔和槽的投影在左视图中重合，不便于读图。为避免出现这种情况，可采用国家标准《技术制图　图样画法　剖视图和断面图》（GB/T 17452—1998）和《机械制图　图样画法　剖视图和断面图》（GB/T 4458.6—2002）中规定的断面图表示法，将各处断面的形状清晰地表达出来。

一、断面图的概念及有关术语

断面图简称断面，是指假想用剖切面将机件的某处切断，仅画出该剖切面与机件接触部分的图形，如图 7－34 所示为断面图与剖视图的区别。

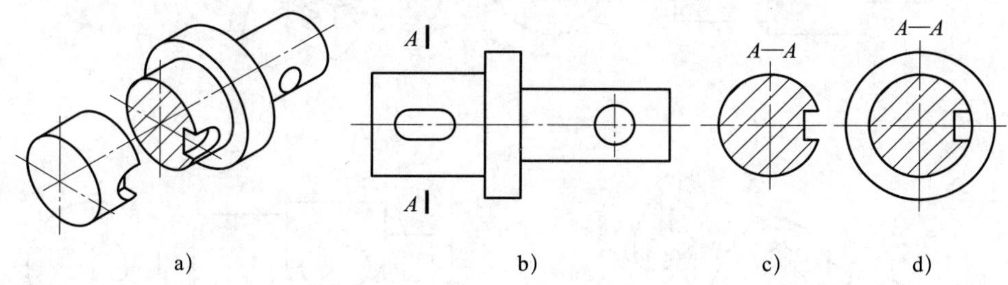

图 7－34　断面图与剖视图的区别

a）剖切　b）视图　c）断面图　d）剖视图

断面图实际上就是使剖切平面垂直于被剖切结构的轴线或主要轮廓线，然后将断面图形向左或向右旋转 90°，使其与纸面重合而得到的。

采用断面图表示机件的断面形状，比较清晰且突出重点，因此，断面图常用于表达机件上的孔、槽、肋板和轮辐等断面形状，如图 7－35 所示为常见的断面图。

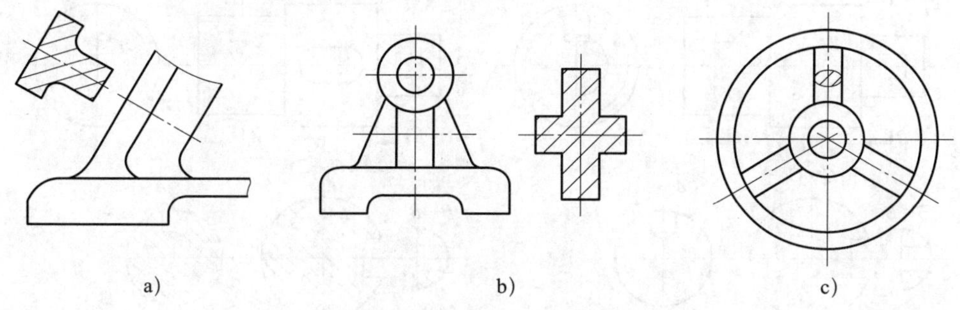

图 7－35　常见的断面图

a）机架断面图　b）肋板断面图　c）轮辐断面图

断面图与剖视图不同，断面图只画出机件被切断处的断面形状，如图 7－34c 所示，而剖视图除了画出断面形状外，还必须画出断面后全部可见轮廓线，如图 7－34d 所示。

断面图的标注内容与剖视图相同。

根据断面图配置位置的不同，可分为移出断面图（见图 7－35a、b）和重合断面图（见图 7－35c）。

二、移出断面图

移出断面图是指画在视图轮廓之外的断面图。移出断面图的轮廓线用粗实线绘制，应尽量配置在剖切线的延长线上，也可配置在其他适当位置。

移出断面图的画图步骤如图 7－36 所示。

1. 由视图想象机件形状，如图 7－36b 所示。

2. 根据要求做适当剖切，如图 7－36c 所示。

3. 在视图中进行标注，反映剖切位置、投射方向和名称，如图 7－36d 所示。

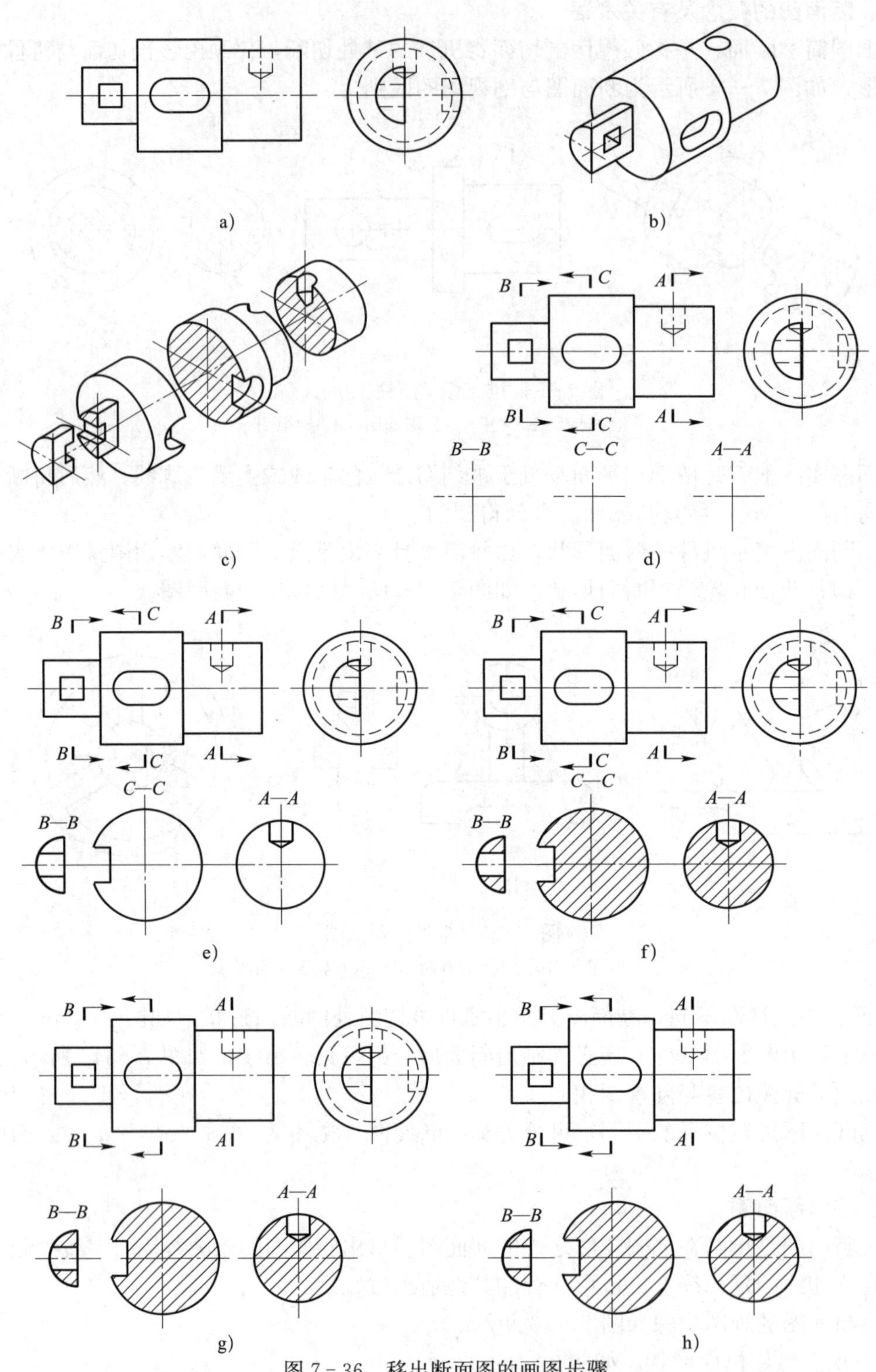

图 7-36 移出断面图的画图步骤

a）两面视图 b）想象形状 c）在孔、槽处剖切 d）标注

e）作投影图 f）画剖面线 g）省略标注 h）省略左视图

注意

1. 断面图画在剖切线的延长线上时可省略名称，如图 7－35 所示。

2. 断面图按投影关系配置在基本视图位置，中间无其他视图隔开时，可省略投射方向符号（箭头），如图 7－34b、c 所示；或从断面形状的正、反两个方向投射所得的断面图完全相同，即断面图形是左右对称的，也可省略投射方向符号（箭头），如图 7－35 所示。

4. 根据投射方向作投影图，具体画图步骤如下：

（1）按断面图概念画，即只画出切断面的图形，如图 7－36e 中的键槽结构（*C*—*C* 断面）。

（2）出现以下两种情况时局部按剖视图画：

1）当剖切平面通过由回转面形成的孔或凹坑的轴线时，则这些结构应按剖视图绘制，如图 7－36e 中的盲孔（*A*—*A* 断面）。

2）当剖切平面通过非圆孔，导致出现完全分离的断面时，则这些结构应按剖视图绘制，如图 7－36e 中的方孔（*B*—*B* 断面）。

5. 画剖面线符号，注意方向和间隔应一致，如图 7－36f 所示。至此，断面图绘制结束。

根据省略标注条件，省略标注后的断面图如图 7－36g 所示。利用断面图表达孔、槽结构后，通常可省略有关的基本视图，如图 7－36h 所示省略了左视图。

识读移出断面图时，应明确剖切位置和投射方向，然后将移出断面图和所对应的剖切处的视图结合起来，想象出断面所表达的空间结构和形状。

三、重合断面图

重合断面图是指画在视图轮廓之内的断面图。重合断面图的轮廓线用细实线画，当视图中的轮廓线与重合断面的图形重叠时，视图中的轮廓线仍需完整地画出，不能间断，如图 7－37e 所示。

不对称重合断面图允许省略标注剖切符号和名称。

画重合断面图的步骤与画移出断面图基本相同，如图 7－37 所示。

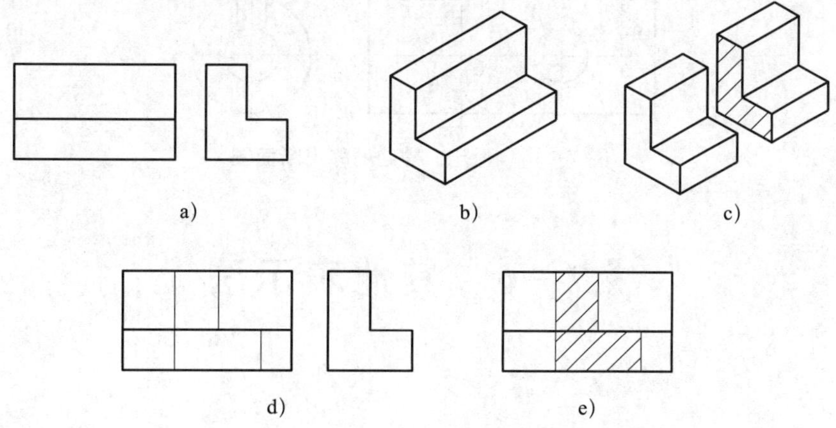

图 7－37　画重合断面图的步骤

a）视图　b）想象形状　c）做适当剖切　d）作投影图　e）画剖面线，省略左视图重合断面图也是一个独立的图形，识读重合断面图的方法与移出断面图相同。

从以上画图过程中可以进一步体会到，采用移出断面图或重合断面图可以减少基本视图，使结构和形状表达得清晰而又重点突出。

断面图所采用的剖切面的种类与剖视图相同。当画由两个或多个相交的剖切平面剖切所得到的断面图时，中间一般应断开，如图 7－38 所示。

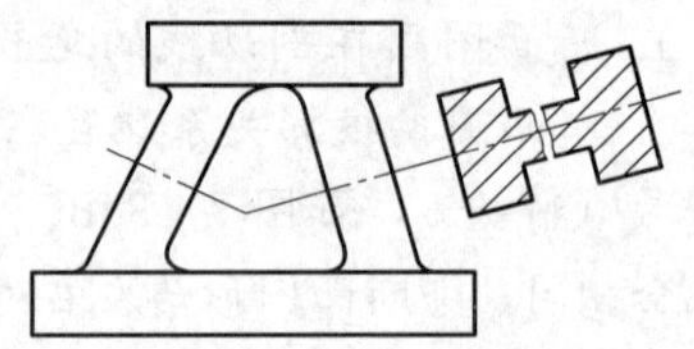

图 7－38　两相交剖切平面的移出断面图

例 7－4　根据图 7－33 所示的视图，已知孔为通孔，画出孔、槽处的移出断面图。

解：根据移出断面图的画图步骤和方法可知，右边的键槽不能缺少箭头，两个通孔处应按剖视图绘制，最终的移出断面图如图 7－39 所示。

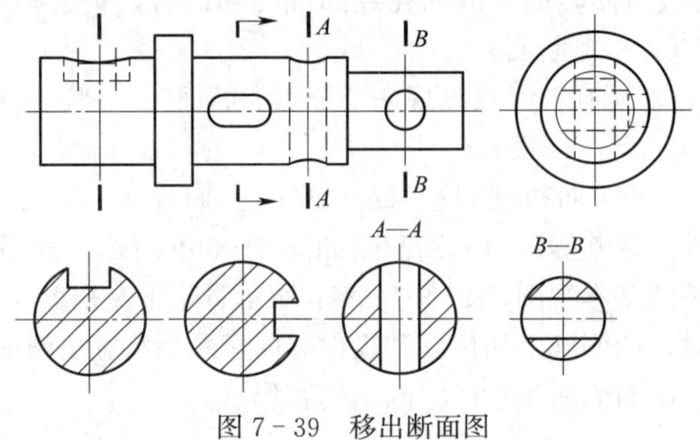

图 7－39　移出断面图

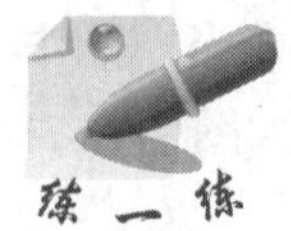

练一练　根据图 7－40 所示的视图，画出其孔、槽处的移出断面图。

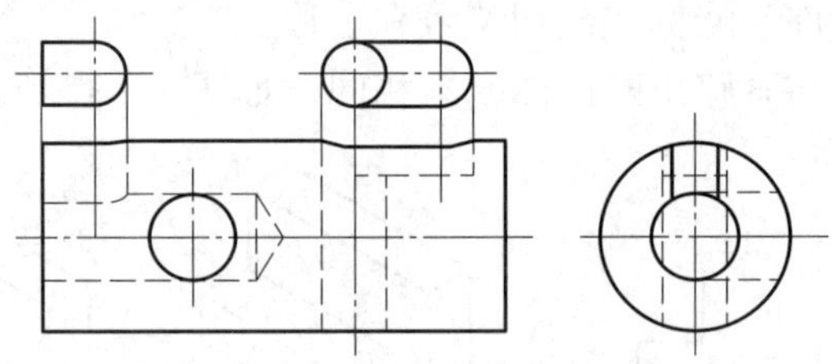

图 7－40　画孔、槽处的移出断面图

§7－6　其他表示法

做一做　将图 7－41 所示的平板用主、左两个视图进行表达。

平板上有 20 个小孔，我们就要重复画 20 次，如果孔的数量更多，则重复的次数也更多，但在实际加工中，只要划出孔的圆心位置并知道一个孔的直径，我们就能将圆孔加工出来。为了减少画图工作量，便于画图及标注尺寸，国家标准规定了局部放大图和简化画法，供绘图时选用。

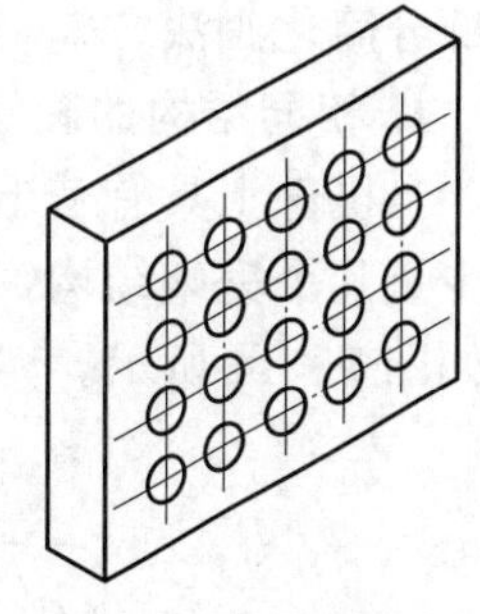

图 7－41　平板

一、局部放大图

局部放大图是指将机件的部分结构用大于原图形所采用的比例画出的图形，如图 7－42 所示。

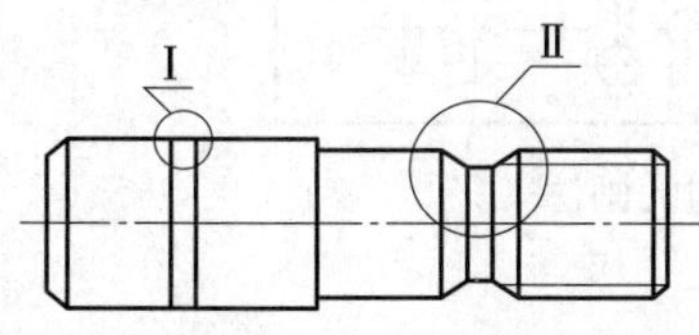

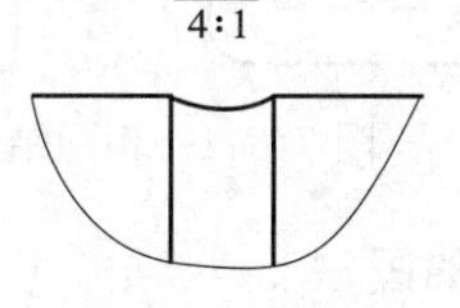

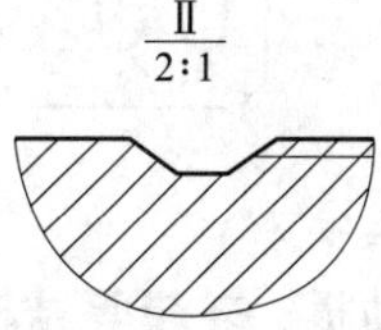

图 7－42　局部放大图

局部放大图的画图步骤如图 7－43 所示。

1. 在需要放大的部位用细实线画一圆圈，并在引出线上用罗马数字编号，如果在一张图样中只有一个局部放大图，则不必编号，如图 7－43b 所示。当图形相同或对称时，只需画出一个。

2. 在放大部位附近用分数形式注明相应的编号和放大的比例，如图 7－43c 所示。

3. 根据所标比例画图，国家标准规定：局部放大图可以画成视图、剖视图和断面图，与被放大部位的表达方式无关，如图 7－43d 所示。

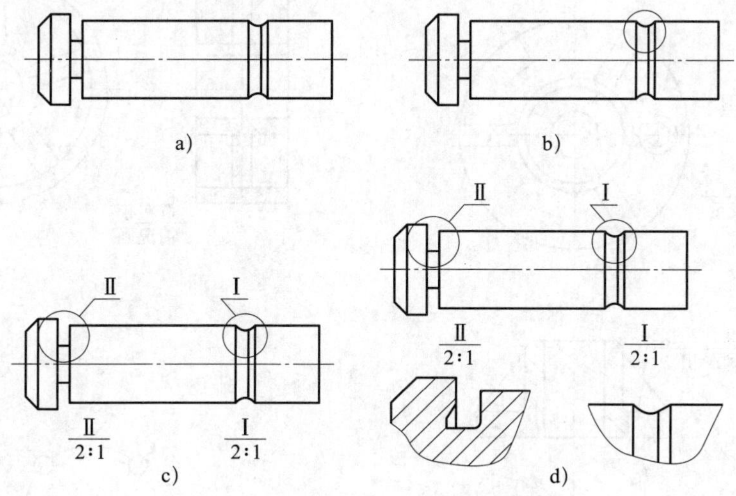

图 7－43　局部放大图的画图步骤

a）原图　b）画细实线圆圈　c）标注名称和比例　d）按比例作图

二、简化画法（GB/T 16675. 1—2012）

为提高识图和绘图效率，增加图样的清晰度，国家标准《技术制图　简化表示法　第 1 部分：图样画法》（GB/T 16675. 1—2012）规定了技术图样中的简化画法。这里只介绍其中一部分简化画法。

1. 相同结构的画法

当机件上具有若干相同结构（如齿、槽、孔等），并按一定规律分布时，只需画出一个或少量几个完整结构，其余用细实线相连或用细点画线表示其中心位置，并注明总数，其画法如图 7－44 所示。

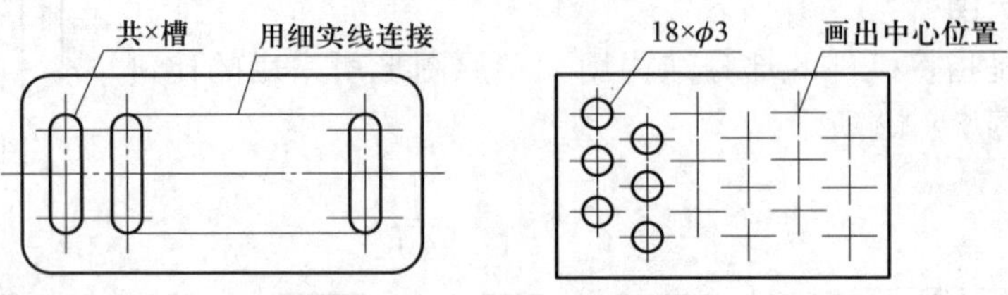

图 7－44　相同结构的画法

2. 有关肋板、轮辐等结构的画法

对于机件的肋、轮辐及薄壁等，如按纵向剖切，这些结构都不画剖面符号，而用粗实线将它与其邻接部分分开。当零件回转体上均匀分布的肋、轮辐、孔等结构不处于剖切平面上时，可将这些结构旋转到剖切平面上画出，如图 7－45 所示为均匀分布的肋、孔的规定画法。

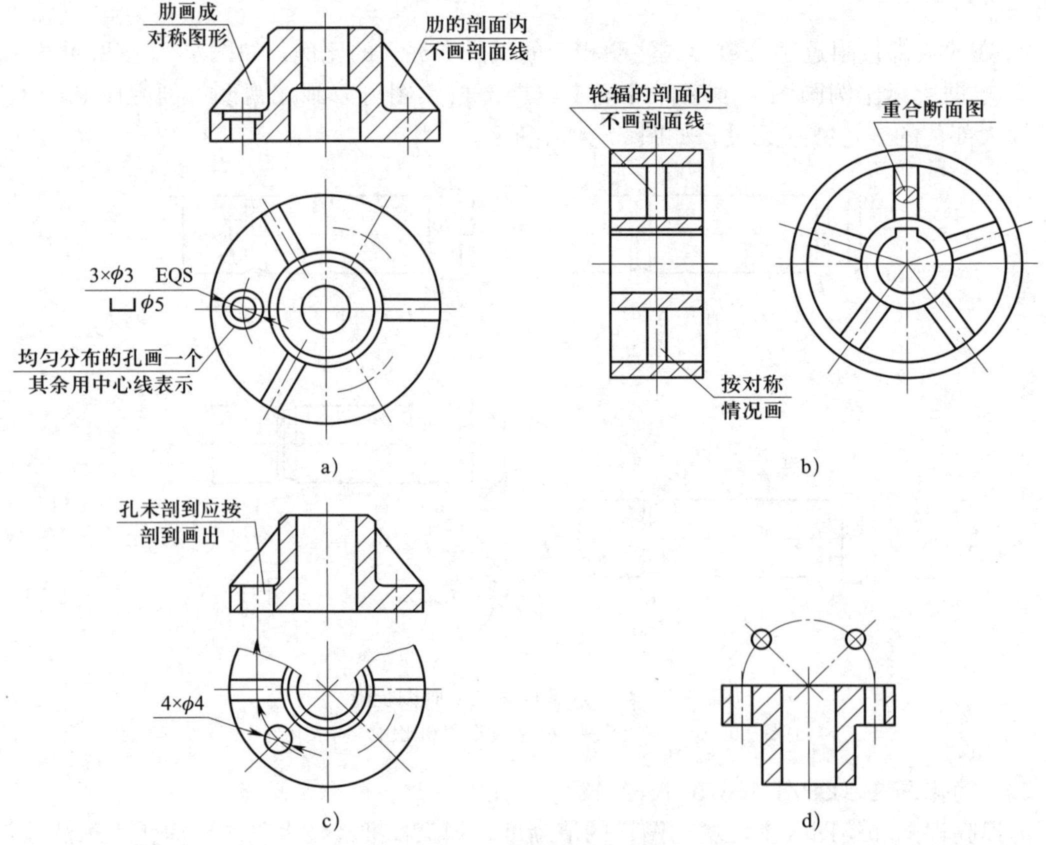

图 7－45　均匀分布的肋、孔的规定画法

3. 较长零件的折断画法

较长零件（如轴、杆、型材、连杆等）沿长度方向的形状一致或按一定规律变化时，可断开后缩短绘制，但尺寸仍按零件的设计要求标注，断裂边界的画法有三种，分别如图 7－46a、b、c 所示，如图 7－46 所示为较长零件的折断画法。

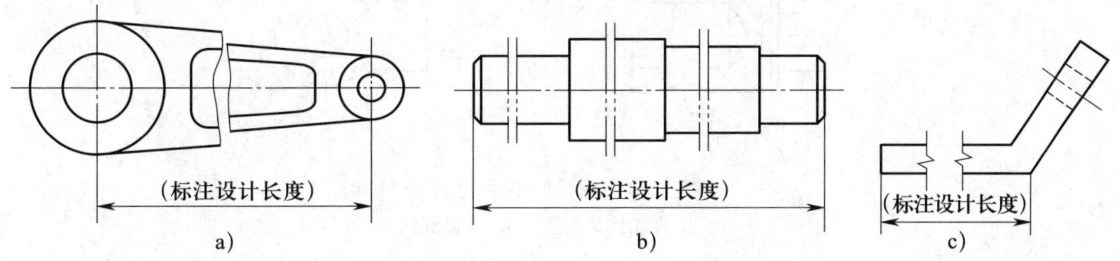

图 7－46　较长零件的折断画法

4. 对称零件的画法

在不致引起误解时，对于对称零件的视图可只画一半或四分之一，并在对称中心线的两端画出两条与其垂直的平行细实线，如图 7－47 所示为对称零件的简化画法。

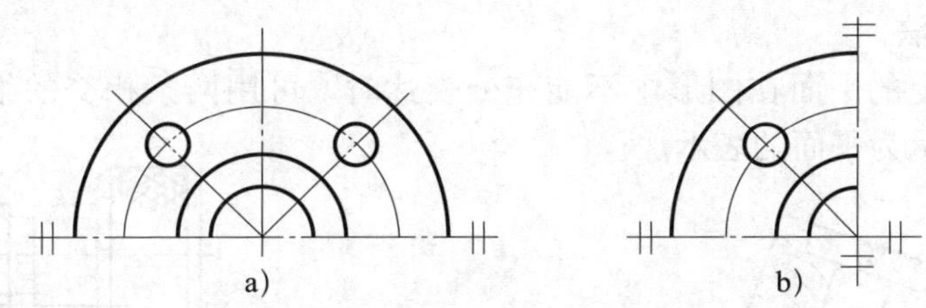

图 7－47　对称零件的简化画法

5. 省略剖面符号的画法

在不致引起误解的情况下，剖面符号可省略，如图 7－48 所示。在零件图中，也可以用点阵或涂色代替剖面符号，如图 7－49 所示。

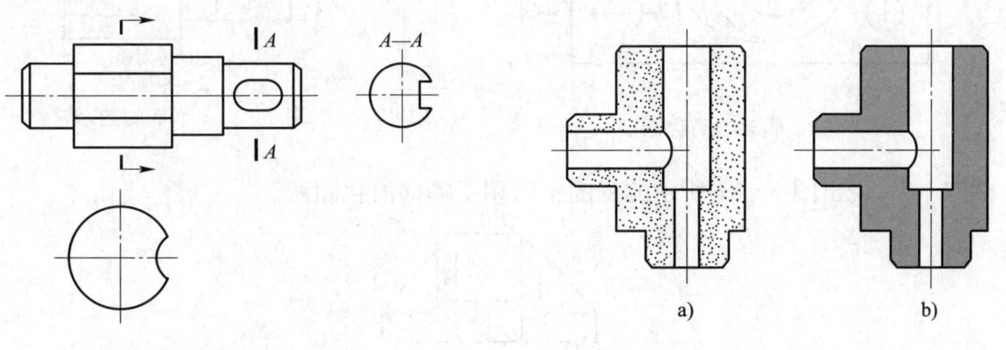

图 7－48　剖面符号的省略　　图 7－49　点阵或涂色

6. 较小结构的简化画法

在不致引起误解的情况下，图形中的过渡线、相贯线可以简化，用圆弧或直线代替非圆曲线，也可采用模糊画法表示相贯线，如图 7－50 所示为相贯线的简化画法。

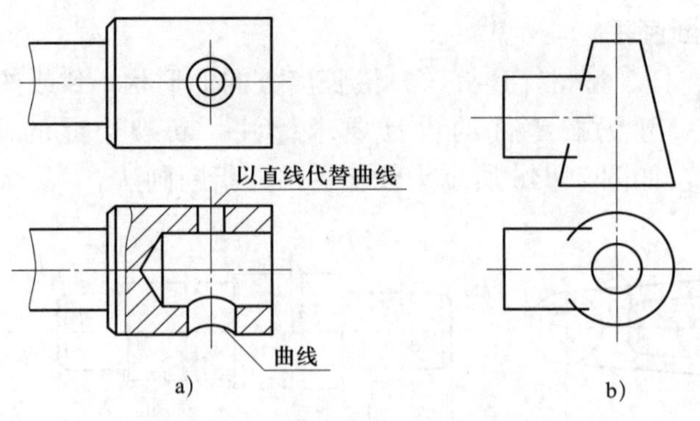

图 7－50　相贯线的简化画法

a）以直线代替曲线　b）模糊画法

对于与投影面倾斜角度小于或等于 30°的圆或圆弧，手工绘图时其投影的椭圆可用圆或圆弧代替，如图 7－51 所示为椭圆的简化画法。

7. 某些结构的示意画法

对于网状物、编织物或零件上的滚花部分，一般采用在轮廓线附近用粗实线局部画出的方法表示，也可省略不画，但需要标明其具体要求，如图 7－52 所示为滚花的表示法。

8. 平面的表示法

当回转体零件上的平面在图形中不能充分表达时，可用两条相交的细实线表示这些平面，如图 7－53 所示为平面的表示法。

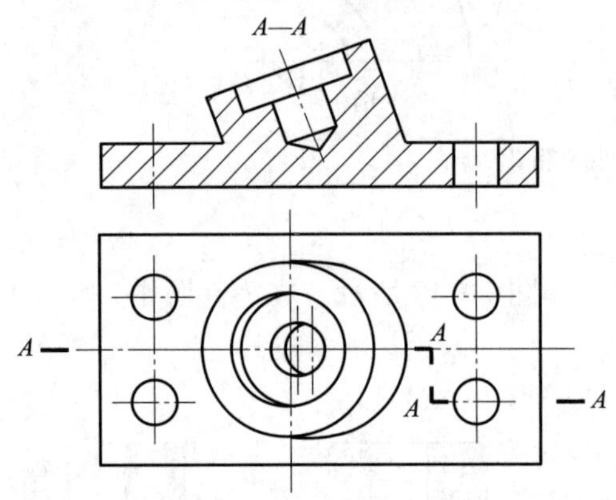

图 7－51　椭圆的简化画法

图 7－52　滚花的表示法

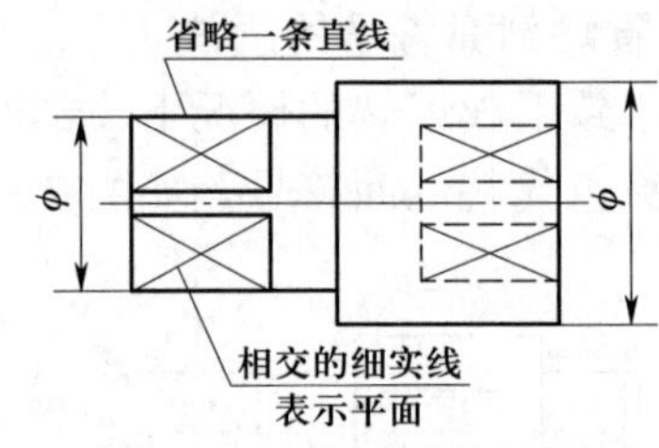

图 7－53　平面的表示法

例 7－5　说出图 7－54 所示的视图中采用了哪些简化画法。

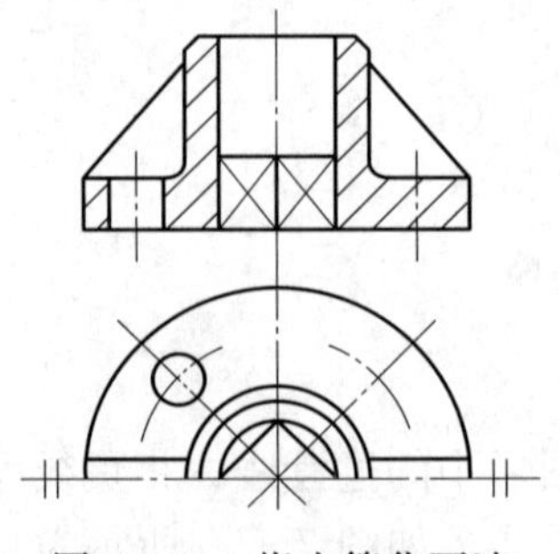

图 7－54　指出简化画法

解：通过分析图 7－54 可知，图中所采用的简化画法包括：对称零件的画法，有关肋板、轮辐等结构的画法，相同结构的画法，平面的表示法。

§7－7 第三角画法

请想象图 7－55 所示的三个视图所表达的形状。

如果大家按照前面所学过的三视图来想象，我们会发现这三个图不符合前面所讲的对应关系，是图形画错了吗？答案是没有。因为这里采用了第三角投影的画法。

国家标准《技术制图 图样画法 视图》(GB/T 17451—1998) 规定，我国的技术图样应采用正投影法绘制，并优先采用第一角画法，但有些国家采用第三角画法。为了更好地进行国际间的技术交流和协作，我们应对第三角画法有所了解。

一、第三角概念

三个互相垂直相交的投影面将空间分为八个部分，每个部分为一个分角，依次为Ⅰ、Ⅱ、Ⅲ、Ⅳ、Ⅴ、Ⅵ、Ⅶ、Ⅷ八个分角，如图 7－56 所示，第三个分角即为第三角。

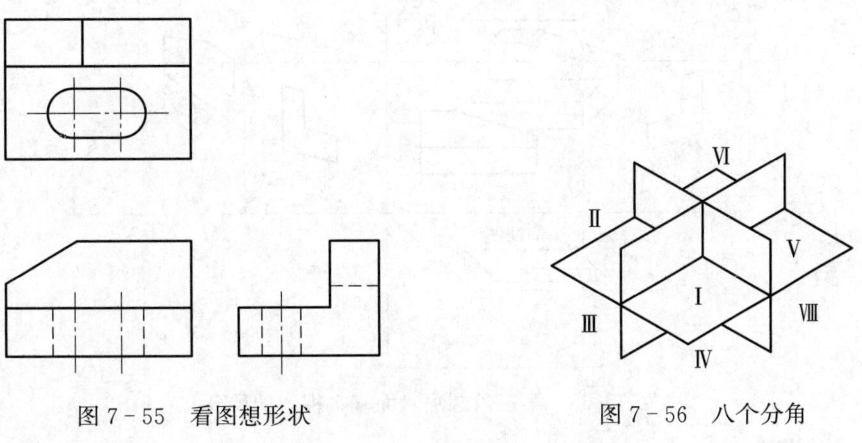

图 7－55 看图想形状

图 7－56 八个分角

二、第三角画法

将机件放在第三分角内而得到的多面投影称为第三角画法。第三角画法是将投影面置于观察者与机件之间进行投射（把投影面看作透明的），其投射过程如图 7－57 所示。

与第一角画法一样，第三角画法也有六个基本视图、局部视图、斜视图、断裂画法、局部放大图等。表达机件内部结构时，也有各种剖视图与断面图，以适应表达各种机件内、外结构的需要。

在第三角画法中，将机件向正六面体的六个平面（基本投影面）进行投射，然后按图 7－58 所示的方法展开，即得到六个基本视图，它们相应的配置如图 7－59 所示。六个基本视图之间的投影规律与第一角画法相同。

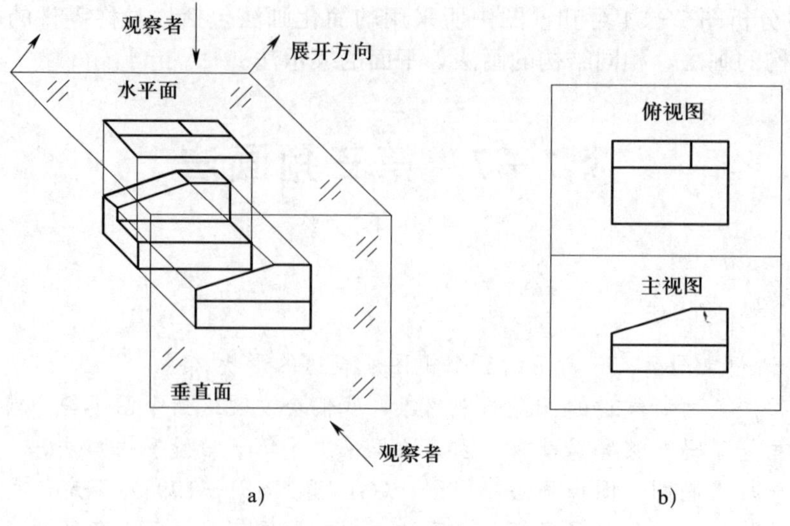

图 7-57　第三角画法原理

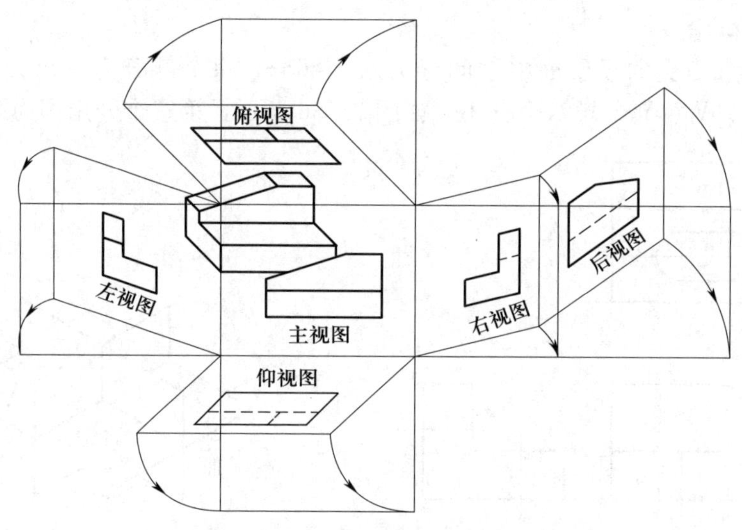

图 7-58　第三角画法六面基本视图的展开

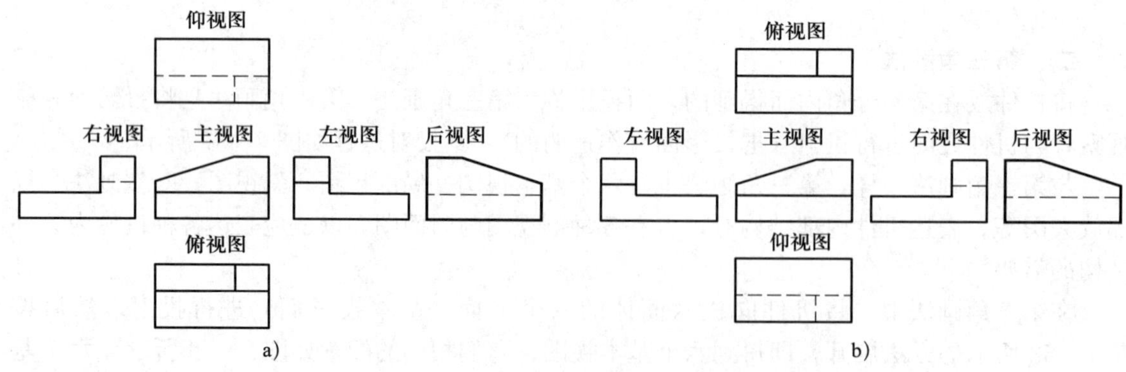

图 7-59　第一角画法与第三角画法六面视图的对比

a）第一角画法　b）第三角画法

第三角画法与第一角画法的根本区别在于人（观察者）、物体、图形（投影面）三者之间位置关系的不同。第一角画法是把物体放在观察者与投影面之间，因此，从投射方向看，形成“人→物→图”的顺序；而第三角画法是把投影面置于观察者与物体之间，因此，从投射方向看，形成“人→图→物”的顺序，如图 7－57 所示。从图 7－59 所示两种画法的对比中可以清楚地看到：第一角画法与第三角画法中俯视图和仰视图的位置对换；第一角画法与第三角画法中左视图和右视图的位置对换；第一角画法与第三角画法中主视图和后视图的位置不变。

三、第一角画法和第三角画法识别符号

国际标准规定，国际间的技术交流可采用第一角画法，也可采用第三角画法。采用第一角画法时，在图样标题栏中一般不必画出第一角画法的识别符号。采用第三角画法时，必须在图样标题栏中画出第三角投影的识别符号。两种画法的识别符号如图 7－60 所示。

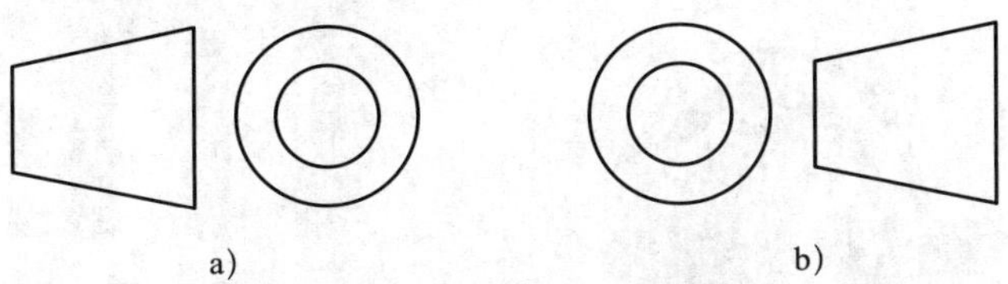

图 7－60　两种画法的识别符号

a）第一角画法用　b）第三角画法用

课题八　常用机件的特殊表示法

议一议　你见过或用过图 8－1 所示的零件吗？你知道这些零件的名称吗？

图 8－1　标准件和常用件

这些零件有轴承、螺钉、螺母和齿轮等，在机器和部件中通常起连接、定位、传动等作用。这些零件最主要的特点是结构与尺寸已经全部标准化或部分标准化，我们把这样的零件称为标准件或常用件。国家标准规定在绘制这些零件的图样时，对某些结构和形状可以不必按其真实投影画出，其规格与型号都用代号和标记来表示。本课题的重点就是学习螺纹、齿轮、滚动轴承、键、销、弹簧等零件的规定画法、标记、标注和查表方法，了解螺纹和齿轮的测量方法。

§8－1　螺　　纹

螺纹是指在圆柱或圆锥表面，沿着螺旋线所形成的具有相同剖面的连续凸起或凹槽，一般将其称为“牙”。在圆柱或圆锥外表面形成的螺纹称为外螺纹，在其内表面形成的螺纹称为内螺纹，分别如图 8－2 所示。

螺纹的类型很多，按用途不同，可分为连接螺纹和传动螺纹两大类。连接螺纹主要用于连接，常用的有普通螺纹和管螺纹等，其中普通螺纹也可用于微调机构的调整；传动螺纹主要用于传动，常用的有梯形螺纹、锯齿形螺纹和矩形螺纹等。

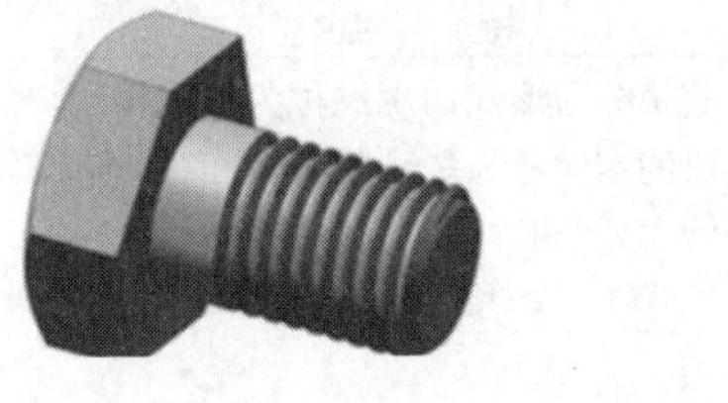

a)

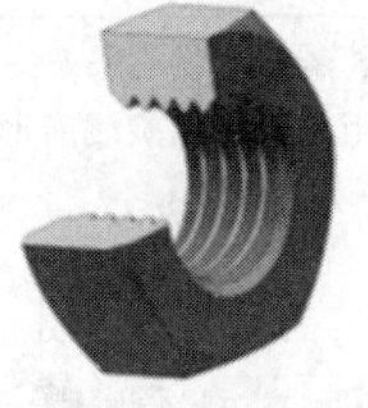

b)

图 8－2　外螺纹和内螺纹

a）外螺纹　b）内螺纹

知识链接

螺纹的基本要素有牙型、直径、螺距（或导程）、线数和旋向，见表 8－1。内螺纹和外螺纹连接时，两者的五要素必须相同。

表 8－1　螺纹的基本要素

基本要素	特　点
螺纹牙型	常用的螺纹牙型有三角形、梯形、锯齿形等 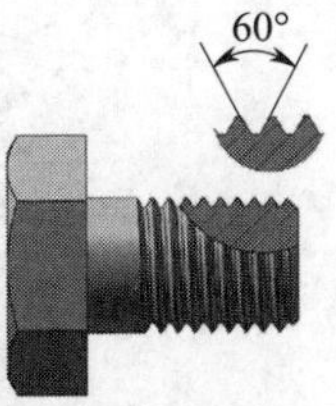 60°　55° a）普通螺纹 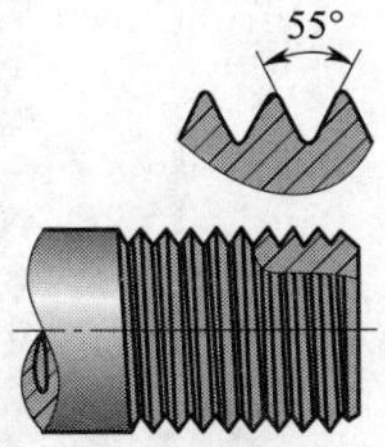　b）管螺纹 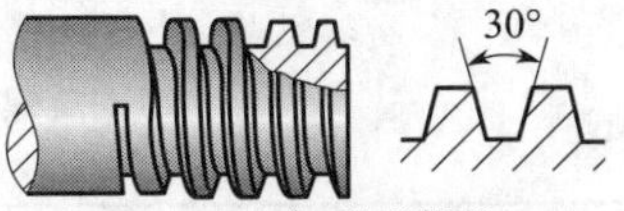 30°　3°　30° c）梯形螺纹 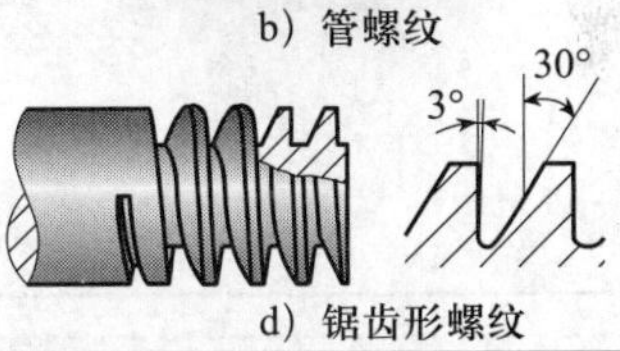　d）锯齿形螺纹
螺纹直径	螺纹的直径有公称直径（大径）、小径、中径之分。外螺纹分别用 d、d_1、d_2 表示，内螺纹分别用 D、D_1、D_2 表示。外螺纹的大径又称螺纹顶径，内螺纹的小径又称螺纹孔径，外螺纹的小径和内螺纹的大径又称螺纹底径 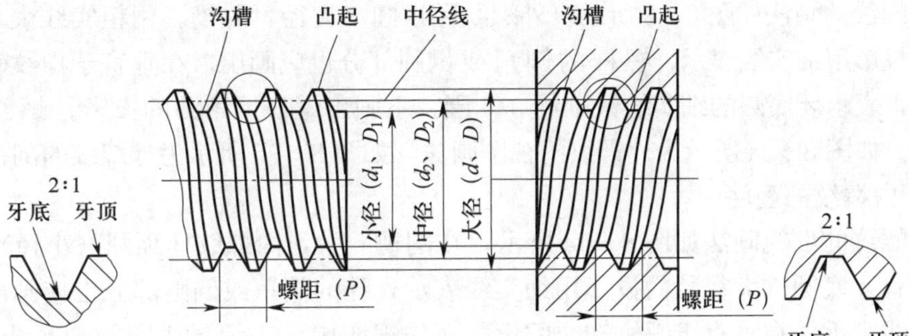 沟槽　凸起　中径线　沟槽　凸起 小径（d_1、D_1）　中径（d_2、D_2）　大径（d、D） 2:1　牙底　牙顶　螺距（P）　螺距（P）　2:1　牙底　牙顶

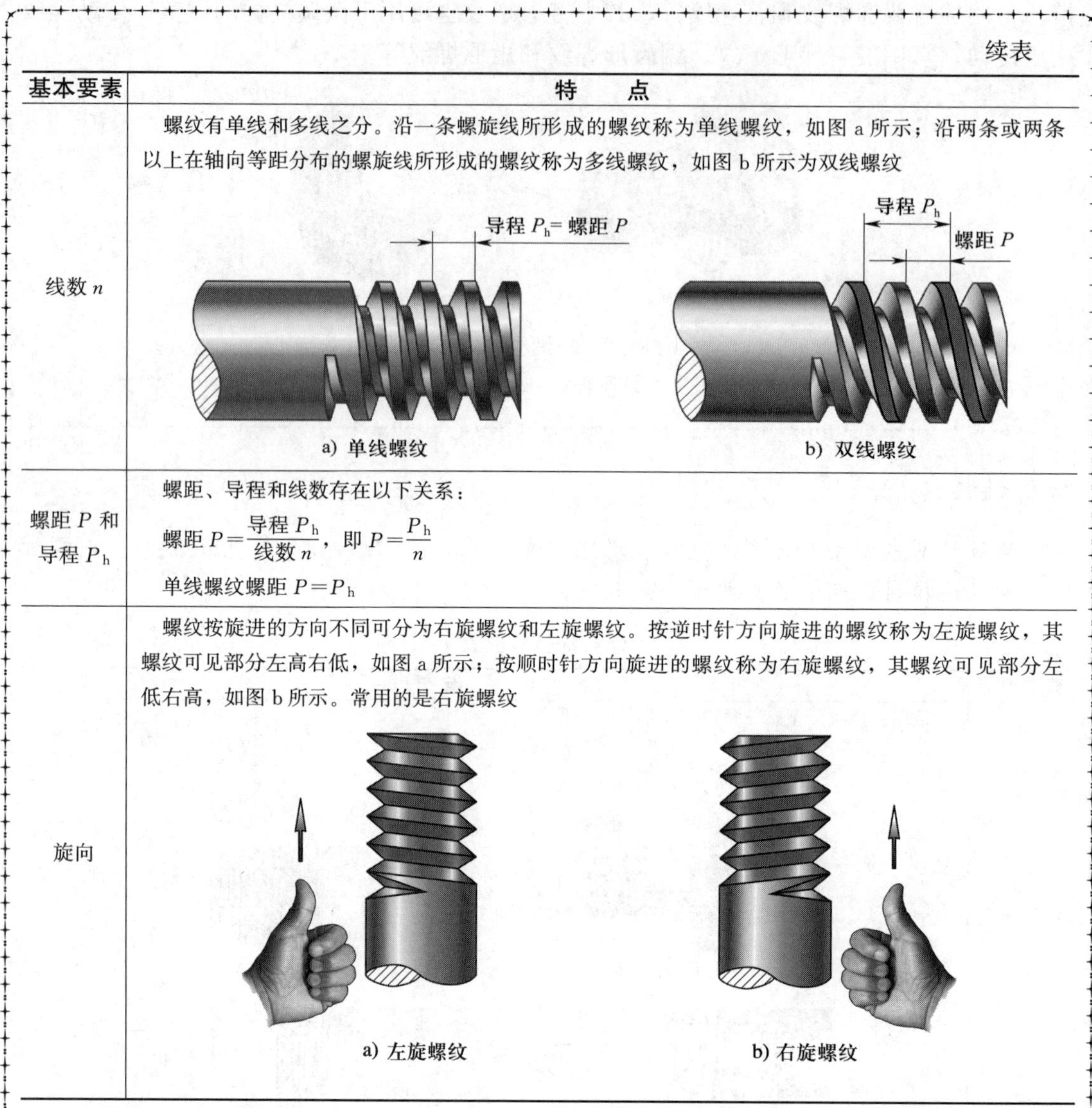

续表

基本要素	特　　点
线数 n	螺纹有单线和多线之分。沿一条螺旋线所形成的螺纹称为单线螺纹，如图 a 所示；沿两条或两条以上在轴向等距分布的螺旋线所形成的螺纹称为多线螺纹，如图 b 所示为双线螺纹 导程 P_h= 螺距 P　　导程 P_h　螺距 P a) 单线螺纹　　b) 双线螺纹
螺距 P 和导程 P_h	螺距、导程和线数存在以下关系： 螺距 $P=\frac{导程 P_h}{线数 n}$，即 $P=\frac{P_h}{n}$ 单线螺纹螺距 $P=P_h$
旋向	螺纹按旋进的方向不同可分为右旋螺纹和左旋螺纹。按逆时针方向旋进的螺纹称为左旋螺纹，其螺纹可见部分左高右低，如图 a 所示；按顺时针方向旋进的螺纹称为右旋螺纹，其螺纹可见部分左低右高，如图 b 所示。常用的是右旋螺纹 a) 左旋螺纹　　b) 右旋螺纹

一、螺纹的画法规定

1. 外螺纹的画法

外螺纹的画法如图 8－3 所示。外螺纹牙顶圆（大径）的投影用粗实线表示，牙底圆（小径）的投影用细实线表示，螺杆的倒角或倒圆部分也应画出。在垂直于螺纹轴线的投影面的视图中，表示牙底圆的细实线只画约 3/4 圈，不画出螺杆倒角圆的投影。螺纹终止线用粗实线表示。如图 8－3a 所示为外螺纹的视图画法，如图 8－3b 所示为外螺纹的剖视画法。

2. 内螺纹的画法

内螺纹的剖视画法如图 8－4a 所示，在剖视图中，内螺纹牙顶圆（小径）的投影用粗实线表示；牙底圆（大径）的投影用细实线表示，孔的倒角或倒圆部分也应画出。螺纹终止线用粗实线表示。在垂直于螺纹轴线的投影面的视图中，表示牙底圆的细实线只画约 3/4 圈，不画出螺孔的倒角圆的投影。

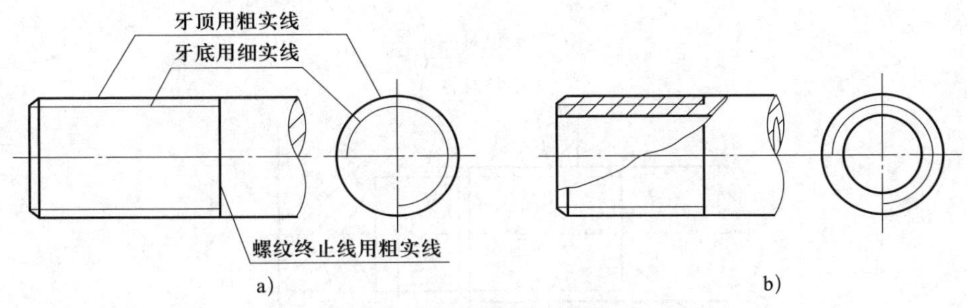

图 8－3　外螺纹的画法

a）外螺纹的视图画法　b）外螺纹的剖视画法

当内螺纹为不剖切时，螺纹的所有图线均用细虚线绘制，如图 8－4b 所示为不可见内螺纹的画法。

绘制不通的螺孔时一般应将钻孔深度与螺纹部分的深度分别画出，如图 8－4 所示。

注意：锥孔顶角画 120°。

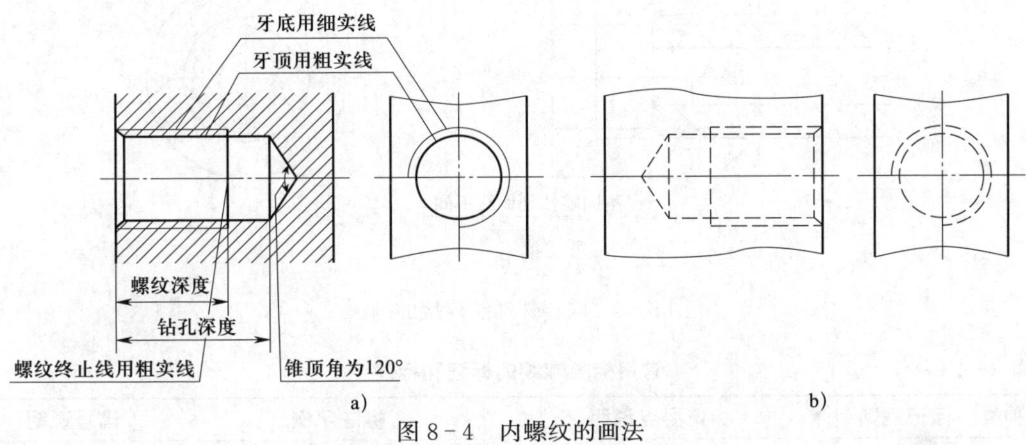

图 8－4　内螺纹的画法

a）内螺纹的剖视画法　b）不可见内螺纹的画法

3. 内、外螺纹连接的画法

在剖视图中，内、外螺纹旋合部分应按外螺纹的画法绘制，其余部分仍按各自的画法表示，如图 8－5 所示为内、外螺纹连接的画法。

具体注意事项如下：

（1）表示内螺纹大径的细实线与外螺纹大径的粗实线对齐。

（2）表示内螺纹小径的粗实线与外螺纹小径的细实线对齐。

（3）外螺纹的螺纹终止线必须画在螺孔端面之外。

二、螺纹的标记和标注规定

1. 螺纹的标记

虽然螺纹的种类和要素不同，但表示螺纹时的简化画法都是相同的，因此，为了表示螺纹规格，需对螺纹的标记予以明确，常用标准螺纹的标记和标注见表 8－2。

2. 螺纹标记的标注方法

国家标准规定，公称直径以 mm 为单位的螺纹，其标记直接标注在大径的尺寸线或其延长线上；管螺纹标记一律标注在引出线上，引出线应由大径处引出或由对称中心处引出。

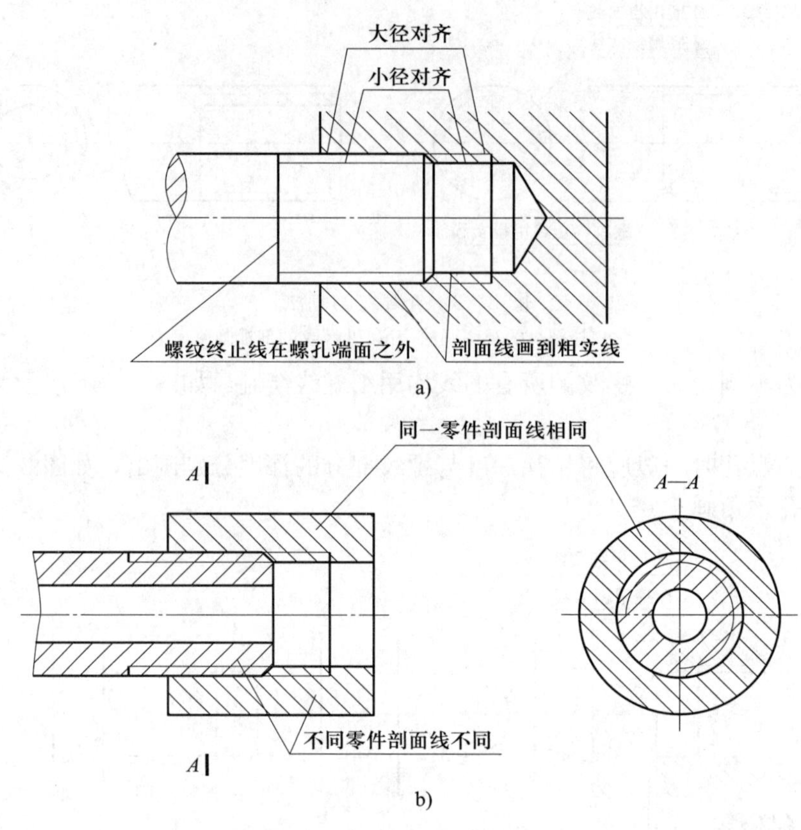

图 8－5　内、外螺纹连接的画法

表 8－2　　**常用标准螺纹的标记和标注**

螺纹种类	标记规则	标记要点说明	标注示例	代号说明
普通螺纹	由特征代号、尺寸代号、公差带代号及其他有必要做进一步说明的个别信息组成	1. 特征代号为“M” 2. 尺寸代号： 单线细牙螺纹标“公称直径×螺距”，粗牙螺纹不标螺距 多线螺纹标“公称直径×Ph 导程 P 螺距” 3. 公差带代号包括中径和顶径公差带代号，如中径和顶径公差带代号不相同，则应分别标注，中径公差带代号在前，顶径公差带代号在后；若中径、顶径公差带代号相同时，只注一个公差带代号。国家标准《普通螺纹　公差》（GB/T 197—2018）规定可以省略中等公差精度的公差带代号，即内螺纹公称直径不大于 1.4 mm 时，省略“5H”，不小于 1.6 mm 时，省略“6H”；外螺纹公称直径不大于 1.4 mm时，省略“6h”，不小于 1.6 mm 时，省略“6g”	M20—5g6g—S	公称直径为 20 mm 的粗牙普通螺纹，单线，右旋，中径和顶径公差带代号分别为 5g、6g，短旋合长度
			M10×1—LH	公称直径为 10 mm 的细牙普通螺纹，螺距为 1 mm，单线，中径和顶径公差带代号均为 6H，中等旋合长度，左旋

续表

<table>
<tr><th colspan="2">螺纹种类</th><th>标记规则</th><th>标记要点说明</th><th>标注示例</th><th>代号说明</th></tr>
<tr><td colspan="2">普通螺纹</td><td></td><td>4. 旋合长度分短旋合长度（S）、长旋合长度（L）、中等旋合长度（N）三种，中等旋合长度不注
5. 对左旋螺纹，应在旋合长度代号后标注代号“LH”，旋合长度代号与旋向间用“—”分开</td><td> 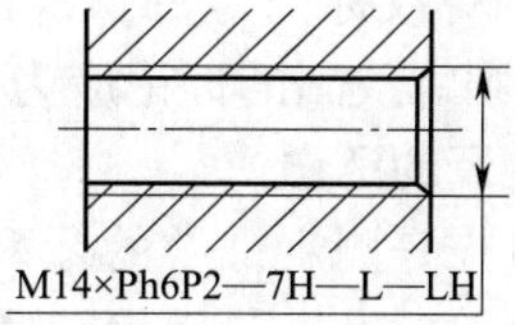M14×Ph6P2—7H—L—LH</td><td>公称直径为 14 mm 的普通螺纹，导程为 6 mm，螺距为 2 mm，三线，中径和顶径公差带代号均为 7H，长旋合长度，左旋</td></tr>
<tr><td rowspan="4">管螺纹</td><td rowspan="2">55°非密封管螺纹</td><td rowspan="2">由特征代号、尺寸代号和公差等级代号三部分组成</td><td rowspan="2">1. 特征代号为“G”
2. 非螺纹密封的管螺纹，其内、外螺纹都是圆柱管螺纹
3. 外螺纹的公差等级代号有 A、B 两种，必须标记；内螺纹只有一种，因此不标记</td><td> 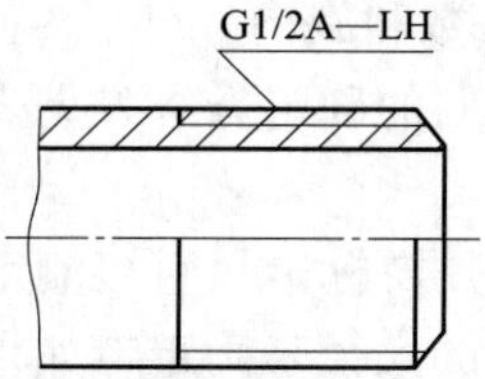G1/2A—LH</td><td>55°非密封外管螺纹，尺寸代号为 1/2，左旋，公差等级为 A 级</td></tr>
<tr><td> 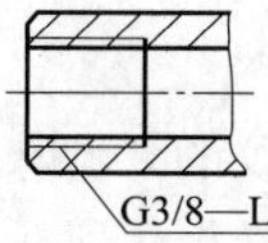G3/8—LH</td><td>55°非密封内管螺纹，尺寸代号为 3/8，左旋</td></tr>
<tr><td rowspan="2">55°密封管螺纹</td><td rowspan="2">由特征代号和尺寸代号组成，公差带只有一种，所以省略标注</td><td rowspan="2">1. 螺纹特征代号：
Rc——圆锥内螺纹
Rp——圆柱内螺纹
R_1——与圆柱内螺纹相配合的圆锥外螺纹
R_2——与圆锥内螺纹相配合的圆锥外螺纹
2. 尺寸代号并不直接代表螺纹大小，而是根据尺寸代号在有关标准中查到螺纹的大、小径数值</td><td>$R_1$1/2—LH</td><td>55°密封圆锥外管螺纹，尺寸代号为 1/2，左旋</td></tr>
<tr><td> 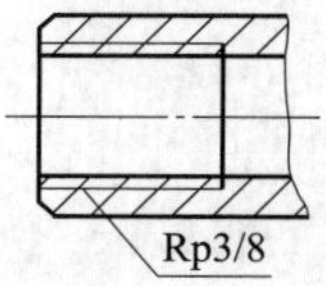Rp3/8</td><td>圆柱内螺纹，尺寸代号为 3/8，右旋</td></tr>
<tr><td colspan="2">梯形螺纹</td><td rowspan="2">由特征代号、尺寸代号、旋向代号、公差带代号、旋合长度代号组成</td><td rowspan="2">1. 梯形螺纹的特征代号为“Tr”，锯齿形螺纹的特征代号为“B”
2. 单线螺纹用“公称直径×螺距”表示；多线螺纹用“公称直径×导程（P 螺距）”表示
3. 右旋螺纹不标旋向，左旋螺纹在尺寸代号尾部加注“LH”
4. 两种螺纹的公差带代号均只表示中径
5. 旋合长度只有中等旋合长度（N）和长旋合长度（L）两种，中等旋合长度不注</td><td> 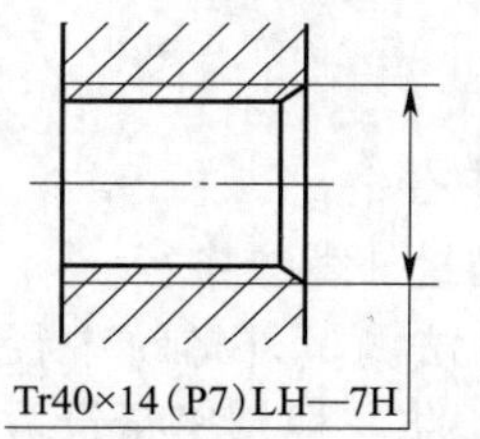Tr40×14(P7)LH—7H</td><td>公称直径 d = 40 mm，双线，螺距 P=7 mm，左旋，中径公差带代号为 7H，中等旋合长度的梯形螺纹</td></tr>
<tr><td colspan="2">锯齿形螺纹</td><td> 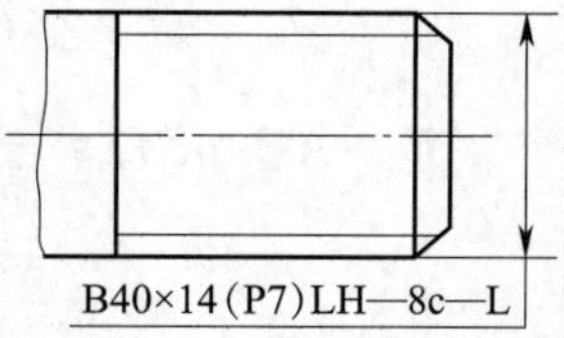B40×14(P7)LH—8c—L</td><td>公称直径 d = 40 mm，导程 P_h = 14 mm，螺距 P = 7 mm，左旋，中径公差带代号为 8c，长旋合长度的锯齿形螺纹</td></tr>
</table>

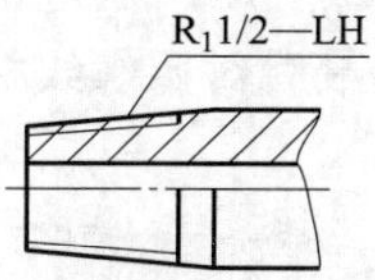

3. 螺纹副的标注方法

需要时，在装配图中可标注出螺纹副的标记，即将相互旋合的内、外螺纹的标记合成为一个标记。螺纹副的标注如图 8-6所示，图中内螺纹标记为 M14×1.5—7H，外螺纹标记为 M14×1.5—7g，则螺纹副的标记应为 M14×1.5—7H/7g。

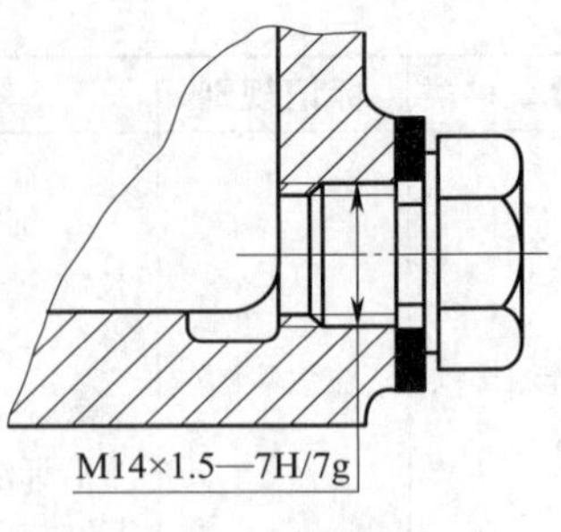

图 8-6　螺纹副的标注

三、螺纹主要要素的测量

测量螺纹时，首先是测定螺纹的牙型、大径和螺距三个要素，然后查阅螺纹有关标准，从而确定螺纹的种类。对于螺纹的线数和旋向，可用目测直接确定。具体步骤如下：

1. 确定螺纹的线数和旋向

螺纹的线数和旋向的确定方法参见表 8-1。

2. 测量大径

对于外螺纹，可用游标卡尺直接测定；对于内螺纹，其值不能直接测量，一般是通过测定与它配合的外螺纹的大径来确定，如果没有配合件，则可以先测定内螺纹的小径，再从螺纹标准中查出它的大径。

3. 测量牙型和螺距

用螺纹样板可测量螺纹的牙型和螺距，如图 8-7a 所示。测量时选择与被测螺纹能完全吻合的螺纹样板，则螺纹样板上所标出的牙型和螺距便是所测结果。如没有螺纹样板，可用拓印法，即将螺纹放在纸上压出痕迹，量出几个螺距长度 L，如图 8-7b 所示，然后按 $P=L/n$ 计算出平均螺距，最后对照螺纹标准确定螺距。

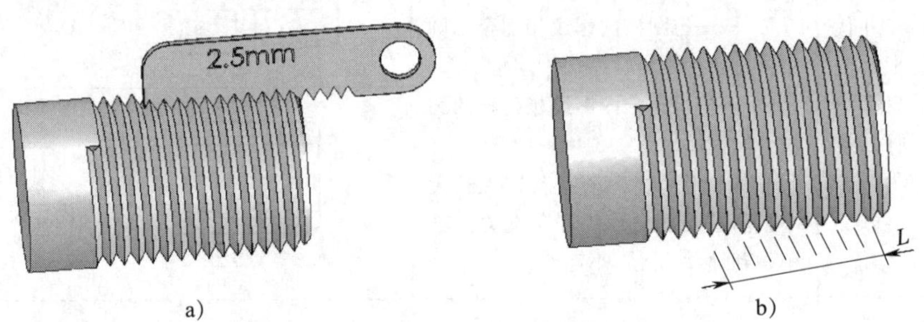

图 8-7　测量螺纹的牙型和螺距

4. 测量外螺纹中径

(1) 用三针法测量外螺纹中径

生产中多用三针法测量外螺纹中径。三针法使用简便，测量精度高，故生产中应用广泛。如图 8-8 所示，将三根精密量针放在螺纹的牙槽中，再用精密量具测出 M 值，按公式就可以计算出被测中径 d_2。

$$d_2=M-2AC=M-2(AD-CD)$$

$$AD=AB+BD=\frac{d_D}{2}+\frac{d_D}{2\sin\frac{\alpha}{2}}=\frac{d_D}{2}\left(1+\frac{1}{\sin\frac{\alpha}{2}}\right)$$

$$CD=\frac{P}{4}\cot\frac{\alpha}{2}$$

代入得：

$$d_2 = M - d_D\left(1 + \frac{1}{\sin\frac{\alpha}{2}}\right) + \frac{P}{2}\cot\frac{\alpha}{2}$$

对米制螺纹（$\alpha = 60°$）：　　$d_2 = M - 3d_D + 0.866P$

对梯形螺纹（$\alpha = 30°$）：　　$d_2 = M - 4.864d_D + 1.866P$

式中　d_D——量针直径，mm；

d_2、P、$\alpha/2$——被测螺纹的中径、螺距和牙型半角。

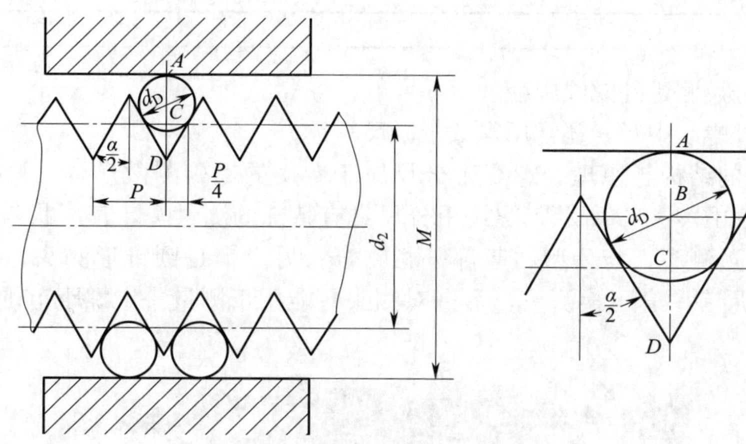

图 8-8　用三针法测量外螺纹中径

知识链接

量针直径的选择方法如图 8-9 所示，用三针法测量螺纹中径时的量针直径（d_D）不能太大或太小。如果太大，则量针的横截面与螺纹牙侧不相切，无法量得中径的实际尺寸；也不能太小，如果太小，则量针陷入牙槽中，其顶点低于螺纹牙顶而无法测量。最佳量针直径是指量针横截面与螺纹中径处牙侧相切时的量针直径。用三针测量螺纹中径时量针直径的最大值、最小值和最佳值可用表 8-3 中的公式计算出。

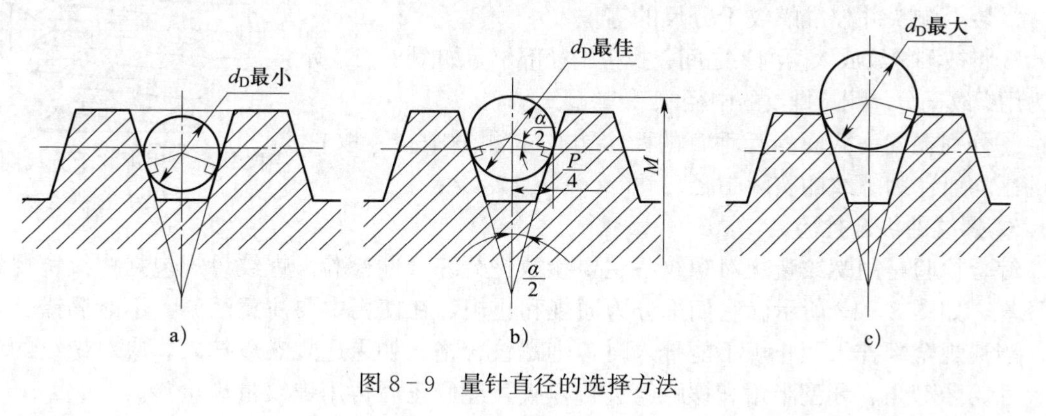

图 8-9　量针直径的选择方法

表 8-3　　用三针法测量螺纹中径时的计算公式　　mm

螺纹牙型角 α	M 值计算公式	量针直径 d_D		
		最大值	最佳值	最小值
60°(普通螺纹)	$M=d_2+3d_D-0.866P$	$1.01P$	$0.577P$	$0.505P$
55°(英制螺纹)	$M=d_2+3.166d_D-0.961P$	$0.894P-0.029$	$0.564P$	$0.481P-0.016$
30°(梯形螺纹)	$M=d_2+4.864d_D-1.866P$	$0.656P$	$0.518P$	$0.486P$

(2) 用螺纹千分尺测量外螺纹中径

对于低精度的外螺纹中径，还常用螺纹千分尺测量。

1) 螺纹千分尺的结构与原理。螺纹千分尺属于专用的螺旋测微量具，只能用于测量螺纹中径，其结构如图 8-10 所示。螺纹千分尺具有特殊的测量头，其形状与螺纹牙型相吻合，即一个是 V 形测头，与牙型凸起部分相吻合；另一个是圆锥形测头，与牙型沟槽相吻合。螺纹千分尺有一套可换测头，每一对测头只能用于测量一定螺距范围的螺纹。

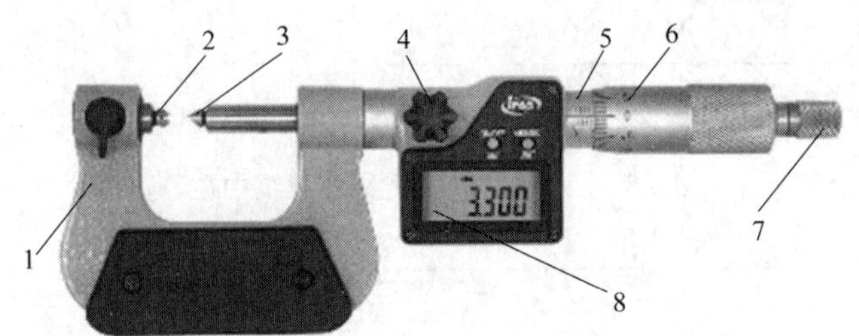

图 8-10　螺纹千分尺的结构

1—尺架　2—V 形测头　3—锥形测头
4—锁紧装置　5—固定套管　6—微分筒
7—测力装置　8—数显装置

2) 测量步骤

①根据被测螺纹的螺距选取一对测头。

②装上测头并校准螺纹千分尺的零位。

③将被测螺纹放入两测头之间，找正中径部位，如图 8-11 所示为用螺纹千分尺测量螺纹的中径。

④分别在同一截面相互垂直的两个方向上测量中径，取它们的平均值作为螺纹的实际中径。

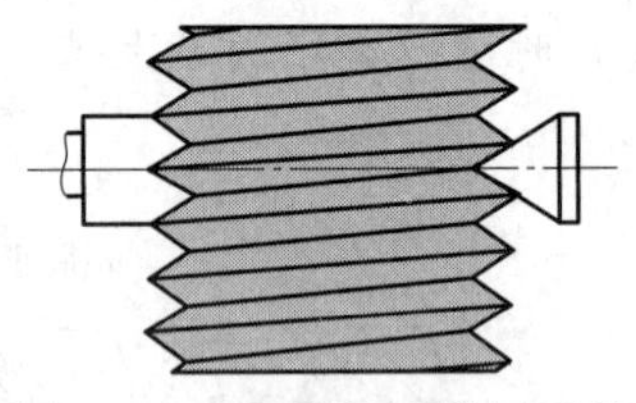

图 8-11　用螺纹千分尺测量螺纹的中径

5. 螺纹的综合检验

综合检验是用螺纹量规对螺纹各主要参数进行综合性检验。螺纹量规包括螺纹塞规和螺纹环规，如图 8-12 所示。它们都分为通规和止规，在使用中要注意区分，不能搞错。测量时，当通规全部拧入而止规不能拧入时，则螺纹合格。如果通规难以拧入，应对螺纹的各直径尺寸、牙型角、牙型半角和螺距等进行检查，经修正后再用螺纹量规检验。

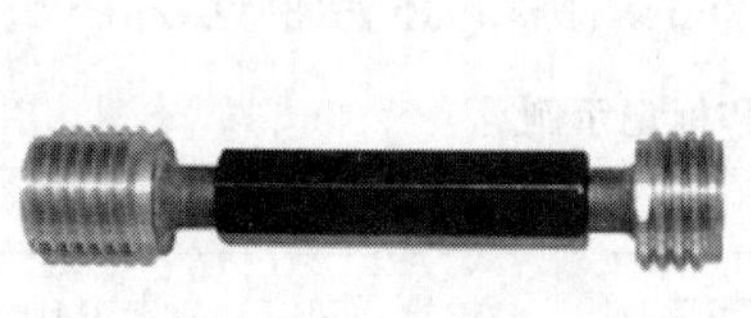

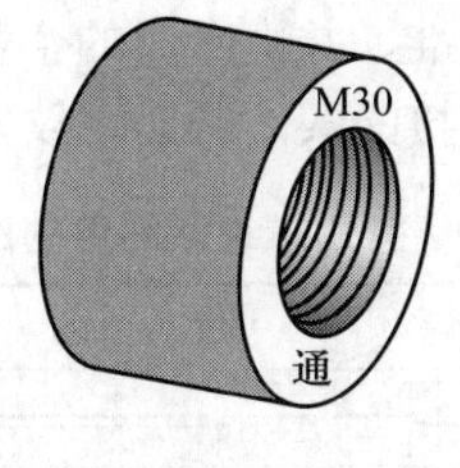

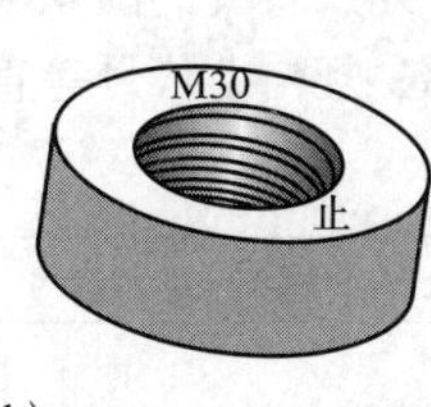

a)　　　　b)

图 8－12　螺纹量规

a）螺纹塞规　b）螺纹环规

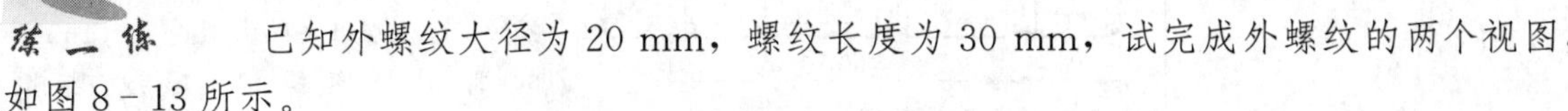

练一练　已知外螺纹大径为 20 mm，螺纹长度为 30 mm，试完成外螺纹的两个视图，如图 8－13 所示。

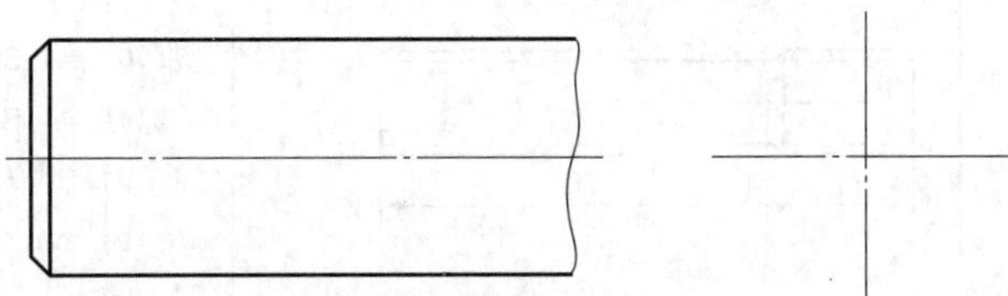

图 8－13　螺纹画法应用

§8－2　螺纹紧固件

想一想　如图 8－14 所示是我们经常看到的螺钉、螺母、垫圈等零件，试举例说明在日常生活中都用它们来干什么？

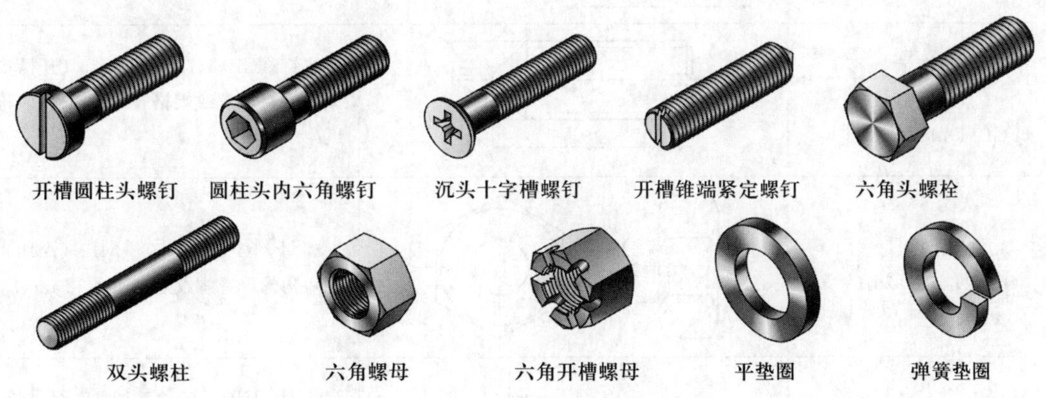

图 8－14　常用的螺纹紧固件

运用螺纹的连接作用连接及紧固一些零部件的零件称为螺纹紧固件。常用的螺纹紧固件有螺栓、双头螺柱、螺钉、螺母和垫圈等，如图 8－14 所示。这类零件的结构、形式、尺寸和技术要求都已列入有关的国家标准，并由专门的企业组织生产，成为标准件。用户单位可根据需要，按名称、规格、代号等直接购买。常用螺纹紧固件的图例和标记示例见表 8－4。

表 8－4　　常用螺纹紧固件的图例和标记示例

名称及标准编号	简　图	标记及说明
六角头螺栓 GB/T 5782—2016	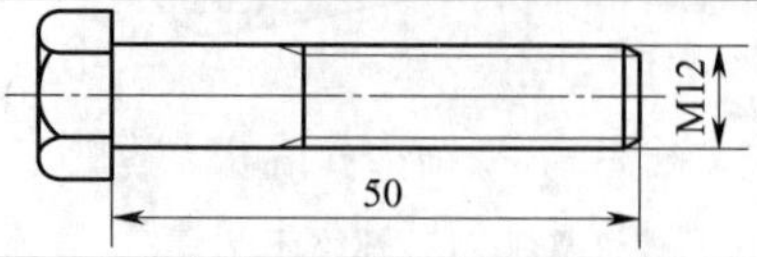 M12 50	螺栓　GB/T 5782　M12×50（A 级六角头螺栓，普通螺纹，螺纹规格 d＝12 mm，公称长度 l＝50 mm）
双头螺柱 GB 897～900—88	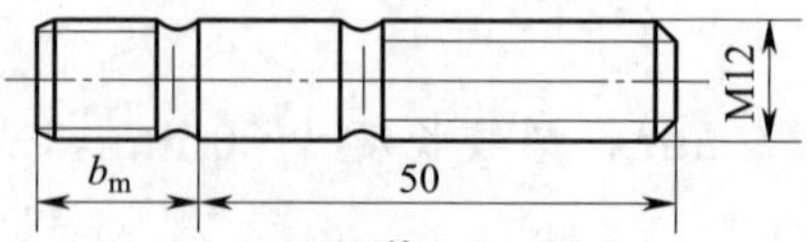 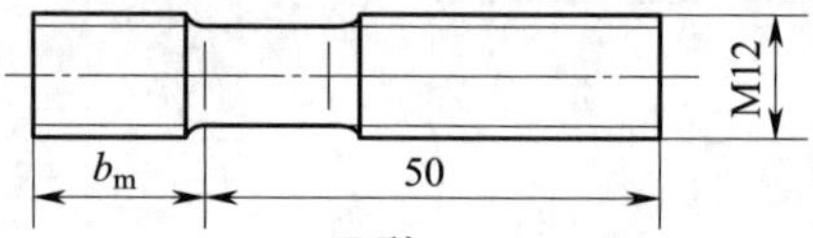 M12 b_m　50 A型 M12 b_m　50 B型	螺柱　GB 898　AM12—M12×1×50（双头螺柱，旋入机体一端为粗牙普通螺纹，旋入螺母一端为螺距 P＝1 mm 的细牙普通螺纹，螺纹规格 d＝12 mm，公称长度 l ＝ 50 mm，A 型，b_m＝1.25d） 螺柱　GB 897　M12 × 50（双头螺柱，两端均为粗牙普通螺纹，螺纹规格 d ＝ 12 mm，公称长度 l ＝ 50 mm，B 型，b_m＝1d）
开槽圆柱头螺钉 GB/T 65—2016	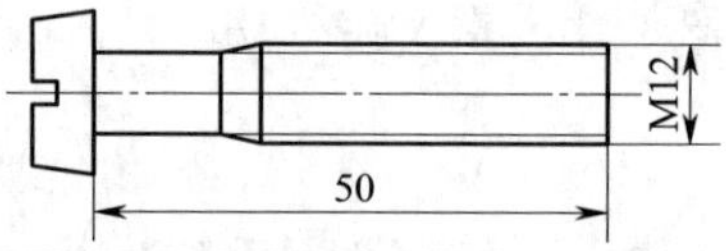 M12 50	螺钉　GB/T 65　M12×50（开槽圆柱头螺钉，粗牙普通螺纹，螺纹规格 d＝12 mm，公称长度 l＝50 mm）
开槽沉头螺钉 GB/T 68—2016	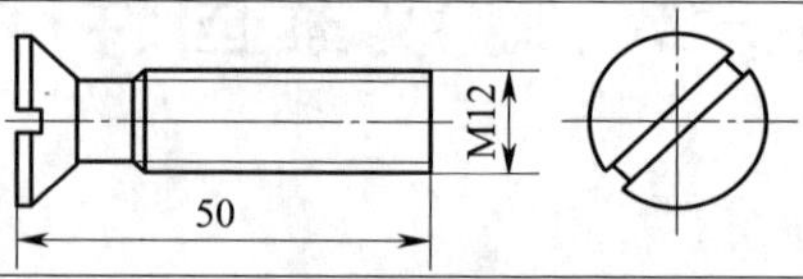 M12 50	螺钉　GB/T 68　M12×50（开槽沉头螺钉，粗牙普通螺纹，螺纹规格 d＝12 mm，公称长度 l＝50 mm）
十字槽沉头螺钉 GB/T 819.1—2016	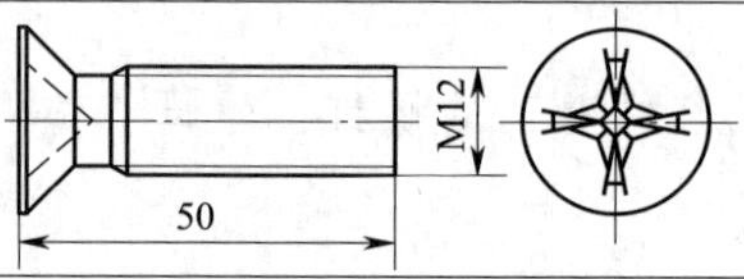 M12 50	螺钉　GB/T 819.1　M12×50（十字槽沉头螺钉，螺纹规格 d＝12 mm，公称长度 l＝50 mm）
开槽锥端 紧定螺钉 GB/T 71—2018	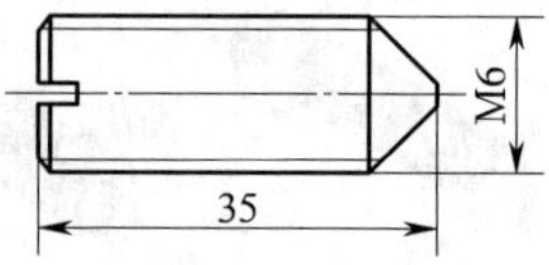 M6 35	螺钉　GB/T 71　M6×35（开槽锥端紧定螺钉，螺纹规格 d＝6 mm，公称长度l＝35 mm）
1 型六角螺母 GB/T 6170—2015	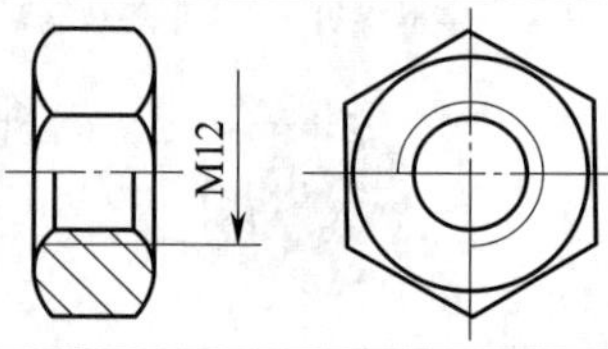 M12	螺母　GB/T 6170　M12（A 级的 1 型六角螺母，螺纹规格 D＝12 mm）
平垫圈　A 级 GB/T 97.1—2002 平垫圈　倒角型　A 级 GB/T 97.2—2002	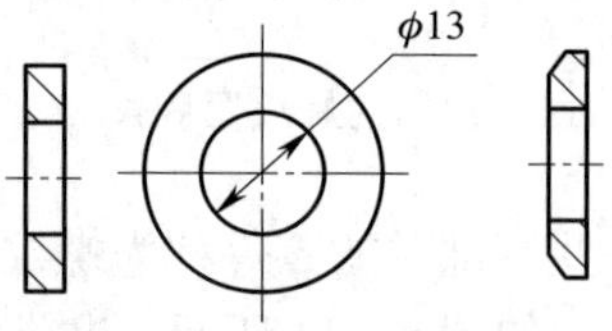 $\phi 13$	垫圈　GB/T 97.1　12［A 级平垫圈，公称尺寸（指配套使用的螺纹紧固件的公称直径）d＝12 mm，从标准中可查得，当垫圈公称尺寸 d＝12 mm 时，该垫圈的孔径为13 mm］

续表

名称及标准编号	简图	标记及说明
标准型弹簧垫圈 GB 93—87	ϕ16.4	垫圈 GB 93 16［标准型弹簧垫圈，公称尺寸（指配套使用的螺纹紧固件的公称直径）$d=16$ mm］

一、螺栓连接

画螺栓连接的图形时，应根据其规定标记，按其标准中的各部分尺寸绘制。但为了方便作图，通常可按其各部分尺寸与螺纹公称直径的比例关系近似画出，这种作图方法称为比例画法。

1. 螺栓连接件的比例画法

如图 8-15 所示为螺栓的比例画法，如图 8-16 所示为螺母的比例画法，如图 8-17 所示为垫圈的比例画法。

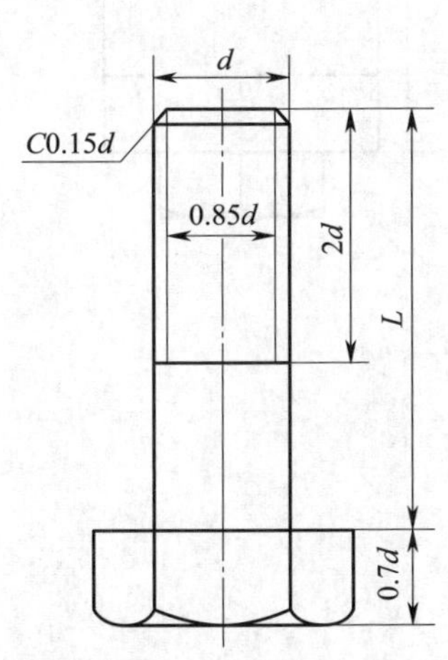

图 8-15 螺栓的比例画法

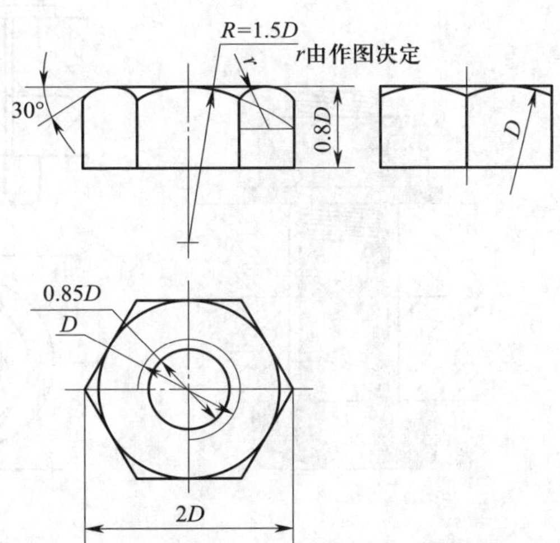

图 8-16 螺母的比例画法

2. 螺栓连接的比例画法

用螺栓、螺母、垫圈把两个零件连接在一起，称为螺栓连接。装配时，先将螺栓的杆身自下而上穿过光孔，并在螺栓上端套上垫圈，再用螺母拧紧，如图 8-18a 所示。螺栓连接适用于两个连接零件都不太厚并能钻成通孔（孔径为 1.1d）的情况，为了简化螺纹紧固件的画法，螺纹紧固件各部分尺寸中除了公称长度需要计算或查表外，其他均以螺纹大径 d（或 D）作为参数按一定比例绘图。

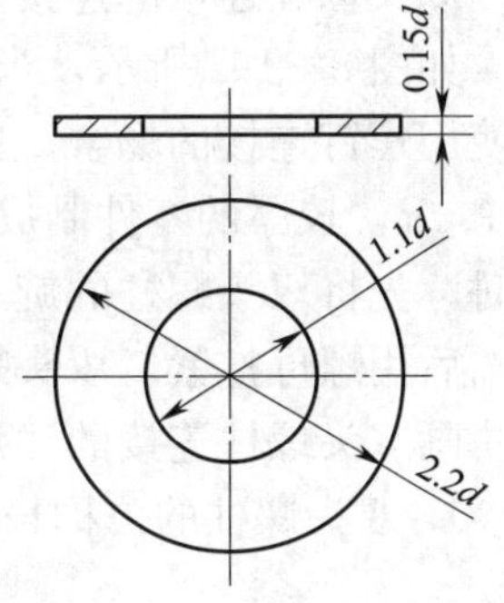

图 8-17 垫圈的比例画法

画螺栓连接图的规定如下：

（1）当剖切平面通过螺栓、螺母、垫圈等标准件的轴线时，应按未剖切绘制，即只画出其外形。

（2）两零件的接触面应只画一条线，如图 8－18b 中两个零件上下接触只画一条线；对于不接触表面，无论间隙多小，都必须画两条线，如螺栓杆与零件孔之间就应画成两条线，以示间隙。

（3）在剖视图中，两接触零件的剖面线方向应相反。同一零件在各剖视图中剖面线的方向、间隔均应相同。

（4）螺栓的长度（L）按下式计算：

$$L=\delta_1+\delta_2+h+m+a$$

式中 a——螺栓伸出螺母的长度，一般取（0.2～0.3）d。计算出 L 后，还需从《机械设计手册》螺栓的标准长度系列表中选取与 L 相近的标准值，如图 8－18b 中，算出 $L=42$ mm，查标准长度系列表选取与 42 mm 相近的标准值，这里取 $L=45$ mm。

螺栓连接的比例画法如图 8－18b 所示。

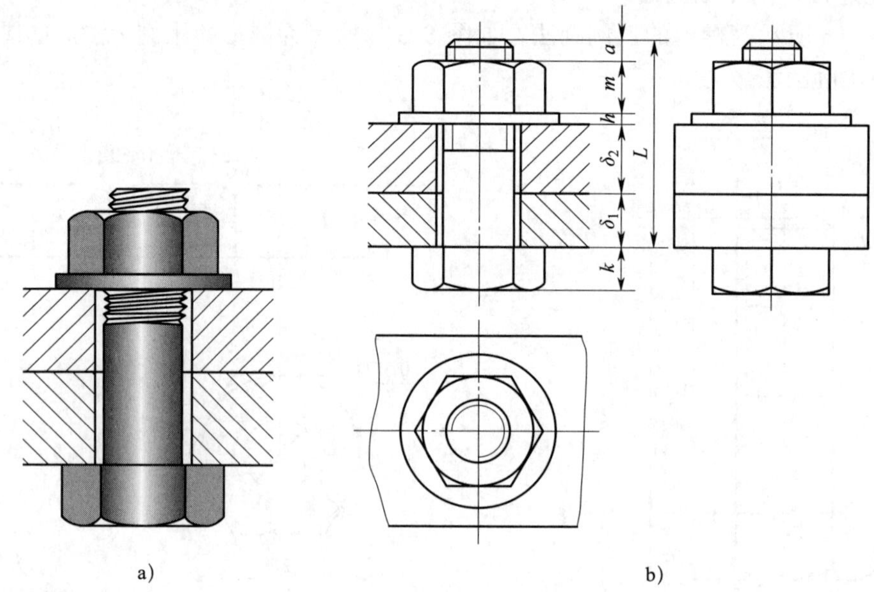

图 8－18　螺栓连接的比例画法

二、双头螺柱连接

双头螺柱连接的连接件有双头螺柱、六角螺母和垫圈等。

如图 8－19a 所示，当被连接的零件之一较厚而不宜采用螺栓连接时，或因经常拆卸不宜使用螺钉连接的场合，应采用双头螺柱连接。装配时，通常将较薄的零件制成通孔，孔径为 1.1d，较厚的零件制成不通的螺孔，用双头螺柱连接。双头螺柱的两端都制有螺纹，装配时，先将双头螺柱的旋入端旋入被连接件的螺孔中，另一端穿过较薄零件的通孔，再套上垫圈后用螺母拧紧。双头螺柱连接的比例画法如图 8－19b 所示。

画双头螺柱连接的注意事项如下：

1. 双头螺柱的公称长度 L 应按下式估算：

$$L=\delta+h+0.8d+a$$

其中 $a=$（0.3～0.4）d；$h=0.15d$。

用上式算出的 L 值应圆整后取标准系列值。

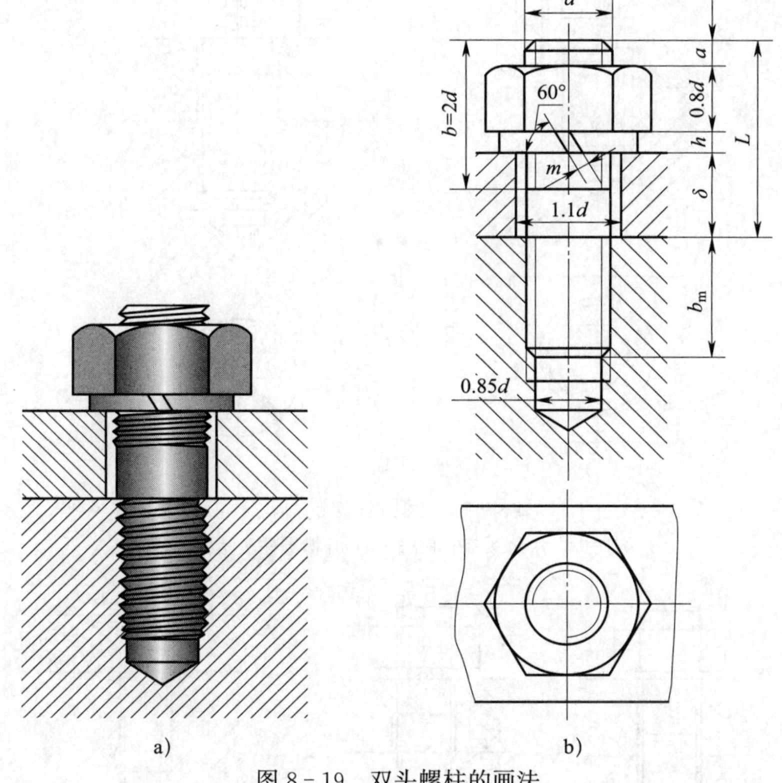

图 8－19 双头螺柱的画法

2. 双头螺柱上螺纹较短的一端是旋入端，其长度 b_m 与制有螺孔的被连接件材料有关。具体取值如下：

钢、青铜零件	$b_m=d$
铸铁零件	$b_m=1.25d$
材料强度在铸铁与铝之间的零件	$b_m=1.5d$
铝合金零件	$b_m=2d$

式中各符号的含义类似于螺栓连接，不再重复说明，图中 m 值可通过查弹簧垫圈的国家标准获取。

3. 旋入端的螺纹终止线应与被连接零件上螺孔的端面平齐，表示旋入端已足够地拧紧，如图 8－19b 所示。

4. 被连接件螺孔的深度应大于旋入端的螺纹长度 b_m，一般螺孔的深度可取（$b_m+0.5d$），而钻孔深度则可取为（b_m+d）。

三、螺钉连接

钻有通孔的被连接零件与另一个制有螺孔的被连接零件可用螺钉连接。螺钉旋入被连接零件螺孔的深度 L_1 由被连接零件的材料决定，与双头螺柱旋入端长度 b_m 的取值相同，可用查表法查出各部分的尺寸。螺钉连接的画法如图 8－20 所示。图 8－20a 所示为圆柱头内六角螺钉的画法；对于开槽螺钉，在投影为圆的视图中槽口按倾斜 45°画出，在主视图中槽口方向按与投射方向一致的位置画出，如图 8－20b 所示。

在装配图中，螺栓、双头螺柱和螺钉等螺纹紧固件也可采用图 8－21 所示的简化画法。

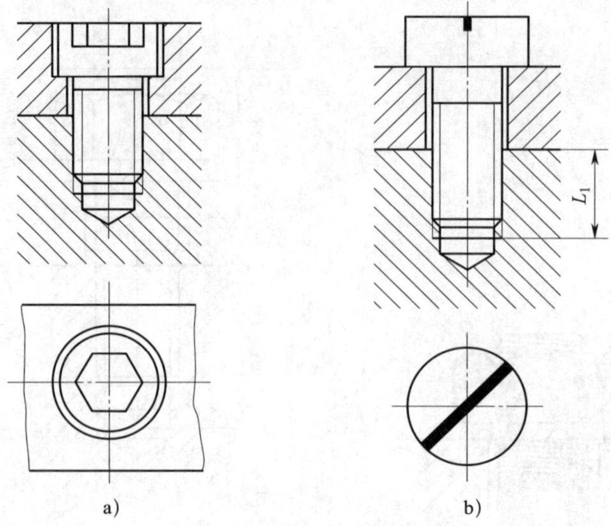

图 8 - 20　螺钉连接的画法

a）圆柱头内六角螺钉的画法　b）开槽圆柱头螺钉的画法

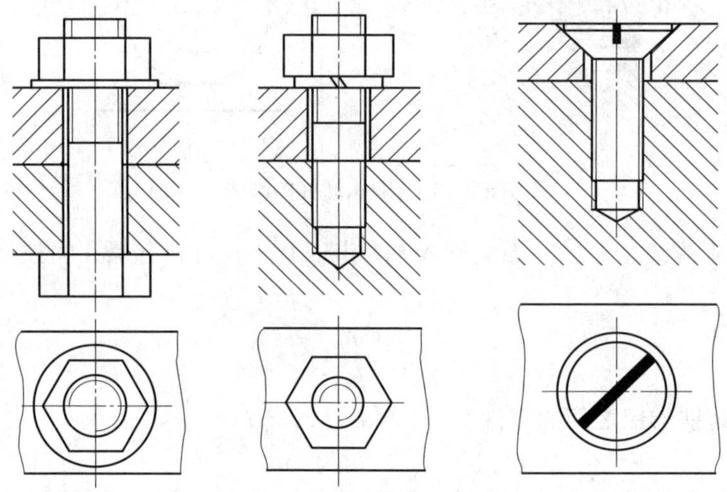

图 8 - 21　螺纹紧固件的简化画法

指出图 8 - 22 所示螺栓画法练习中的错误，将正确的画法画在旁边。

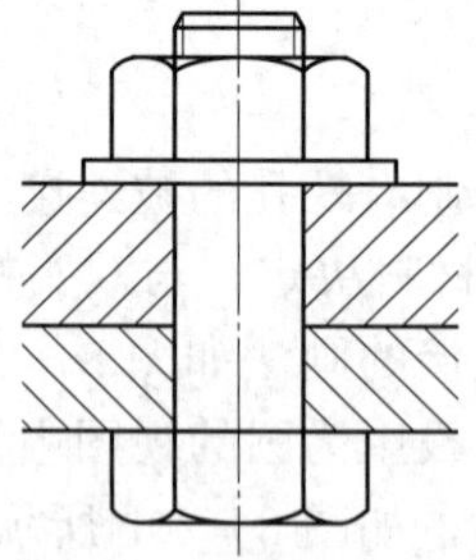

图 8 - 22　螺栓画法练习

§8-3 齿　　轮

议一议　你知道图 8-23 所示的这些零件的名称和用途吗？

图 8-23　常用齿轮

如图 8-23 所示的零件是齿轮。齿轮被广泛应用在机器中，用来传递动力和运动，改变转速和运动方向。在齿轮的性能参数中，只有模数和压力角已标准化。国家标准仅对这类零件的一些重要结构或性能参数系列化和标准化，它们的表示方法已部分标准化。在本节中我们将认识齿轮的画法和有关国家标准的规定。

常见的齿轮传动形式有三种，如图 8-24 所示。其中圆柱齿轮用于两平行轴之间的传动，锥齿轮用于两相交轴之间的传动，蜗杆与蜗轮主要用于两垂直交叉轴之间的传动。

a)

b)

c)

图 8-24　常见的齿轮传动形式

a）圆柱齿轮传动　b）锥齿轮传动　c）蜗杆传动

一、圆柱齿轮的画法

圆柱齿轮的外形呈圆柱形，其轮齿有直齿、斜齿、人字齿等，如图 8-25 所示。直齿圆柱齿轮是齿轮中常用的一种。

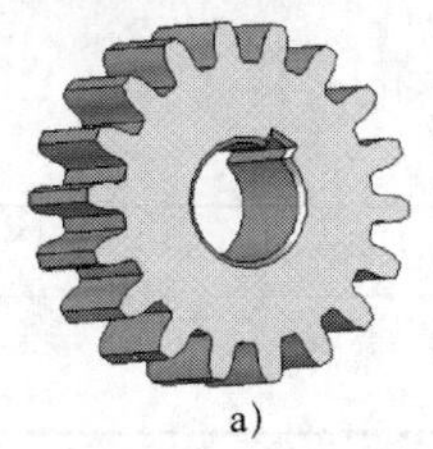
a)

b)　c)

图 8-25　圆柱齿轮

a）直齿轮　b）斜齿轮　c）人字齿轮

知识链接

直齿圆柱齿轮基本几何要素是模数 m 和齿数 z，齿轮的各部分名称及其尺寸关系见表 8-5。

表 8-5　　齿轮的各部分名称及其尺寸关系

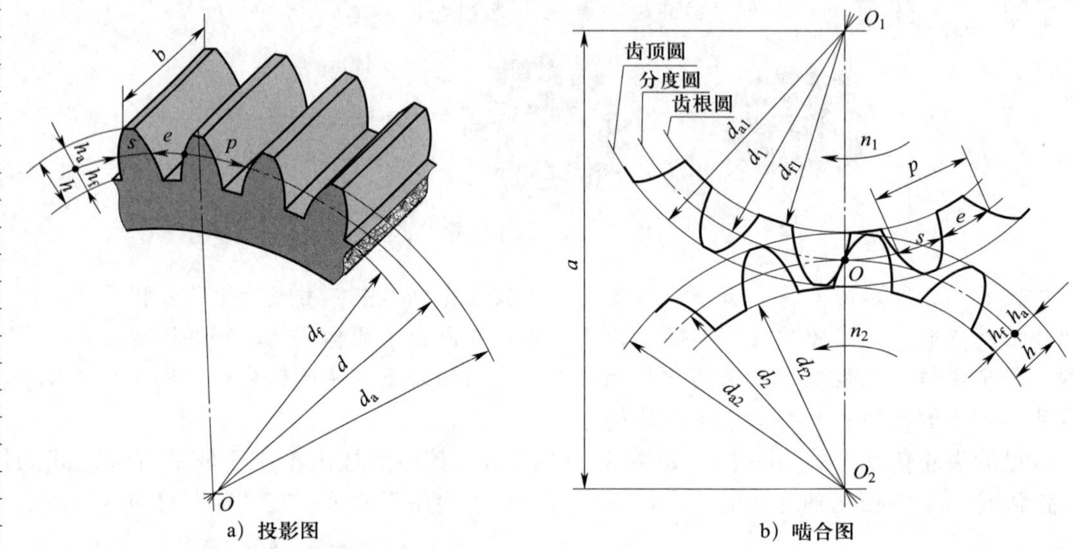

a）投影图　　b）啮合图

名　称	代　号	计算公式
齿顶高	h_a	$h_a=m$
齿根高	h_f	$h_f=1.25m$
齿高	h	$h=h_a+h_f=2.25m$
分度圆直径	d	$d=mz$
齿顶圆直径	d_a	$d_a=d+2h_a=m(z+2)$
齿根圆直径	d_f	$d_f=d-2h_f=m(z-2.5)$
中心距	a	$a=(d_1+d_2)/2=m(z_1+z_2)/2$

注：齿顶高 $h_a=m$，齿根高 $h_f=1.25m$ 的齿轮为正常齿制的齿轮。

因为一对啮合齿轮的齿距 p 必须相等，所以它们的模数必须相等。模数 m 是设计及制造齿轮的重要参数，为了便于设计及加工，模数的数值已系列化，参见国家标准《通用机械和重型机械用圆柱齿轮　模数》（GB/T 1357—2008），齿轮模数的选用系列见表 8-6。

表 8-6　　齿轮模数的选用系列

第一系列	1　1.25　1.5　2　2.5　3　4　5　6　8　10　12　16　20　25　32　40　50
第二系列	1.75　2.25　2.75　(3.25)　3.5　(3.75)　4.5　5.5　(6.5)　7　9　(11)　14　18　22　28　36　45

注：选用模数时，应优先选用第一系列；其次选用第二系列；括号内的模数尽可能不用。本表未摘录小于 1 的模数。

1. 单个圆柱齿轮的画法

单个圆柱齿轮的规定画法如图 8－26 所示。

在齿轮的图样中，一般用两个视图表示齿轮的结构和形状，如图 8－26a 所示。其中在齿轮轴线平行于投影面的视图中，除了图 8－26a 中用外形视图表达外，还可用剖视图来表示，如全剖视图、半剖视图或局部剖视图，如图 8－26b、c、d 所示。

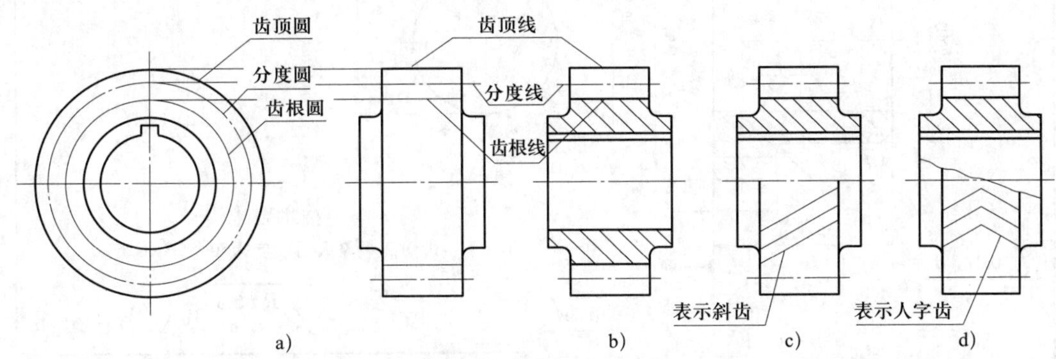

图 8－26 单个圆柱齿轮的规定画法

a)、b) 直齿 c) 斜齿 d) 人字齿

在上述图中，齿顶圆和齿顶线用粗实线绘制；分度圆和分度线用细点画线绘制；齿根圆用细实线绘制（也可省略不画），齿根线在外形视图中用细实线绘制（也可省略不画），在剖视图中用粗实线绘制。齿轮其他结构按常规绘制。

在剖视图中，当剖切平面通过齿轮轴线时，轮齿一律按不剖绘制，如图 8－26b、c、d 所示。对于斜齿圆柱齿轮和人字齿圆柱齿轮，其轮齿用三条倾斜平行的细实线画出，如图 8－26c、d 所示。

在如图 8－27 所示的圆柱齿轮的零件图中，用两个视图来表达齿轮的结构和形状：主视图画成全剖视图，并用局部视图表达齿轮的毂孔。

2. 相互啮合的圆柱齿轮的画法

相互啮合的圆柱齿轮的画法如图 8－28 所示。

在单个圆柱齿轮画法的基础上，应注意以下几点：

（1）在垂直于圆柱齿轮轴线的投影面的视图中，相互啮合的两圆柱齿轮的分度圆相切，用细点画线绘制，如图 8－28a 所示；外形图相切处的分度线只画一条粗实线，如图 8－28c 所示。

（2）相互啮合的两圆柱齿轮的剖视图画法如图 8－28a 所示，啮合区画五条线，即大齿轮齿根圆（粗实线）、小齿轮齿顶圆（粗实线）、分度圆（细点画线）、被小齿轮挡住的大齿轮齿顶圆（细虚线）、小齿轮齿根圆（粗实线）。如图 8－28b 所示为省略画法，只绘出相交的外形曲线。

（3）齿顶线与另一个齿轮齿根线之间有 $0.25m$（m 表示模数）的间隙，如图 8－29 所示为齿轮啮合区的画法。

3. 齿轮与齿条啮合的画法

当齿轮的直径无限增大时，齿轮的齿顶圆、分度圆、齿根圆和轮齿齿廓曲线的曲率半径也无限增大而成为直线，齿轮变形为齿条。齿轮与齿条啮合的画法按相互啮合的圆柱齿轮的规定画法处理，如图 8－30 所示。

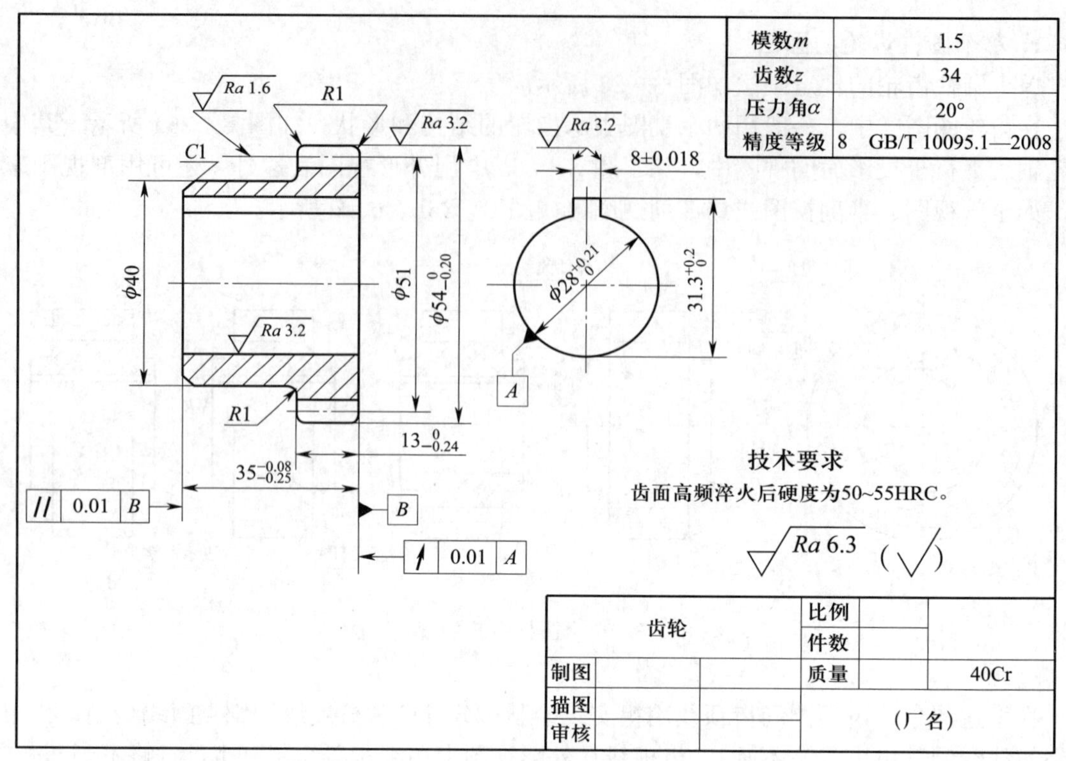

图 8－27　圆柱齿轮的零件图

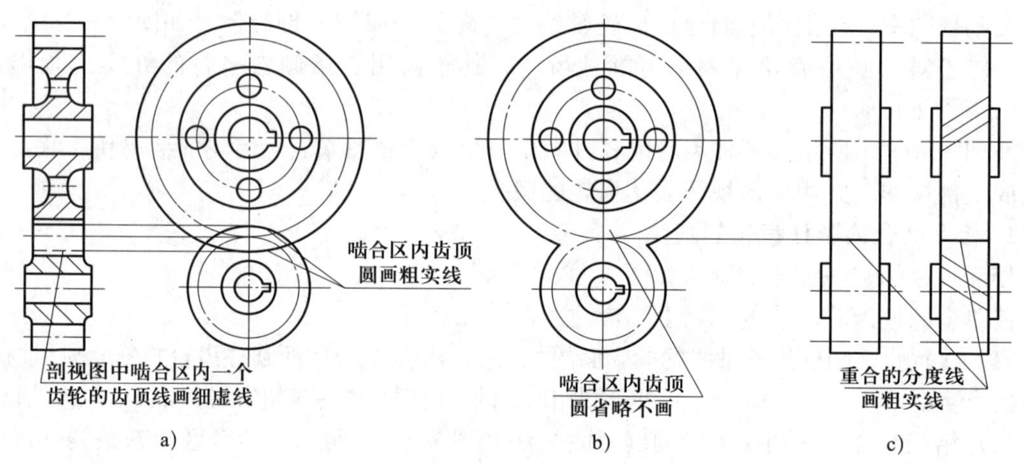

图 8－28　相互啮合的圆柱齿轮的画法

a）规定画法　b）省略画法　c）外形视图（直齿、斜齿）

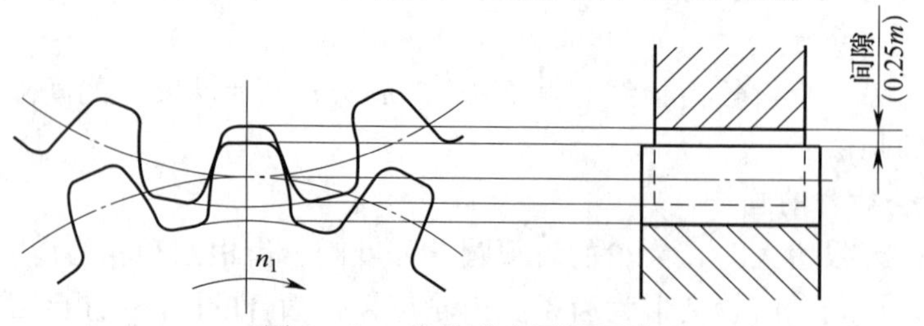

图 8－29　齿轮啮合区的画法

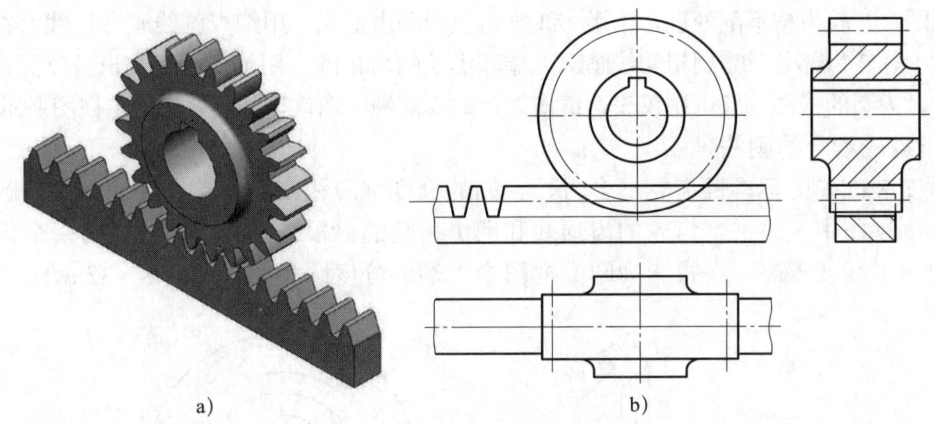

a)　　　　　　　　　　　　　　　　b)

图 8－30　齿轮与齿条啮合的画法

a）轴测图　b）规定画法

二、锥齿轮的画法

锥齿轮的轮齿分布在圆锥面上，所以轮齿的形状是一端大，一端小，齿厚、齿槽宽、齿高也由大到小逐渐变化，锥齿轮以大端模数为标准模数。

1. 单个锥齿轮的画法

如图 8－31 所示为锥齿轮的零件图，在投影为非圆的视图中，画法与圆柱齿轮类似，即常

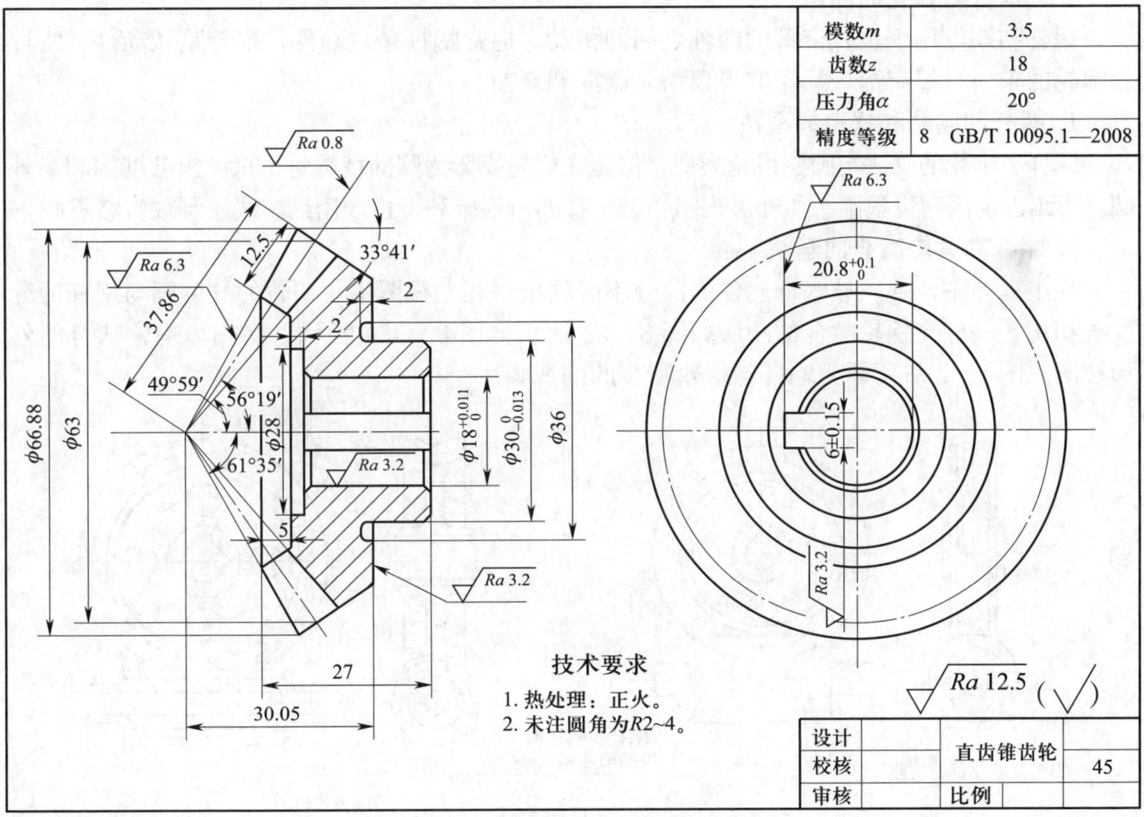

模数m	3.5
齿数z	18
压力角α	20°
精度等级	8　GB/T 10095.1—2008

技术要求

1. 热处理：正火。
2. 未注圆角为R2~4。

设计	直齿锥齿轮	45
校核		
审核	比例	

图 8－31　锥齿轮的零件图

采用剖视图，其轮齿按不剖处理，用粗实线画齿顶线和齿根线，用细点画线画分度线。在投影为圆的视图中，轮齿部分只需用粗实线画出大端和小端的齿顶圆；用细点画线画出分度圆；齿根圆不画。投影为圆的视图一般也用仅表达键槽毂孔的局部视图取代，如图 8－27 左视图所示。

2. 锥齿轮啮合的画法

一对安装准确的标准锥齿轮啮合时，它们的分度圆应相切。其啮合区的画法与圆柱齿轮类似：在剖视图中，将一个齿轮的齿顶线和两个齿轮的齿根线画成粗实线，另一个齿轮的齿顶线画成细虚线或省略。在投影为圆的视图中大端的分度圆相切，如图 8－32 所示。

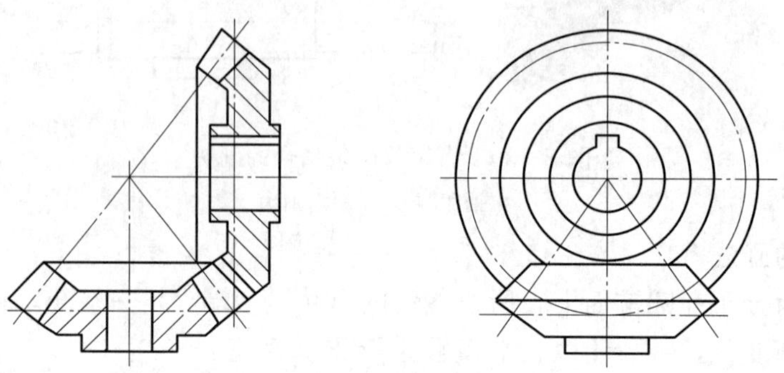

图 8－32　锥齿轮啮合的画法

三、蜗杆与蜗轮的画法

蜗杆和蜗轮用于垂直交叉的两轴之间的传动，通常蜗杆是主动件，蜗轮是从动件。蜗杆和蜗轮的轮齿呈螺旋形，蜗轮的齿顶面常制成圆环面。

1. 蜗杆的画法和蜗轮的画法

蜗杆和蜗轮的画法与圆柱齿轮类似，但是在蜗轮投影为圆的视图中，只画出分度圆和最外圆，不画齿顶圆和齿根圆。在外形视图中，蜗杆的齿根圆和齿根线用细实线绘制或省略不画。

2. 蜗杆和蜗轮啮合的画法

在主视图中，蜗轮被蜗杆遮住的部分不必画出；在左视图中，蜗轮的分度圆与蜗杆的分度线相切。蜗杆与蜗轮啮合的画法如图 8－33 所示，图 8－33a 所示为蜗杆与蜗轮啮合的外形视图，图 8－33b 所示为蜗杆与蜗轮啮合的剖视画法。

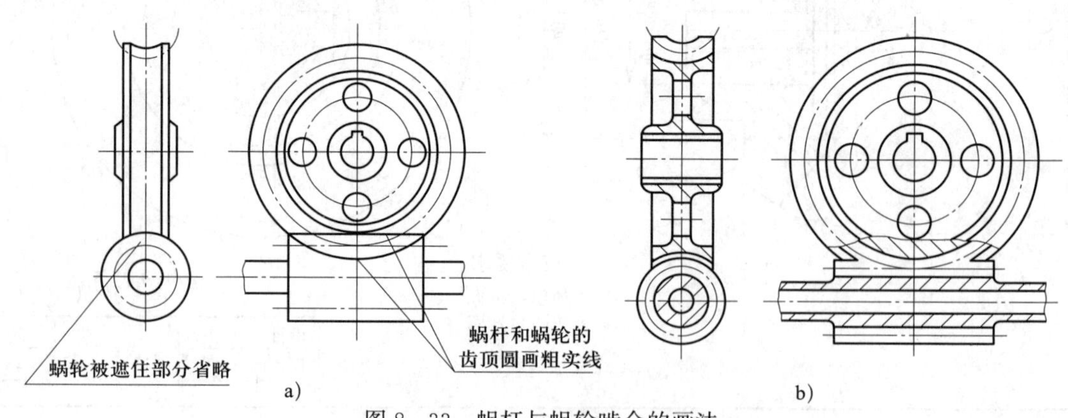

图 8－33　蜗杆与蜗轮啮合的画法

a）蜗杆与蜗轮啮合的外形视图　b）蜗杆与蜗轮啮合的剖视画法

四、直齿圆柱齿轮的测绘

齿轮是容易损坏的零件，在实际工作中，更换齿轮时需要对齿轮进行测绘。对于标准齿轮，其轮齿部分的测绘主要是确定模数，可按以下步骤进行：

1. 数出齿数 z。

2. 测量齿顶圆的直径 d_a'，其测量方法如图 8－34 所示。当齿数为偶数时，按图 8－34a 所示进行测量；当齿数为奇数不能直接量得时，可用图 8－34b 所示的方法测量后计算得出，即 $d_a'=D_1+2H$。

3. 计算模数，$m'=d_a'/(z+2)$。

4. 修正模数，由于齿轮磨损与测量误差，当算出的模数 m' 不是标准模数时，应在标准模数中选用与 m' 最接近的标准模数 m。

5. 根据标准模数 m 计算 d、d_a、d_f 等。

如果算出的模数与标准模数极不接近，或选用标准模数后计算出的齿轮某些尺寸与测量实物所得的尺寸相距较大，则说明所测绘的齿轮不是标准齿轮，应进一步参考有关资料进行测绘。齿轮其他部分的测绘与一般零件的测绘相同。

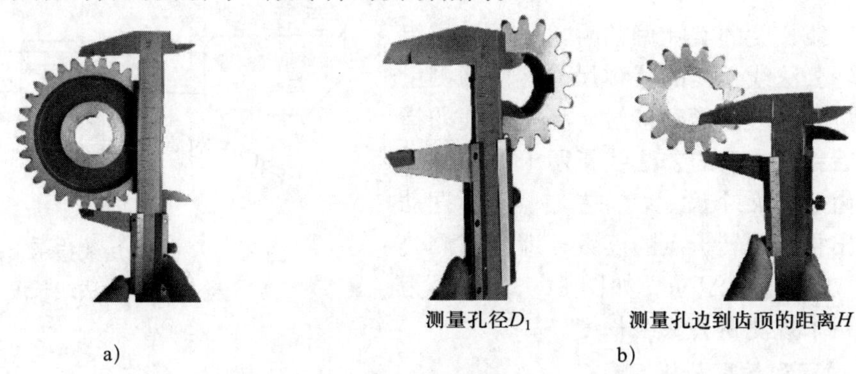

图 8－34　齿轮齿顶圆直径的测量方法

a）偶数齿齿轮　b）奇数齿齿轮

五、直齿圆柱齿轮公法线长度的测量

测量公法线长度是渐开线齿轮加工过程中控制齿厚的传统方法。在齿轮加工中经常需要对其进行测量。所谓齿轮公法线即基圆的切线，切线向左右延伸与齿廓渐开线垂直相交，是各齿廓的公共法线。公法线的长度 W 是指两平行测爪在齿轮上与所跨多齿的异侧齿廓相切时两切点之间的距离，如图 8－35 所示。在齿轮一周范围内，实际公法线的最大长度与最小长度之差即公法线长度变动量 ΔF_W。

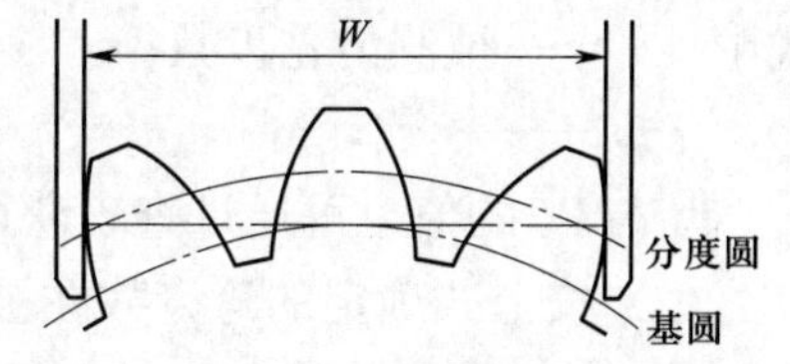

图 8－35　公法线的长度

齿轮公法线长度测量工具的共同点是具有一对平行平面测头。测量时，将该平行平面测头置入被测齿轮槽中，并跨 k 个齿在全齿高的中部与左、右齿面相切。常用的测量仪器有万能测齿仪、公法线千分尺、公法线指示卡规等。

1. 测量工具

（1）公法线千分尺

对于一般精度齿轮的公法线长度常用公法线千分尺进行测量，如图 8－36 所示。公法线千分尺是一种具有圆盘状特殊测头的螺旋测微量具，其余部分的结构与普通千分尺基本相同，其测量原理和读数方法也与普通千分尺相同。

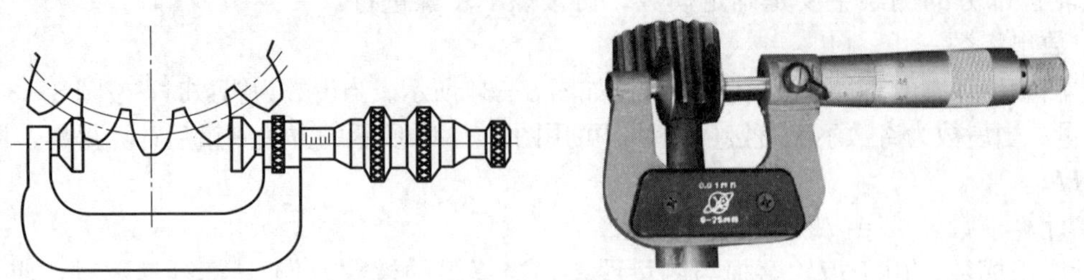

图 8－36　公法线长度的测量

（2）公法线指示卡规

公法线指示卡规适用于测量直径较大的 6～7 级精度的齿轮。

测量公法线长度的实际偏差时，先用量块组合成被测齿轮公法线长度的公称尺寸，使两测量爪测量面与量块组合体紧密接触，将指示表的指针调零，然后将调零后的公法线指示卡规的测量爪跨在被测齿轮的 k 个齿上，并左右、上下摆动该卡规，找出指示表转折点的读数，即为被测公法线长度的实际偏差 ΔF_W。如图 8－37 所示为用公法线指示卡规测量公法线长度。

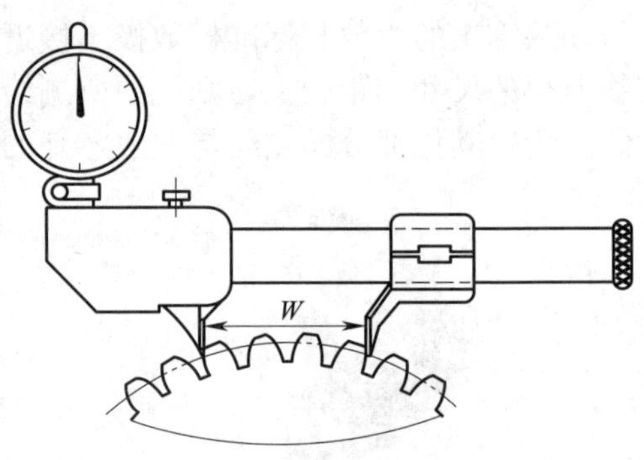

图 8－37　用公法线指示卡规测量公法线长度

2. 测量过程和数据分析

（1）计算公法线公称长度 W 和跨齿数 k，一般按下式进行计算：

$$k \geqslant \frac{z}{9}+0.5 \text{（}k\text{ 必须取相近的整数）}$$

$$W=m[1.476(2k-1)+0.014z]$$

式中　z ——被测齿轮齿数；

m ——模数，mm。

k 与 W 的值也可通过查表获得。

（2）按上式确定的跨齿数在被测齿轮的整个圆周上进行测量，记下每次测量结果 W_1、W_2、…、W_z。

（3）计算公法线长度实测值的平均值 W_m 和平均长度偏差 ΔE_W。

$$W_m=\frac{W_1+W_2+\cdots+W_z}{z}$$

公法线平均长度偏差 ΔE_W 是指在齿轮一周内，公法线长度平均值与公称值之差：

$$\Delta E_W=W_m-W$$

（4）计算公法线长度变动量 ΔF_W。

$$\Delta F_W=W_{max}-W_{min}$$

知识链接

量块组成及其使用方法

量块是机械制造业中长度尺寸的标准，它可以用于量具和量仪的检定及校准、精密划线以及精密机床的调整，附件与量块并用时，还可以测量某些精度要求较高的工件尺寸。

量块是没有刻度的平行端面量具，是用不易变形的耐磨材料（如铬锰钢等）制成的长方体，它有两个经过精密加工后很平、很光洁的平行平面——测量面，其余为非工作面。两测量面之间的距离为工作尺寸 L，又称标称长度，该尺寸具有很高的精度。量块的形状如图 8－38 所示。

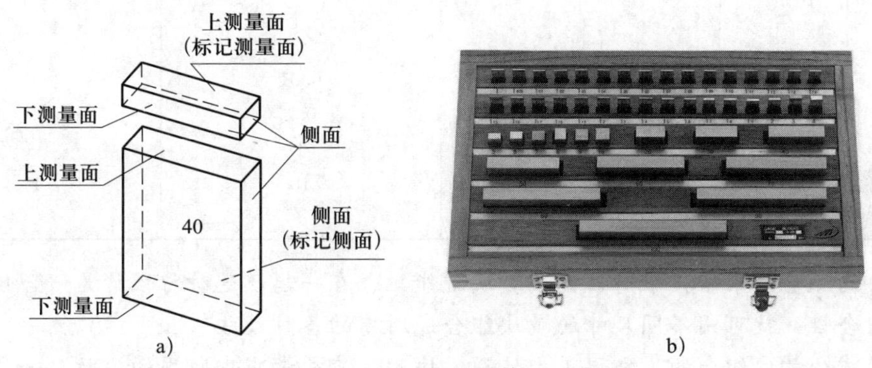

图 8－38　量块

在实际生产中，量块是成套使用的，每套量块由一定数量的不同标称长度的量块组成，以便组合成各种尺寸，满足一定尺寸范围内的测量需求，如图 8－38b 所示。国家标准《几何量技术规范（GPS）　长度标准　量块》（GB/T 6093—2001）共规定了 17 套量块。常用成套量块的套别、尺寸系列、间隔和块数见表 8－7。

表 8－7　　常用成套量块的套别、尺寸系列、间隔和块数

套别	总块数	尺寸系列/mm	间隔/mm	块数
1	91	0.5 1 1.001、1.002、…、1.009 1.01、1.02、…、1.49 1.5、1.6、…、1.9 2.0、2.5、…、9.5 10、20、…、100	— — 0.001 0.01 0.1 0.5 10	1 1 9 49 5 16 10
2	83	0.5 1 1.005 1.01、1.02、…、1.49 1.5、1.6、…、1.9 2.0、2.5、…、9.5 10、20、…、100	— — — 0.01 0.1 0.5 10	1 1 1 49 5 16 10

续表

套别	总块数	尺寸系列/mm	间隔/mm	块数
3	46	1 1.001、1.002、…、1.009 1.01、1.02、…、1.09 1.1、1.2、…、1.9 2、3、…、9 10、20、…、100	— 0.001 0.01 0.1 1 10	1 9 9 9 8 10
4	38	1 1.005 1.01、1.02、…、1.09 1.1、1.2、…、1.9 2、3、…、9 10、20、…、100	— — 0.01 0.1 1 10	1 1 9 9 8 10

量块的测量面紧密接触时，两块量块就能黏合在一起，这种特性称为研合性，利用量块的研合性，就可用不同尺寸的量块组合成所需的各种尺寸。

为了减小量块组合的累积误差，使用量块时，应尽量减少所用的块数，一般要求不超过 4 块。选用量块时，应根据所需组合的尺寸，先确定采用哪一套，然后从最后一位数字开始选择，每选一块，应使尺寸数字的位数减少一位，以此类推，直至组合成完整的尺寸为止。

例如，要组成 38.935 mm 的尺寸，其步骤如下：

最后一位数字为 0.005，因而可采用 83 块一套的量块。

38.935
−1.005 ——第一块量块的尺寸

37.93
−1.43 ——第二块量块的尺寸

36.5
−6.5 ——第三块量块的尺寸

30 ——第四块量块的尺寸

所以共选取四块量块，尺寸分别为 1.005 mm、1.43 mm、6.5 mm、30 mm。

练一练 已知标准直齿轮的模数 $m=3$ mm，齿数 $z=30$。试计算齿轮的分度圆、齿顶圆、齿根圆、齿顶高、齿根高，并画出其零件图。

§8－4　键连接和销连接

你看见过图 8－39 所示的零件吗？它们是什么零件？有什么用途？

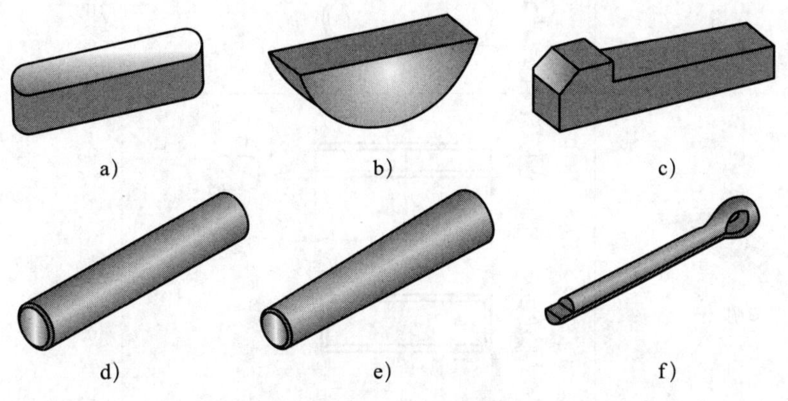

图 8－39　常用的键和销

如图 8－39a、b、c 所示为常用的键，如图 8－39d、e、f 所示为常用的销，它们在机器或部件中通常起到连接、定位等作用。在本节中我们就来学习键连接和销连接的画法。

一、键连接

键是用来连接轴和轴上的传动零件（如带轮、齿轮等），起传递转矩作用的常用标准件。如图 8－40 所示。

图 8－40　键的作用

键的种类很多，常见的有普通平键、半圆键、钩头型楔键等，如图 8－39a、b、c 所示。其中普通平键应用最广泛，画图时根据有关标准可查到相应的尺寸和结构。常用键的形式、画法和标记见表 8－8。

表 8-8　常用键的形式、画法和标记

名称	形　状	图　例	标 记 示 例
普通平键	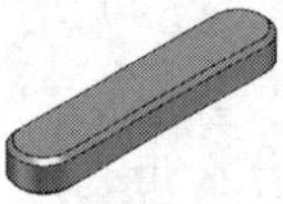 A型	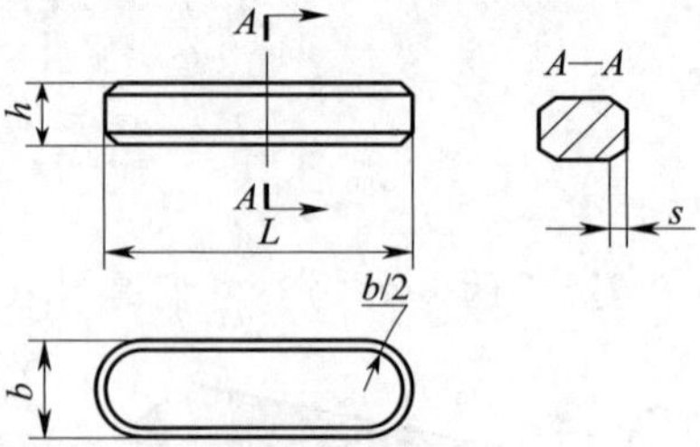 A型	$b=18$ mm，$h=11$ mm，$L=100$ mm 的圆头普通平键 GB/T 1096　键 18×11×100
	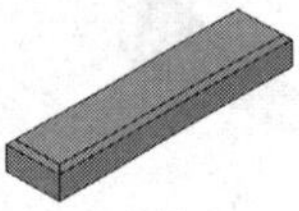 B型	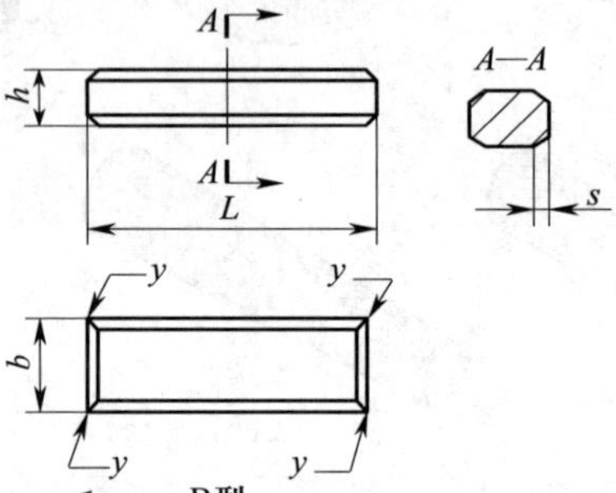 $y\leqslant s_{max}$　B型	$b=18$ mm，$h=11$ mm，$L=100$ mm 的方头普通平键（B型） GB/T 1096　键 B 18×11×100
	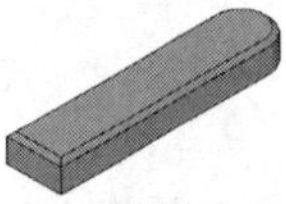 C型	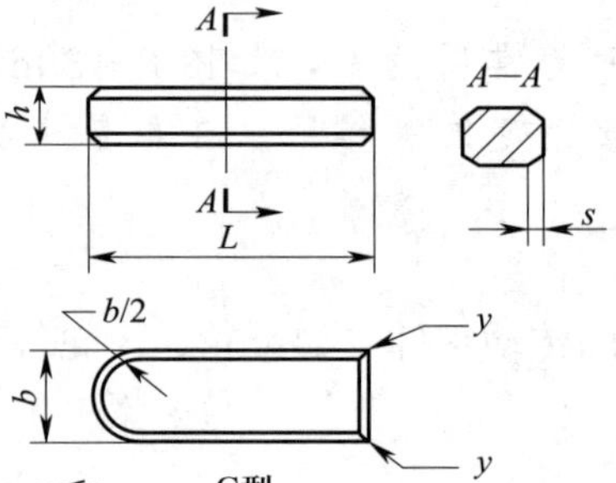 $y\leqslant s_{max}$　C型	$b=18$ mm，$h=11$ mm，$L=100$ mm 的半圆头普通平键（C型） GB/T 1096　键 C 18×11×100
半圆键	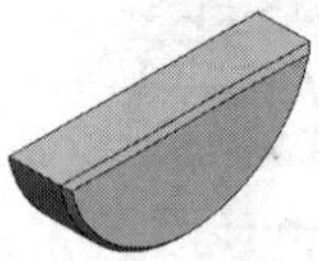	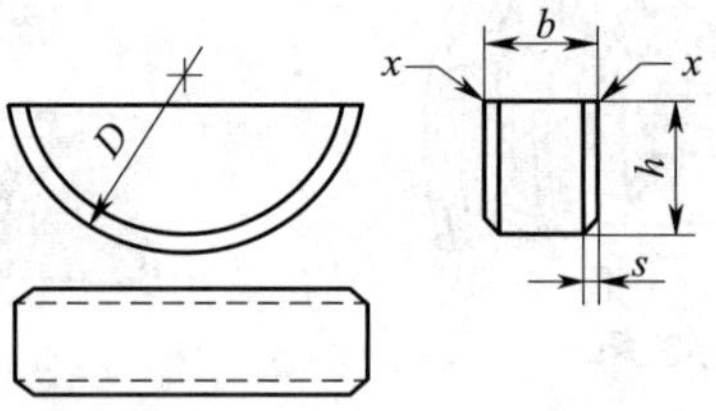 注：$x\leqslant s_{max}$	$b=6$ mm，$h=10$ mm，$D=25$ mm 的半圆键 GB/T 1099.1　键 6×10×25
钩头型楔键	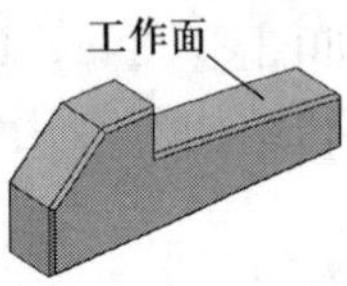 工作面	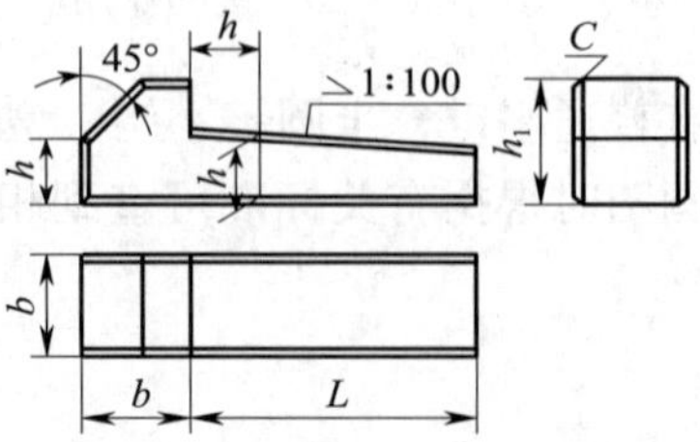	$b=18$ mm，$h=11$ mm，$L=100$ mm 的钩头型楔键 GB/T 1565　键 18×100

普通平键和半圆键的两个侧面是工作面，在装配图中键与键槽侧面之间不留间隙，画成一条线；而键的顶面是非工作面，它与轮毂的键槽顶面之间有间隙，应画两条线。钩头型楔键的上下两面是工作面。常用键的装配连接图的画法及尺寸注法见表 8－9。

表 8－9　　常用键的装配连接图的画法及尺寸注法

类型	画法及尺寸注法	说明
普通平键连接		工作面是键的两个侧面
半圆键连接		工作面是键的两个侧面
钩头型楔键连接		工作面是键的上下两面

轴上及轮毂上键槽的画法与尺寸注法如图 8－41 所示。

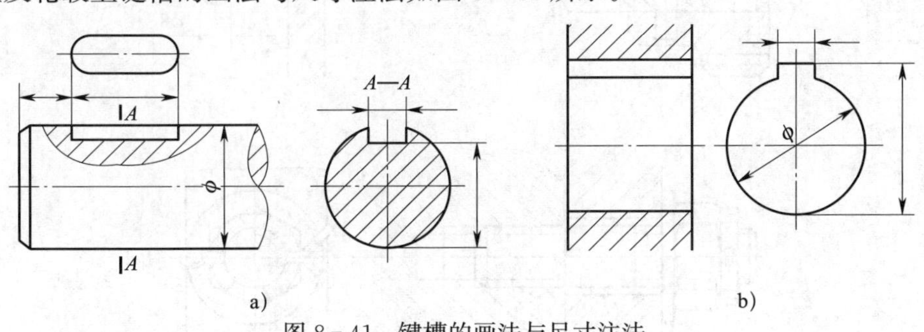

a)　　b)

图 8－41　键槽的画法与尺寸注法

a）轴上的键槽　b）轮毂上的键槽

二、销连接

销也是常用的标准件，在机器中用来连接及固定零件，或在装配时起定位作用。常用的销有圆柱销、圆锥销和开口销等，如图 8 - 39d、e、f 所示。销的形式、画法和标记见表 8 - 10。

表 8 - 10　　　　销的形式、画法和标记

名称	实　　例	图　　例	标 记 示 例
圆柱销			公称直径 d=5 mm、公差为 m6、公称长度 l=18 mm、材料为钢、不经淬火、不经表面处理的圆柱销 销　GB/T 119.1　5 m6×18
圆锥销			公称直径 d=10 mm、公称长度 l=60 mm、材料为 35 钢、热处理后硬度为 28～38HRC、表面氧化处理的 A 型圆锥销 销　GB/T 117　10×60
开口销			公称规格为 5 mm、公称长度 l=50 mm、材料为 Q215 或 Q235、不经表面处理的开口销 销　GB/T 91　5×50

画销连接图时，若剖切平面通过销的轴线，销按不剖绘制，其画法如图 8 - 42 所示。其中图 8 - 42b 是作为定位用的圆锥销在装配图中的画法，小端直径为圆锥销的公称尺寸；开口销经常要与开槽螺母配合使用，它穿过螺母上的槽和螺杆上的孔以防止螺母松动，如图 8 - 42c所示。

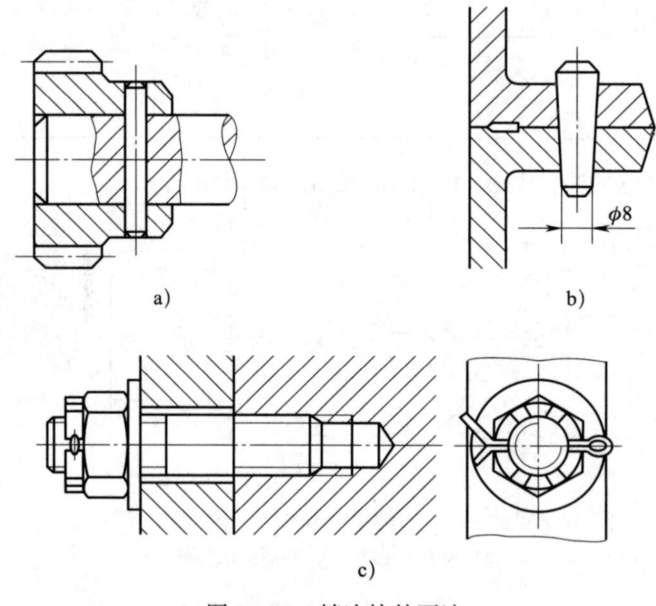

图 8 - 42　销连接的画法

a）圆柱销　b）圆锥销　c）开口销

找出图 8－43 所示键连接中的错误画法。

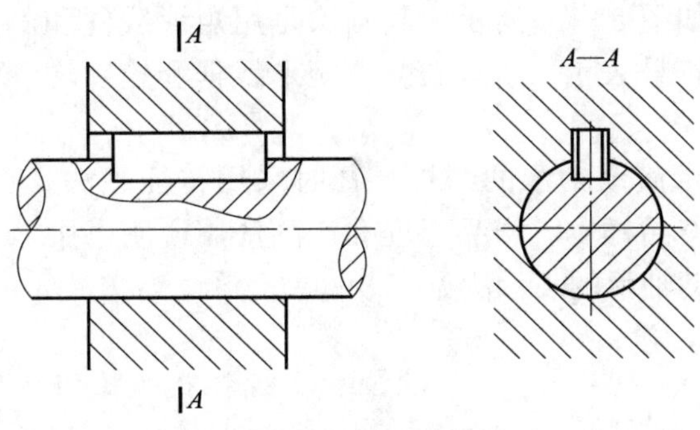

图 8－43 键连接的画法

§8－5 滚动轴承

滚动轴承是支承轴旋转的部件，其实物图如图 8－44 所示。由于它具有摩擦力小、结构紧凑等特点，因此得到了广泛的应用。滚动轴承的种类很多，并已标准化，选用时可查阅有关标准手册。

图 8－44 滚动轴承实物图

一、滚动轴承的结构和表示法

滚动轴承一般由内圈（轴圈）、外圈（座圈）、滚动体和保持架组成，如图 8－45 所示。按承受载荷的方向不同，滚动轴承可分为向心轴承（主要承受径向载荷，如深沟球轴承）和推力轴承（主要承受轴向载荷，如推力球轴承）。

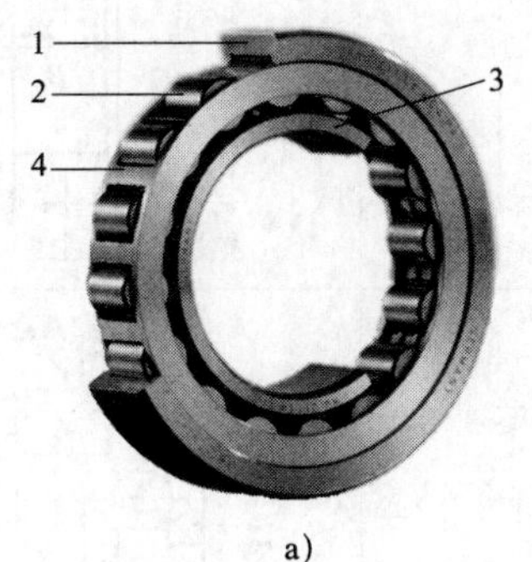

a）

b）

图 8－45 滚动轴承
a）向心轴承 b）推力轴承
1—外圈 2—滚动体 3—内圈 4—保持架 5—轴圈 6—座圈

在装配图中，滚动轴承的表示法包括三种，即通用画法、特征画法和规定画法，前两种画法又称简化画法。

当不需要确切地表示滚动轴承的外形轮廓、承载特性和结构特征时采用通用画法，如图 8－46 所示。其画法是用矩形线框和位于中央正立的十字形符号表示（各种符号、矩形线框和轮廓均用粗实线绘制）。

当需要较形象地表示滚动轴承的结构特征时采用特征画法。滚动轴承的产品图样、产品样本、产品标准和产品使用说明书中采用规定画法。常用滚动轴承的表示法见表 8－11。

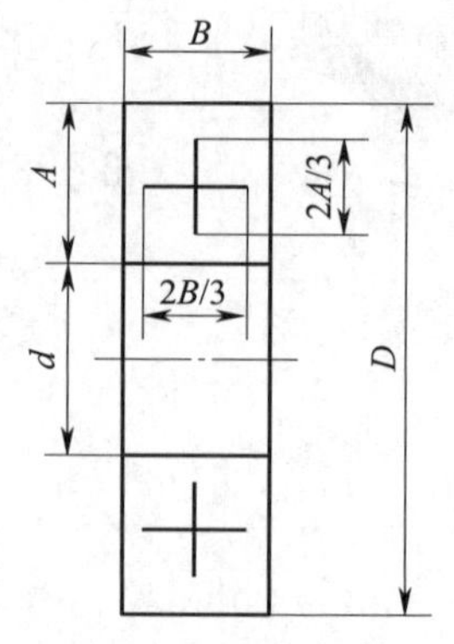

图 8－46　滚动轴承的通用画法

表 8－11　　常用滚动轴承的表示法

轴承类型	结构形式	特征画法	规定画法
		（均指滚动轴承在所属装配图中的剖视图画法）	
深沟球轴承 GB/T 276—2013 60000 型		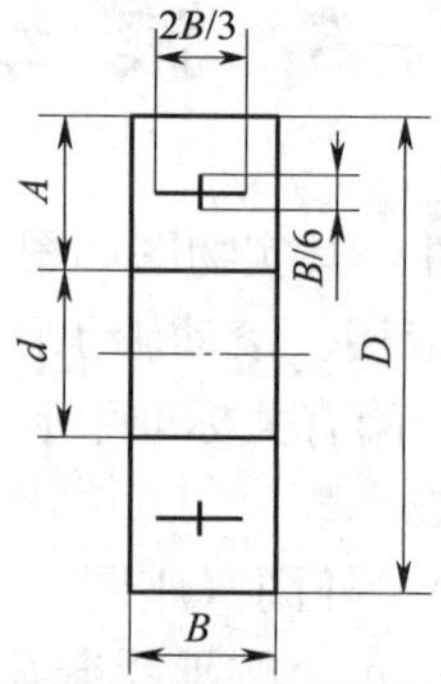	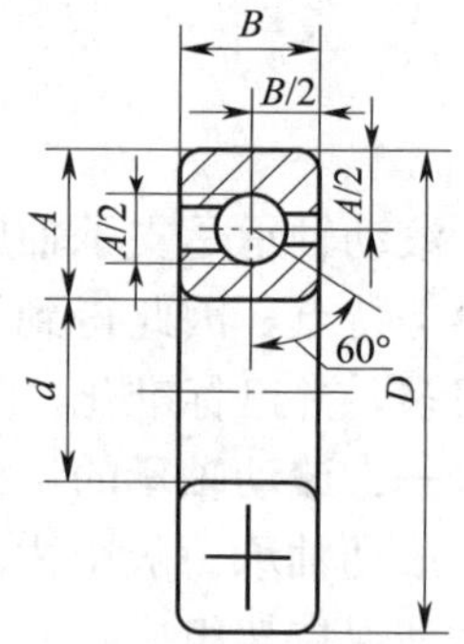
圆锥滚子轴承 GB/T 297—2015 30000 型		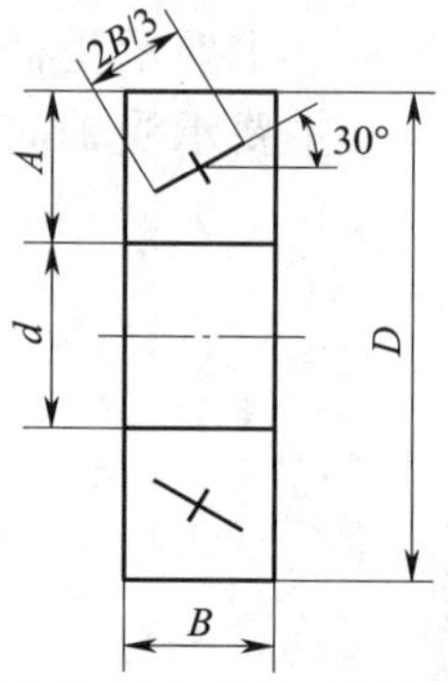	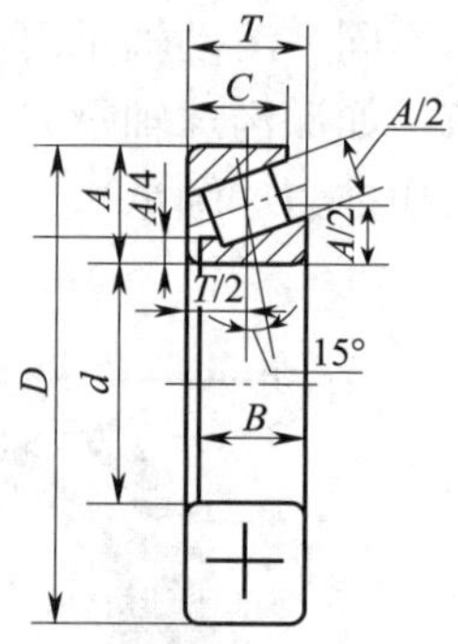
单向推力球轴承 GB/T 301—2015 51000 型		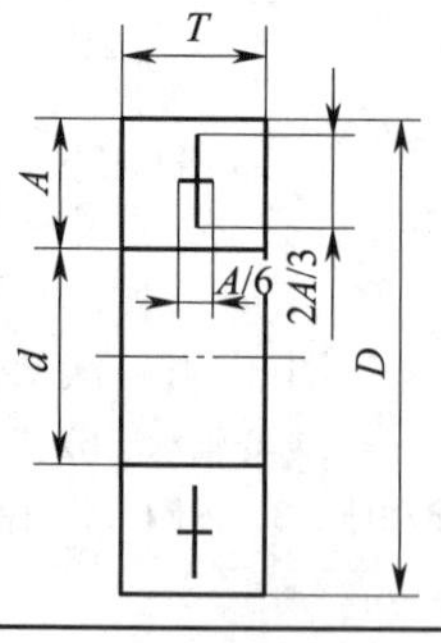	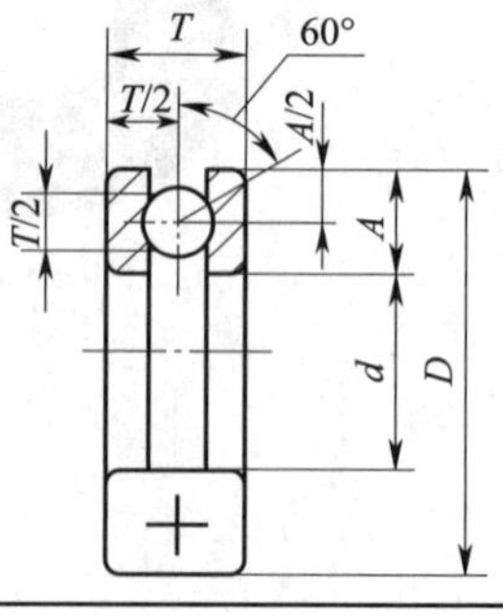

二、滚动轴承的代号

滚动轴承的种类很多，又是标准件，为了便于选择和使用，对滚动轴承的结构、尺寸、公差等级等特征，标准中规定用代号来表示。滚动轴承的代号由前置代号、基本代号、后置代号三部分构成。

1. 基本代号（滚针轴承除外）

基本代号表示轴承的基本类型、结构和尺寸，是滚动轴承代号的基础。基本代号由轴承类型代号、尺寸系列代号和内径代号构成。基本代号最左边的一位数字（或字母）为类型代号，见表 8－12；接着是尺寸系列代号，它由宽（高）度和直径系列代号组成，用数字表示，见表 8－13；最后是内径代号，由数字组成，见表 8－14。

表 8－12　　滚动轴承类型代号

代号	轴承类型	代号	轴承类型
0	双列角接触球轴承	7	角接触球轴承
1	调心球轴承	8	推力圆柱滚子轴承
2	调心滚子轴承和推力调心滚子轴承	N	圆柱滚子轴承（双列或多列用字母 NN 表示）
3	圆锥滚子轴承	U	外球面球轴承
4	双列深沟球轴承	QJ	四点接触球轴承
5	推力球轴承	C	长弧面滚子轴承（圆环轴承）
6	深沟球轴承		

注：在表中代号后或前加字母或数字表示该类轴承中的不同结构。

表 8－13　　滚动轴承尺寸系列代号

直径系列代号	向心轴承								推力轴承			
	宽度系列代号								高度系列代号			
	8	0	1	2	3	4	5	6	7	9	1	2
	尺寸系列代号											
7	—	—	17	—	37	—	—	—	—	—	—	—
8	—	08	18	28	38	48	58	68	—	—	—	—
9	—	09	19	29	39	49	59	69	—	—	—	—
0	—	00	10	20	30	40	50	60	70	90	10	—
1	—	01	11	21	31	41	51	61	71	91	11	—
2	82	02	12	22	32	42	52	62	72	92	12	22
3	83	03	13	23	33	—	—	—	73	93	13	23
4	—	04	—	24	—	—	—	—	74	94	14	24
5	—	—	—	—	—	—	—	—	—	95	—	—

表 8－14　　　　　　　　　　　　　　**滚动轴承内径代号**

轴承公称内径/mm		内 径 代 号	示　例
0.6～10（非整数）		用公称内径毫米数直接表示，在其与尺寸系列代号之间用“/”分开	深沟球轴承 618/2.5 $d=2.5$ mm
1～9（整数）		用公称内径毫米数直接表示，对深沟及角接触球轴承直径系列 7、8、9，内径与尺寸系列代号之间用“/”分开	深沟球轴承 625 深沟球轴承 618/5 $d=5$ mm
10～17	10	00	深沟球轴承 6200 $d=10$ mm
	12	01	
	15	02	
	17	03	
20～480 （22、28、32 除外）		公称内径除以 5 的商数，商数为个位数，需在商数左边加“0”，如 08	调心滚子轴承 23208 $d=40$ mm
≥500 以及 22、28、32		用公称内径毫米数直接表示，但在其与尺寸系列代号之间用“/”分开	调心滚子轴承 230/500 $d=500$ mm 深沟球轴承 62/22 $d=22$ mm

2. 前置代号和后置代号

前置代号和后置代号是轴承在结构与形状、尺寸、公差、技术要求等有所改变时，在其基本代号左、右添加的补充代号。前置代号用字母表示，后置代号用字母（或加数字）表示。

轴承代号示例：

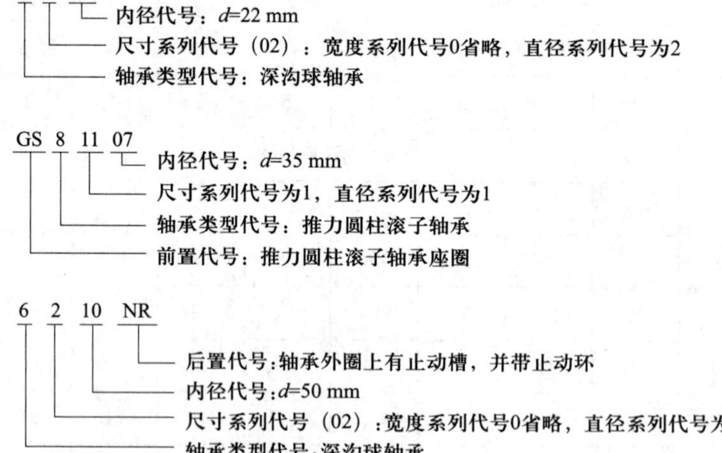

练一练　　说出下列轴承代号表示的轴承内径。

1. 6032
2. 6201

§8－6 弹　　簧

在日常生活中经常需使用弹簧，如自行车座、弹簧秤、圆珠笔里的弹簧等，它们主要用来减振、夹紧、承受冲击、储存能量和测力等。其特点是在外力去掉后能立即恢复原状。弹簧种类很多，常用的螺旋弹簧按其用途可分为压缩弹簧（见图 8－47a）、拉伸弹簧（见图 8－47b）和扭转弹簧（见图 8－47c）。在本节中仅介绍螺旋压缩弹簧的画法。

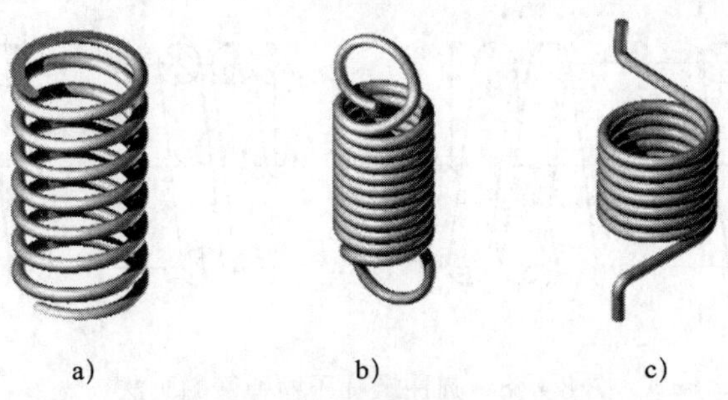

图 8－47　圆柱螺旋弹簧

a）压缩弹簧　b）拉伸弹簧　c）扭转弹簧

一、圆柱螺旋压缩弹簧各部分名称和尺寸计算

圆柱螺旋压缩弹簧各部分名称和尺寸计算见表 8－15。

表 8－15　　圆柱螺旋压缩弹簧各部分名称和尺寸计算

各部分名称	图　　例
1. 弹簧钢丝直径 d 2. 弹簧外径 D 3. 弹簧内径 $D_1=D-2d$ 4. 弹簧中径 $D_2=\frac{D+D_1}{2}=D_1+d=D-d$ 5. 节距 t 6. 有效圈数 n、支承圈数 n_2、总圈数 n_1 （1）支承圈数 n_2 为了使弹簧在工作时受力均匀，保证中心垂直于支承端面，螺旋压缩弹簧两端的几圈一般都并紧磨平。这部分不参与弹簧变形的圈数称为支承圈，支承圈有 1.5 圈、2 圈和 2.5 圈三种，2.5 圈用得较多，即两端各并紧磨平 $1\frac{1}{4}$圈 （2）有效圈数 n 除支承圈外，保持相等节距 t 的圈数称为有效圈数，它是计算弹簧受力的主要依据 （3）总圈数 n_1 有效圈数与支承圈数之和称为总圈数 $n_1=n+n_2$ 7. 自由高度 H_0 指弹簧不受外力时的高度 $H_0=nt+(n_2-0.5)d$ 8. 旋向（分右旋和左旋，常用右旋） 9. 弹簧钢丝展开长度 L 是指制造时弹簧簧丝的长度 $L\approx\pi D_2n_1$	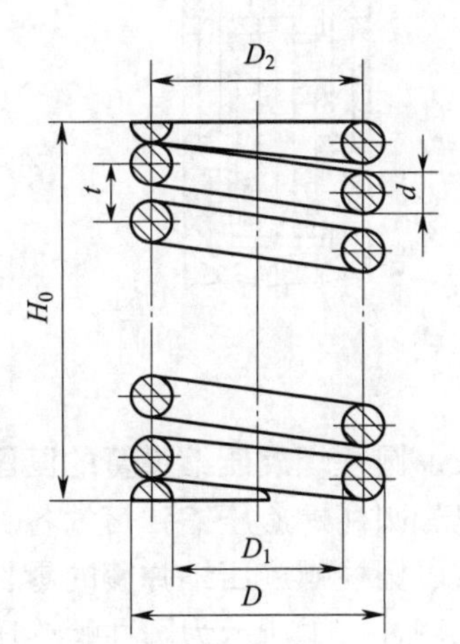

二、圆柱螺旋压缩弹簧的规定画法（GB/T 4459.4—2003）

圆柱螺旋压缩弹簧的画法如图 8－48 所示。

1. 螺旋弹簧在平行于轴线的投影面的图形中，其各圈的轮廓应画成直线。

2. 有效圈数为 4 圈以上的螺旋弹簧，两端可画 1～2 圈（支承圈不计在内），中间可省略不画。对于圆柱螺旋弹簧，当中间部分省略后可适当地缩短图形的长度，用过弹簧钢丝中心的两条细点画线表示。

3. 右旋弹簧一定要画成右旋；左旋或旋向不规定的螺旋弹簧允许画成右旋，但左旋弹簧无论是画成左旋还是右旋，一律要加注“LH”。

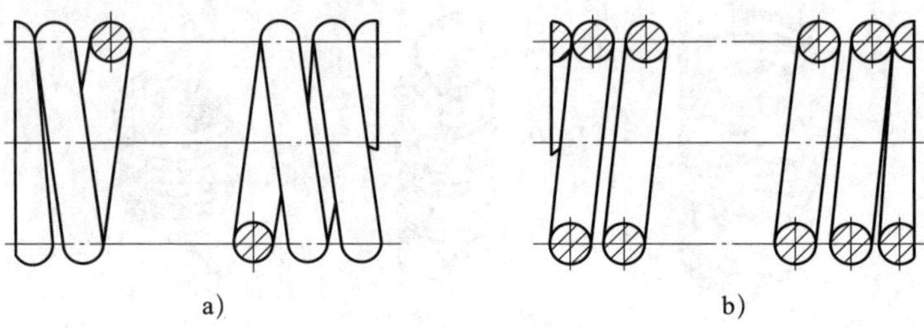

图 8－48　圆柱螺旋压缩弹簧的画法

a）外形画法　b）剖视画法

4. 装配图中弹簧的画法如图 8－49 所示，其中被弹簧挡住的结构一般不画出，如图 8－49a 所示。可见部分应从弹簧的外轮廓线或弹簧钢丝剖面的中心线画起（见图 8－49a）。弹簧钢丝直径在图形上小于 2 mm 的断面可以涂黑表示（见图 8－49b），小于1 mm 的断面可采用示意画法，如图 8－49c 所示。

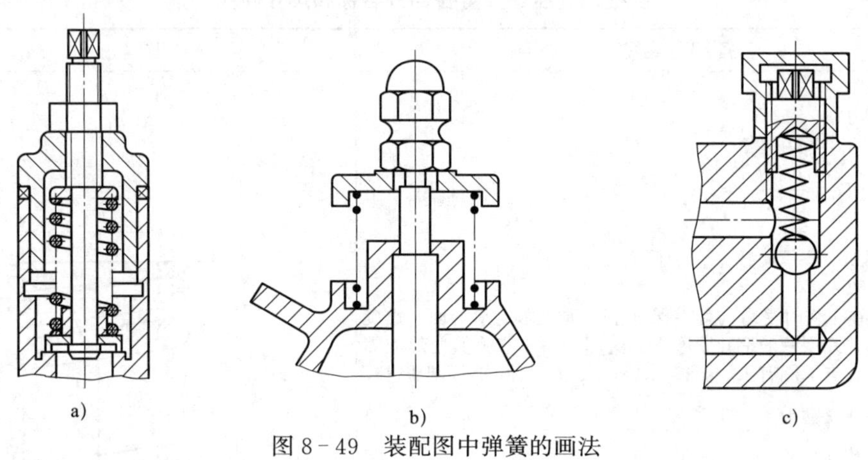

图 8－49　装配图中弹簧的画法

三、圆柱螺旋压缩弹簧的画图步骤

已知圆柱螺旋压缩弹簧的各参数 H_0、d、D_2、n_1、n_2，其画图步骤如图 8－50 所示。

四、圆柱螺旋压缩弹簧的零件图

如图 8－51 所示为圆柱螺旋压缩弹簧的零件图，弹簧的参数应直接标注在图形上，若直接标注有困难，可在技术要求中说明。当需要表明弹簧的力学性能（负荷与长度之间的变化关系）时，必须用图解表示。图中直角三角形的斜边反映外力与弹簧变形之间的关系，代号 F_1 和 F_2 为工作负荷，F_j 为工作极限负荷。

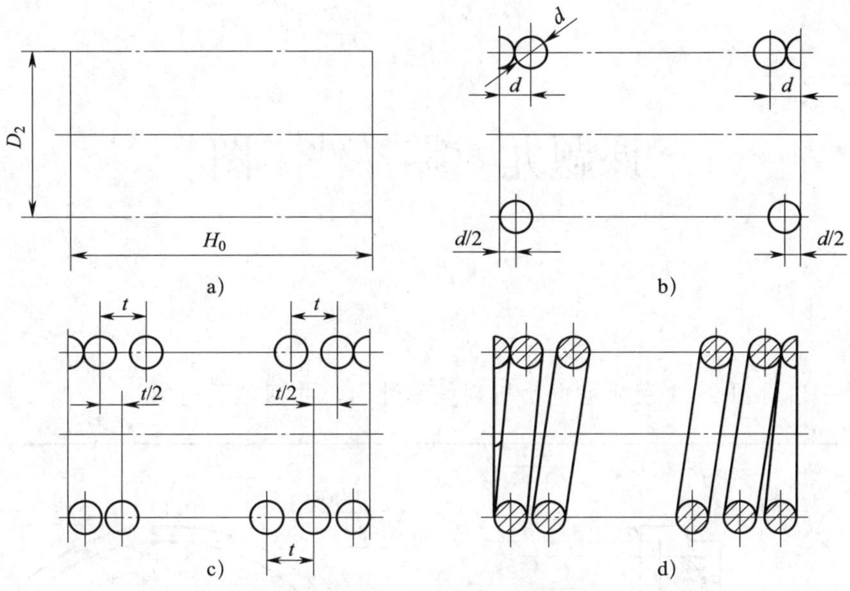

图 8-50　弹簧的画图步骤

a）根据自由高度 H_0 和中径 D_2 画矩形

b）画两端的支承圈部分（与簧丝直径相等的圆和半圆）

c）根据节距 t 画 1～2 圈有效圈数

d）按旋向画簧丝断面的公切线，校核，加深，画剖面线

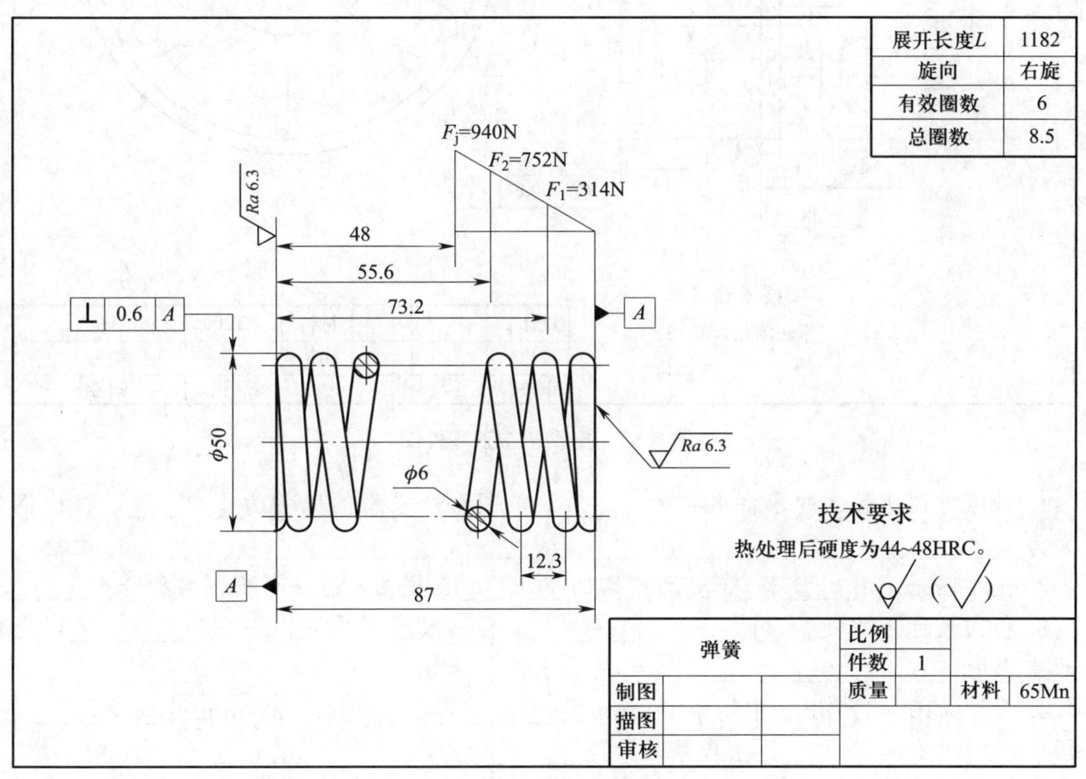

图 8-51　圆柱螺旋压缩弹簧的零件图

课题九　零　件　图

做一做

请看图 9－1 所示的电动机端盖零件图，并回答下列问题：

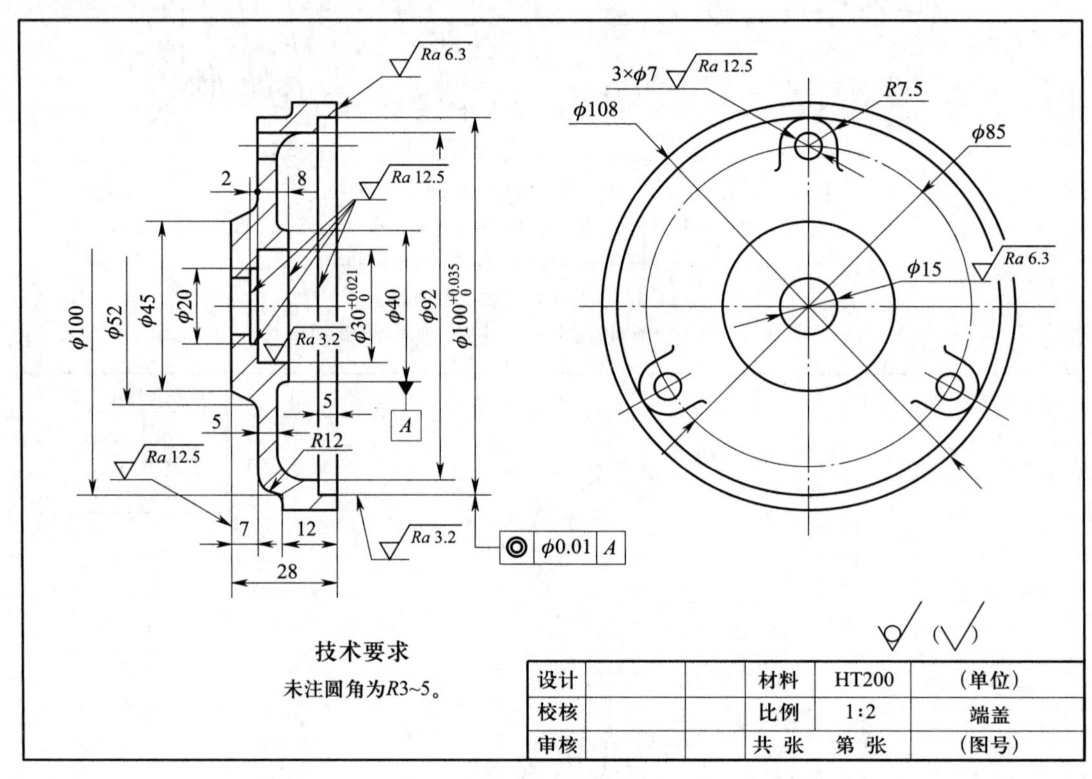

图 9－1　电动机端盖零件图

1. 该零件图所表达的零件名称为________，图形所采用的比例为________，该比例的含义为________________与________________之比。

2. 主视图是采用________剖切面剖切的________剖视图，另一个视图名称是________。

3. 径向尺寸基准是________________，轴向尺寸基准是________________，定位尺寸有________________。

4. 尺寸 $\phi100^{+0.035}_{0}$ mm 中的 φ100 mm 是________，＋0.035 mm 是________，0 是________________，上极限尺寸是________。

5. 该零件右端面表面结构代号为________________。

以上五个问题反映了零件图的基本内容，它包含零件的形状、尺寸、技术要求等，是进行机械加工必需的基本技术资料。通过前面课题的学习，我们已经掌握了零件各种视图的表达方法，但是在一张零件图上应选择什么样的视图表达更简明？怎样标注尺寸更合理？怎样表达技术要求呢？要完整、高效地把这些内容表达出来，这就是本课题所要解决的问题。

§9－1　零件图的内容

表达单个零件结构、尺寸和技术要求的图样称为零件图，它是加工及检验零件的依据。一张完整的零件图应有以下内容：

1. 一组图形

可以采用视图、剖视图、断面图及其他表达方法，用来正确、完整、清晰地表达零件各部分结构的内、外形状。

2. 一组尺寸

需要有正确、完整、清晰、合理的全部尺寸，用来制造及检验零件。

3. 技术要求

用规定的符号（代号）、标记或文字说明零件在制造、检验、装配及调整过程中应达到的各项技术要求，如表面粗糙度、尺寸公差、几何公差、热处理等各项要求。

4. 标题栏

在标题栏中填写零件的名称、材料、比例及设计和审核者的责任签名等。零件图上的标题栏要严格按国家标准的规定画出并填写，在教学过程中可采用简化的标题栏。

零件图的四个内容是我们读零件图的步骤，理解这四个内容即能读懂零件图。

讨论：根据所学零件图的基本知识，分析图 9－1 所示零件图的基本内容。

§9－2　视图表达方案

请思考如何表达图 9－2 所示常见的机械零件的形状，即表达方案应如何确定。

我们知道表达零件形状的方式有很多，可以采用多个视图、剖视图或局部视图等。但怎样既简明又正确、完整、清晰地把零件的结构和形状表达出来，这就需要对视图的表达方案进行选择。本节主要解决这个问题。

要把零件的结构和形状正确、完整、清晰地表达出来，首先要对零件的结构和形状特点进行分析，并了解零件在机器或部件中的位置、作用和加工方法，确定主视图的投射方向，然后灵活地选择视图数量和相应的表达方法。

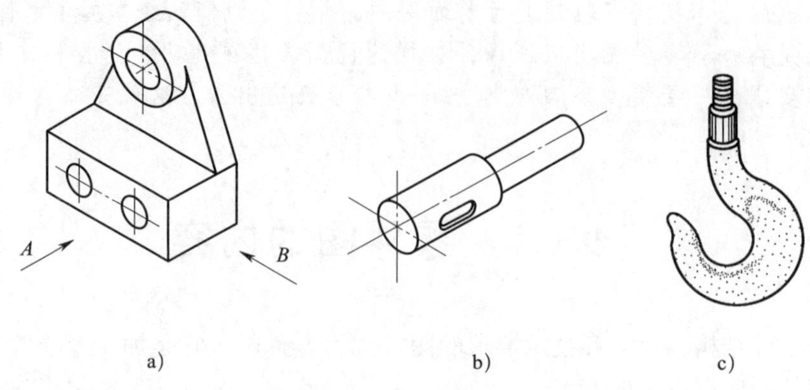

图 9－2　常见的机械零件

合理的表达方案是表达零件结构和形状的关键，重点是合理地选择主视图和其他视图。

一、选择主视图的原则

主视图是一组图形的核心，选择主视图时应考虑以下原则：

1. 形状特征原则

在选择零件主视图方向时，应使主视图反映零件较突出的形状特征，特别要反映各部分结构的相对位置。

如图 9－2a 所示的零件，从箭头 A 所示的方向投射，能反映出圆筒和圆孔的形状及各部分的相对位置，应选为主视图投射方向，其主视图如图 9－3 所示；而从箭头 B 所示的方向投射，圆筒和圆孔的特征就不能反映出来，因此不适合作为主视图。

2. 加工位置原则

加工零件时，零件所处的装夹位置称为零件的加工位置，如图 9－4 所示为轴类零件装夹在车床上的加工位置。

加工位置原则即要求零件主视图位置（投射方向）应尽量与其主要加工工序的位置一致，以便于加工时看图。如图 9－4 所示的轴类零件，在车削时轴线处于水平位置，其主视图也将轴线画成水平位置，这就非常便于车削时看图。

3. 工作（安装）位置原则

每个零件在机器上都有一定的安装位置，这一位置称为工作位置，如图 9－5 所示为吊钩的工作位置和主视图。

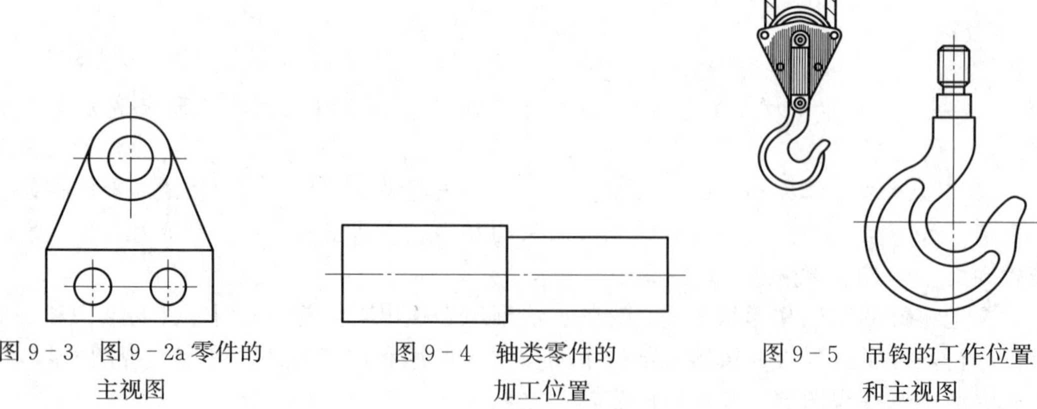

图 9－3　图 9－2a 零件的主视图

图 9－4　轴类零件的加工位置

图 9－5　吊钩的工作位置和主视图

工作位置原则即要求零件的主视图位置应尽量与其工作位置一致，以便于想象零件在工作中的位置和作用。

以上三个原则，在实际确定主视图位置时应综合考虑、相互兼顾。在考虑形状特征的前提下，由于零件的加工位置和工作位置有时一致、有时不一致，因此，对轴、套、盘等回转体零件通常按加工位置选择主视图，对吊钩、支架、箱体等复杂零件通常按工作位置选择主视图。

二、视图数量及表达方案举例

主视图确定后，在考虑还需要配置多少其他视图及采用哪些表达方法时，应根据零件的复杂程度，在能够正确、完整、清晰地表达零件内、外结构的前提下，尽量采用较少的视图，以便于画图和读图。

1. 简单零件只需一两个视图

有些结构简单的回转体零件，加以尺寸标注，只需一个视图可表达得完整、清晰，如图 9－6 所示的同轴组合或不同轴组合的回转体零件，由于尺寸标注中有“ϕ”和“$S\phi$”等符号，用一个主视图就足以表达清晰。

如图 9－7 所示的不完全回转体零件，只用一个视图不能完整地表达其结构和形状，必须用半剖的主视图和一个左视图才能完整、清晰地表达其内、外结构。

2. 复杂零件需要三个或更多视图

如图 9－8a 所示零件的表达方案如下：用三个视图，主视图左右对称，用半剖视图表示内腔，局部剖视图表达小孔的内形；俯视图表达了三部分结构间的相互位置关系、4 个小

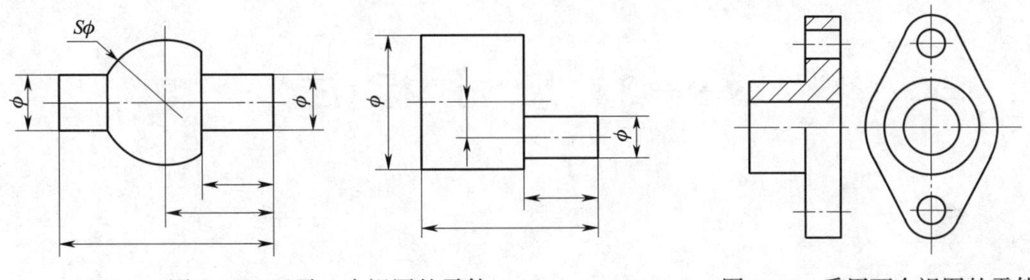

图 9－6　只需一个视图的零件　　图 9－7　采用两个视图的零件

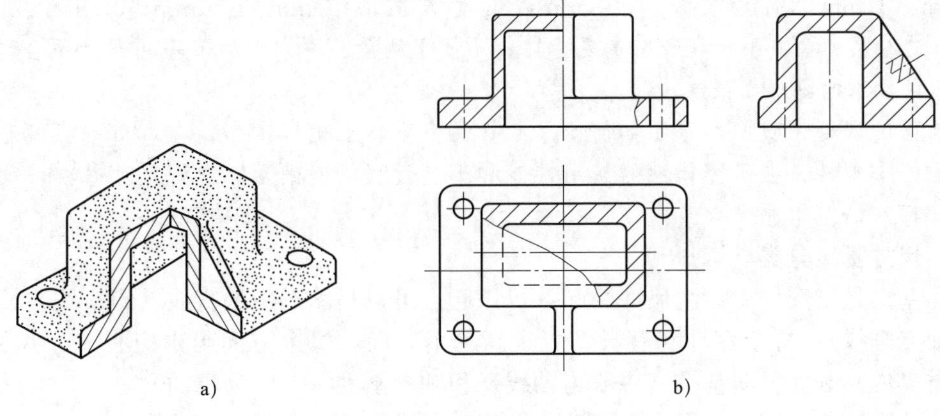

图 9－8　需用三个视图的零件
a）零件　b）表达方案

孔的分布情况和底板上的4个圆角，并用局部剖视图显示了内腔的形状；左视图主要用全剖视图表达内腔，用重合断面图表示肋板断面形状。

例 9-1 试确定图9-9所示复杂零件的表达方案。

分析：从形状特征原则考虑，主视图投射方向应选择A方向，为表达内部孔的情况，并同时表达外形，应采用局部剖视图；为表达宽度方向的形状，应采用俯视图；为表达方孔、圆孔的形状，应采用局部剖视图，如图9-10所示为其中一种表达方案。

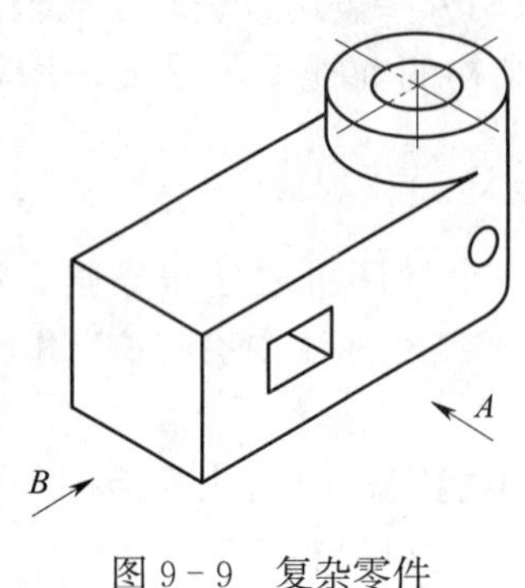

图9-9 复杂零件

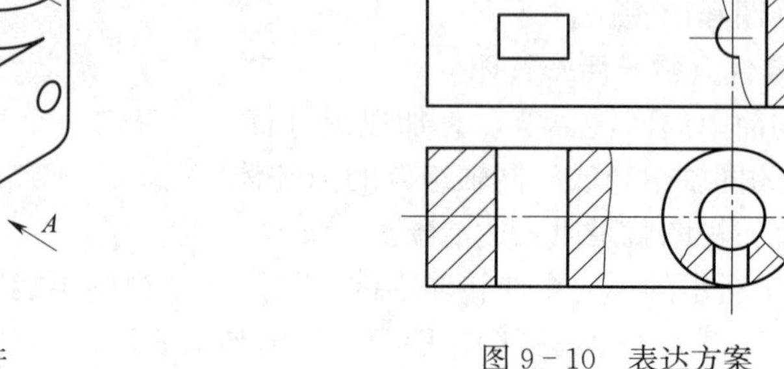

图9-10 表达方案

试讨论图9-9所示复杂零件的其他表达方案。

§9-3 尺寸标注

分析图9-11所示的零件图中尺寸标注是否合理。

从尺寸基准、对称、加工、测量等方面考虑，可以看出图9-11中高度方向的9 mm、R2.5 mm、3 mm，宽度方向的10 mm，长度方向的8 mm、16 mm、15 mm、39 mm、R22 mm这些尺寸标注不合理，有重复标注、不便于测量、不利于加工等问题。不合理的尺寸会带来零件加工的困难或错误。

在前面的课题中我们学习了如何使尺寸标注完整、正确、清晰，在本节中我们着重研究尺寸标注的合理性，在研究零件的使用性能和工艺过程的基础上，选好尺寸基准，明确零件图中尺寸标注的基本原则。

一、尺寸基准分类

尺寸基准是指图样中标注尺寸的起点，该起点可以是图形中的直线（粗实线）或对称中心线（细点画线）。每个零件都有长、宽、高三个方向，每个方向至少应有一个尺寸基准。对于轴类零件则分为径向基准（一般为轴线）和轴向基准（一般为端面）。

尺寸基准按其空间几何形式、来源（性质）和重要性可进行以下分类：

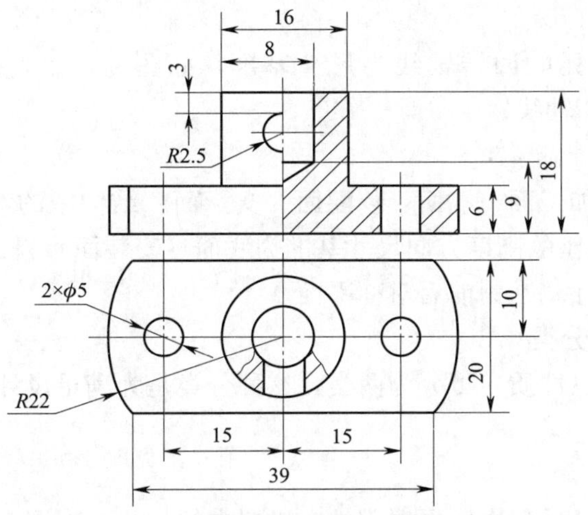

图 9－11　判断图中尺寸标注是否合理

1. 按空间几何形式分类

尺寸基准按其空间几何形式可分为三类，这种分类是以零件空间的点、线、面为基准来考虑尺寸的标注，是今后分析零件图中尺寸基准的主要类型。

（1）点基准

点基准是指以球心、顶点等几何中心为尺寸基准，如图 9－12a 所示。凸轮尺寸28 mm 和 33.5 mm 等的尺寸基准为半圆的圆心（几何中心）。

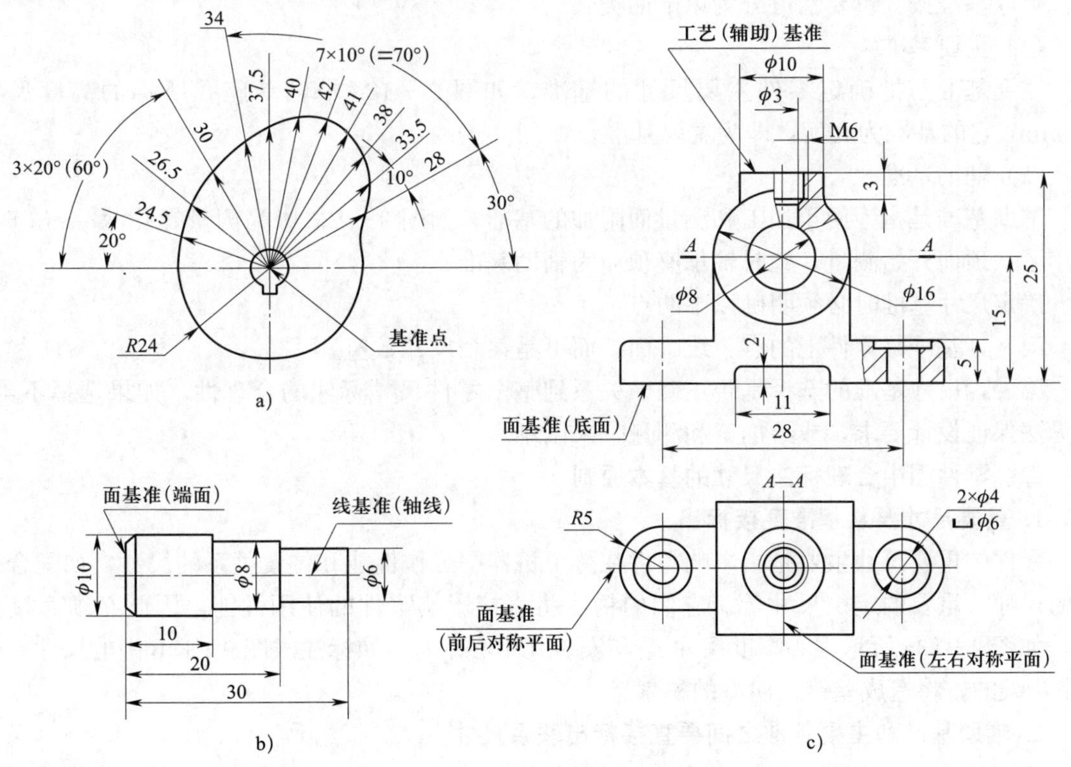

图 9－12　点、线、面基准
a）凸轮　b）台阶轴　c）轴承座

（2）线基准

线基准是指以轴或孔的回转轴线为尺寸基准，如图 9－12b 所示台阶轴中ϕ10 mm、ϕ8 mm和 ϕ6 mm 的外圆轴线。

（3）面基准

面基准是指以主要加工面、端面、装配面、支承面、结构中的对称平面等为尺寸基准，如图 9－12c 所示。轴承座的高度方向尺寸基准为底面（安装面），长度方向尺寸基准为左右对称平面，宽度方向尺寸基准为前后对称平面。

2. 按来源（性质）分类

尺寸基准按其来源（性质）可分为两类，这种分类是为满足设计和加工要求而考虑的尺寸基准。

（1）设计基准

设计基准是指在设计过程中，根据零件在机器中的位置、作用，为保证其使用性能而确定的基准，如图 9－12b 中的轴线为径向尺寸的设计基准，图 9－12c 中轴承座的底面为轴承座孔高度方向的设计基准。

（2）工艺基准

工艺基准是指在零件加工过程中，为满足加工、装夹和测量要求而确定的基准，如图 9－12c 中轴承座的顶面为加工和测量螺孔深 3 mm 的工艺基准。

3. 按重要性分类

尺寸基准按其重要性可分为以下两类：

（1）主要基准

主要基准是指确定零件主要尺寸的基准，如图 9－12c 中轴承座孔所标的高度尺寸 15 mm，它的基准为底面，即为主要基准。

（2）辅助基准

辅助基准是指为便于加工和测量而附加的基准，如图 9－12c 中为测量螺孔深3 mm 时，选用了从顶面开始测量，此时轴承座顶面为辅助基准。

确定尺寸基准时必须明确以下两点：

第一，基准是零件上的点、线、面，而不是某个尺寸数值。

第二，尺寸基准的选择是否正确，关系到整个零件尺寸标注的合理性，如果选择不当，将无法保证设计要求，或给加工和测量带来困难。

二、零件图中合理标注尺寸的基本原则

1. 重要尺寸要从基准直接标出

零件的重要尺寸主要是指影响零件在整个机器中工作性能和位置关系的尺寸，如配合表面的尺寸、重要的定位尺寸等。它们的精度将直接影响零件的使用性能，因此必须直接标出，如图 9－13a 所示中心高度尺寸 A 和安装孔中心距 L，如标注成图 9－13b 中的尺寸 e 和 c 是错误的，将造成差错或误差的积累。

2. 辅助基准和主要基准之间要直接标出联系尺寸

标注尺寸时，当同一方向的尺寸出现多个基准时，为保证尺寸标注不致脱节而又不产生累积误差，必须在辅助基准和主要基准之间直接标出联系尺寸，如图 9－13a 中的尺寸 F。

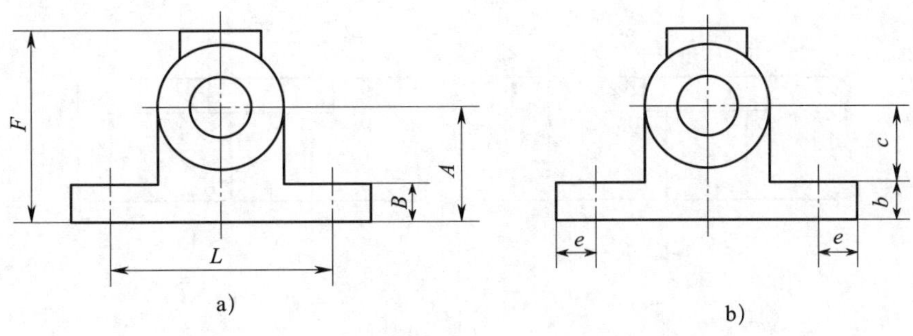

图 9 - 13　重要尺寸要直接标出

a）正确　b）错误

3. 避免注成封闭尺寸链

封闭尺寸链是指头尾相接、绕成一整圈的一组尺寸，如图 9 - 14a 所示。这样标注尺寸，使所有轴向尺寸一环接一环，每个尺寸的精度都将受到其他环的影响，因而精度难以得到保证，无法加工。在标注尺寸时应按图 9 - 14b 的开口形式标注。

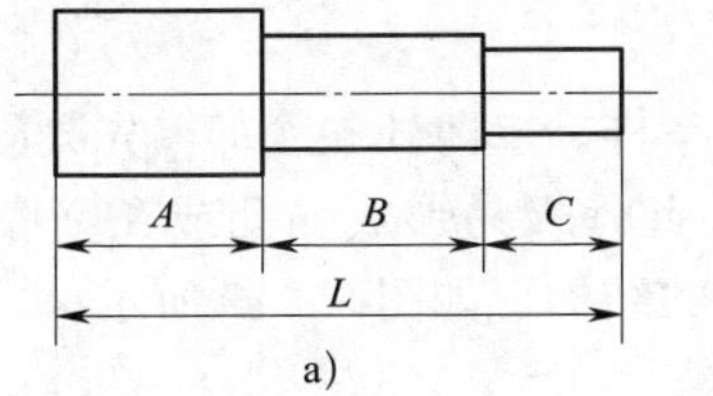

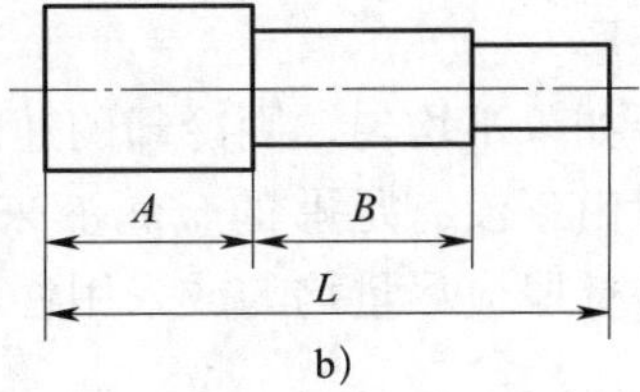

图 9 - 14　尺寸链的封闭与开口

a）错误　b）正确

4. 标注尺寸要便于加工及测量

同一工种的加工尺寸要适当集中，以便于加工时查找，如图 9 - 15 所示为按加工要求标注尺寸。

对所注尺寸，要考虑零件在加工过程中便于测量，如图 9 - 16 所示为按测量要求标注尺寸，图中所标的尺寸 H 就便于测量，所标的尺寸 h 就不便于测量。

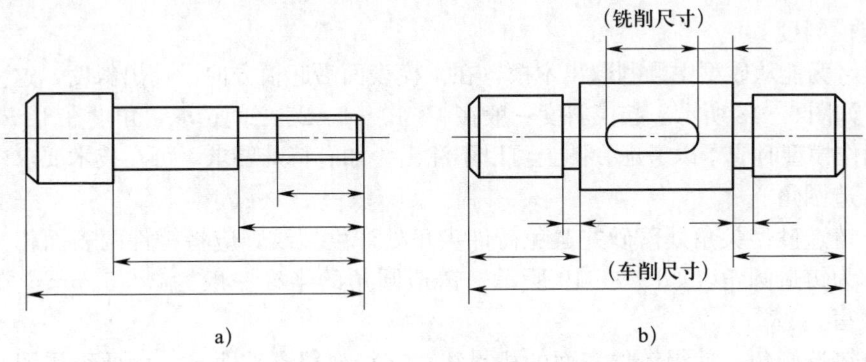

图 9 - 15　按加工要求标注尺寸

a）按加工顺序标注　b）不同工种加工的尺寸标注

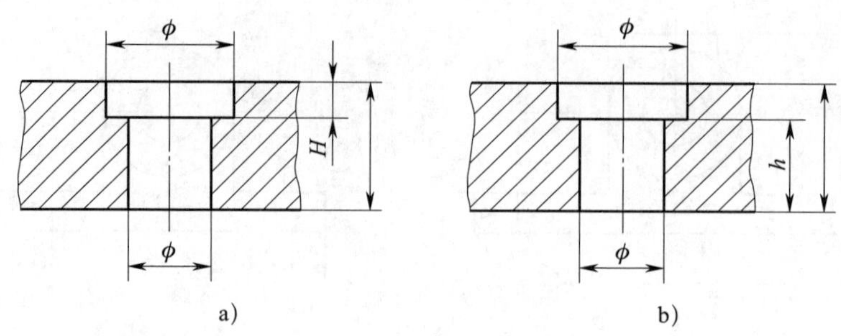

图 9-16　按测量要求标注尺寸

a）正确　b）错误

三、常见零件工艺结构及其尺寸注法

零件的结构和形状主要是根据使用性能的需要而设计的。但有些结构和形状并不完全来源于使用方面的需要，而是出于铸造、机械加工等方面工艺过程的考虑，例如，轴类、套类零件上常见的退刀槽，箱体和叉架上常见的铸造圆角等。

1. 铸造工艺结构

（1）铸件壁厚

铸件的壁厚如果不均匀，则冷却的速度就不一样。壁薄处先冷却，先凝固；壁厚处后冷却，凝固收缩时由于没有足够的金属液来补充，此处极易形成缩孔或在壁厚突变处产生裂纹，因此，铸件壁厚应尽量均匀或采用逐渐过渡的结构，如图 9-17 所示。

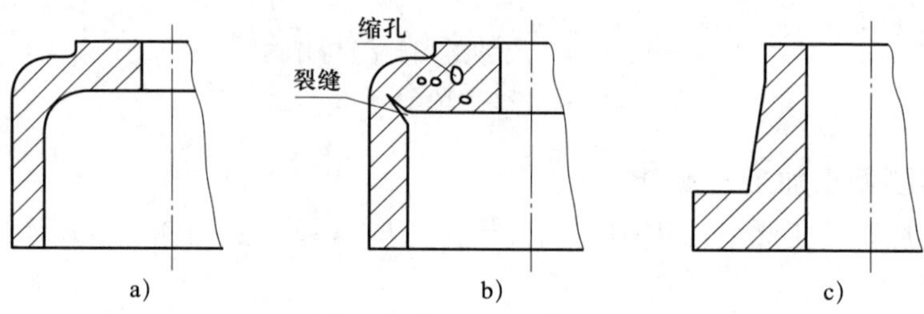

图 9-17　铸件壁厚

a）壁厚均匀　b）壁厚不均匀　c）逐渐过渡

（2）起模斜度

造型时，为能从砂型中顺利取出木模，在木模表面沿起模方向设计出斜度，这个斜度称为起模斜度，如图 9-18 所示。起模斜度一般在 1∶10～1∶20 之间选取，角度在 1°～3°之间。起模斜度在制作模型时应予以考虑，图上可以不注出。如有特殊要求，可在技术要求中说明。

（3）铸造圆角

为防止铸造砂型尖角处落砂并避免铸件尖角处产生裂纹，应将铸件两表面相交处做成圆角过渡，称为铸造圆角，如图 9-19 所示。铸造圆角的半径一般为 3～5 mm，常在技术要求中统一注写。

由于有铸造圆角，使得铸件表面的相贯线、交线变得不够明显，为便于看图及区分不同表面，应画出这些不明显的表面交线，此线称为过渡线。过渡线用细实线绘制，如图 9-20 所示。

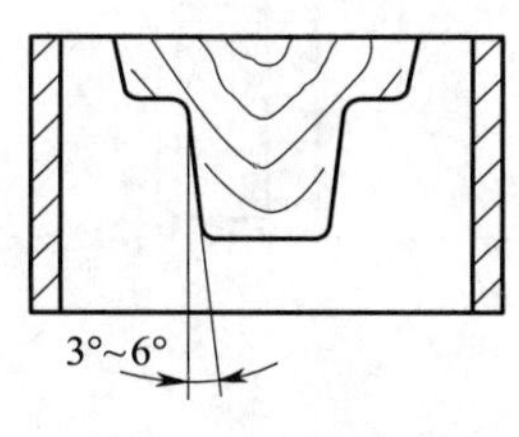

图 9－18 起模斜度

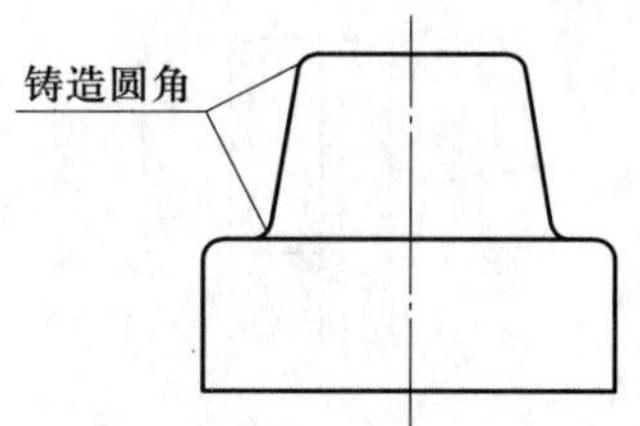

图 9－19 铸造圆角

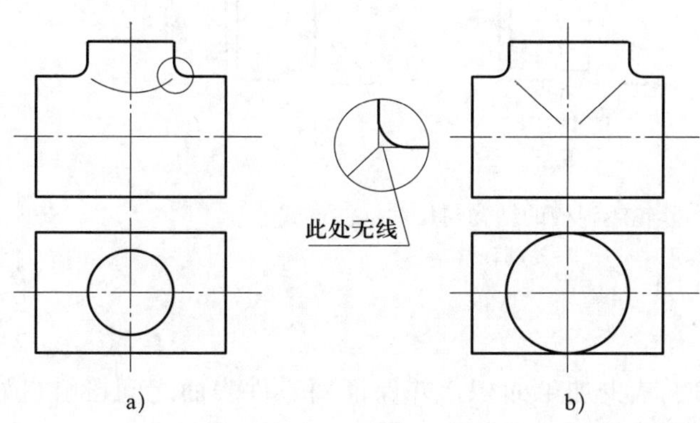

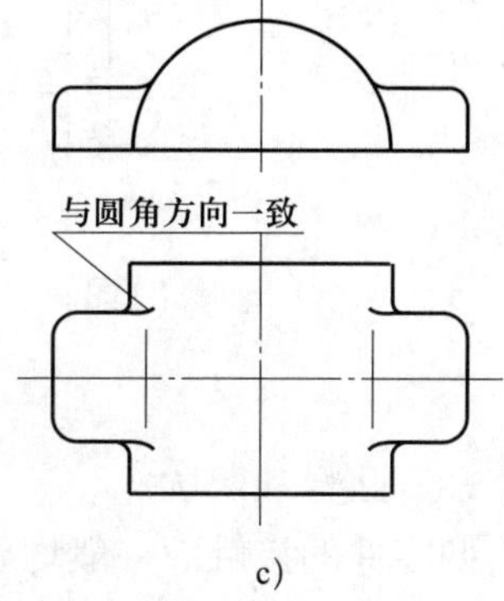

图 9－20 过渡线的画法

a）不与圆角接触 b）切点附近断开 c）与铸造圆角的方向一致

2. 机械加工工艺结构

（1）倒角和倒圆

为了去除零件的毛刺、锐边及便于装配，常将轴或孔的端部加工成圆台状的倒角；为避免因应力集中而产生裂纹，轴肩根部一般加工成圆角过渡，称为倒圆（可省略不画）。倒圆按圆弧标注，倒角需标注倒角距离和倒角角度，也可进行简化标注，可用“*C*”表示倒角角度为 45°，后面的数字表示倒角距离。如图 9－21 所示为倒角和倒圆的画法和注法。

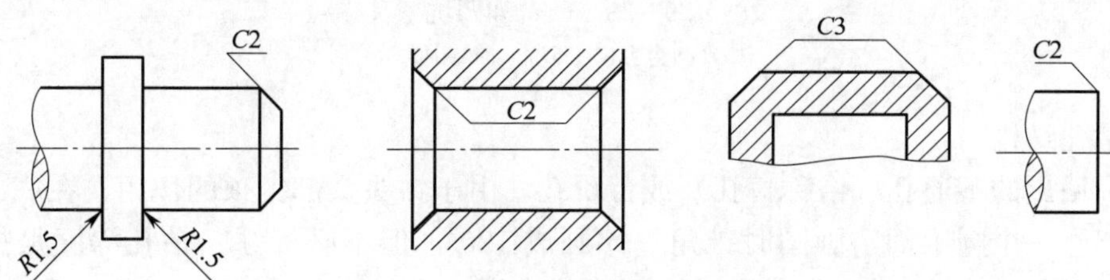

图 9－21 倒角和倒圆的画法和注法

（2）退刀槽和砂轮越程槽

在切削螺纹或磨削圆柱面时，为了保证设计要求，又便于退刀，常先在轴肩处、孔的台阶处加工出退刀槽或砂轮越程槽，其结构与尺寸标注形式如图 9－22 所示。一般的退刀槽可按“槽宽×直径”和“槽宽×槽深”的形式标注。

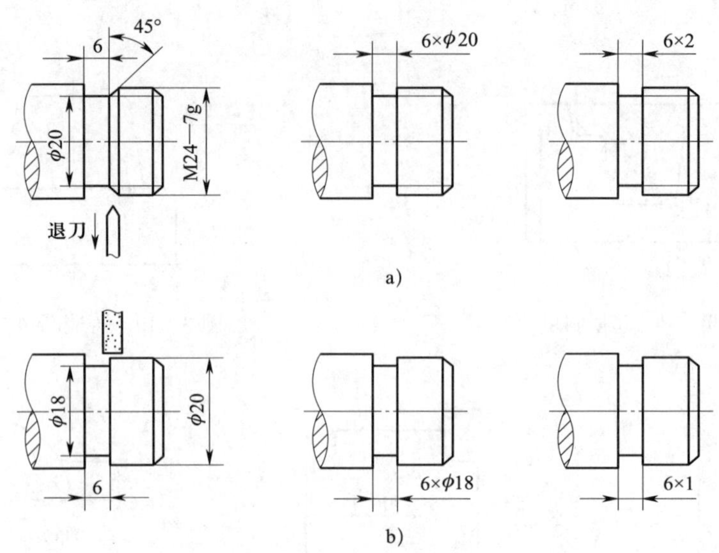

图 9－22　退刀槽和砂轮越程槽的结构与尺寸标注形式

a）退刀槽　b）砂轮越程槽

（3）凸台和凹坑

两零件的接触面一般均要加工。为了减少加工面积，并保证两零件表面之间接触良好，常在铸件的接触部位设计出凸台和凹坑等结构，如图 9－23 所示。

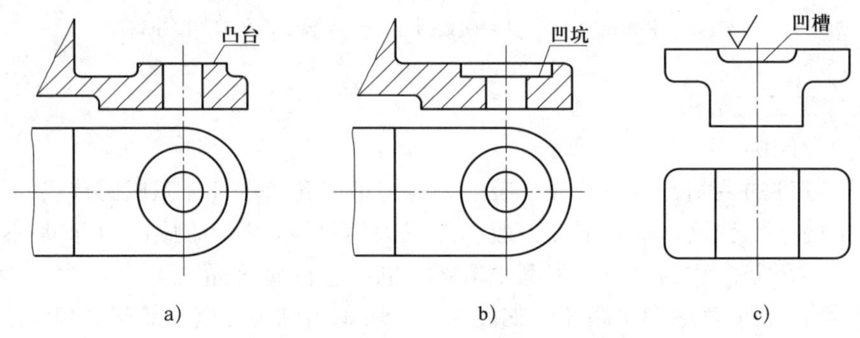

图 9－23　凸台和凹坑

a）凸台　b）凹坑　c）凹槽

（4）钻孔结构

用钻头钻出的不通孔（俗称盲孔）或台阶孔，由于钻头头部锥顶的作用，在底部或台阶孔过渡处产生一个圆锥面，画图时锥角一律画成 120°，但不必标注。钻孔深度是指圆柱部分的深度，不包括锥坑，如图 9－24 所示为孔底结构的画法。

钻孔时，钻头的轴线应与被加工表面垂直，防止单边受力；否则，会使钻头弯曲甚至折断，因此，当零件表面倾斜时，可设置凸台或凹坑，如图 9－25 所示为钻孔端面的设计。

光孔、锪孔、沉孔和螺孔是零件上常见的结构，它们的尺寸标注分为普通注法和简化注法，零件上常见孔的尺寸注法见表 9－1。另外，标注尺寸时，应尽可能使用符号或缩写词，参见前文表 2－4。

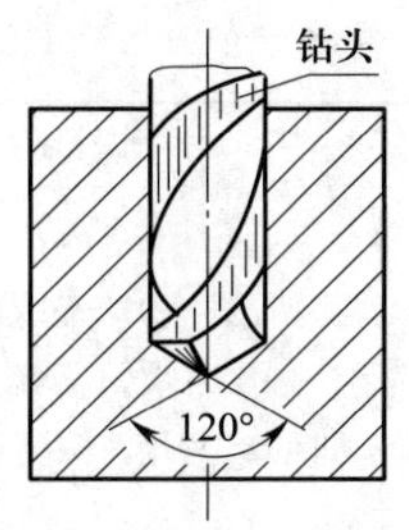

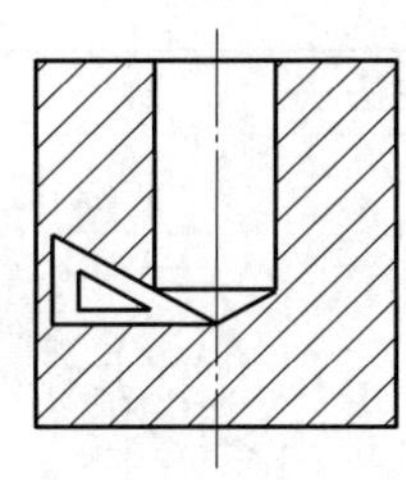
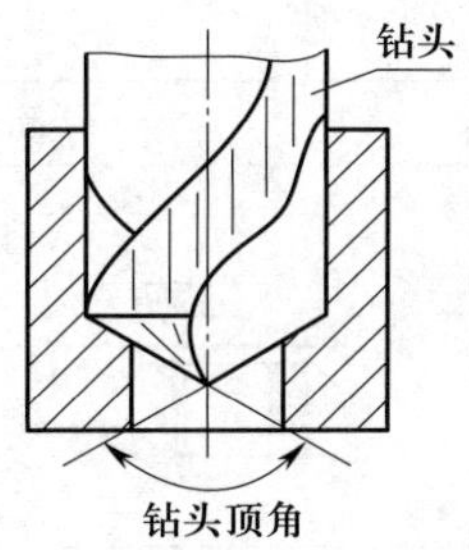

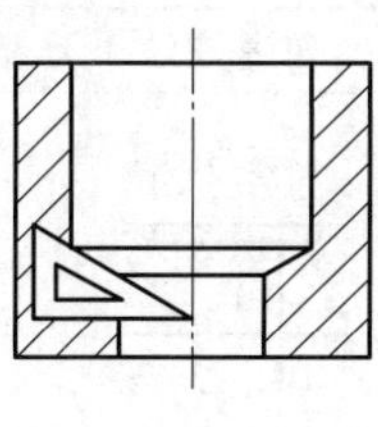

图 9-24　孔底结构的画法

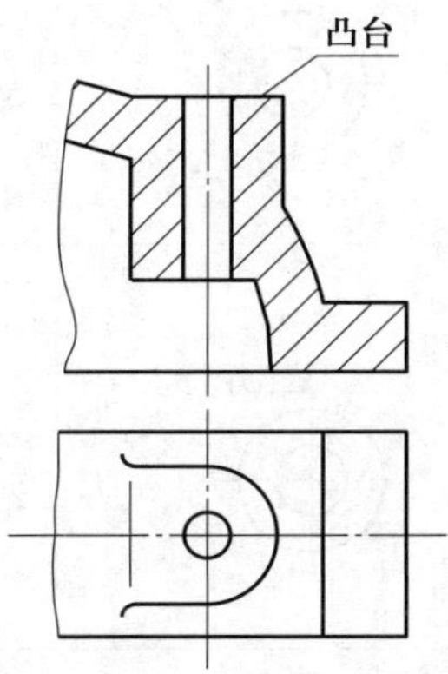

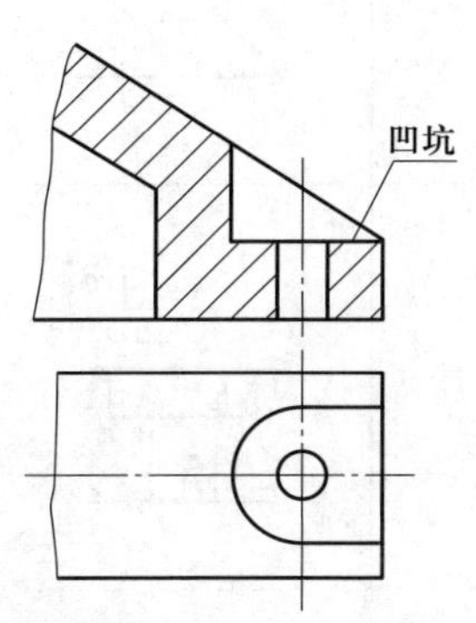

图 9-25　钻孔端面的设计

表 9-1　　零件上常见孔的尺寸注法

类型	普通注法	简化注法		说明
光孔	4×ϕ5 10	4×ϕ5↧10	4×ϕ5↧10	“↧”表示孔深度
	ϕ5H7 10 12	ϕ5H7↧10 孔↧12	ϕ5H7↧10 孔↧12	钻孔深度为 12 mm，精加工孔（铰孔）深度为 10 mm
	该孔无普通注法。注意：ϕ5 mm 是指与其相配的圆锥销的公称直径（小端直径）	锥销孔ϕ5 配作	锥销孔ϕ5 配作	“配作”是指该孔与相邻零件的同位锥销孔一起加工

续表

<table>
<tr><th>类型</th><th>普通注法</th><th colspan="2">简化注法</th><th>说明</th></tr>
<tr><td rowspan="3">沉孔</td><td>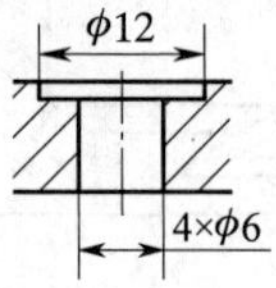
φ12
4×φ6</td><td>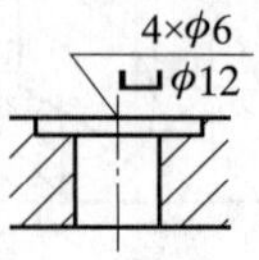
4×φ6
⌴φ12</td><td>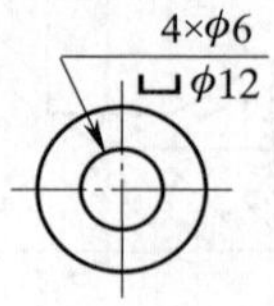
4×φ6
⌴φ12</td><td>“⌴”为锪平或沉孔符号
锪孔通常只需锪出圆平面即可，因此，深度一般不注</td></tr>
<tr><td>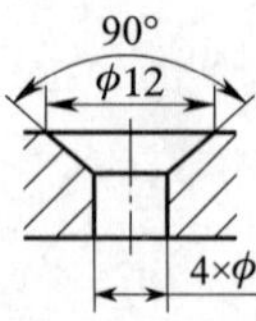
90°
φ12
4×φ6</td><td>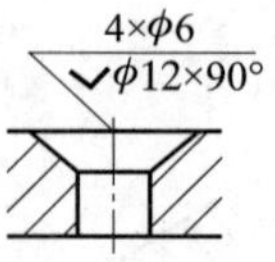
4×φ6
⌵φ12×90°</td><td>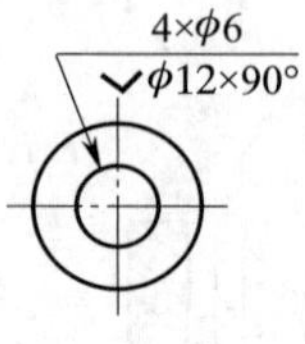
4×φ6
⌵φ12×90°</td><td>“⌵”为埋头孔符号
该孔为安装开槽沉头螺钉所用</td></tr>
<tr><td>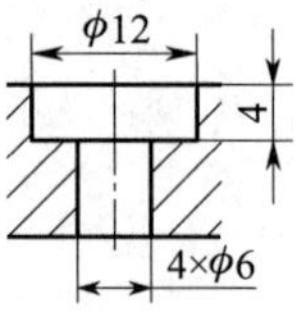
φ12
4
4×φ6</td><td>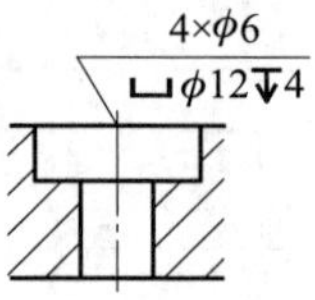
4×φ6
⌴φ12↧4</td><td>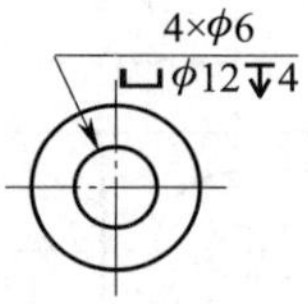
4×φ6
⌴φ12↧4</td><td>柱形沉孔为安装圆柱头内六角螺钉所用，安装头部的孔深应注出</td></tr>
<tr><td rowspan="3">螺孔</td><td>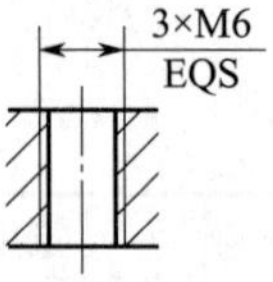
3×M6
EQS</td><td>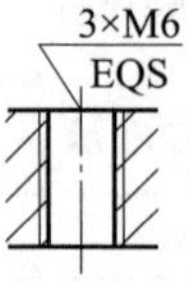
3×M6
EQS</td><td>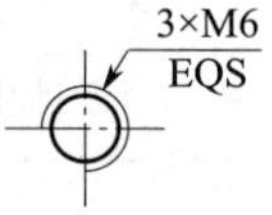
3×M6
EQS</td><td rowspan="3">“EQS”为均布的缩写</td></tr>
<tr><td>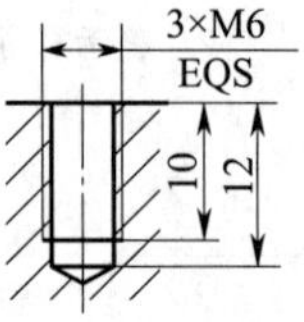
3×M6
EQS
10
12</td><td>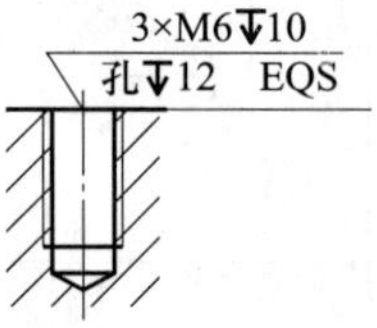
3×M6↧10
孔↧12 EQS</td><td>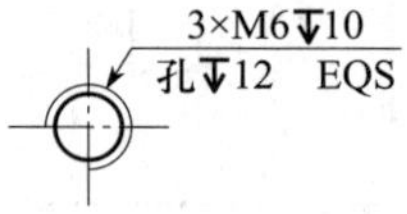
3×M6↧10
孔↧12 EQS</td></tr>
<tr><td>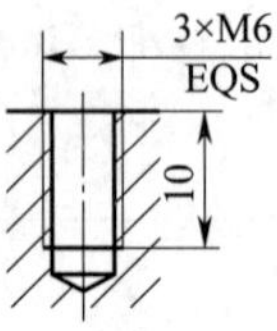
3×M6
EQS
10</td><td>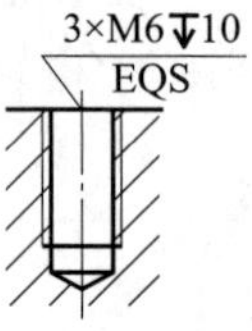
3×M6↧10
EQS</td><td>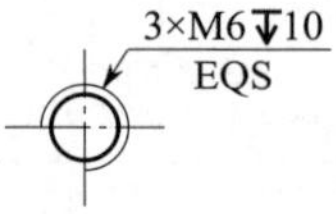
3×M6↧10
EQS</td></tr>
</table>

（5）中心孔

对于重要的、较长的轴类零件，常采用中心孔定心及支承后进行加工。若采用标准中心孔时，在图样中可不绘制详细结构，只需注出其代号即可，中心孔的形式及标记见表 9－2，中心孔的符号及标注见表 9－3。

表 9-2　　中心孔的形式及标记

中心孔的形式	标记示例	标记说明
R 型（弧形）	GB/T 4459.5—R3.15/6.7	D=3.15 mm D_1=6.7 mm 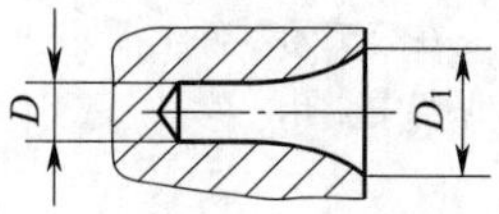
A 型（不带护锥）	GB/T 4459.5—A4/8.5	D=4 mm D_1=8.5 mm 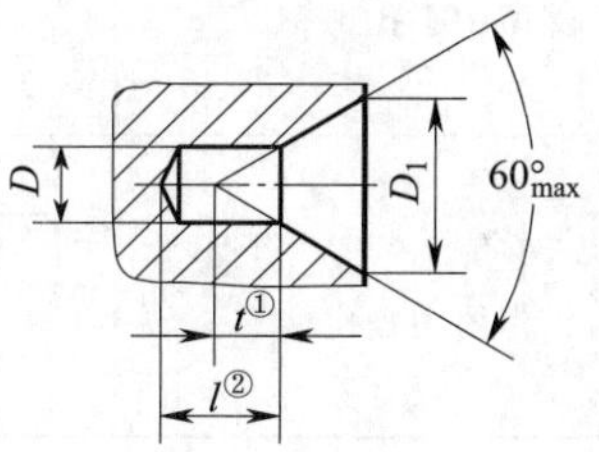
B 型（带护锥）	GB/T 4459.5—B2.5/8	D=2.5 mm D_1=8 mm 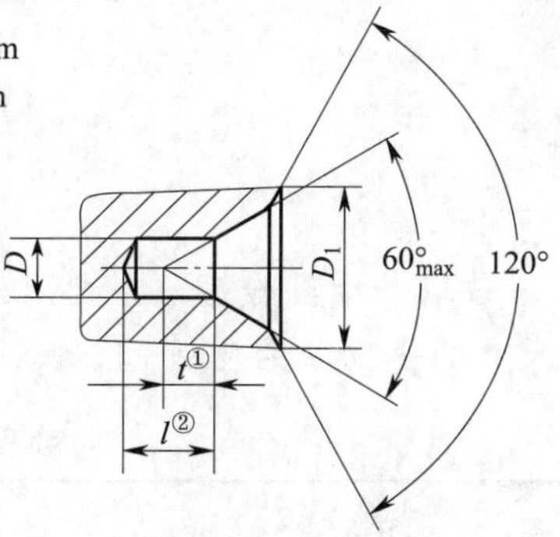
C 型（带螺纹）	GB/T 4459.5—CM10L30/16.3	D=M10 L=30 mm D_2=16.3 mm 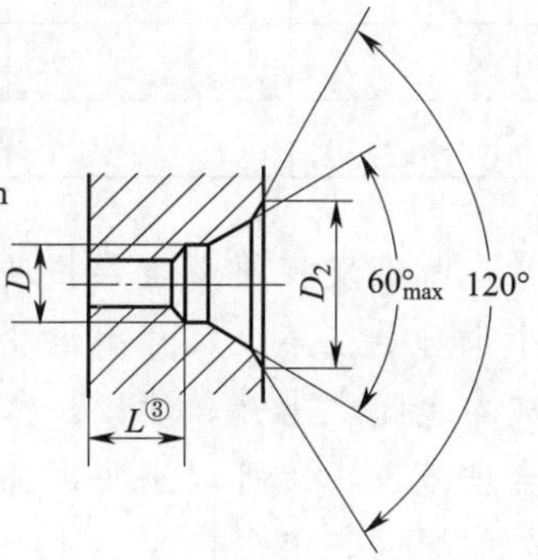

①尺寸 t 按 GB/T 145—2001 查取。

②尺寸 l 取决于中心钻的长度，不能小于 t。

③尺寸 L 取决于零件的功能要求。

表 9-3　　中心孔的符号及标注

符号	含义	标注示例	标注说明
	在完工的零件上要求保留中心孔	GB/T 4459.5—B2.5/8	采用B型中心孔 D=2.5 mm，D_1=8 mm 在完工的零件上要求保留
	在完工的零件上可以保留中心孔	GB/T 4459.5—A4/8.5	采用A型中心孔 D=4 mm，D_1=8.5 mm 在完工的零件上是否保留都可以
	在完工的零件上不允许保留中心孔	GB/T 4459.5—R3.15/6.7	采用R型中心孔 D=3.15 mm，D_1=6.7 mm 在完工的零件上不允许保留

§9-4　公差、偏差和配合基础

做一做　截取若干段粉笔，分别用三角板、游标卡尺和千分尺测量这些粉笔的长度尺寸，并对比尺寸的变化，见表 9-4。

表 9-4　　粉笔长度尺寸的变化

尺寸　粉笔 量具	1	2	3	4	5
三角板					
游标卡尺					
千分尺					

通过测量，我们发现随着量具精度的提高，测量的数据在变化。同样，加工一批零件，其尺寸的大小也总是在某个尺寸附近变化，如果一味强调尺寸的完全一致，会导致加工难度增加，加工成本也随之上升。所以，如果在零件技术要求允许的前提下，把尺寸变化的范围控制在一个合理范围，既可以满足产品质量要求，又可以满足生产的经济性要求。这就是互换性原则产生的原因。

一、互换性概述

在机械工业中，互换性是指制成的同一规格的一批零件或部件，不需进行任何挑选、调整或辅助加工（如钳工修配），就能进行装配，并能满足机械产品的使用性能和要求的一种特性。具有这种特性的零（部）件称为具有互换性的零（部）件。例如，一批螺纹标记为

M12—7H 的螺母，如果都能与 M12—7g 的螺栓自由旋合，并且满足设计时连接强度的要求，则这批螺母就具有互换性。前面课题八中介绍的螺纹紧固件、轴承、键、销等标准件都必须具有互换性。

广义地说，零（部）件的互换性应包括其几何参数、力学性能、物理性能和化学性能等方面的互换性。本节主要对几何参数的互换性加以论述。

二、几何量的误差和公差

要保证零件具有互换性，就必须保证零件几何参数的准确性。但是，零件在加工过程中，由于机床精度、计量器具精度、操作工人技术水平、生产环境等诸多因素的影响，其加工后得到的几何参数会不可避免地偏离设计时的理想要求，从而产生误差，这种误差称为零件的几何量误差。几何量误差主要包含尺寸误差、形状误差、位置误差和表面微观形状误差（表面粗糙度）等。

零件具有几何量误差后能否保证其互换性呢？实践证明，虽然零件的几何量误差可能影响零件的使用性能，但只要将这些误差控制在一定的范围内，仍能满足使用功能要求，也就是说仍可以保证零件的互换性要求。

为了控制几何量误差，提出了公差的概念。所谓几何参数的公差，是指零件几何参数允许的变动量，它包括尺寸公差、几何公差等。只有将零件的误差控制在相应的公差内，才能保证互换性的实现。

既然要用几何参数的公差来控制几何量误差的大小，那么，就必须确定几何参数公差的大小及对零件几何参数的相关要求，也就是说要制定公差标准。

在现代化生产中，标准化是一项重要的技术措施。一种产品的制造往往涉及许多部门和企业，为了适应各部门与企业之间在技术上相互协调的要求，必须有一个共同的技术标准，使独立、分散的部门和企业之间保持必要的技术统一，使相互联系的生产过程形成一个有机的整体，以保证互换性生产的实现。所以，标准是保证互换性的基础，标准化是实现互换性生产的基础。

三、尺寸公差术语及其含义

下面以图 9－26 所示圆柱孔的尺寸为例说明尺寸公差术语及其含义。

1. 尺寸和尺寸要素

尺寸是指以特定长度或角度单位表示的数值。尺寸要素是指由一定大小的线性尺寸或角度尺寸确定的几何形状，尺寸要素可以是一个球体、一个圆、两条直线、两相对平行面、一个圆柱、一个圆环等。

2. 公称尺寸

公称尺寸是指由图样规范定义的理想形状要素的尺寸。通过它应用上、下极限偏差，可计算出极限尺寸，如图 9－26 中的 ϕ20 mm。设计时，可根据零件的使用要求，通过计算、试验或类比的方法确定公称尺寸。对于尺寸已经标准化的零件结构，公称尺寸应选用标准尺寸，如与滚动轴承配合的孔和轴的尺寸。

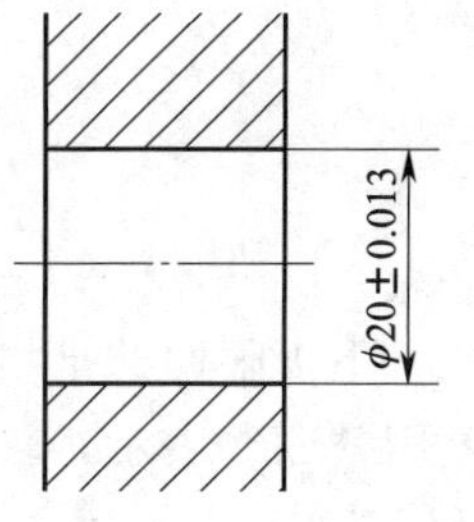

图 9－26　圆柱孔

3. 实际尺寸

实际尺寸是指通过测量获得的尺寸。

4. 极限尺寸

极限尺寸是指尺寸要素的尺寸所允许的极限值，如 ϕ20.013 mm

（20 mm＋0.013 mm）和 ϕ19.987 mm（20 mm－0.013 mm）。合格零件的实际尺寸应位于上、下极限尺寸之间，也可达到极限尺寸。尺寸要素允许的最大尺寸称为上极限尺寸，尺寸要素允许的最小尺寸称为下极限尺寸。

5. 偏差

偏差是指某值与参考值之差。对于尺寸偏差，参考值是公称尺寸，某值是实际尺寸，也就是指实际尺寸与公称尺寸之差，如图 9－26 中＋0.013 mm 和－0.013 mm。偏差有以下几种：

（1）极限偏差

极限偏差是指相对于公称尺寸的上极限偏差和下极限偏差。由于极限尺寸有上极限尺寸和下极限尺寸之分，因而极限偏差有上极限偏差和下极限偏差之分，如图 9－27 所示为尺寸公差术语图。

上极限偏差是指上极限尺寸减其公称尺寸所得的代数差。孔（内尺寸要素）的上极限偏差用“ES”表示，轴（外尺寸要素）的上极限偏差用“es”表示，孔的公称直径用“D”表示，轴的公称直径用“d”表示，则公式表示如下：

ES＝孔的上极限尺寸－孔的公称直径

es＝轴的上极限尺寸－轴的公称直径

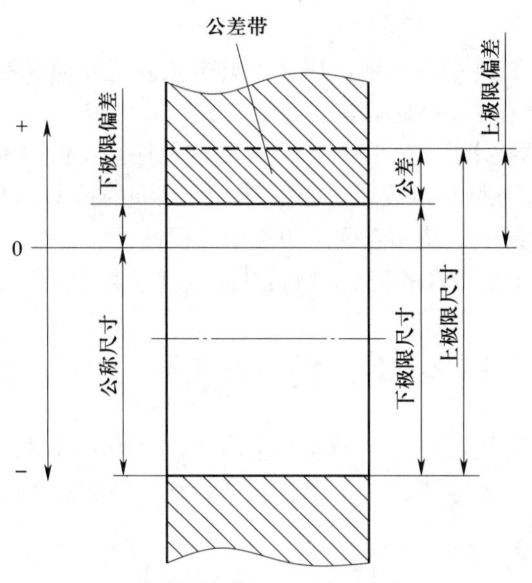

a)

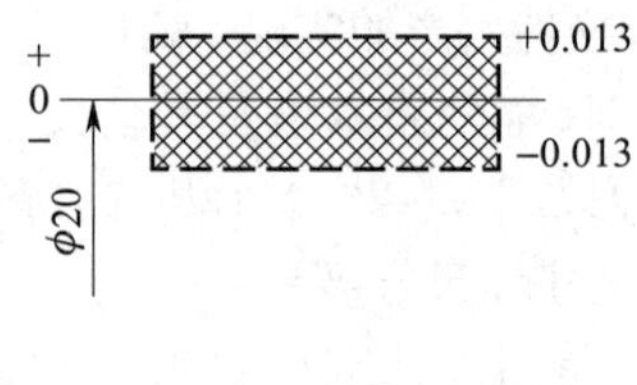

b)

图 9－27 尺寸公差术语图

a）公差术语 b）公差带

下极限偏差是指下极限尺寸减其公称尺寸所得的代数差。孔（内尺寸要素）的下极限偏差用“EI”表示，轴（外尺寸要素）的下极限偏差用“ei”表示，则公式表示如下：

EI＝孔的下极限尺寸－孔的公称直径

ei ＝轴的下极限尺寸－轴的公称直径

注意

因为极限偏差是用代数差来定义的，而极限尺寸可能大于、小于或等于公称尺寸，所以极限偏差可以为正值、负值或零，因此在标注及识读时一定要注意极限偏差的正、负号，不能遗漏。

（2）实际偏差

实际偏差是指实际尺寸减其公称尺寸所得的代数差。实际偏差也可以为正值、负值或零。合格零件的实际偏差应在上、下极限偏差之间。

6. 尺寸公差

尺寸公差简称公差，是指上极限尺寸与下极限尺寸之差，或上极限偏差减下极限偏差的绝对值。它是允许尺寸的变动量，是一个没有符号的绝对值。孔和轴的公差分别以 T_h 和 T_s 表示，则尺寸公差的计算公式为：

$$T_h = |ES - EI|$$

$$T_s = |es - ei|$$

重点提示

尺寸公差是用绝对值来定义的，没有正、负的含义，因此，在公差值的前面不能标出“+”“−”号；同时，因加工误差不可避免，即零件的实际尺寸总是变动的，所以公差不能为零。

公差用于限制尺寸误差，它是尺寸精度的一种度量。公差越小，零件的精度越高，实际尺寸的允许变动量也越小，加工就越困难；反之，公差越大，零件的精度越低，加工越容易。

为了使用方便，在实际应用中一般不画出孔和轴的全形，只将轴向截面图中有关公差的部分按单方向规定放大画出，这种图称为极限与配合图，又称公差带图，如图 9－27b 所示。

7. 公差带

公差带是指公差极限之间（包括公差极限）的尺寸变动值。在公差带图中，公差带用上极限偏差和下极限偏差或上极限尺寸和下极限尺寸的两条直线所限定的区域来表示。为简化起见，一般只画出上、下极限偏差所围成的方框简图。它是由公差大小和其相对公称尺寸的位置（如基本偏差）来确定的。画公差带图时应按比例画出上、下极限偏差，公差带图左右方向的长度可以适当选取，一般在同一图中，孔和轴的公差带的剖面线方向应该相反，且疏密程度不同，如图 9－28 所示为公差带图。

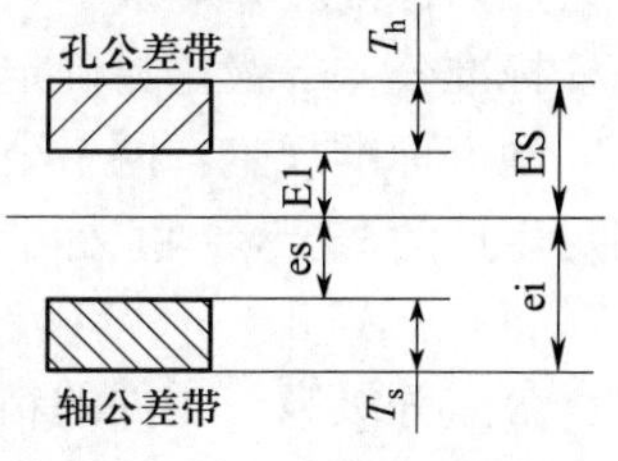

图 9－28　公差带图

8. 标准公差

标准公差是指在国家标准中所规定的任一公差。公差值的大小确定了尺寸允许的变动量，反映了尺寸公差带的大小、尺寸的精度和加工的难易程度。国家标准《产品几何技术规范（GPS）

线性尺寸公差ISO代号体系　第1部分：公差、偏差和配合的基础》（GB/T 1800.1—2020）已对公差值进行了标准化，并组成了标准公差系列，标准公差数值见表9－5。

表9－5　　　　　　　　　标准公差数值（GB/T 1800.1—2020）

公称尺寸/mm		标准公差等级																	
		IT1	IT2	IT3	IT4	IT5	IT6	IT7	IT8	IT9	IT10	IT11	IT12	IT13	IT14	IT15	IT16	IT17	IT18
大于	至	标准公差数值																	
		μm											mm						
—	3	0.8	1.2	2	3	4	6	10	14	25	40	60	0.1	0.14	0.25	0.4	0.6	1	1.4
3	6	1	1.5	2.5	4	5	8	12	18	30	48	75	0.12	0.18	0.3	0.48	0.75	1.2	1.8
6	10	1	1.5	2.5	4	6	9	15	22	36	58	90	0.15	0.22	0.36	0.58	0.9	1.5	2.2
10	18	1.2	2	3	5	8	11	18	27	43	70	110	0.18	0.27	0.43	0.7	1.1	1.8	2.7
18	30	1.5	2.5	4	6	9	13	21	33	52	84	130	0.21	0.33	0.52	0.84	1.3	2.1	3.3
30	50	1.5	2.5	4	7	11	16	25	39	62	100	160	0.25	0.39	0.62	1	1.6	2.5	3.9
50	80	2	3	5	8	13	19	30	46	74	120	190	0.3	0.46	0.74	1.2	1.9	3	4.6
80	120	2.5	4	6	10	15	22	35	54	87	140	220	0.35	0.54	0.87	1.4	2.2	3.5	5.4
120	180	3.5	5	8	12	18	25	40	63	100	160	250	0.4	0.63	1	1.6	2.5	4	6.3
180	250	4.5	7	10	14	20	29	46	72	115	185	290	0.46	0.72	1.15	1.85	2.9	4.6	7.2
250	315	6	8	12	16	23	32	52	81	130	210	320	0.52	0.81	1.3	2.1	3.2	5.2	8.1
315	400	7	9	13	18	25	36	57	89	140	230	360	0.57	0.89	1.4	2.3	3.6	5.7	8.9
400	500	8	10	15	20	27	40	63	97	155	250	400	0.63	0.97	1.55	2.5	4	6.3	9.7
500	630	9	11	16	22	32	44	70	110	175	280	440	0.7	1.1	1.75	2.8	4.4	7	11
630	800	10	13	18	25	36	50	80	125	200	320	500	0.8	1.25	2	3.2	5	8	12.5
800	1 000	11	15	21	28	40	56	90	140	230	360	560	0.9	1.4	2.3	3.6	5.6	9	14
1 000	1 250	13	18	24	33	47	66	105	165	260	420	660	1.05	1.65	2.6	4.2	6.6	10.5	16.5
1 250	1 600	15	21	29	39	55	78	125	195	310	500	780	1.25	1.95	3.1	5	7.8	12.5	19.5
1 600	2 000	18	25	35	46	65	92	150	230	370	600	920	1.5	2.3	3.7	6	9.2	15	23
2 000	2 500	22	30	41	55	78	110	175	280	440	700	1 100	1.75	2.8	4.4	7	11	17.5	28
2 500	3 150	26	36	50	68	96	135	210	330	540	860	1 350	2.1	3.3	5.4	8.6	13.5	21	33

从表中可以看出，标准公差的数值与两个因素有关，即标准公差等级和公称尺寸分段。“IT”是国际公差的代号，阿拉伯数字表示其公差等级。

（1）标准公差等级

标准公差等级是指确定尺寸精确程度的等级。

国家标准规定：同一公差等级对所有公称尺寸的一组公差都应视为同等精确程度。为了满足生产的需要，国家标准设置了20个公差等级。各级标准公差等级的代号依次为IT01、IT0、IT1、IT2、…、IT18，其中IT01精度最高，其余依次降低，IT18精度最低。

公差等级高，零件的精度高，使用性能提高，但加工难度大，生产成本高；公差等级低，零件精度低，使用性能降低，但加工难度降低，生产成本减少。因而要同时考虑零件的使用要求和加工的经济性这两个因素，合理确定公差等级。总的选择原则是在满足使用要求的条件下，尽量选取低的公差等级。

公差等级的选用目前多采用类比的方法，即参考经过实践证明是合理的典型产品的公差等级，结合待定零件的配合、工艺和结构等特点，经分析对比后确定公差等级。用类比法选择公差等级时，应掌握各公差等级的应用范围，以便类比选择时有所依据。各公差等级的应用范围见表 9－6，公差等级的主要应用实例见表 9－7，各种加工方法所能达到的公差等级见表 9－8。

表 9－6　　　　公差等级的应用范围

应用范围	公差等级IT																			
	01	0	1	2	3	4	5	6	7	8	9	10	11	12	13	14	15	16	17	18
量块	—	—	—																	
量规			—	—	—	—	—	—	—											
特别精密的配合				—	—	—	—													
一般配合							—	—	—	—	—	—	—	—	—					
非配合尺寸														—	—	—	—	—	—	—
原材料尺寸										—	—	—	—	—	—	—				

表 9－7　　　　公差等级的主要应用实例

公差等级	主要应用实例
IT01～IT1	一般用于精密标准量块。IT1 也用于检验 IT6 和 IT7 级轴用量规的校对量规
IT2～IT7	用于检验工件 IT5～IT6 的量规的尺寸公差
IT3～IT5（孔为 IT6）	用于精度要求很高的重要配合。例如，机床主轴与精密滚动轴承的配合，发动机活塞销与连杆孔和活塞销孔的配合 配合公差很小，对加工要求很高，应用较少
IT6（孔为 IT7）	用于机床、发动机和仪表中的重要配合。例如，机床传动机构中的齿轮与轴的配合、轴与轴承的配合，发动机中活塞与气缸、曲轴与轴承、气阀杆与导套的配合等 配合公差较小，一般精密加工能够实现，在精密机械中广泛应用
IT7、IT8	用于机床和发动机中不太重要的配合，也用于重型机械、农业机械、纺织机械、机车车辆等的重要配合。例如，发动机中活塞环与活塞环槽的配合、农业机械中齿轮与轴的配合等 配合公差中等，加工易于实现，在一般机械中广泛应用
IT9、IT10	用于一般要求，或长度精度要求较高的配合。对于某些非配合尺寸的特殊要求，如飞机机身的外壳尺寸，由于质量限制，要求达到 IT9 或 IT10
IT11、IT12	多用于各种没有严格要求，只要求便于连接的配合，如螺栓和螺孔、铆钉和孔等的配合
IT12～IT18	用于非配合尺寸和粗加工的工序尺寸，例如，手柄的直径、壳体的外形和壁厚尺寸以及端面之间的距离等

表 9-8　　各种加工方法所能达到的公差等级

加工方法	公差等级 IT																	
	01	0	1	2	3	4	5	6	7	8	9	10	11	12	13	14	15	16
研磨	—	—	—	—	—	—	—											
珩磨						—	—	—	—									
圆磨							—	—	—	—								
平磨							—	—	—	—								
金刚石车削							—	—	—									
金刚石镗削							—	—	—									
拉削							—	—	—	—								
铰孔								—	—	—	—	—						
车削									—	—	—	—	—					
镗削									—	—	—	—	—					
铣削										—	—	—	—					
刨削、插削												—	—					
钻孔												—	—	—	—			
滚压、挤压												—	—					
冲压												—	—	—	—	—		
压铸													—	—	—	—		
粉末冶金成型								—	—	—								
粉末冶金烧结									—	—	—	—						
砂型铸造、气割																		—
锻造																	—	

(2) 公称尺寸分段

标准公差数值不仅与公差等级有关，还与公称尺寸有关，从表 9-5 中可以看出：每一纵列公差等级相同时，随着公称尺寸的增大，标准公差数值也随之增大。这是因为从制造的角度考虑，在相同的加工精度条件下（相同的加工设备和加工技术等），加工误差随公称尺寸的增大而增大。因此，尽管不同的公称尺寸对应的公差值不同，但可以认为同一公差等级具有相同的精度，即相同的加工难易程度。

在实际生产中使用的公称尺寸很多，如果每一个公称尺寸都对应一个公差值，就会形成一个庞大的公差数值表，不利于实现标准化，给实际生产带来困难，因此，国家标准对公称尺寸进行了分段。尺寸分段后，同一尺寸段内所有的公称尺寸，在相同公差等级的情况下，具有相同的标准公差值。国家标准对公称尺寸分段的规定见表 9-9。

表 9-9　对公称尺寸分段的规定　mm

主段落		中间段落	
大于	至	大于	至
—	3	无细分段	
3	6		
6	10		
10	18	10	14
		14	18
18	30	18	24
		24	30
30	50	30	40
		40	50
50	80	50	65
		65	80
80	120	80	100
		100	120
120	180	120	140
		140	160
		160	180
180	250	180	200
		200	225
		225	250

主段落		中间段落	
大于	至	大于	至
250	315	250	280
		280	315
315	400	315	355
		355	400
400	500	400	450
		450	500
500	630	500	560
		560	630
630	800	630	710
		710	800
800	1 000	800	900
		900	1 000
1 000	1 250	1 000	1 120
		1 120	1 250
1 250	1 600	1 250	1 400
		1 400	1 600
1 600	2 000	1 600	1 800
		1 800	2 000
2 000	2 500	2 000	2 240
		2 240	2 500
2 500	3 150	2 500	2 800
		2 800	3 150

注意

从表 9-5 中可以看出，同一公差等级的不同尺寸段，其标准公差值不相等，但其精确程度和加工难易程度应理解为相同。反过来，其公差值相等时，加工精度也不一定相同。例如，以公差值 36 μm 为例，对>6～10 mm 尺寸段，其公差等级为 IT9；对>315～400 mm尺寸段，其公差等级为 IT6；对>2 500～3 150 mm 尺寸段，其公差等级为 IT2，显然，后者精度依次比前者高。所以，考虑到公称尺寸的因素，不能只以公差值的大小来判断零件精度的高低，而应以公差等级作为判断的依据。如某个公称尺寸刚好是段落的交接尺寸，查表时应查前一段落的数值，如尺寸为 10 mm，则应查 6～10 mm 这一段内的有关数值。

9. 基本偏差

基本偏差是指在公差带图中，确定公差带相对于公称尺寸位置的那个极限偏差。它可以是上极限偏差或下极限偏差，一般为最接近公称尺寸的那个极限偏差，当公差带位于公称尺寸的位置上方时，基本偏差为下极限偏差；当公差带位于公称尺寸的位置下方时，基本偏差为上极限偏差，如图 9-29 所示为标准公差与基本偏差。

(1) 基本偏差代号

基本偏差代号用拉丁字母表示，大写字母代表孔的基本偏差，小写字母代表轴的基本偏差。在 26 个拉丁字母中，除去易与其他代号混淆的 I、L、O、Q、W（i、l、o、q、w）五个字母外，再加上用 CD、EF、FG、ZA、ZB、ZC、JS（cd、ef、fg、za、zb、zc、js）两个字母表示的七个代号，共有 28 个，即孔和轴各有 28 个基本偏差，其代号见表 9-10。

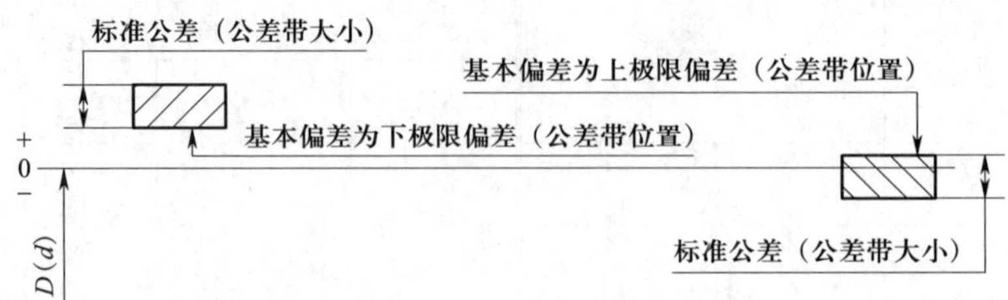

图 9-29　标准公差与基本偏差

表 9-10　　孔和轴的基本偏差代号

孔	A	B	C	D	E	F	G	H	J	K	M	N	P	R	S	T	U	V	X	Y	Z			
			CD		EF	FG			JS													ZA	ZB	ZC
轴	a	b	c	d	e	f	g	h	j	k	m	n	p	r	s	t	u	v	x	y	z			
			cd		ef	fg			js													za	zb	zc

（2）基本偏差系列图及特征

如图 9-30 所示为孔和轴的基本偏差系列图，它表示公称尺寸相同的 28 种孔、轴的基本偏差相对于公称尺寸的位置关系。图中所画公差带是开口公差带，这是因为基本偏差只表示公差带的位置，而不表示公差带的大小，开口端的极限偏差由标准公差来确定，计算公式如下：

$$孔：EI=ES-IT 或 ES=EI+IT$$

$$轴：ei=es-IT 或 es=ei+IT$$

从基本偏差系列图中可以看出：

1）孔和轴同字母的基本偏差相对于公称尺寸的位置基本呈对称分布。对于轴，基本偏差从 a～h 为上极限偏差 es，h 的上极限偏差为零，其余均为负值，它们的绝对值依次逐渐减小；基本偏差从 j～zc 为下极限偏差 ei，除 j 和 k 的部分外（当代号为 k 时，IT≤3 或 IT>7 时，基本偏差为零）都为正值，其绝对值依次逐渐增大。对于孔，基本偏差从 A～H 为下极限偏差 EI，H 的下极限偏差为零，其余均为正值，其绝对值依次减小；基本偏差从 J～ZC 为上极限偏差 ES，除 J 和 K、M 的部分外都为负值，其绝对值依次逐渐增大。

2）代号 JS 和 js 形成的公差带在各公差等级中完全对称于公称尺寸的位置分布，故按国家标准对基本偏差的定义，其基本偏差可为上极限偏差（数值为+IT/2），也可为下极限偏差（数值为−IT/2）。但为统一起见，在 GB/T 1800.2—2020 的基本偏差数值表中将 js 划归为上极限偏差，将 JS 划归为下极限偏差。JS 和 js 将逐渐取代近似对称的偏差 J 和 j，所以在国家标准中孔仅保留了 J6、J7、J8，其基本偏差为上极限偏差；轴仅保留了 j5、j6、j7、j8 几种，其基本偏差为下极限偏差。J 和 j 的基本偏差随公差等级不同而偏差数值有所不同。

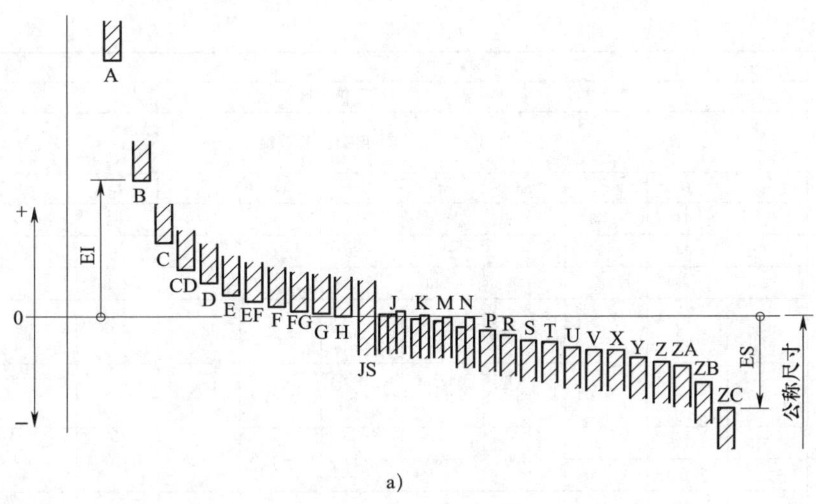

a)

基本偏差

b)

图 9－30　孔和轴的基本偏差系列图

a）孔（内尺寸要素）　b）轴（外尺寸要素）

3）代号 K、M 和 N 随公差等级的不同而基本偏差数值有两种不同的情况，而代号 k 在 IT7～IT4 时，基本偏差 ei 为正值，其他公差等级时 ei 为零。

（3）基本偏差的数值

在标准中，分别列有轴的基本偏差数值（见表 9－11）以及孔的基本偏差数值（见表 9－12）。在实际生产中，可直接采用查表的方法获得。

查极限偏差表的步骤和方法如下：

1）根据基本偏差的代号是大写还是小写，确定是查孔还是轴的极限偏差表。

2）在极限偏差表中首先找到基本偏差代号，再从基本偏差代号下找到公差等级数字所在的列。

3）找到公称尺寸段所在的行，则行和列的相交处就是所要查的极限偏差数值，即上、下极限偏差，并应注意单位。

表 9-11　**轴的基本**

公称尺寸/mm		基本偏											
		上极限偏差 es											
		所有公差等级											
大于	至	a	b	c	cd	d	e	ef	f	fg	g	h	js
—	3	−270	−140	−60	−34	−20	−14	−10	−6	−4	−2	0	偏差=±$\frac{IT_n}{2}$，式中 n 是标准公差等级数
3	6	−270	−140	−70	−46	−30	−20	−14	−10	−6	−4	0	
6	10	−280	−150	−80	−56	−40	−25	−18	−13	−8	−5	0	
10	14	−290	−150	−95	−70	−50	−32	−23	−16	−10	−6	0	
14	18												
18	24	−300	−160	−110	−85	−65	−40	−25	−20	−12	−7	0	
24	30												
30	40	−310	−170	−120	−100	−80	−50	−35	−25	−15	−9	0	
40	50	−320	−180	−130									
50	65	−340	−190	−140		−100	−60		−30		−10	0	
65	80	−360	−200	−150									
80	100	−380	−220	−170		−120	−72		−36		−12	0	
100	120	−410	−240	−180									
120	140	−460	−260	−200		−145	−85		−43		−14	0	
140	160	−520	−280	−210									
160	180	−580	−310	−230									
180	200	−660	−340	−240		−170	−100		−50		−15	0	
200	225	−740	−380	−260									
225	250	−820	−420	−280									
250	280	−920	−480	−300		−190	−110		−56		−17	0	
280	315	−1 050	−540	−330									
315	355	−1 200	−600	−360		−210	−125		−62		−18	0	
355	400	−1 350	−680	−400									
400	450	−1 500	−760	−440		−230	−135		−68		−20	0	
450	500	−1 650	−840	−480									
500	560					−260	−145		−76		−22	0	
560	630												
630	710					−290	−160		−80		−24	0	
710	800												
800	900					−320	−170		−86		−26	0	
900	1 000												
1 000	1 120					−350	−195		−98		−28	0	
1 120	1 250												
1 250	1 400					−390	−220		−110		−30	0	
1 400	1 600												
1 600	1 800					−430	−240		−120		−32	0	
1 800	2 000												
2 000	2 240					−480	−260		−130		−34	0	
2 240	2 500												
2 500	2 800					−520	−290		−145		−38	0	
2 800	3 150												

注：公称尺寸≤1 mm时，不使用基本偏差 a 和 b。

偏差数值

μm

差数值

下极限偏差 ei																		
IT5和IT6	IT7	IT8	IT4至IT7	≤IT3 >IT7	所有公差等级													
j			k		m	n	p	r	s	t	u	v	x	y	z	za	zb	zc
−2	−4	−6	0	0	+2	+4	+6	+10	+14		+18		+20		+26	+32	+40	+60
−2	−4		+1	0	+4	+8	+12	+15	+19		+23		+28		+35	+42	+50	+80
−2	−5		+1	0	+6	+10	+15	+19	+23		+28		+34		+42	+52	+67	+97
−3	−6		+1	0	+7	+12	+18	+23	+28		+33		+40		+50	+64	+90	+130
												+39	+45		+60	+77	+108	+150
−4	−8		+2	0	+8	+15	+22	+28	+35		+41	+47	+54	+63	+73	+98	+136	+188
										+41	+48	+55	+64	+75	+88	+118	+160	+218
−5	−10		+2	0	+9	+17	+26	+34	+43	+48	+60	+68	+80	+94	+112	+148	+200	+274
										+54	+70	+81	+97	+114	+136	+180	+242	+325
−7	−12		+2	0	+11	+20	+32	+41	+53	+66	+87	+102	+122	+144	+172	+226	+300	+405
								+43	+59	+75	+102	+120	+146	+174	+210	+274	+360	+480
−9	−15		+3	0	+13	+23	+37	+51	+71	+91	+124	+146	+178	+214	+258	+335	+445	+585
								+54	+79	+104	+144	+172	+210	+254	+310	+400	+525	+690
−11	−18		+3	0	+15	+27	+43	+63	+92	+122	+170	+202	+248	+300	+365	+470	+620	+800
								+65	+100	+134	+190	+228	+280	+340	+415	+535	+700	+900
								+68	+108	+146	+210	+252	+310	+380	+465	+600	+780	+1 000
−13	−21		+4	0	+17	+31	+50	+77	+122	+166	+236	+284	+350	+425	+520	+670	+880	+1 150
								+80	+130	+180	+258	+310	+385	+470	+575	+740	+960	+1 250
								+84	+140	+196	+284	+340	+425	+520	+640	+820	+1 050	+1 350
−16	−26		+4	0	+20	+34	+56	+94	+158	+218	+315	+385	+475	+580	+710	+920	+1 200	+1 550
								+98	+170	+240	+350	+425	+525	+650	+790	+1 000	+1 300	+1 700
−18	−28		+4	0	+21	+37	+62	+108	+190	+268	+390	+475	+590	+730	+900	+1 150	+1 500	+1 900
								+114	+208	+294	+435	+530	+660	+820	+1 000	+1 300	+1 650	+2 100
−20	−32		+5	0	+23	+40	+68	+126	+232	+330	+490	+595	+740	+920	+1 100	+1 450	+1 850	+2 400
								+132	+252	+360	+540	+660	+820	+1 000	+1 250	+1 600	+2 100	+2 600
			0	0	+26	+44	+78	+150	+280	+400	+600							
								+155	+310	+450	+660							
			0	0	+30	+50	+88	+175	+340	+500	+740							
								+185	+380	+560	+840							
			0	0	+34	+56	+100	+210	+430	+620	+940							
								+220	+470	+680	+1 050							
			0	0	+40	+66	+120	+250	+520	+780	+1 150							
								+260	+580	+840	+1 300							
			0	0	+48	+78	+140	+300	+640	+960	+1 450							
								+330	+720	+1 050	+1 600							
			0	0	+58	+92	+170	+370	+820	+1 200	+1 850							
								+400	+920	+1 350	+2 000							
			0	0	+68	+110	+195	+440	1 000	+1 500	+2 300							
								+460	+1 100	+1 650	+2 500							
			0	0	+76	+135	+240	+550	+1 250	+1 900	+2 900							
								+580	+1 400	+2 100	+3 200							

表 9-12

公称尺寸/mm		基本偏											
		下极限偏差 EI											
		所有公差等级											
大于	至	A	B	C	CD	D	E	EF	F	FG	G	H	JS
—	3	+270	+140	+60	+34	+20	+14	+10	+6	+4	+2	0	偏差＝$\pm\frac{IT_n}{2}$，式中 n 为标准公差等级数
3	6	+270	+140	+70	+46	+30	+20	+14	+10	+6	+4	0	
6	10	+280	+150	+80	+56	+40	+25	+18	+13	+8	+5	0	
10	14	+290	+150	+95	+70	+50	+32	+23	+16	+10	+6	0	
14	18												
18	24	+300	+160	+110	+85	+65	+40	+28	+20	+12	+7	0	
24	30												
30	40	+310	+170	+120	+100	+80	+50	+35	+25	+15	+9	0	
40	50	+320	+180	+130									
50	65	+340	+190	+140		+100	+60		+30		+10	0	
65	80	+360	+200	+150									
80	100	+380	+220	+170		+120	+72		+36		+12	0	
100	120	+410	+240	+180									
120	140	+460	+260	+200		+145	+85		+43		+14	0	
140	160	+520	+280	+210									
160	180	+580	+310	+230									
180	200	+660	+340	+240		+170	+100		+50		+15	0	
200	225	+740	+380	+260									
225	250	+820	+420	+280									
250	280	+920	+480	+300		+190	+110		+56		+17	0	
280	315	+1 050	+540	+330									
315	355	+1 200	+600	+360		+210	+125		+62		+18	0	
355	400	+1 350	+680	+400									
400	450	+1 500	+760	+440		+230	+135		+68		+20	0	
450	500	+1 650	+840	+480									
500	560					+260	+145		+76		+22	0	
560	630												
630	710					+290	+160		+80		+24	0	
710	800												
800	900					+320	+170		+86		+26	0	
900	1 000												
1 000	1 120					+350	+195		+98		+28	0	
1 120	1 250												
1 250	1 400					+390	+220		+110		+30	0	
1 400	1 600												
1 600	1 800					+430	+240		+120		+32	0	
1 800	2 000												
2 000	2 240					+480	+260		+130		+34	0	
2 240	2 500												
2 500	2 800					+520	+290		+145		+38	0	
2 800	3 150												

注：1. 公称尺寸≤1 mm 时，不适用基本偏差 A 和 B。
2. 对小于或等于 IT8 的 K、M、N 和小于或等于 IT7 的 P～ZC，所需 Δ 值从表内右侧选取。
例如，18～30 mm 段的 K7：$\Delta=8\ \mu m$，所以 ES＝－2＋8＝＋6 μm
18～30 mm 段的 S6：$\Delta=4\ \mu m$，所以 ES＝－35＋4＝－31 μm
3. 特例：250～315 mm 段的 M6，ES＝－9 μm（计算结果是－11 μm）。

偏差数值

μm

差数值																						Δ值					
上极限偏差 ES																											
IT6	IT7	IT8	≤IT8	>IT8	≤IT8	>IT8	≤IT8	>IT8	≤IT7	大于 IT7 的标准公差等级												标准公差等级					
J			K		M		N		P～ZC	P	R	S	T	U	C	X	Y	Z	ZA	ZB	ZC	IT3	IT4	IT5	IT6	IT7	IT8
+2	+4	+6	0	0	−2	−2	−4	−4	在大于 IT7 的标准公差等级的基本偏差数值上增加一个Δ值	−6	−10	−14		−18		−20		−26	−32	−40	−60	0	0	0	0	0	0
+5	+6	+10	−1+Δ		−4+Δ	−4	−8+Δ	0		−12	−15	−19		−23		−28		−35	−42	−50	−80	1	1.5	1	3	4	6
+5	+8	+12	−1+Δ		−6+Δ	−6	−10+Δ	0		−15	−19	−23		−28		−34		−42	−52	−67	−97	1	1.5	2	3	6	7
+6	+10	+15	−1+Δ		−7+Δ	−7	−12+Δ	0		−18	−23	−28		−33		−40		−50	−64	−90	−130	1	2	3	3	7	9
															−39	−45		−60	−77	−108	−150						
+8	+12	+20	−2+Δ		−8+Δ	−8	−15+Δ	0		−22	−28	−35		−41	−47	−54	−63	−73	−98	−136	−188	1.5	2	3	4	8	12
													−41	−48	−55	−64	−75	−88	−118	−160	−218						
+10	+14	+24	−2+Δ		−9+Δ	−9	−17+Δ	0		−26	−34	−43	−48	−60	−68	−80	−94	−112	−148	−200	−274	1.5	3	4	5	9	14
													−54	−70	−81	−97	−114	−136	−180	−242	−325						
+13	+18	+28	−2+Δ		−11+Δ	−11	−20+Δ	0		−32	−41	−53	−66	−87	−102	−122	−144	−172	−226	−300	−405	2	3	5	6	11	16
											−43	−59	−75	−102	−120	−146	−174	−210	−274	−360	−480						
+16	+22	+34	−3+Δ		−13+Δ	−13	−23+Δ	0		−37	−51	−71	−91	−124	−146	−178	−214	−258	−335	−445	−585	2	4	5	7	13	19
											−54	−79	−104	−144	−172	−210	−254	−310	−400	−525	−690						
+18	+26	+41	−3+Δ		−15+Δ	−15	−27+Δ	0		−43	−63	−92	−122	−170	−202	−248	−300	−365	−470	−620	−800	3	4	6	7	15	23
											−65	−100	−134	−190	−228	−280	−340	−415	−535	−700	−900						
											−68	−108	−146	−210	−252	−310	−380	−465	−600	−780	−1 000						
+22	+30	+47	−4+Δ		−17+Δ	−17	−31+Δ	0		−50	−77	−122	−166	−236	−284	−350	−425	−520	−670	−880	−1 150	3	4	6	9	17	26
											−80	−130	−180	−258	−310	−385	−470	−575	−740	−960	−1 250						
											−84	−140	−196	−284	−340	−425	−520	−640	−820	−1 050	−1 350						
+25	+36	+55	−4+Δ		−20+Δ	−20	−34+Δ	0		−56	−94	−158	−218	−315	−385	−475	−580	−710	−920	−1 200	−1 550	4	4	7	9	20	29
											−98	−170	−240	−350	−425	−525	−650	−700	−1 000	−1 300	−1 700						
+29	+39	+60	−4+Δ		−21+Δ	−21	−37+Δ	0		−62	−108	−190	−268	−390	−475	−590	−730	−900	−1 150	−1 500	−1 900	4	5	7	11	21	32
											−114	−208	−294	−435	−530	−660	−820	−1 000	−1 300	−1 650	−2 100						
+33	+43	+66	−5+Δ		−23+Δ	−23	−40+Δ	0		−68	−126	−232	−330	−490	−595	−740	−920	−1 100	−1 450	−1 850	−2 400	5	5	7	13	23	34
											−132	−252	−360	−540	−660	−820	−1 000	−1 250	−1 600	−2 100	−2 600						
			0		−26		−44			−78	−150	−280	−400	−600													
											−155	−310	−450	−660													
			0		−30		−50			−88	−175	−340	−500	−740													
											−185	−380	−560	−840													
			0		−34		−56			−100	−210	−430	−620	−940													
											−220	−470	−680	−1 050													
			0		−40		−66			−120	−250	−520	−780	−1 150													
											−260	−580	−840	−1 300													
			0		−48		−78			−140	−300	−640	−960	−1 450													
											−330	−720	−1 050	−1 600													
			0		−58		−92			−170	−370	−820	−1 200	−1 850													
											−400	−920	−1 350	−2 000													
			0		−68		−110			−195	−440	−1 000	−1 500	−2 300													
											−460	−1 100	−1 650	−2 500													
			0		−76		−135			−240	−550	−1 250	−1 900	−2 900													
											−580	−1 400	−2 100	−3 200													

重点提示

公差带系列

根据国家标准规定，标准公差等级有20级，基本偏差有28个，由此可组成很多公差带。孔有20×27+3（J6、J7、J8）=543种，轴有20×27+4（j5、j6、j7、j8）=544种，孔和轴公差带又能组成数量很多的配合。但在生产实践中，若使用数量过多的公差带，既发挥不了标准化应有的作用，也不利于生产。因此，国家标准在满足我国实际需要和考虑生产发展需要的前提下，为了尽可能减少零件、定值刀具、定值量具、工艺装备的品种和规格，对孔和轴所选用的公差带做了必要的限制。

若无特殊需要，公差带代号应尽可能从图9-31和图9-32所示的孔和轴相应的公差带代号中选取，框中所示的公差带代号应优先选取。

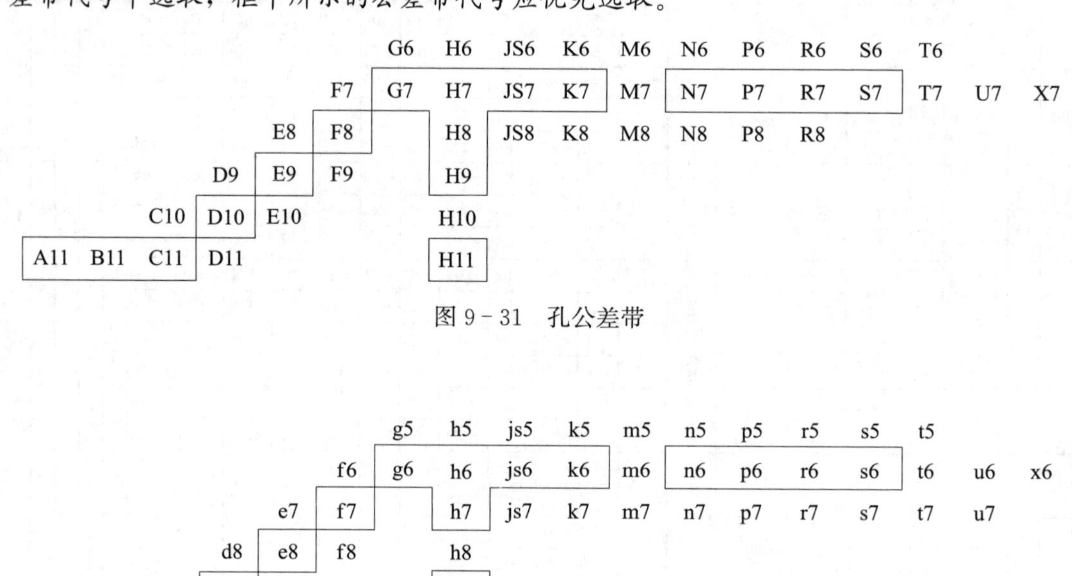

图9-31　孔公差带

图9-32　轴公差带

四、尺寸公差的标注

在零件图中进行尺寸公差的标注时，根据所加工零件的数量不同，有以下三种标注形式：

1. 在孔或轴的公称尺寸后面注出公差带代号，用同号字体书写，如图9-33a所示。这种形式用于成批生产的零件图上。

如前所述，一个公差带应由确定公差带位置的基本偏差和确定公差带大小的标准公差组

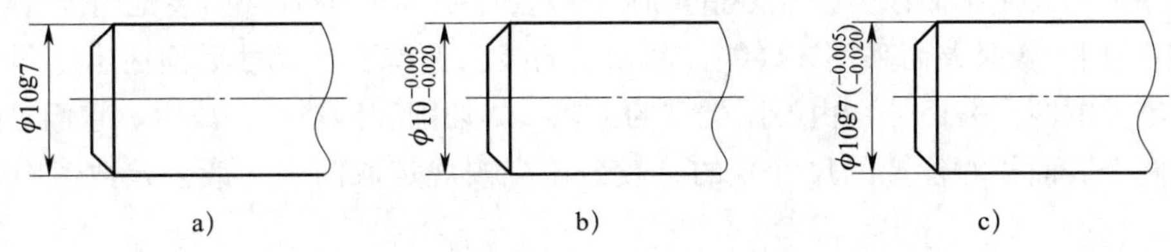

图 9－33　尺寸公差的标注形式

a）成批生产　b）小批量　c）批量不定

合而成，因而国家标准规定孔、轴的公差带代号由基本偏差代号和公差等级数字组成。例如，H8、F7、P7 等为孔的公差带代号；n7、f7、p6 等为轴的公差带代号。如指某一确定公称尺寸的公差带，则公称尺寸标在公差带代号之前，示例如下：

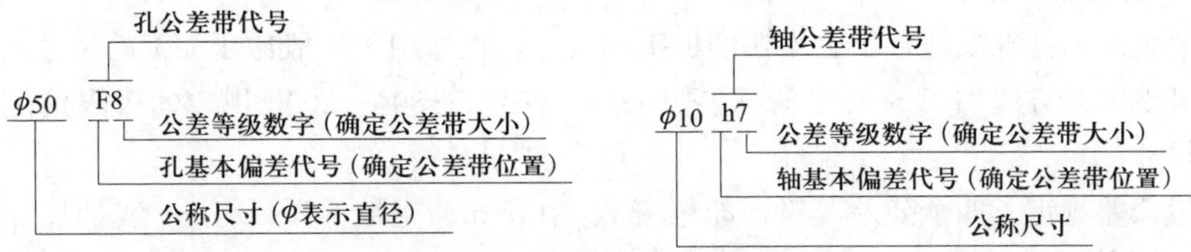

2. 在孔或轴的公称尺寸后面注出上、下极限偏差值，如图 9－33b 所示。

上极限偏差注在公称尺寸的右上方，下极限偏差与公称尺寸注在同一底线上，极限偏差值的数字比公称尺寸的数字小一号，如 $\phi18^{-0.005}_{-0.020}$ mm。如上、下极限偏差数值相同且符号相反，可简化标注，字号相同，如 $\phi(50\pm0.02)$ mm（此时，小数点后末位的零可省略不写）。若上极限偏差或下极限偏差为零，应注明“0”，且与另一极限偏差的个位对齐，如 $\phi30^{+0.125}_{0}$ mm。这种形式用于单件、小批量生产的零件图上。

3. 在孔或轴的公称尺寸后面既注出基本偏差代号和公差等级（公差带代号），又注出上、下极限偏差数值（极限偏差数值加括号），如图 9－33c 所示。这种形式用于生产批量不定的零件图上。

五、一般公差

设计时，对机器零件上各部位提出的加工中的尺寸、形状和相对位置等精度要求，取决于它们的使用功能要求。在实际使用中，有些零件上的某些部位在使用功能上无特殊要求时，则可给出一般公差。为此，国家颁布了关于一般公差的标准《一般公差　未注公差的线性和角度尺寸的公差》(GB/T 1804—2000)。

国家标准规定，采用一般公差时，在图形上不单独注出公差，而是在图样的技术要求或技术文件（如企业标准）中做出总的说明。

1. 一般公差的概念

一般公差是指未注公差的线性和角度尺寸的公差。线性和角度尺寸的一般公差是在车间普通工艺条件下，机床设备可保证的公差。在正常维护和操作情况下，一般公差代表车间通常的加工精度，主要用于低精度的非配合尺寸。国家标准规定，当从使用功能上考虑，所允许的公差等于或大于一般公差时，原则上均应采用一般公差；只有当零件某部位的功能允许比一般公差大的公差，而该公差在制造上比一般公差更为经济时（如装配时所钻的盲孔深度），可不采用一般公差而采用该公差，其相应的极限偏差要在尺寸后面注出。国家标准还规定，当零件的两个表面分别由不同类型的工艺（如切削和铸造）完成时，它们之间线性尺寸（确定两个表面相对位置的尺寸）的一般公差应按规定取两个一般公差数值中较大的一个。

采用一般公差时，在正常生产条件下，尺寸一般可以不进行检验，而由工艺上保证。如冲压件的一般公差由模具保证；短轴端面对轴线的垂直度公差由机床的精度保证。

零件图上采用一般公差后，可以带来以下好处：一般零件上的多数尺寸属于一般公差，不予注出，这样可简化制图，使图样清晰、易读；使图样上突出了标有公差要求的部位，以便于在加工及检验时引起重视，还可简化零件上某些部位的检验工作。

2. 一般公差的标准

一般公差的标准既适合于金属切削加工的尺寸，也适用于一般冲压加工的尺寸，非金属材料和其他工艺方法加工的尺寸也可参照采用。GB/T 1804—2000 规定的极限偏差适用于非配合尺寸。

一般公差规定了四个公差等级，即精密 f、中等 m、粗糙 c 和最粗 v。线性尺寸的极限偏差数值见表 9－13，倒圆半径和倒角高度尺寸的极限偏差数值见表 9－14。

表 9－13　　线性尺寸的极限偏差数值　　mm

公差等级	尺寸分段							
	0.5～3	**>3～6**	**>6～30**	**>30～120**	**>120～400**	**>400～1 000**	**>1 000～2 000**	**>2 000～4 000**
精密 f	±0.05	±0.05	±0.1	±0.15	±0.2	±0.3	±0.5	—
中等 m	±0.1	±0.1	±0.2	±0.3	±0.5	±0.8	±1.2	±2
粗糙 c	±0.2	±0.3	±0.5	±0.8	±1.2	±2	±3	±4
最粗 v	—	±0.5	±1	±1.5	±2.5	±4	±6	±8

表 9－14　　倒圆半径和倒角高度尺寸的极限偏差数值　　mm

<table>
<tr><th rowspan="2">公差等级</th><th colspan="4">尺寸分段</th></tr>
<tr><th>0.5～3</th><th>>3～6</th><th>>6～30</th><th>>30</th></tr>
<tr><td>精密 f</td><td rowspan="2">±0.2</td><td rowspan="2">±0.5</td><td rowspan="2">±1</td><td rowspan="2">±2</td></tr>
<tr><td>中等 m</td></tr>
<tr><td>粗糙 c</td><td rowspan="2">±0.4</td><td rowspan="2">±1</td><td rowspan="2">±2</td><td rowspan="2">±4</td></tr>
<tr><td>最粗 v</td></tr>
</table>

小结

在确定图样上线性尺寸未注公差时，应考虑车间的一般加工精度，选取标准规定的公差等级，由相应的技术文件和技术标准做出具体规定，用一般公差的标准号和公差等级符号表示。例如，当一般公差选用中等级时，可在零件图技术要求中注明：未注尺寸公差按 GB/T 1804—m。

六、配合尺寸

1. 配合的含义

配合是指公称尺寸相同的、相互结合的孔和轴公差带之间的关系。

孔通常是指工件的内尺寸要素，包括非圆柱形内尺寸要素（由两平行平面或切面形成的包容面），如图 9－34a 所示。轴通常是指工件的外尺寸要素，包括非圆柱形外尺寸要素（由两平行平面或切面形成的被包容面），如图 9－34b 所示。

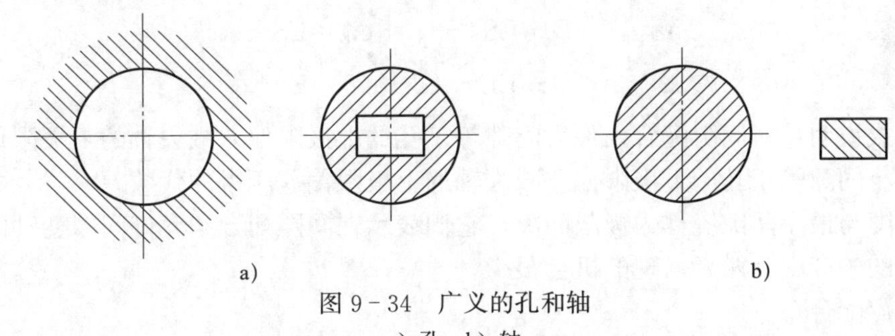

图 9－34　广义的孔和轴

a）孔　b）轴

重点提示

对于形状复杂的孔和轴可以按照以下方法判断：

从装配关系上看：零件装配后形成包容与被包容的关系，凡包容面统称为孔，被包容面统称为轴。从加工过程看，在切削过程中尺寸由小变大的为孔，而尺寸由大变小的为轴。

相互配合的孔和轴的公称尺寸应该是相同的。孔和轴装配后的松紧程度（装配的性质）取决于相互配合的孔和轴公差带之间的关系。

2. 配合性质种类

根据相配合的孔、轴公差带之间的相对位置，配合种类有三种，即间隙配合、过盈配合和过渡配合。

（1）间隙配合

当轴的直径小于孔的直径时，孔和轴的尺寸之差称为间隙。间隙配合是指具有间隙（包括最小间隙等于零）的配合。此时孔的公差带在轴的公差带之上，如图 9－35 所示。图中限制公差带的水平粗实线表示基本偏差，限制公差带的粗虚线代表另一个极限偏差（下同）。

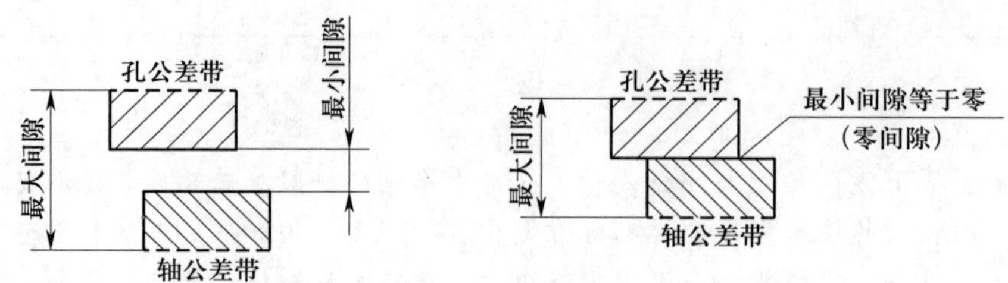

图 9－35　间隙配合

从图中可以看出，间隙配合时，孔的下极限尺寸应大于或等于轴的上极限尺寸。由于孔、轴的实际尺寸允许在其公差带内变动，因而其配合的间隙是变动的。当孔为上极限尺寸而与其相配的轴为下极限尺寸时，配合处于最松状态，此时的间隙称为最大间隙，用 X_{max} 表示。在间隙配合中，最大间隙等于孔的上极限尺寸与轴的下极限尺寸之差。当孔为下极限尺寸而与其相配的轴为上极限尺寸时，配合处于最紧状态，此时的间隙称为最小间隙，用 X_{min} 表示。在间隙配合中，最小间隙等于孔的下极限尺寸与轴的上极限尺寸之差。以上关系用公式表示如下：

$$X_{max}=(D+\mathrm{ES})-(d+\mathrm{ei})=\mathrm{ES}-\mathrm{ei}$$

$$X_{min}=(D+\mathrm{EI})-(d+\mathrm{es})=\mathrm{EI}-\mathrm{es}$$

以上两式说明：对间隙配合，最大间隙等于孔的上极限偏差减去轴的下极限偏差所得的代数差；最小间隙等于孔的下极限偏差减去轴的上极限偏差所得的代数差。

最大间隙与最小间隙统称为极限间隙，它们表示在间隙配合中允许间隙变动的两个界限值。在正常的生产中，两者出现的机会很少。

（2）过盈配合

当轴的直径大于孔的直径时，相配孔和轴的尺寸之差称为过盈，在过盈的计算中，所得到的值是负值。过盈配合是指具有过盈（包括最小过盈等于零）的配合，此时孔的公差带在轴的公差带之下，如图 9－36 所示。

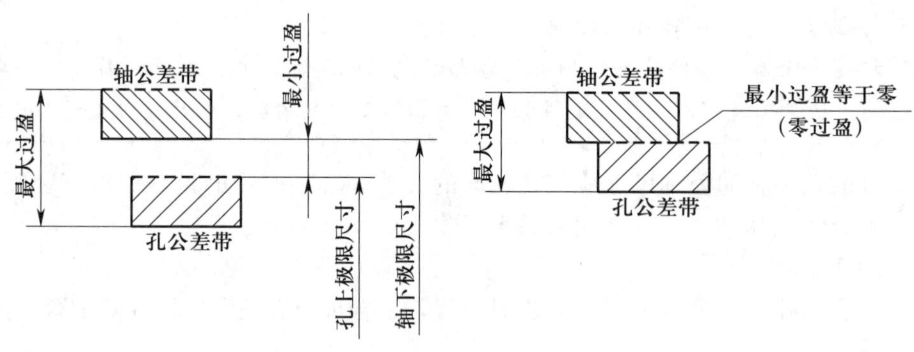

图 9－36　过盈配合

从图中可以看出，过盈配合时，孔的上极限尺寸应小于或等于轴的下极限尺寸，简单地说，轴的尺寸始终比孔的尺寸大，此时孔、轴装配就比较困难，常用的装配方法有压入法、热胀法（将孔加热）和冷缩法（将轴冷却）。由于孔、轴的实际尺寸允许在其公差带内变动，因而其配合的过盈是变动的。当孔为下极限尺寸而与其相配的轴为上极限尺寸时，配合处于最紧状态，此时的过盈称为最大过盈，用Y_{max}表示。在过盈配合中，最大过盈等于孔的下极限尺寸与轴的上极限尺寸之差。当孔为上极限尺寸而与其相配的轴为下极限尺寸时，配合处于最松状态，此时的过盈称为最小过盈，用Y_{min}表示。在过盈配合中，最小过盈等于孔的上极限尺寸与轴的下极限尺寸之差。以上关系用公式表示如下：

$$Y_{max}=(D+\mathrm{EI})-(d+\mathrm{es})=\mathrm{EI}-\mathrm{es}$$

$$Y_{min}=(D+\mathrm{ES})-(d+\mathrm{ei})=\mathrm{ES}-\mathrm{ei}$$

以上两式说明：对过盈配合，最大过盈等于孔的下极限偏差减去轴的上极限偏差所得的代数差；最小过盈等于孔的上极限偏差减去轴的下极限偏差所得的代数差。

最大过盈与最小过盈统称为极限过盈，它们表示在过盈配合中允许过盈变动的两个界限值。在正常的生产中，两者出现的机会也是很少的。

判断零间隙还是零过盈，首先要判断配合是属于间隙配合还是过盈配合。如EI－es≥0，则为间隙配合，EI－es ＝ 0 表示最小间隙为零，即零间隙；如 ES－ei≤ 0，则为过盈配合，ES－ei ＝ 0 表示最小过盈为零，即零过盈。

在孔和轴的配合中，间隙的存在是配合后能产生相对运动的基本条件，而过盈的存在是使配合零件位置固定或用于传递载荷。

（3）过渡配合

过渡配合是指可能具有间隙或过盈的配合，此时孔的公差带与轴的公差带相互交叠，如图 9-37 所示。

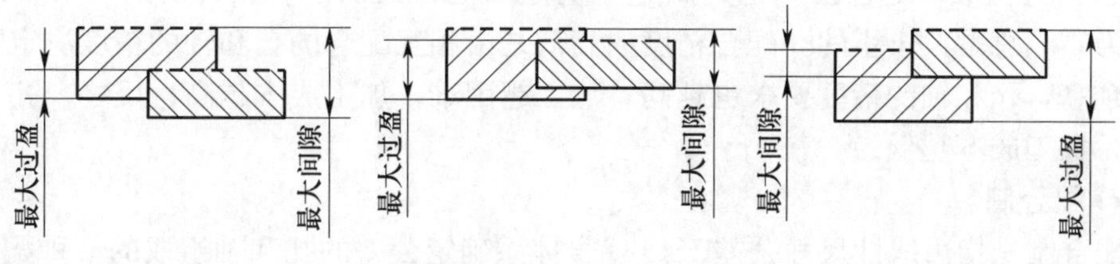

图 9-37　过渡配合

从图中可以看出，过渡配合时，孔的尺寸与轴的尺寸大小关系是变化的，孔的尺寸可以大于、等于或小于轴的尺寸。由于孔、轴的实际尺寸是允许在其公差带内变动的，因而当孔的尺寸大于轴的尺寸时，具有间隙；当孔的尺寸小于轴的尺寸时，具有过盈。

在过渡配合中，当孔为上极限尺寸，而轴为下极限尺寸时，配合处于最松状态，此时的间隙为最大间隙；当孔为下极限尺寸，而轴为上极限尺寸时，配合处于最紧状态，此时的过盈为最大过盈。

过渡配合中也可能出现孔的尺寸减轴的尺寸为零的情况。这个零值可称为零间隙，也可称为零过盈，但它不能代表过渡配合的性质特征，代表过渡配合松紧程度的特征值是最大间隙和最大过盈。

根据图样上标注的孔、轴的极限偏差，可用以下两种方法来判断配合的性质：一是直观判断，在公差带图上同时画出孔、轴的公差带，对比它们的相对位置即可判断；另一种是比较孔的上极限偏差与轴的下极限偏差，若 EI≥es，则为间隙配合；若 ES≤ei，则为过盈配合；若以上两条均不成立，则为过渡配合。

3. 配合公差

配合公差是指组成配合的孔、轴公差之和。它是允许间隙或过盈的变动量。配合公差一般用 T_f 表示，其计算公式为：

$$T_f = T_h + T_s$$

某一配合，其配合公差越大，则配合时形成的间隙或过盈可能出现的差别越大，也就是配合后产生的松紧差别的程度也越大，即配合的精度越低；反之，配合公差越小，间隙或过盈可能出现的差别越小，其松紧差别的程度也越小，即配合的精度越高。

由于配合公差是指允许间隙或过盈的变动量，因而对间隙配合，配合公差等于最大间隙与最小间隙之差，如图 9－38a 所示；对过盈配合，配合公差等于最大过盈与最小过盈之差，如图 9－38b 所示；对过渡配合，配合公差等于最大间隙与最大过盈之差，如图 9－38c 所示。

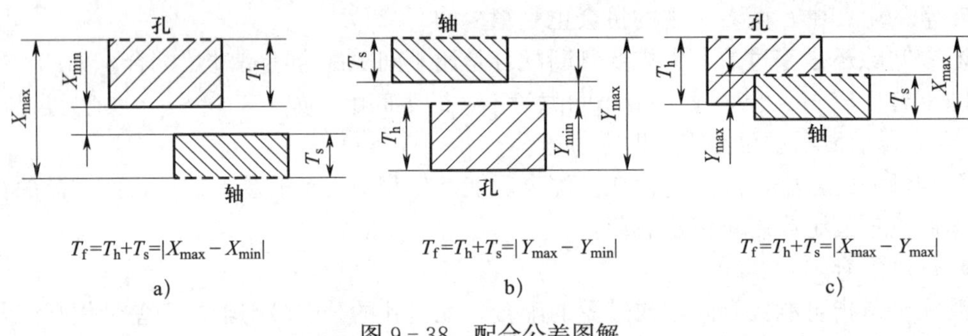

图 9－38　配合公差图解

与尺寸公差相似，配合公差也是用绝对值定义的，因而没有正、负的含义，而且其值也不可能为零，总是大于零的，配合精度的高低是由相互配合的孔和轴的精度决定的。配合精度要求越高，孔和轴的精度要求也越高，加工越困难，加工成本越高；反之，孔和轴的加工越容易，加工成本越低。

4. ISO 配合制

ISO 配合制是指由线性尺寸公差 ISO 代号体系确定公差的孔和轴组成的一种配合制度。

在制造相互配合的零件时，往往使其中一种零件作为基准件，其基本偏差固定，通过改变另一种零件的基本偏差来获得各种不同的配合性质。根据生产实际需要，国家标准规定了两种配合制度，即基孔制和基轴制。

（1）基孔制配合

基孔制配合是指孔的基本偏差为零的配合，即下极限偏差等于零的孔与不同基本偏差的轴的公差带形成各种配合的一种制度，如图 9－39 所示。

在基孔制配合中选为基准的孔称为基准孔，以下极限偏差作为基本偏差，其基本偏差的代号为“H”，数值为零，上极限偏差为正值，因而其公差带位于公称尺寸的位置上方，如图 9－39a 所示。在基孔制中，轴的基本偏差中 a～h 用于间隙配合；j～zc 用于过渡配合和过盈配合。当轴的基本偏差（此时为下极限偏差）的绝对值大于或等于孔的标准公差时，为过盈配合。

（2）基轴制配合

基轴制配合是指轴的基本偏差为零的配合，即上极限偏差等于零的轴与不同基本偏差的孔的公差带形成各种配合的一种制度，如图 9－40 所示。

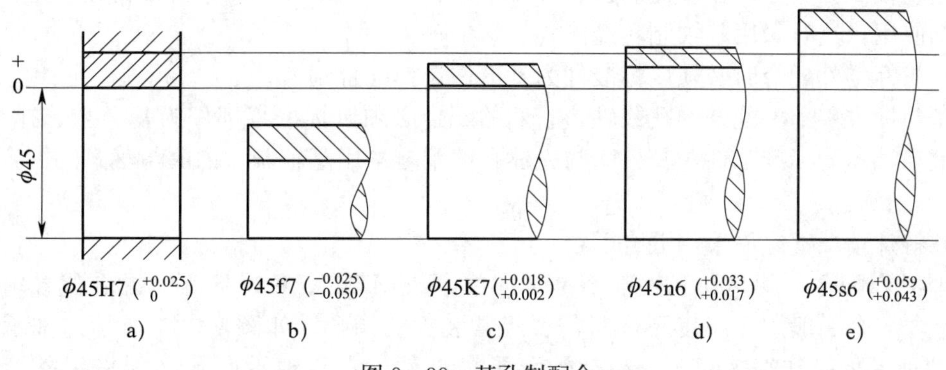

图 9－39　基孔制配合

a）基孔制的基准孔　b）间隙配合　c）、d）过渡配合　e）过盈配合

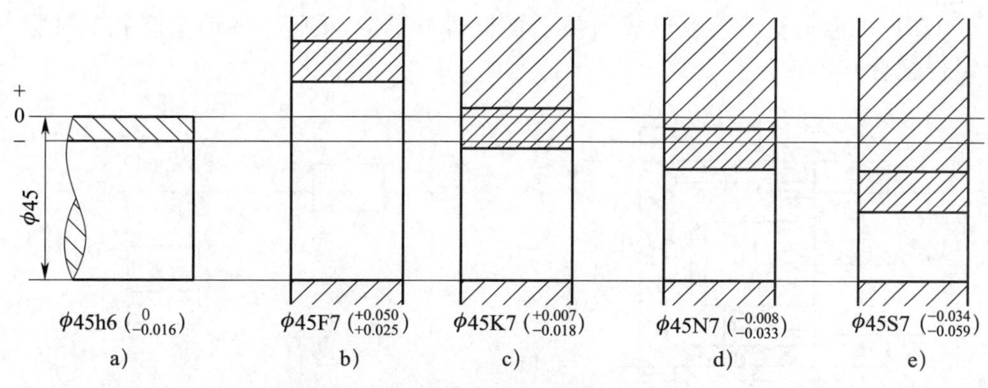

图 9－40　基轴制配合

a）基轴制的基准轴　b）间隙配合　c）、d）过渡配合　e）过盈配合

在基轴制配合中选为基准的轴称为基准轴，以上极限偏差作为基本偏差，其基本偏差的代号为“h”，数值为零，下极限偏差为负值，因而其公差带位于公称尺寸的位置下方，如图 9－40a 所示。在基轴制配合中，孔的基本偏差中 A～H 用于间隙配合；J～ZC 用于过渡配合和过盈配合。当孔的基本偏差（此时为上极限偏差）的绝对值大于或等于轴的标准公差时，为过盈配合。

5. 配合制的选择

（1）一般情况下优先选用基孔制

因为在中、小尺寸段，较高精度的孔的精加工一般采用拉刀、铰刀等定值刀具，检验时也多采用塞规等定值量具。对于同一公称尺寸的孔，如改变其极限尺寸，则必须更换定值刀具和量具，而轴的精加工中不存在这类刀具问题。因此，采用基孔制可大大减少定值刀具和量具的品种与规格，有利于刀具和量具的生产及储备，从而降低生产成本。

（2）某些情况下应采用基轴制

1）采用冷拔圆柱型材作为轴或考虑机械结构等原因，应采用基轴制。冷拔圆柱型材的尺寸、形状相当精确，表面光洁，因而不需加工表面就可直接当轴使用。

2）对于小尺寸的孔、轴（基本尺寸≤3 mm）配合，轴的加工比同级孔的加工困难，所以应采用基轴制。例如，在仪器制造、钟表生产、无线电工程中，常直接将经过光轧成形的钢丝当轴使用，这时采用基轴制较经济。

（3）与标准件配合时必须以标准件为基准件选择配合制

对于与标准零部件配合的孔或轴，它们的配合必须以标准零部件为基准来选择基准制。例如，滚动轴承为标准部件，其外圈与壳体孔的配合采用基轴制，内圈与轴颈的配合采用基孔制。

（4）特殊情况下允许采用混合配合

所谓混合配合，就是孔和轴都不是基准件，如 M7/f7、K8/d8 等，配合代号中没有 H 或 h。混合配合一般用于精度不高且需要经常装拆的场合。如图 9－41 所示，轴承座孔同时与滚动轴承外径和端盖配合，滚动轴承是标准件，它与轴承座孔必须采用基轴制（过渡配合），轴承座孔公差带选为 ϕ52J7；而对于端盖与轴承座孔的配合，由于要求经常拆卸，配合性质应为精度较低的间隙配合，轴承座孔公差带已定为 J7，现在只能对端盖选定一个位于 J7 下方的公差带，以形成所要求的间隙配合，为避免将轴承座孔制成阶梯形，故采用混合配合 ϕ52J7/f9。

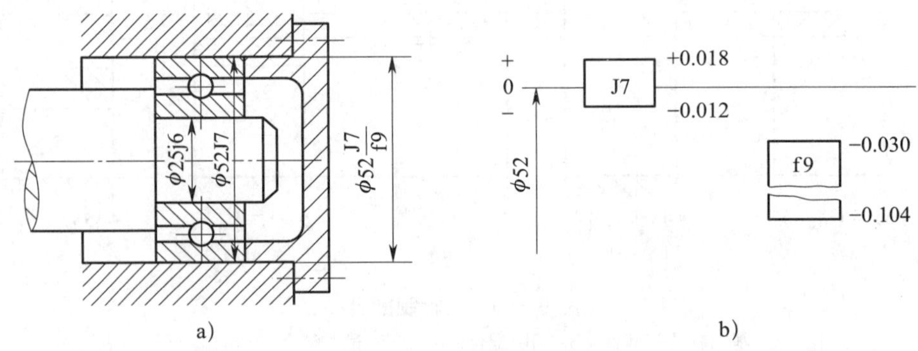

图 9－41　混合配合应用示例

表 9－15 和表 9－16 中的配合可满足普通工程机构需要。基于经济因素，如有可能，配合应优先选择框中所列的公差带代号。

表 9－15　　基孔制配合的优先配合

基准孔	轴公差带代号																	
	间隙配合							过渡配合				过盈配合						
H6						g5	h5	js5	k5	m5		n5	p5					
H7					f6	g6	h6	js6	k6	m6	n6		p6	r6	s6	t6	u6	x6
H8				e7	f7		h7	js7	k7	m7					s7		u7	
			d8	e8	f8		h8											
H9			d8	e8	f8		h8											
H10	b9	c9	d9	e9			h9											
H11	b11	c11	d10				h10											

表 9-16　　基轴制配合的优先配合

基准轴	孔公差带代号																	
	间隙配合							过渡配合				过盈配合						
h5						G6	H6	JS6	K6	M6		N6	P6					
h6					F7	G7	H7	JS7	K7	M7	N7		P7	R7	S7	T7	U7	X7
h7				E8	F8		H8											
h8			D9	E9	F9		H9											
h9				E8	F8		H8											
			D9	E9	F9		H9											
	B11	C10	D10				H10											

6. 配合种类和代号的选择

选用配合种类和代号的方法有计算法、类比法和试验法三种。在一般情况下通常采用类比法，即与经过生产和使用验证后的某种配合进行比较，然后确定其配合种类和相应代号。

采用类比法选择配合种类和代号时，首先应了解该配合部位在机器中的作用、使用要求和工作条件，还应该掌握国家标准中各种基本偏差的特点，了解各种常用和优先配合的特征与应用场合，熟悉一些典型的配合实例。大致步骤如下：

首先根据使用要求确定配合的种类，即确定是间隙配合、过盈配合还是过渡配合。配合种类选择的基本原则见表 9-17。确定种类后，再进一步类比确定选择哪一种配合代号。

表 9-17　　配合种类选择的基本原则

无相对运动	要传递转矩	要精确同轴	永久结合	过盈配合
			可拆结合	过渡配合或基本偏差为 H（h）的间隙配合加紧固件①
		无须精确同轴		间隙配合加紧固件①
	不传递转矩			过渡配合或小过盈配合
有相对运动	只有移动			基本偏差为 H（h）、G（g）② 的间隙配合
	转动或转动和移动复合运动			基本偏差为 A～F（n～f）② 的间隙配合

①紧固件指键、销和螺钉等。

②指非基准件的基本偏差代号。

7. 配合代号的标注

配合代号的形式采用组合式，其形式为在公称尺寸的右边写成分数形式，分子为孔的公差带代号，分母为轴的公差带代号，代号中的字母、数字高度与公称尺寸高度相同，如图 9-42 所示。

通常分子中含有 H 的为基孔制配合，分母中含有 h 的为基轴制配合，若分子、分母中同时出现 H 和 h，既可以认为是基孔制，也可以认为是基轴制。配合代号也可排成一行注写，如 ϕ40H8/f7。当零件与标准件、通用件相配合时，其配合尺寸的标注如图 9－43 所示，即可省去标准件、通用件的公差带代号，仅标出零件的公差带代号，如图 9－43 中的 ϕ52J7 和 ϕ25j6。

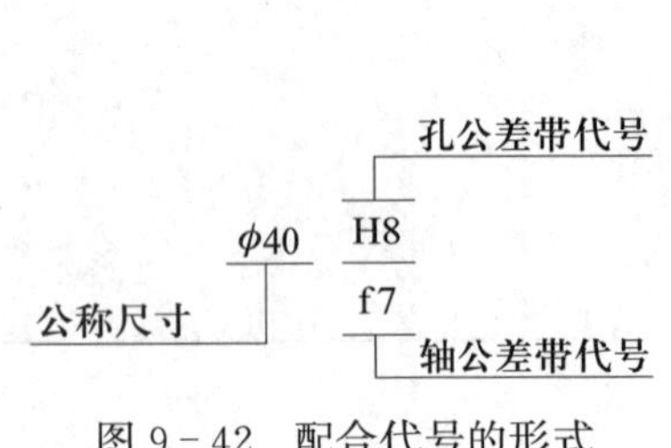

图 9－42　配合代号的形式

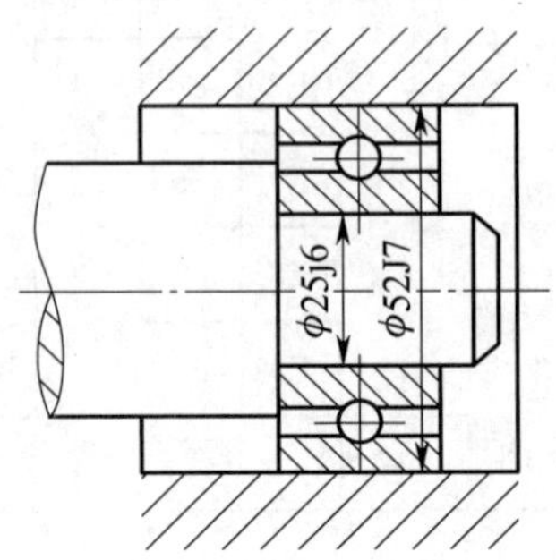

图 9－43　标准件中配合尺寸的标注

配合代号在装配图中的标注方法如图 9－44a 所示。根据配合代号就能知道相配合的孔、轴的尺寸和公差带代号，如图 9－44b、c、d 所示，并且知道配合制度、配合性质、基本偏差、公差等级、公称尺寸等有关知识。

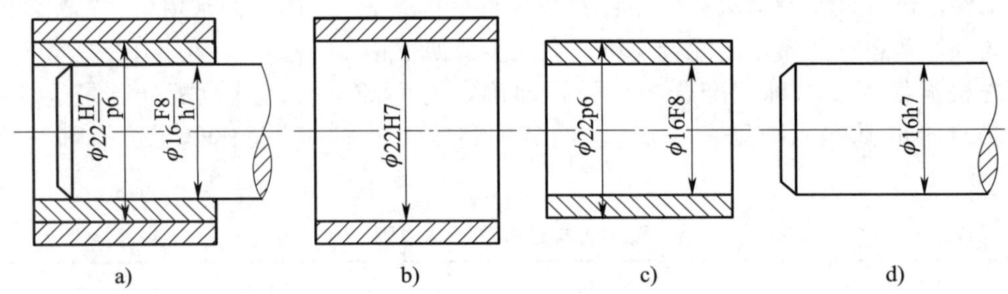

图 9－44　配合代号的标注及对应的孔、轴尺寸

8. 螺纹配合代号及其标注

当内、外螺纹旋合在一起时形成螺纹副，即螺纹配合。从理论上讲，内、外螺纹的选用公差带可以任意组合，但为了保证足够的接触高度，完工后的螺纹最好组成 H/h、H/g 或 G/h 的配合。一般常用 H/h 的配合（最小间隙为零）。H/g 或 G/h 的配合（可保证间隙）常用于要求易装拆、高温下工作的螺纹。

内、外螺纹的配合代号组成形式是将内、外公差带代号用斜线分开，左边表示内螺纹的公差带代号，右边表示外螺纹的公差带代号，如 6H/5g 和 6H/5g6g 等。

螺纹副的标注与前面螺纹标记的标注一样，只需将螺纹标记改为螺纹配合标记，螺纹配合的标记由螺纹代号和螺纹配合代号组成，中间加一短横线，如 M20×2—6H/5g 和M20×2—6H/5g6g—LH，标注时，一般尺寸线应指到螺纹的接合面上，如图 9－45 所示为螺纹配合标记的标注。

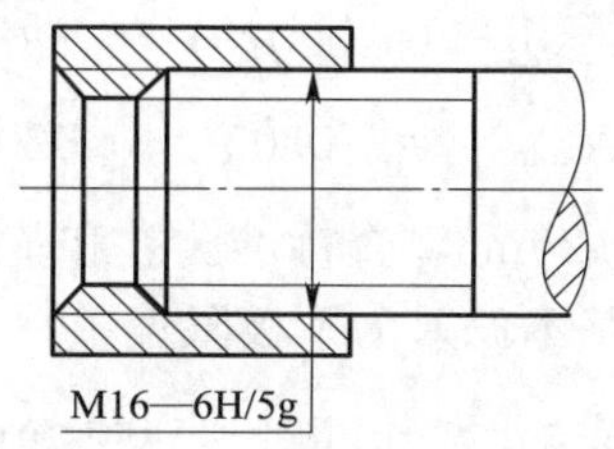

图 9-45　螺纹配合标记的标注

例 9-2　已知一个孔，其直径的公称尺寸为ϕ30 mm，上极限尺寸为 ϕ30.028 mm，下极限尺寸为ϕ30.007 mm，求孔的上、下极限偏差，并画出公差带图。

解：由公式可得孔的上、下极限偏差为：

$$ES=30.028-30=+0.028\ \text{mm}$$

$$EI=30.007-30=+0.007\ \text{mm}$$

画公差带图，如图 9-46 所示。

（1）作公称尺寸位置线，并标注“0”“+”“−”，然后画单箭头尺寸线并标上公称尺寸 ϕ30。

（2）选择适当比例（一般选 500∶1，极限偏差值较小时可选取 1 000∶1），按选定的放大比例画出公差带，标注极限偏差值，单位为 mm 时可省略；如单位为 μm 时，则必须注明。

例 9-3　求 $\phi50_{-0.039}^{\ \ 0}$ mm 轴的尺寸公差和极限尺寸，并画出公差带图。

解：由题可知该轴的公称尺寸为 ϕ50 mm，上极限偏差为 0 mm，下极限偏差为 −0.039 mm。由公式可得轴的公差和极限尺寸为：

$$T_s=|es-ei|=|0-(-0.039)|=0.039\ \text{mm}$$

$$\text{上极限尺寸}=d+es=50+0=50\ \text{mm}$$

$$\text{下极限尺寸}=d+ei=50+(-0.039)=49.961\ \text{mm}$$

画公差带图，如图 9-47 所示，作图方法同例 9-2。

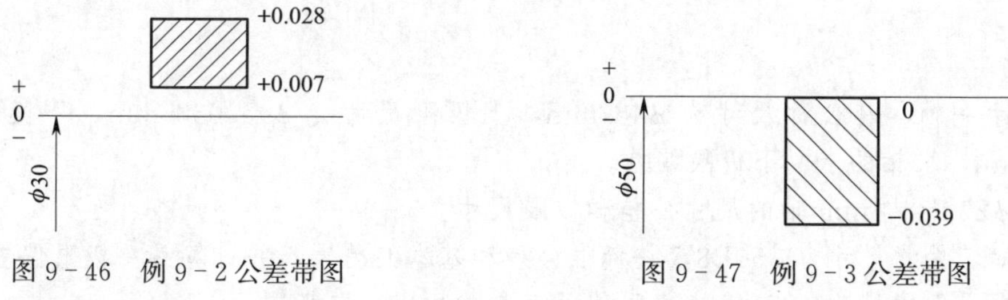

图 9-46　例 9-2 公差带图　　图 9-47　例 9-3 公差带图

例 9-4　画出 ϕ25f6（$_{-0.033}^{-0.020}$）轴和 ϕ25H7（$_{\ \ 0}^{+0.021}$）孔的公差带图，并求配合的极限间隙或极限过盈和配合公差。

解：画公差带图，并标上公差带代号，如图 9-48 所示。

由公差带图可知，孔的公差带在轴的公差带之上，因此此配合为间隙配合，有最大间隙和最小间隙。

$$X_{max}=ES-ei=+0.021-(-0.033)=+0.054\ \text{mm}$$

$$X_{min}=EI-es=0-(-0.020)=+0.020\ mm$$

$$T_f=|X_{max}-X_{min}|=|0.054-0.020|=0.034\ mm$$

例 9－5 已知零件的尺寸为 ϕ20m6，查标准公差和基本偏差表，并计算另一极限偏差。

解：从表 9－11 可查到 m 的基本偏差为下极限偏差，其数值为：

$$ei=+8\ \mu m=+0.008\ mm$$

从表 9－5 中可查到标准公差数值为：

$$IT6=13\ \mu m=0.013\ mm$$

代入公式可得另一极限偏差为：

$$es=ei+IT=+0.008+0.013=+0.021\ mm$$

例 9－6 已知相配合的孔和轴形成过渡配合，孔的尺寸为 $\phi(36\pm0.031)$ mm，轴的尺寸为 $\phi36^{+0.042}_{+0.026}$ mm，画出其公差带图，并求最大过盈和最大间隙。

解：根据孔和轴的上、下极限偏差，可将孔、轴的公差带图画出，如图 9－49 所示。

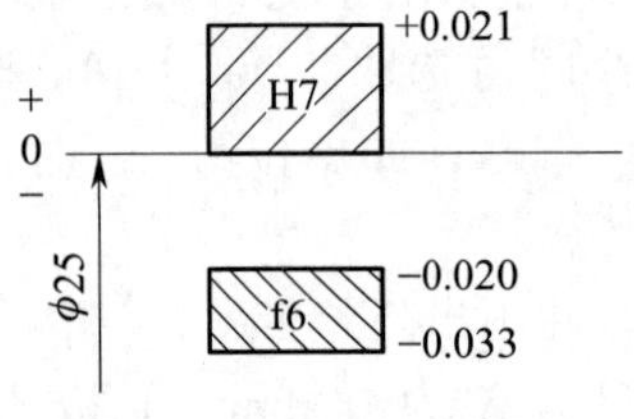

图 9－48 例 9－4 公差带图

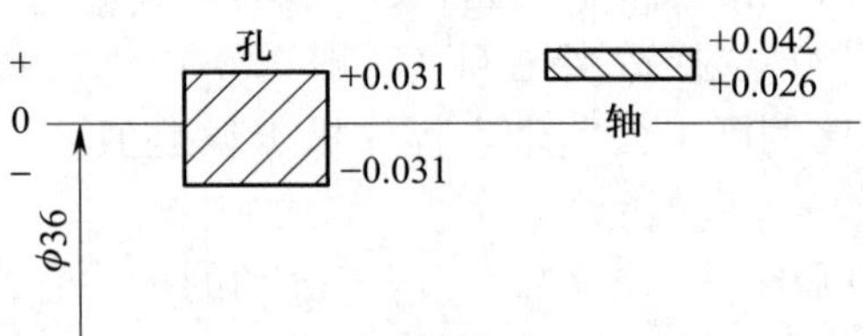

图 9－49 例 9－6 公差带图

根据公差带图或利用公式可得：

$$Y_{max}=EI-es=-0.031-(+0.042)=-0.073\ mm$$

$$X_{max}=ES-ei=+0.031-(+0.026)=+0.005\ mm$$

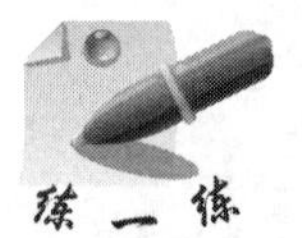

练一练

1. 设计一轴，其公称尺寸为 ϕ45 mm，上极限尺寸为 ϕ45.033 mm，下极限尺寸为 ϕ45.017 mm，求轴的上、下极限偏差。

2. 求 $\phi25^{-0.007}_{-0.020}$ mm 轴的尺寸公差和极限尺寸。

3. 已知零件的尺寸为 ϕ50D8，查标准公差和基本偏差表，并计算另一极限偏差。

4. 根据零件的尺寸 ϕ25M8 查极限偏差表，并画出公差带图。

5. 已知相配合的 $\phi50^{+0.014}_{0}$ mm 的孔与 $\phi50^{+0.028}_{+0.018}$ mm 的轴形成过盈配合，求最小过盈和最大过盈。

§9-5 表面结构

做一做 请准备一块 30 mm×30 mm×10 mm 的铁块，分别用粗锉刀和细砂布加工 30 mm×30 mm 的两个大平面，然后用手指触摸，体会一下两平面有何不同。

通过触摸，你会发现用粗锉刀加工的平面较粗糙，而用细砂布打磨的平面较光滑。机械制造中用表面结构反映表面质量。表面结构是由表面粗糙度、表面波纹度、表面缺陷三者综合形成的不规则的表面状况。在本节中主要学习表面粗糙度的有关知识。

一、表面结构的基本概念

1. 表面粗糙度

无论是机械加工后的零件表面，还是用其他方法获得的零件表面，外观看似光滑、平整，但在放大镜或显微镜下观察，就会发现零件表面有许多高低不平的凸峰和凹谷，如图 9-50 所示为零件表面几何形状。表述加工表面上这些峰谷的高低程度和间距状况的微观几何形状特性的术语称为表面粗糙度。

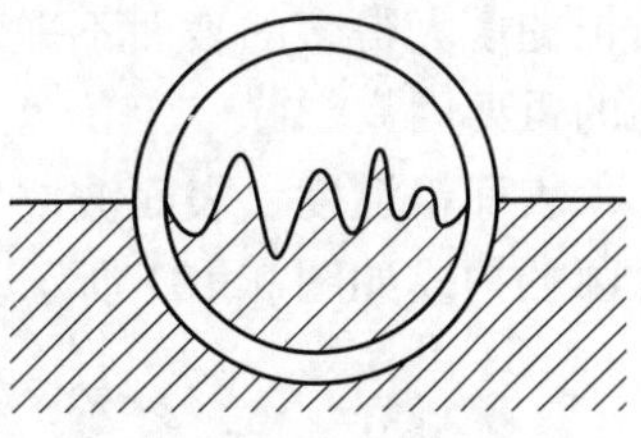

图 9-50 零件表面几何形状

表面粗糙度反映的是零件被加工表面的微观几何形状误差。它主要是由加工过程中刀具和零件表面间的摩擦、切屑分离时表面金属层的塑性变形、工艺系统的高频振动等原因形成的。表面粗糙度对零件使用性能的影响见表 9-18。

表 9-18 表面粗糙度对零件使用性能的影响

使用性能	影响
配合性质	对于间隙配合，表面粗糙度值过大则易磨损，使间隙很快地增大，从而引起配合性质的改变。对于过盈配合，表面粗糙度值过大会减小实际有效过盈量，从而降低连接强度
摩擦与磨损	表面越粗糙，阻力越大，摩擦因数也就越大，因摩擦而消耗的能量也越大；表面越粗糙，两配合表面的实际有效接触面积越小，单位面积压力越大，故更易磨损。但在某些场合（如滑动轴承和液压导轨面的配合处），如表面过于光滑，则不利于润滑油的储存，使之形成半干摩擦甚至干摩擦，有时还会增加零件接触面的吸附力，反而使摩擦因数增大，加剧磨损 综上所述，只有选取合适的表面粗糙度值，才能有效地减小零件的摩擦与磨损
耐腐蚀性	零件表面越粗糙，则其凹谷处越容易积聚腐蚀性的物质，然后逐渐渗透到金属材料的表层，使腐蚀加剧

续表

使用性能	影　响
零件强度	零件表面越粗糙，则表面凹痕就越深，产生的应力集中现象就越严重，在交变载荷的作用下，其疲劳强度会降低，因而有可能因应力集中产生疲劳断裂。因此，在加工中要特别注意提高零件沟槽和台阶圆角处的表面质量，以提高零件的疲劳强度
接触刚度	零件表面越粗糙，表面间的实际接触面积越小，单位面积受力越大，使峰顶处的塑性变形增大，降低接触刚度，从而影响机器的工作精度和抗振性能
结合密封性	当两个表面接触时，由于微观不平的存在，使得两个表面只在局部接触，形成中间缝隙，影响密封性。因而降低表面粗糙度值可提高零件的密封性能

综上所述，表面粗糙度将直接影响机械零件的使用性能和使用寿命，因此，应该对零件表面粗糙度的数值加以合理确定。

2. 表面波纹度

在机械加工过程中，由于机床、工件和刀具系统的振动，在工件表面所形成的间距比表面粗糙度大得多的表面不平度称为波纹度。零件表面的波纹度是影响零件使用寿命和引起振动的重要因素。

表面粗糙度、表面波纹度和表面几何形状误差总是同时生成并存在于同一表面的，表面轮廓的构成如图 9－51 所示。

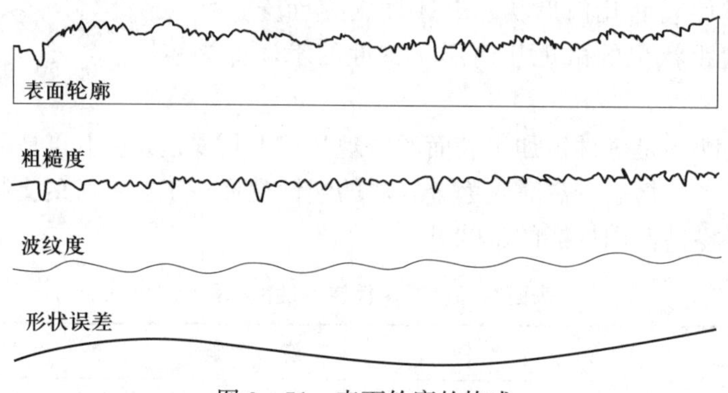

图 9－51　表面轮廓的构成

3. 评定表面结构常用的轮廓参数

对于零件表面结构的状况，可由轮廓参数［由国家标准《产品几何技术规范　表面结构　轮廓法　表面结构的术语、定义及参数》（GB/T 3505—2009）定义］、图形参数［由《产品几何技术规范（GPS）表面结构　图形参数》（GB/T 18618—2009）定义］、支承率曲线参数［由《产品几何量技术规范（GPS）表面结构　轮廓法　具有复合加工特征的表面　第 2 部分：用线性化的支承率曲线表征高度特性》（GB/T 18778.2—2003）和《产品几何技术规范（GPS）表面结构　具有复合加工特征的表面　第 3 部分：用概率支承率曲线表征高度特性》（GB/T 18778.3—2006）定义］三个参数组加以评定。其中轮廓参数是我国机械图样中目前最常用的评定参数。本节仅介绍轮廓参数中评定粗糙度轮廓（R 轮廓）的两个高度参数 Ra 和 Rz。

（1）算术平均偏差 Ra

算术平均偏差 Ra 是指在一个取样长度（在 X 轴方向判别被评定轮廓不规则特征的长度）内纵坐标 Z（x）绝对值的算术平均值，如图 9－52 所示。

（2）轮廓的最大高度 Rz

轮廓的最大高度 Rz 是指在同一取样长度内，最大轮廓峰高和最大轮廓谷深之和的高度，如图 9－52 所示。

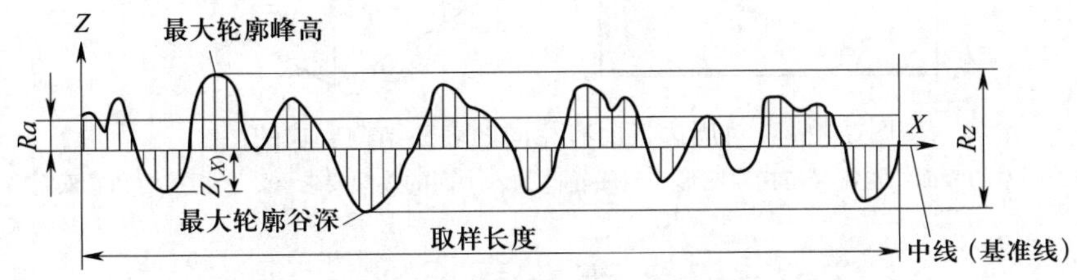

图 9－52　轮廓的算术平均偏差 Ra 和轮廓的最大高度 Rz

二、标注表面结构的图形符号

标注表面结构要求时的图形符号见表 9－19，表中列出了符号名称、图形符号及其含义。

表 9－19　　**标注表面结构要求的图形符号及其含义**

符号名称	图 形 符 号	含　　义
基本图形符号	H_2 H_1 60° 60° d'=0.35 mm（d'符号线宽）H_1=5 mm H_2=10.5 mm	仅用于简化代号标注，没有补充说明时不能单独使用
扩展图形符号		用去除材料方法获得的表面，仅当其含义是“被加工表面”时可单独使用
		不去除材料的表面，也可用于保持上道工序形成的表面，不管这种状况是通过去除或不去除材料形成的
完整图形符号		在以上各种符号的长边上加一横线，以便注写对表面结构的各种要求

注：表中 d'、H_1 和 H_2 的大小是当图样中尺寸数字高度选取 $h=3.5$ mm 时按国家标准《产品几何技术规范（GPS）　技术产品文件中表面结构的表示法》（GB/T 131—2006）的相应规定给定的。表中 H_2 是最小值，必要时允许加大。

当图样中某个视图上构成封闭轮廓的各表面有相同的表面结构要求时，在完整图形符号上加一圆圈，标注在封闭轮廓线上，其注法如图 9－53 所示。

三、表面结构要求在图形符号中的注写位置

为了明确表面结构要求，除了标注表面结构参数和数值外，必要时应标注补充要求，包

括传输带、取样长度、加工工艺、表面纹理和方向、加工余量等，这些要求在图形符号中的注写位置如图 9－54 所示。

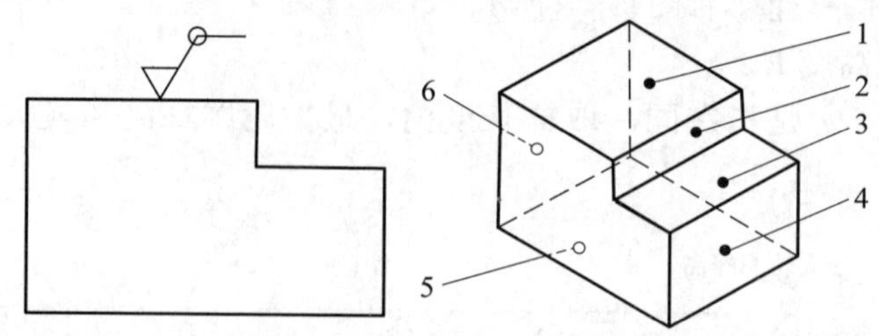

图 9－53　对周边各面有相同的表面结构要求的注法

注：图示的表面结构符号是指对图形中封闭轮廓的六个面的共同要求（不包括前面和后面）。

c
a
e　d b

位置*a*　注写表面结构的单一要求

位置*a*和*b*　*a*注写第一表面结构要求；*b*注写第二表面结构要求

位置*c*　注写加工方法，如“车”“磨”“镀”等

位置*d*　注写表面纹理和方向，如“=”“×”“M”

位置*e*　注写加工余量

图 9－54　补充要求的注写位置（*a* 到 *e*）

四、表面结构代号

表面结构符号中注写了具体参数代号和数值等要求后即称为表面结构代号。表面结构代号的示例和含义见表 9－20。

表 9－20　**表面结构代号的示例和含义**

序号	代号示例	含义/解释
1	*Ra* 0.8	表示不允许去除材料，单向上限值，*R* 轮廓，算术平均偏差为 0.8 μm
2	*Rz* max 0.2	表示去除材料，单向上限值，*R* 轮廓，轮廓最大高度的最大值为 0.2 μm
3	U *Ra* max 3.2 L *Ra* 0.8	表示不允许去除材料，双向极限值（默认定义或默认解释），*R* 轮廓。上限值：算术平均偏差最大值为 3.2 μm。下限值：算术平均偏差最大值为 0.8 μm

五、表面结构要求在图样中的注法

1. 表面结构要求对每一表面一般只注一次，并尽可能注在相应的尺寸及其公差的同一视图上。除非另有说明，所标注的表面结构要求是对完工零件表面的要求。

2. 表面结构要求的注写和读取方向与尺寸的注写和读取方向一致。表面结构要求可标注在轮廓线上，其符号应从材料外指向并接触表面，如图 9－55 所示。必要时，表面结构要求也可用带箭头或黑点的指引线引出标注，如图 9－56 所示。

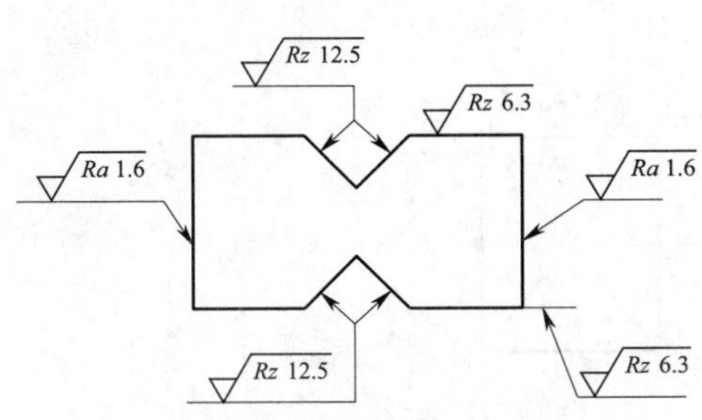

图 9-55 表面结构要求在轮廓线上的标注

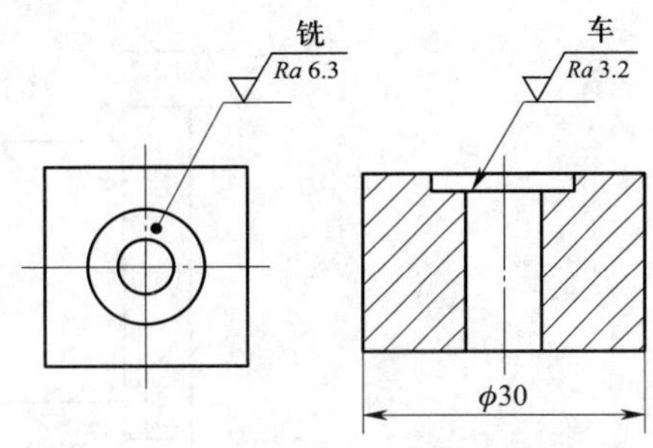

图 9-56 用指引线引出标注表面结构要求

3. 在不致引起误解时，表面结构要求可以标注在给定的尺寸线上，如图 9-57 所示。

4. 表面结构要求可标注在几何公差框格的上方，如图 9-58 所示。

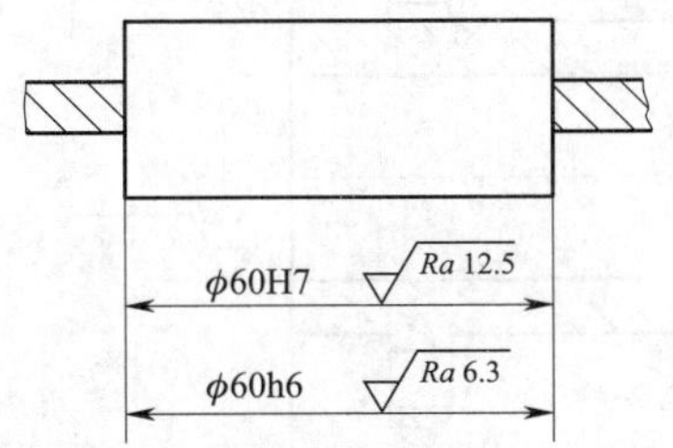

图 9-57 表面结构要求标注在尺寸线上

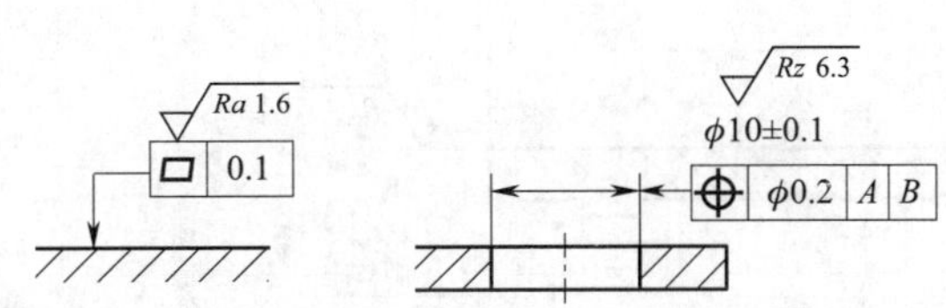

图 9-58 表面结构要求标注在几何公差框格的上方

5. 圆柱和棱柱表面的表面结构要求只标注一次，如图 9-59 所示可将其标注在圆柱特征的延长线上。如果每个棱柱表面有不同的表面结构要求，则应分别单独标注，其注法如图 9-60 所示。

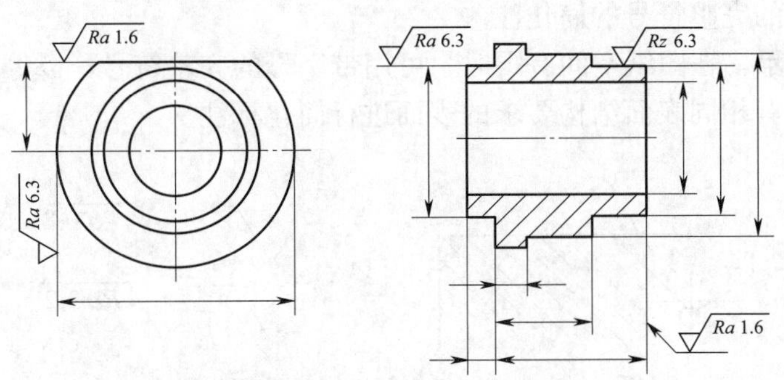

图 9-59 表面结构要求标注在圆柱特征的延长线上

六、表面结构要求在图样中的简化注法

1. 有相同表面结构要求的简化注法

如果在工件的多数（包括全部）表面有相同的表面结构要求时，则其表面结构要求可统一标注在图样的标题栏附近（不同的表面结构要求应直接标注在图形中），这种简化注法如图 9-61 所示。此时，表面结构要求的符号后面应包括：

在圆括号内给出无任何其他标注的基本符号，如图 9-61a 所示。

在圆括号内给出不同的表面结构要求，如图 9-61b 所示。

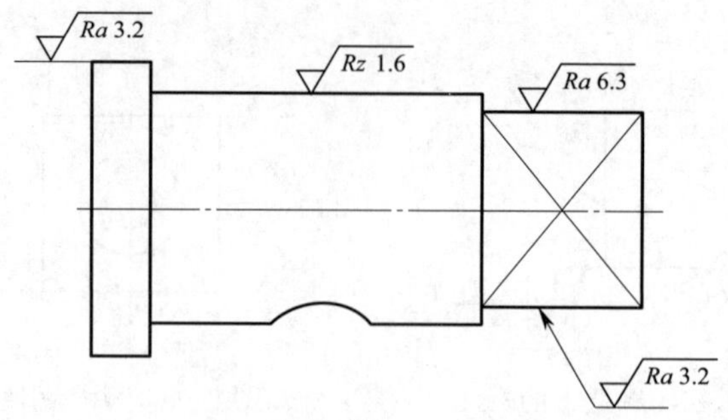

图 9－60 圆柱和棱柱表面结构要求的注法

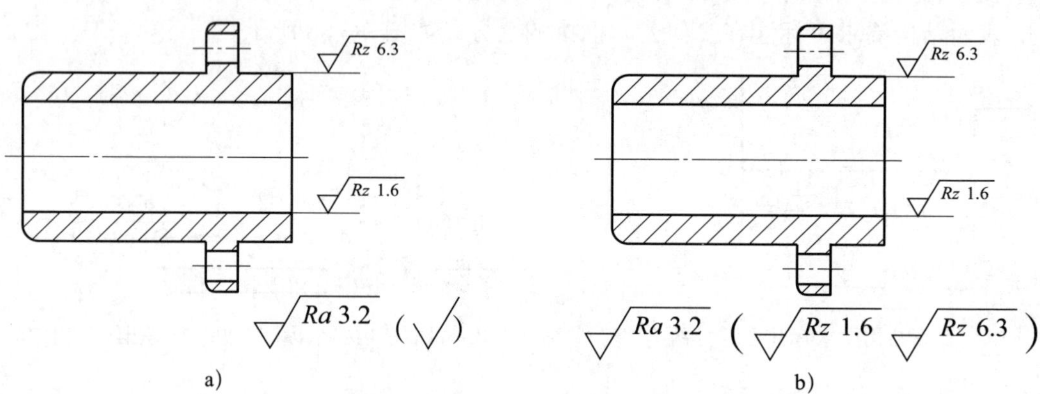

图 9－61 大多数表面有相同表面结构要求的简化注法

2. 多个表面有共同要求的注法

（1）用带字母的完整符号的简化注法

如图 9－62 所示，在图纸空间有限时，可用带字母的完整符号，以等式的形式，在图形或标题栏附近，对有相同表面结构要求的表面进行简化标注。

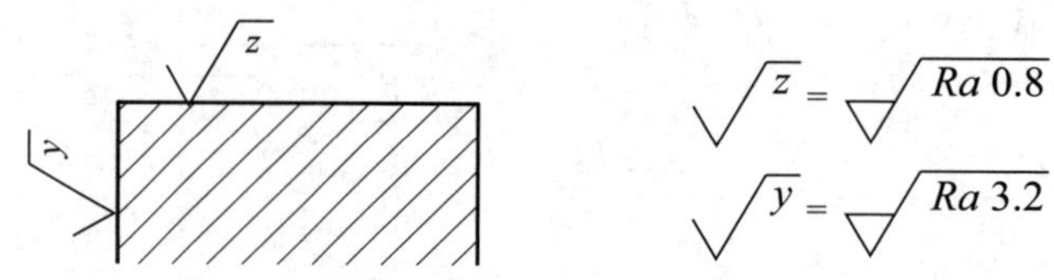

图 9－62 在图纸空间有限时的简化注法

（2）只用表面结构符号的简化注法

如图 9－63 所示，用表面结构符号以等式的形式给出多个表面共同的表面结构要求。

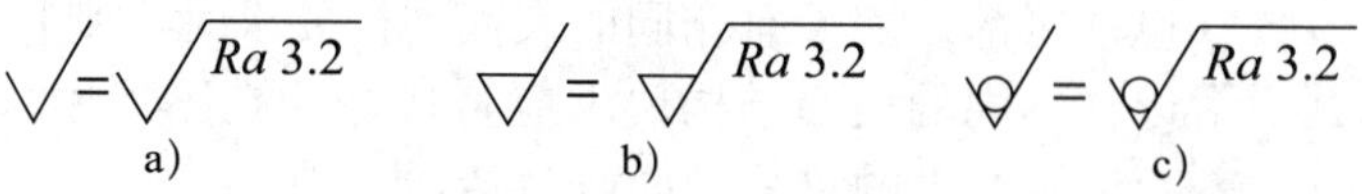

= Ra 3.2　　= Ra 3.2　　= Ra 3.2

a)　　b)　　c)

图 9－63 多个表面结构要求的简化注法

a）未指定工艺方法 b）要求去除材料 c）不允许去除材料

七、表面粗糙度的选用

表面粗糙度参数值的选择应遵循既满足零件表面功能要求，又考虑经济性的原则，一般用类比法确定。其选择原则如下：

1. 在满足表面功能要求的前提下，尽量选用较大的表面粗糙度值，以降低加工成本。

2. 在同一零件上，工作表面的表面粗糙度值一般小于非工作表面的表面粗糙度值。

3. 摩擦表面比非摩擦表面的表面粗糙度值要小，滚动摩擦表面比滑动摩擦表面的表面粗糙度值要小；运动速度高、压力大的摩擦表面应比运动速度低、压力小的摩擦表面的表面粗糙度值小。

4. 承受循环载荷的表面及易引起应力集中的结构（如圆角、沟槽等），其表面粗糙度值要小。

5. 配合精度要求高的结合表面、配合间隙小的配合表面以及要求连接可靠且承受重载的过盈配合表面，均应取较小的表面粗糙度值。

6. 配合性质相同时，在一般情况下，零件尺寸越小，则表面粗糙度值应越小；在同一精度等级时，小尺寸比大尺寸、轴比孔的表面粗糙度值要小；通常在尺寸公差、表面形状公差小时，表面粗糙度值要小。

7. 耐腐蚀性、密封性要求越高，表面粗糙度值应越小。

知识链接

常用加工方法所能达到的表面粗糙度

根据零件的加工方法，在正常加工的情况下可以判断出所加工零件的表面粗糙度 *Ra* 值的大致范围。常用加工方法对应的表面粗糙度 *Ra* 值见表 9－21。

表 9－21　常用加工方法对应的表面粗糙度 *Ra* 值　μm

加工方法 50	25	12.5	6.3	3.2	1.6	0.80	0.40	0.20	0.10	0.05	0.025	0.012
锯削	—	—	—									
刨削		—	━	━	━	—	—					
钻削			—	━	━	—						
铣削		—	—	━	━	━	—					
拉削				—	━	━	—					
铰孔				—	━	━	—					
车削、镗削		—	—	━	━	━	━	—	—	—		
研磨				—	—	━	━	━	━	—	—	
磨削							━	━	—	—	—	—
抛光							—	━	━	━	—	—

注：“━”表示常用，“—”表示不常用。

§9-6 几何公差

做一做 第一次，取出一支圆珠笔的笔芯，用一张纸在笔芯上绕几圈，做成一个纸筒，然后将笔芯抽出，再将笔芯插入纸筒内，体会一下手中的感觉。第二次，从纸筒内抽出笔芯，将笔芯适当弯曲，然后再将笔芯插入纸筒内，体会一下手中的感觉。前后对比，发现后一次插入笔芯时手中用的力要大一些，而笔芯的直径没有变化，这是为什么呢？

笔芯和纸筒的关系实际上是一个轴和孔的配合关系，纸筒是孔，笔芯是轴，笔芯弯曲后，它的形状、相关部分的位置与原来的相比已经发生了变化。所以，虽然零件的尺寸没有变化，但形状和位置发生变化后，同样会影响零件的装配精度。

由于机床精度、夹具、刀具、材料和工人操作水平等因素的影响，零件经过机械加工后，不仅有尺寸误差，而且还不可避免地存在零件上的点、线、面等几何要素的实际形状和相互位置与理想形状和相互位置的差异。这种形状上的差异就是形状误差，相互位置的差异就是位置误差，统称为几何误差。几何误差不仅会影响机械产品的质量，还会影响零件的互换性。例如，由于圆柱表面存在形状误差，在间隙配合中会使间隙不均匀，造成局部磨损加快，从而缩短零件的使用寿命。再如，在齿轮传动中，如果两轴的轴线不平行，会降低轮齿的接触精度，影响其使用寿命。为了满足零件的使用要求，保证零件的互换性和制造的经济性，设计时不仅要控制尺寸误差，还必须合理控制其几何误差。国家标准《产品几何技术规范（GPS） 几何公差 形状、方向、位置和跳动公差标注》（GB/T 1182—2018）对零件几何公差要求进行了规定。

一、几何要素

几何要素是指构成零件几何特征的点、线、面、体（基本形体）和它们的集合。如图 9-64所示的手柄，球心为点要素，素线和轴线为线要素，平面、球面、圆柱面、圆锥面为面要素，圆柱体、圆锥体和球体为体要素。

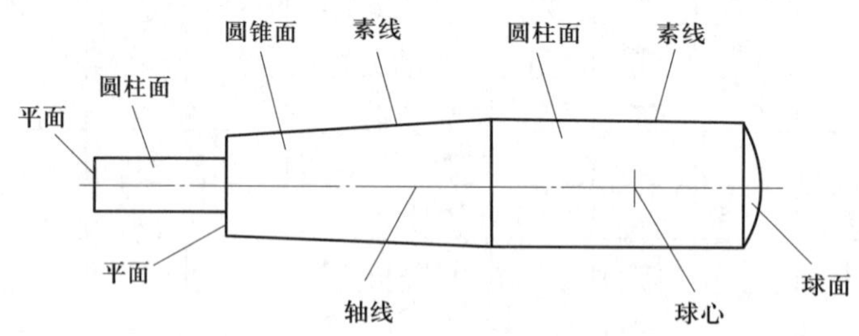

图 9-64 手柄中的几何要素

在机械零件上，点要素主要有圆心、球心、中心点和交点等；线要素主要有平面上的直线、回转体的素线、曲线、轴线和中心线等；面要素主要有平面、曲面、圆柱面、圆锥面、球面、圆环面和中心面等；体要素主要有棱柱体、棱锥体、圆柱体、圆锥体、球体、圆环等。

1. 理想要素与非理想要素

(1) 理想要素

设计者根据零件的功能确定的具有理想形状和理想尺寸的表面模型称为公称表面模型(见图 9-65),公称表面模型上的要素称为理想要素。

(2) 非理想要素

设计者假想的工件实际表面的模型称为非理想表面模型(见图 9-66),完全依赖于非理想表面模型或工件实际表面的不完美的几何要素称为非理想要素。

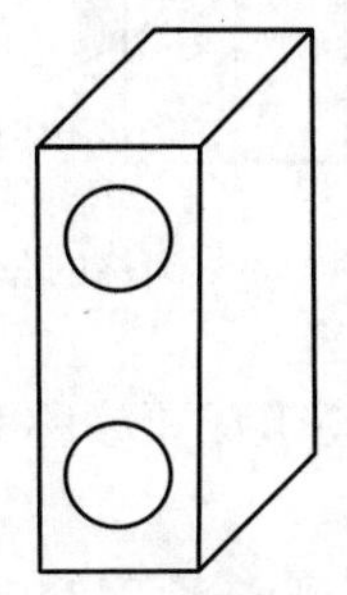

图 9-65 公称表面模型

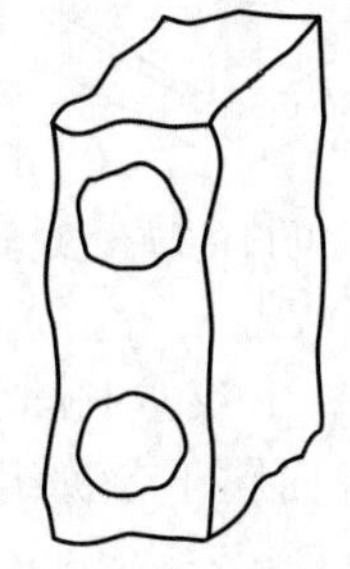

图 9-66 非理想表面模型

理想要素是完美的几何要素,是设计者设计的要素,只能存在于图样上。非理想要素是不完美的要素,可以是工件的实际要素,也可以是设计者假想的实际表面预期的几何要素。

2. 按特征分类的几何要素

几何要素按特征不同可分为组成要素和导出要素。

(1) 组成要素

组成要素是指属于工件的实际表面或表面模型(公称表面模型和非理想表面模型)的几何要素。也就是说,组成要素存在于工件的实际表面或表面模型上,可以是理想要素,也可以是非理想要素,但组成要素一定是工件表面的要素。如图 9-67 所示的顶尖,其上的圆柱面、圆锥面、球面、端面、素线等都是组成要素。

(2) 导出要素

由组成要素产生的中心点、中心线或中心面称为导出要素,图 9-67 所示顶尖中的球心、中心线和图 9-68 所示槽口的中心平面都是导出要素。

3. 按范畴分类的几何要素

与几何要素相关的三个范畴是设计范畴、工件范畴和检验范畴。设计范畴是指设计者对未来工件的设计意图的表达。工件范畴是指工件实物。检验范畴是指对工件进行测量和数据处理,然后判定零件是否合格的过程。几何要素按范畴不同分为公称要素、实际要素和提取要素。

(1) 公称要素

公称要素是指由设计者在产品技术文件中定义的理想要素。公称要素属于设计范畴

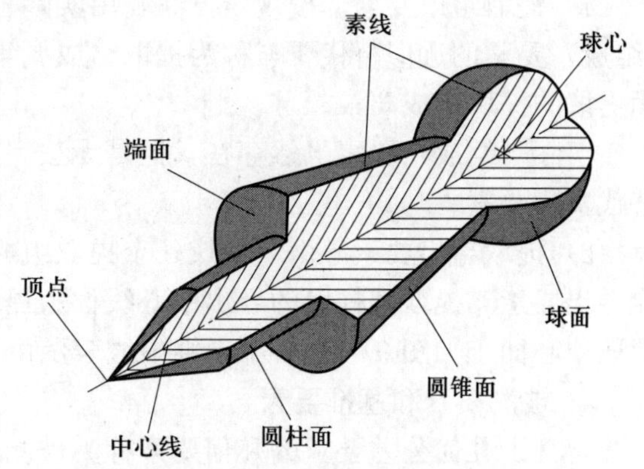

图 9-67 顶尖上的组成要素和导出要素

的几何要素，是理想要素。如图 9－69 所示，图样中的理想圆柱面和圆柱面的轴线都是公称要素。公称要素分为公称组成要素和公称导出要素。

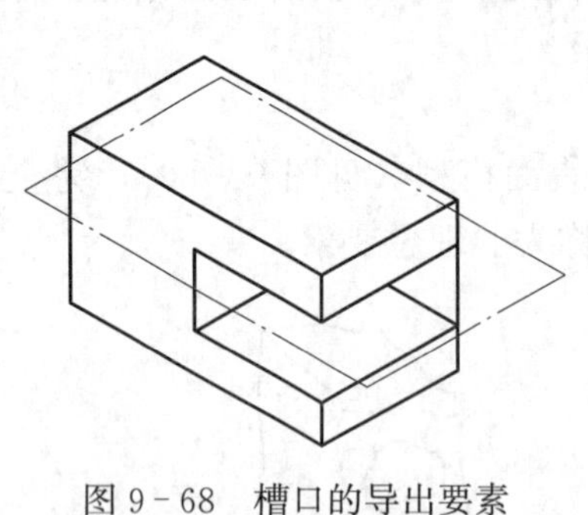

图 9－68　槽口的导出要素

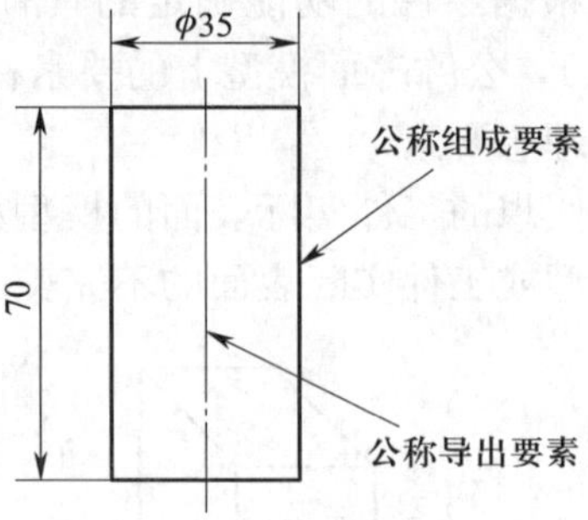

$\phi 35$

70

公称组成要素

公称导出要素

图 9－69　圆柱的公称要素

1）公称组成要素。由技术制图或其他方法确定的理想组成要素称为公称组成要素。如图 9－69 所示理想圆柱面属于公称组成要素。

2）公称导出要素。由公称组成要素导出的中心点、中心线或中心面称为公称导出要素。如图 9－69 所示理想圆柱面的中心线属于公称导出要素。

（2）实际要素

实际要素是工件范畴的要素，是指工件实际表面的要素，如图 9－70 所示。实际要素只有实际组成要素，没有实际导出要素。

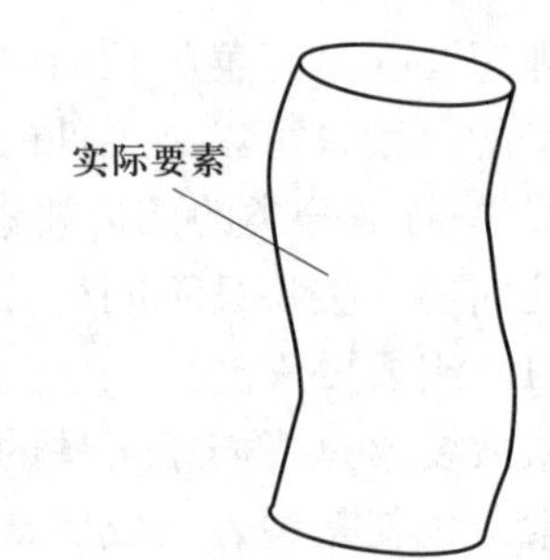

图 9－70　圆柱零件上的实际要素

（3）提取要素

提取是指从一个非理想要素中提取有限点集的操作，如图 9－71 所示。这里的非理想要素一般是工件实际表面，提取可以认为是用测量方法获得的某些特定点。也可以认为提取就是用规定的方法进行测量。

提取要素是指由提取的有限个点组成的几何要素。提取要素属于检验的范畴，因为提取只能得到有限的点，所以提取要素只能由有限点组成。

提取要素分为提取组成要素和提取导出要素。

1）提取组成要素。按规定方法，由实际（组成）要素提取有限数目的点所形成的实际（组成）要素的近似替代要素称为提取组成要素。如图 9－72 所示，粗虚线表示由实际圆柱面提取的提取组成要素。

实际（组成）要素虽然存在，但是无法完全获得，所以在实际应用中，用提取组成要素替代实际要素。

2）提取导出要素。由一个或几个提取组成要素得到的中心点、中心线或中心面称为提取导出要素。提取圆柱面的导出中心线称为提取中心线，两相对提取平面的导出中心面称为提取中心面。如图 9－72 所示，细虚线表示由提取圆柱面导出的提取中心线。

4. 被测要素和基准要素

定义了几何公差要求的几何要素称为被测要素。

用来定义几何公差的公差带方向和位置的要素称为基准要素，简称基准。

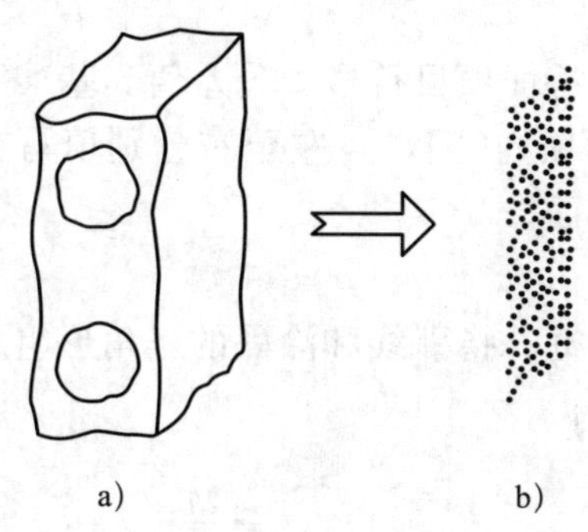

图 9－71　提取

a）非理想表面模型　b）从非理想表面模型的要素提取的点

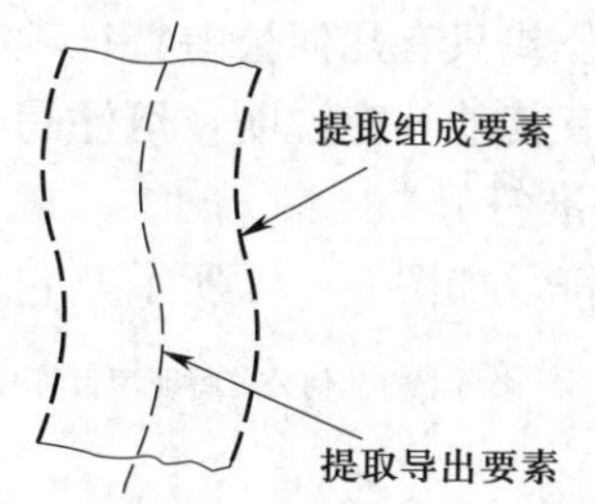

图 9－72　圆柱零件的提取要素

二、常用几何公差符号

1. 几何公差的特征项目

几何公差的特征项目和符号见表 9－22。

表 9－22　　几何公差的特征项目和符号（摘自 GB/T 1182—2018）

公差类型	特征项目	符号	有无基准	公差类型	特征项目	符号	有无基准
形状公差	直线度	—	无	方向公差	面轮廓度	⌓	有
	平面度	⏥	无	位置公差	位置度	⌖	有或无
	圆度	○	无		同心度（用于中心点）	◎	有
	圆柱度	⌭	无		同轴度（用于轴线）	◎	有
	线轮廓度	⌒	无		对称度	⌯	有
	面轮廓度	⌓	无		线轮廓度	⌒	有
方向公差	平行度	∥	有		面轮廓度	⌓	有
	垂直度	⊥	有	跳动公差	圆跳动	↗	有
	倾斜度	∠	有		全跳动	⌰	有
	线轮廓度	⌒	有				

2. 几何公差框格

如图 9－73 所示，几何公差框格一般由几何公差特征项目符号、公差值、基准字母等组成（形状公差只有几何公差特征项目符号和公差值两项内容），自左至右分别填写在三个框格内。若有其他补充说明，可注写在框格的上面或下面。

3. 基准符号

基准符号如图 9－74 所示，它由带大写字母的方框、指引线和涂黑的三角形组成。

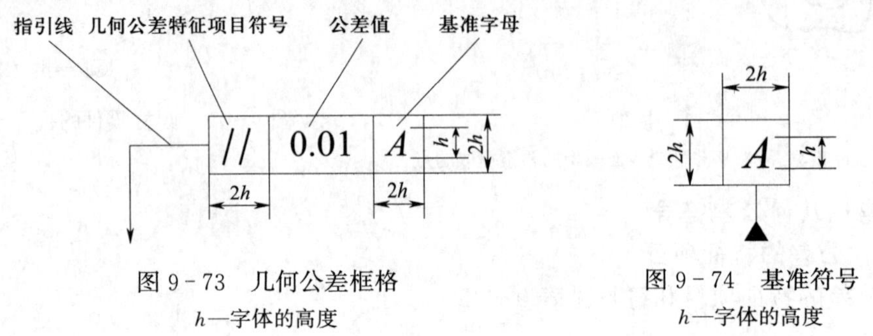

图 9－73　几何公差框格

h—字体的高度

图 9－74　基准符号

h—字体的高度

三、常用几何公差项目

几何公差分为形状公差、方向公差、位置公差和跳动公差四类。几何公差项目中的轮廓度有三类，无基准的轮廓度属于形状公差；三个方向都有基准的轮廓度属于位置公差；两个方向有基准，允许公差带在一个方向浮动的轮廓度属于方向公差。

1. 形状公差

形状公差是指单一实际要素的形状相对其公称（理想）要素的允许变动量。形状公差是为了限制形状误差而设置的。形状公差项目有直线度、平面度、圆度、圆柱度、与基准不相关的线轮廓度和与基准不相关的面轮廓度。

（1）直线度

直线度用于限制实际平面内直线或空间直线（如圆柱的轴线）的形状误差，直线度主要有给定平面内的直线度、圆柱面母线的直线度和圆柱面中心线的直线度三种。

1）给定平面内的直线度。给定平面内的直线度是指对实际平面上的直线要素给出的公差要求，如图 9－75 所示。

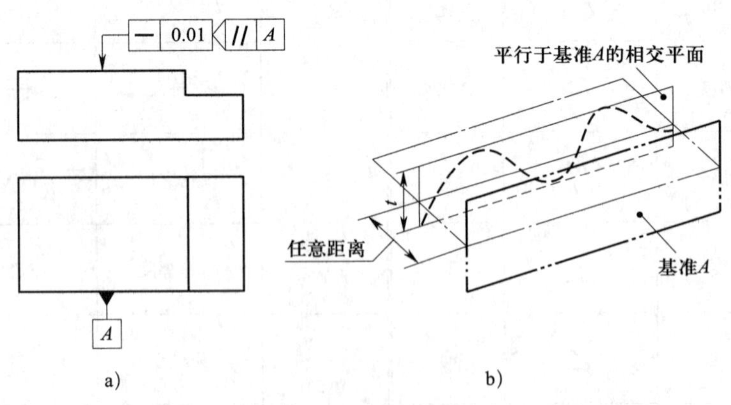

图 9－75　给定平面内的直线度

a）图样标注　b）公差带

在图 9－75a 中标注了零件上表面的直线度要求，在直线度公差框格的右侧增加了指示直线度公差带方向的相交平面框格，同时在图样上标注了作为确定公差带方向的基准符号。

为了明确表示几何公差带的方向和位置，在某些几何公差的标注中需要增加辅助要素框格，辅助要素框格有相交平面框格、定向平面框格、方向要素框格和组合平面框格四种，它们标注在几何公差框格的右侧。

相交平面框格的组成如图 9－76 所示，左侧框格中绘制表示相交平面相对于基准位置的符号。“//”表示相交平面与基准平行，“⊥”表示相交平面与基准垂直，“∠”表示相交平面与基准成一定的夹角，“⌯”表示相交平面对称于基准要素（或包含基准要素）。相交平面框格的第二格中放置基准字母，如字母 A 等，该字母与标注在图中的基准要素对应。

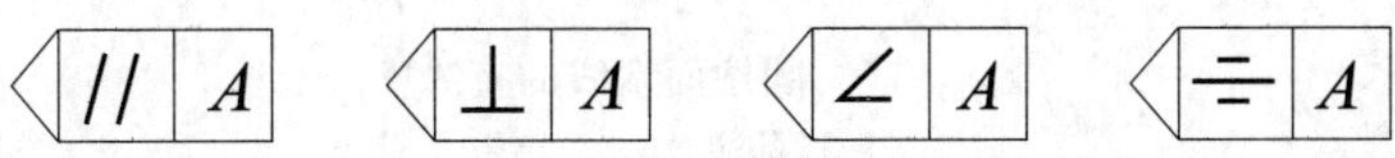

图 9－76　相交平面框格的组成

在图 9－75a 中，几何公差框格 [— | 0.01] 表示直线度的公差值为 0.01 mm；相交平面框格 [// | A] 表示该直线度的公差带所在的平面要与基准平面 A（零件前面）平行，基准符号 [A] 的三角形放置在零件前面的轮廓线上，表示以零件的前面作为基准构建相交平面，几何公差框格左侧的指引线指向零件最上侧平面的轮廓线，表示被测要素是上侧的平面。

图 9－75a 中几何公差和基准符号的标注表示在由相交平面框格规定的平面内，零件上表面的提取线应限定在间距等于 0.01 mm 的两平行直线之间。该直线度的公差带如图 9－75b 所示，为在平行于基准 A 的任意平面内和给定方向上，间距等于公差值 t 的两平行直线所限定的区域。

在公差带图中，对图线线型的应用与普通机械图样有所不同。本书公差带图使用的图线线型见表 9－23。

表 9－23　　公差带图使用的图线线型

要素层次	要素类型	线型	
		可见的	不可见的
公称要素	组成要素	粗实线	细虚线
	导出要素	细点画线	细点画线
实际要素	组成要素	粗不规则实线	细不规则虚线
提取要素	组成要素	粗虚线	细虚线
	导出要素	粗点线	细点线
基准要素		粗双点画线	细双点画线
公差界限、各公差平面		细实线	细虚线
尺寸线、指引线		细实线	细虚线

2）圆柱面母线的直线度。圆柱面母线的直线度用于限制圆柱面母线的直线形状误差，如图 9－77 所示。

在图 9－77a 中标注了圆柱面素线的直线度要求，图中的直线度公差框格表示被测实际圆柱面的素线应限定在间距等于 0.1 mm 的两平行直线之间。该直线度的公差带如图 9－77b 所示，为在由圆柱面轴线和母线确定的平面内、间距等于公差值 t 的两平行直线所限定的区域。

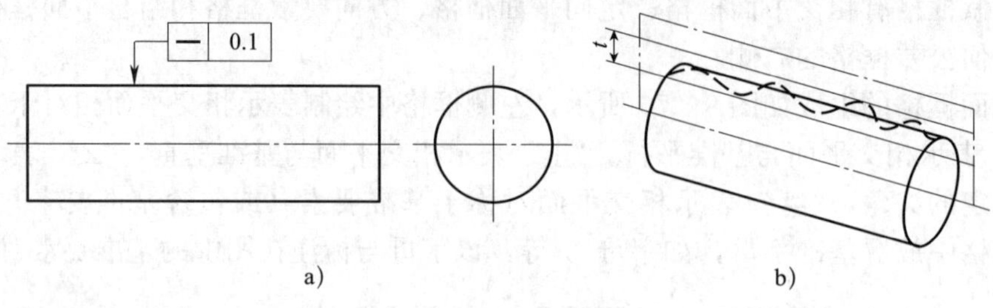

图 9－77　圆柱面素线的直线度

a）图样标注　b）公差带

3）圆柱面中心线的直线度。圆柱面中心线的直线度用于限制圆柱面中心线在任意方向的形状误差，如图 9－78 所示。

在图 9－78a 中标注了零件外圆柱面中心线的直线度要求，图中的直线度公差框格表示圆柱面的提取（实际）中心线应限定在直径等于 0.08 mm 的圆柱面内，该几何公差的公差值前加注了直径符号，表示公差带为圆柱面。该直线度的公差带如图 9－78b 所示，为直径等于公差值 t 的圆柱面所限定的区域。

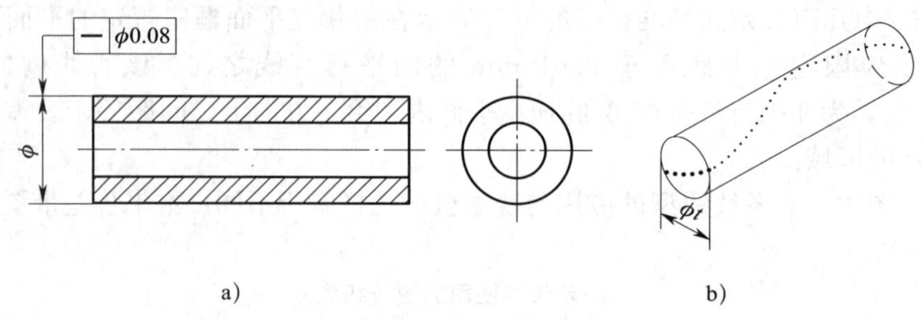

图 9－78　圆柱面中心线的直线度

a）图样标注　b）公差带

（2）平面度

平面度用于限定实际平面的形状误差，如图 9－79 所示。在图 9－79a 中标注了零件上表面的平面度要求，图中的平面度公差框格表示实际上表面应限定在间距等于 0.08 mm 的两平行平面之间。平面度的公差带如图 9－79b 所示，为间距等于公差值 t 的两平行平面所限定的区域。

（3）圆度

圆度用于限定实际圆柱面、圆锥面或球面等在某一截平面上的形状误差，下面重点介绍圆柱面和圆锥面的圆度，如图 9－80 所示。

1）圆柱面的圆度。圆柱面的圆度用于控制实际圆柱面在垂直于圆柱面轴线的截平面上的轮廓的形状误差。

在图 9－80a 中标注了圆柱面的圆度要求，图中的圆度公差框格表示在圆柱面的任意横截面内，提取圆周应限定在半径差等于 0.03 mm 的两共面同心圆之间。如图 9－80b 所示，圆柱面的圆度公差带为在给定横截面内，半径差等于公差值 t 的两个同心圆所限定的区域。

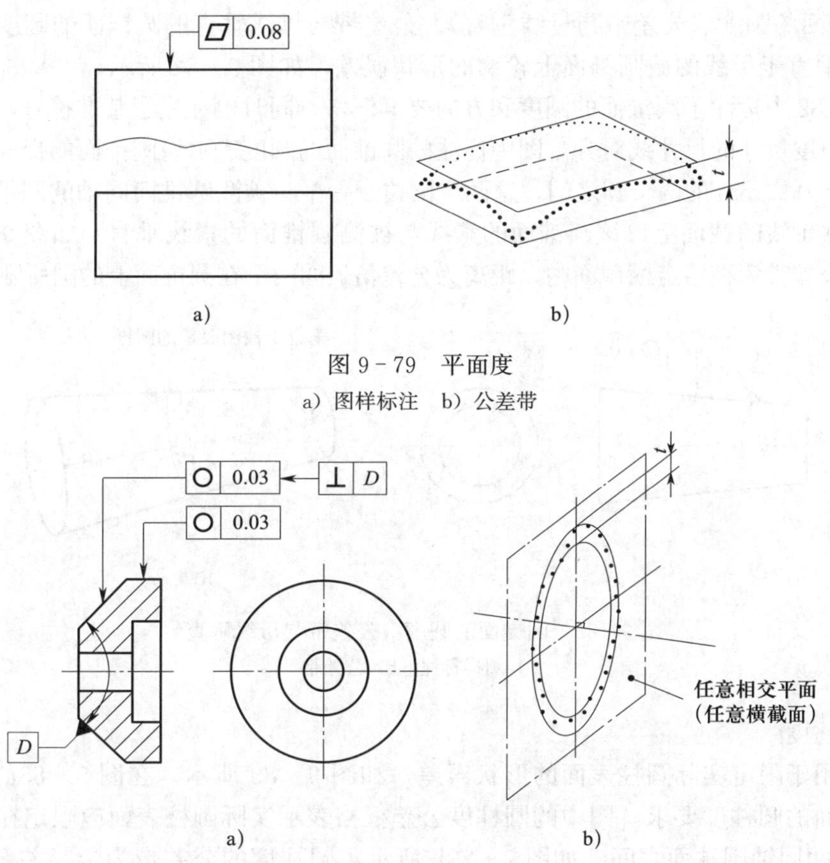

图 9－79　平面度

a）图样标注　b）公差带

图 9－80　圆柱面和圆锥面的圆度（公差带与轴线垂直）

a）图样标注　b）公差带

2）圆锥面的圆度（公差带与轴线垂直）。公差带与轴线垂直的圆锥面的圆度公差用于控制实际圆锥面在垂直于圆锥面轴线的截平面上的轮廓的形状误差。

在图 9－80a 中标注了圆锥面的圆度公差要求，在几何公差框格右侧增加了方向要素框格←|⊥|D|，同时标注了基准符号。基准符号的三角形与角度尺寸的尺寸线对齐，表示基准为圆锥面的轴线。

方向要素是指由工件的提取要素建立的，用于标识公差带宽度方向的要素。方向要素框格的组成如图 9－81 所示，左侧框格中绘制表示位置关系的符号（如平行、垂直、倾斜或跳动等），其中跳动符号表示公差带的宽度方向与被测要素垂直，而不是与基准垂直。右侧框格中填写构建方向要素的基准要素的字母。

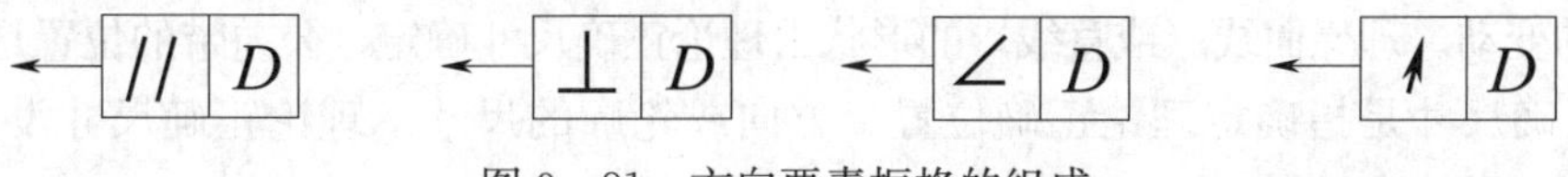

图 9－81　方向要素框格的组成

在图 9－80a 中标注的圆锥面的圆度表示在圆锥面的任意横截面（垂直于圆锥面中心线的平面）内，提取（实际）圆周应限定在半径差等于 0.03 mm 的两共面同心圆之间，该圆锥面的圆度公差带与圆柱面的圆度公差带相同。

3）圆锥面的圆度（公差带与母线垂直）。公差带与母线垂直的圆锥面的圆度用于控制实际圆锥面在垂直于母线的截圆锥面上轮廓的形状误差，如图 9－82 所示。

在图 9－82 中标注了圆锥面的圆度和方向要素框格，同时也标注了基准符号，且基准符号的三角形与角度尺寸的尺寸线对齐。图中标注的圆锥面的圆度表示该圆锥面的提取圆周线应限定在距离等于 0.2 mm 的两个圆之间，这两个圆位于一个与被测圆锥面同轴的圆锥面上，在通过两圆锥公共轴线的截面上，该圆锥面的素线与被测圆锥面的素线垂直。如图 9－82b 所示，该圆锥面的公差带为在给定横截面内，距离为公差值 t 的两个在圆锥面上的圆所限定的区域。

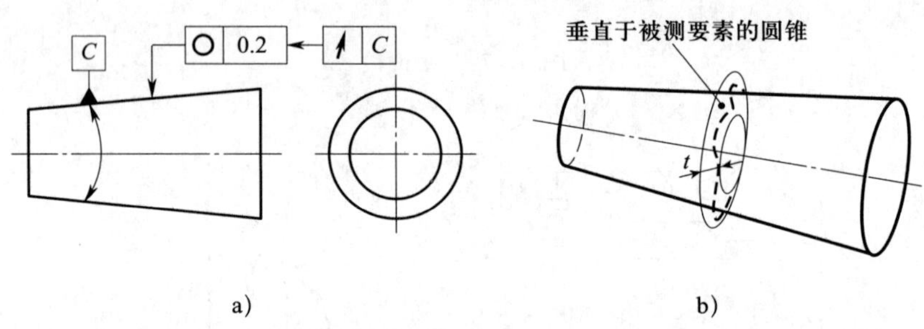

图 9－82　圆锥面的圆度（公差带与母线垂直）
a）图样标注　b）公差带

（4）圆柱度

圆柱度用于限定实际圆柱表面的形状误差，如图 9－83 所示。在图 9－83a 中标注了零件右侧圆柱面的圆柱度要求，图中的圆柱度公差框格表示实际圆柱表面应限定在半径差等于 0.03 mm 的两同轴圆柱面之间。如图 9－83b 所示，圆柱度的公差带为半径差等于公差值 t 的两个同轴圆柱面所限定的区域。

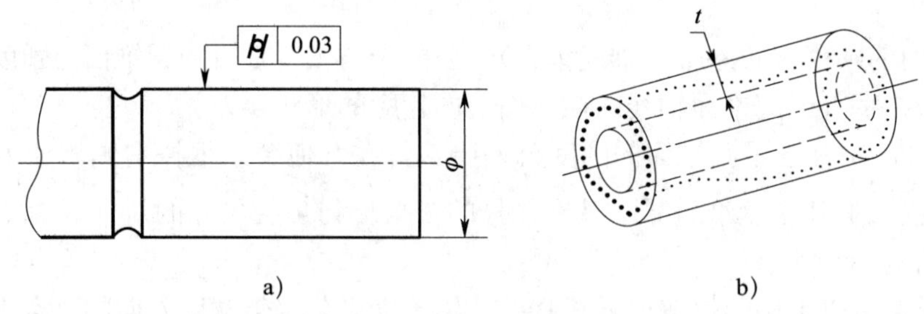

图 9－83　圆柱度公差
a）图样标注　b）公差带

（5）与基准不相关的线轮廓度

与基准不相关的线轮廓度用于限制实际曲面（或平面）上的曲线（或直线）对其理想曲线（或直线）的变动。理想曲线（或直线）的形状由理论正确尺寸确定，公差带的位置是浮动的。

理论正确尺寸是指确定理论正确位置、方向或轮廓的尺寸。理论正确尺寸没有公差，可以标注，也可以缺省（如 0°、90°等），如图 9－84 所示。

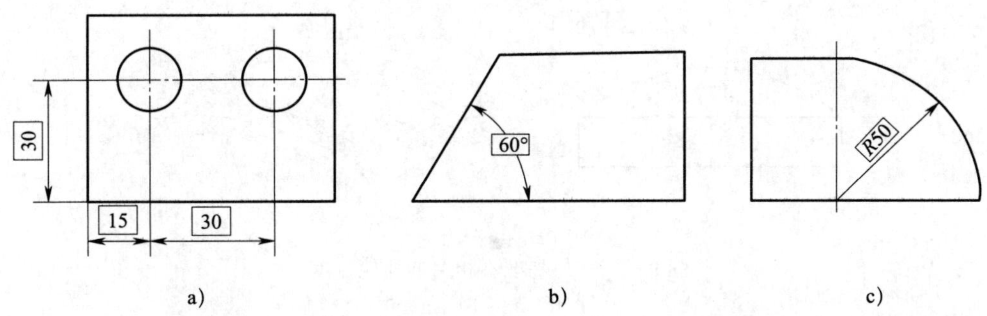

图 9－84　理论正确尺寸

a）确定孔位置的理论正确尺寸　b）确定方向的理论正确尺寸　c）确定轮廓的理论正确尺寸

在图 9－85a 中标注了与基准不相关的线轮廓度，图中的线轮廓度公差框格表示在任一平行于基准平面 A 的截面内，提取（实际）轮廓线应限定在直径等于 0.04 mm，圆心位于理论正确几何形状上的一系列圆的两等距包络线之间。如图 9－85b 所示，与基准不相关的线轮廓度的公差带为直径等于公差值 t，圆心位于具有理论正确几何形状上的一系列圆的两包络线所限定的区域。

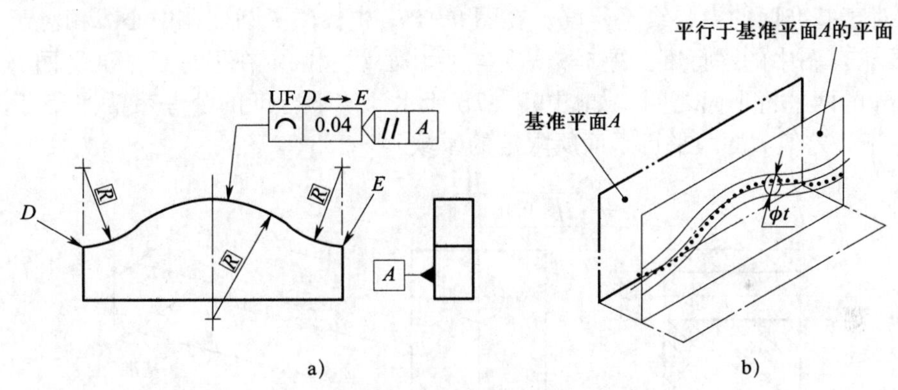

图 9－85　与基准不相关的线轮廓度

a）图样标注　b）公差带

在图 9－85a 中几何公差框格的上侧标注了符号"UF"和"$D \leftrightarrow E$"，UF 表示联合要素，联合要素是指由几个连续的或不连续的组成要素组合而成的要素，并将其视为一个单一要素。图 9－85a 所示的联合要素由三段圆弧组成。"↔"是区间符号，用于定义联合要素的范围。"$D \leftrightarrow E$"表示线轮廓度的被测要素是从 D 点到 E 点之间的三段圆弧组成的柱面。

（6）与基准不相关的面轮廓度

与基准不相关的面轮廓度用于限制实际曲面（或平面）对其理想曲面（或平面）的变动。理想曲面（或平面）的形状由理论正确尺寸确定，公差带的位置是浮动的。

在图 9－86 中标注了与基准不相关的面轮廓度，图中的面轮廓度公差框格表示提取（实际）轮廓面应限定在直径等于 0.02 mm、球心位于被测要素理论正确几何形状表面上的一系列圆球的两等距包络面之间。如图 9－86b 所示，与基准不相关的面轮廓度的公差带为直径等于公差值 t、球心位于理论正确几何形状上的一系列圆球的两个包络面所限定的区域。

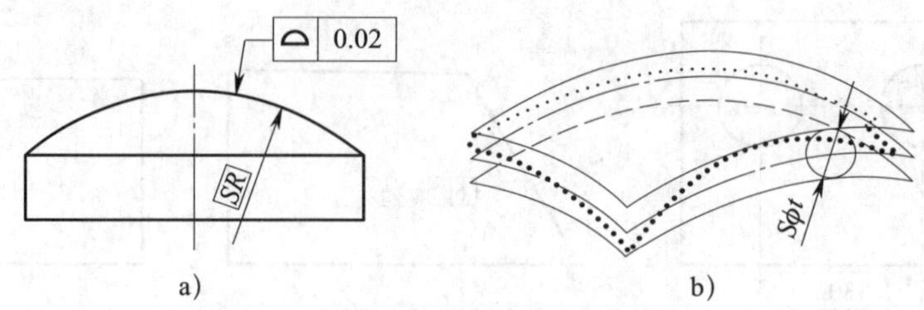

图 9-86　与基准不相关的面轮廓度

a）图样标注　b）公差带

2. 方向公差

方向公差是指被测要素对基准要素在方向上允许的变动量。方向公差包括平行度、垂直度、倾斜度、线轮廓度、面轮廓度等，其中平行度、垂直度和倾斜度最常用。

（1）平行度

平行度用于限制被测要素（平面或直线）相对基准要素（平面或直线）在平行方向上的变动量。平行度的项目较多，常用的有相对于基准面的中心线平行度、相对于基准直线的平面平行度和相对于基准面的平面平行度。

1）相对于基准面的中心线平行度。在图 9-87a 中标注了圆柱孔中心线相对于下侧平面的平行度要求，图中的平行度公差框格表示实际中心线应限定在平行于基准平面 B、间距等于 0.01 mm 的两平行平面之间。如图 9-87b 所示，该平行度的公差带为平行于基准平面 B、间距等于公差值 t 的两平行平面所限定的区域。

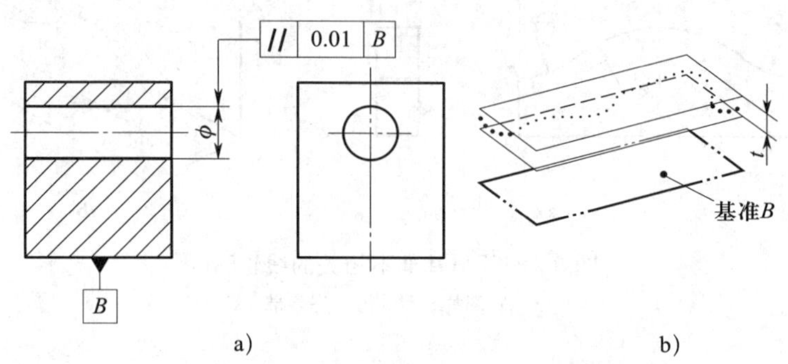

图 9-87　相对于基准面的中心线平行度

a）图样标注　b）公差带

2）相对于基准直线的平面平行度。在图 9-88a 中标注了上侧平面相对于圆柱孔中心线的平行度要求，图中的平行度公差框格表示实际平面应限定在间距等于 0.1 mm、平行于基准轴线 C 的两平行平面之间。如图 9-88b 所示，该平行度的公差带为间距等于公差值 t、平行于基准 C 的两平行平面所限定的区域。

3）相对于基准面的平面平行度。在图 9-89a 中标注了上侧平面相对于下侧平面的平行度要求，图中的平行度公差框格表示实际表面应限定在间距等于 0.1 mm、平行于基准面 D 的两平行平面之间。如图 9-89b 所示，该平行度的公差带为间距等于公差值 t、平行于基准平面 D 的两平行平面所限定的区域。

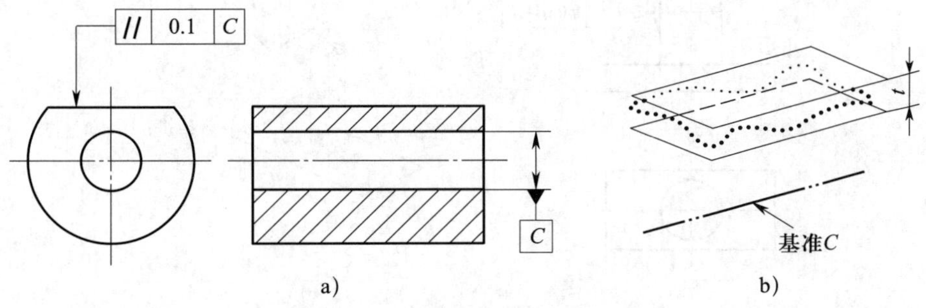

图 9－88　相对于基准直线的平面平行度

a）图样标注　b）公差带

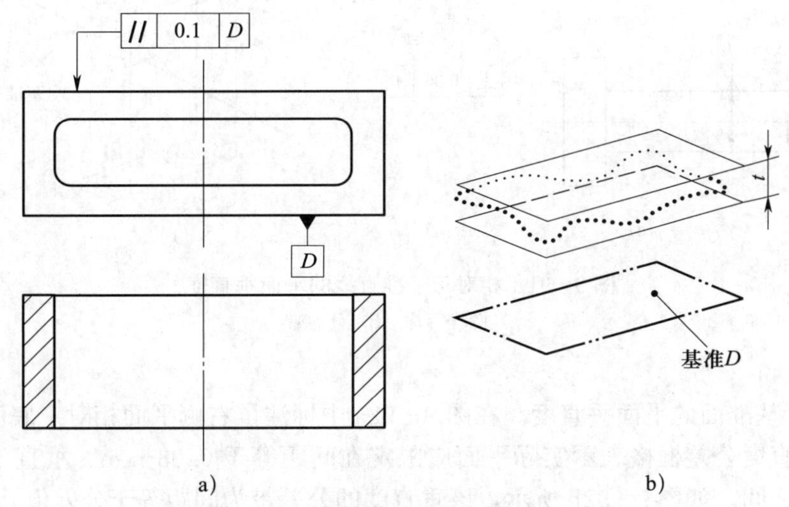

图 9－89　相对于基准面的平面平行度

a）图样标注　b）公差带

（2）垂直度

垂直度用于限制被测要素（平面或直线）相对基准要素（平面或直线）在垂直方向上的变动量。垂直度的项目较多，常用的有相对于基准面的中心线垂直度、相对于基准直线的平面垂直度和相对于基准面的平面垂直度。

1）相对于基准面的中心线垂直度。在图 9－90a 中标注了圆柱中心线相对于下侧底面的垂直度要求，图中的垂直度公差框格表示实际中心线应限定在直径等于 0.01 mm、垂直于基准平面 A 的圆柱面内。如图 9－90b 所示，该垂直度的公差带为直径等于公差值 t、轴线垂直于基准平面 A 的圆柱面所限定的区域。

2）相对于基准直线的平面垂直度。在图 9－91a 中标注了右侧圆柱右端面相对于左侧圆柱轴线的垂直度要求，图中的垂直度公差框格表示实际平面应限定在间距等于 0.08 mm 的两平行平面之间，该两平行平面垂直于基准轴线 A。如图 9－91b 所示，该垂直度的公差带为间距等于公差值 t 且垂直于基准轴线 A 的两平行平面所限定的区域。

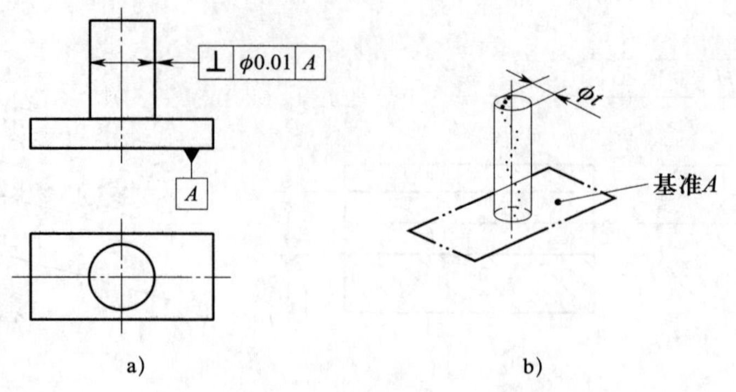

图 9-90 相对于基准面的中心线垂直度
a）图样标注 b）公差带

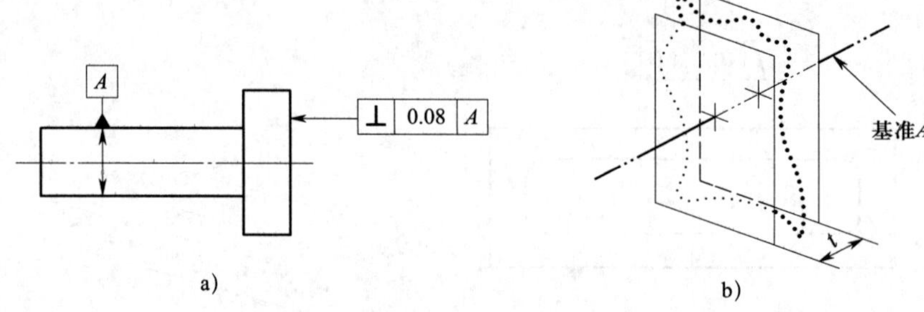

图 9-91 相对于基准直线的平面垂直度
a）图样标注 b）公差带

3）相对于基准面的平面垂直度。在图 9-92a 中标注了右侧平面相对于底面的垂直度要求，图中的垂直度公差框格表示实际平面应限定在间距等于 0.08 mm、垂直于基准平面 A 的两平行平面之间。如图 9-92b 所示，该垂直度的公差带为间距等于公差值 t、垂直于基准平面 A 的两平行平面所限定的区域。

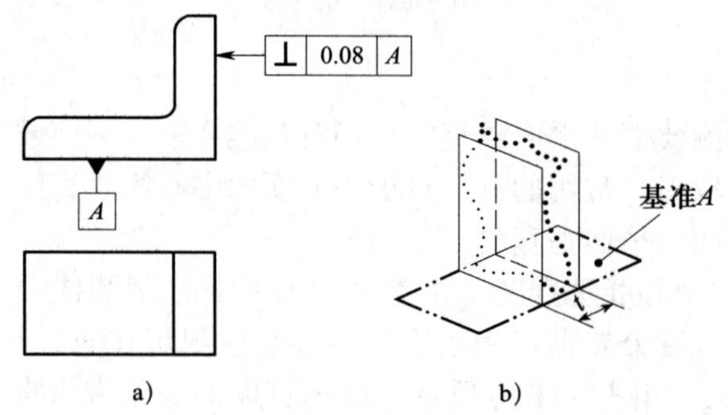

图 9-92 相对于基准面的平面垂直度
a）图样标注 b）公差带

（3）倾斜度

倾斜度用于限制被测要素（平面或直线）相对基准要素（平面或直线）在倾斜方向上的变动量。倾斜度的项目较多，常用的有相对于基准直线的平面倾斜度和相对于基准面的平面倾斜度。

1）相对于基准直线的平面倾斜度。在图 9－93a 中标注了斜平面相对于两侧圆柱公共轴线的倾斜度要求，图中的倾斜度公差框格表示斜平面的提取（实际）表面应限定在间距等于 0.1 mm 的两平行平面之间，该两平行平面按理论正确角度 75°倾斜于公共基准轴线 $A—B$。如图 9－93b 所示，该倾斜度的公差带为间距等于公差值 t 的两平行平面所限定的区域，该两平行平面按规定角度 α 倾斜于公共基准轴线 $A—B$。

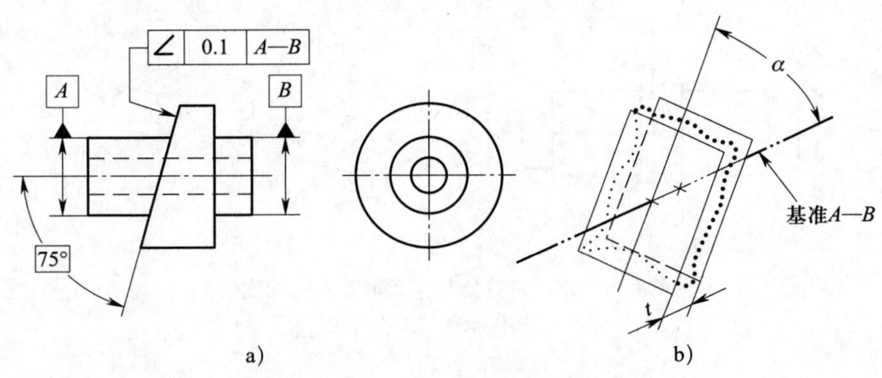

图 9－93　相对于基准直线的平面倾斜度

a）图样标注　b）公差带

2）相对于基准面的平面倾斜度。在图 9－94a 中标注了斜平面相对于底面的倾斜度要求，图中的倾斜度公差框格表示斜平面的提取（实际）表面应限定在间距等于 0.08 mm 的两平行平面之间，该两平行平面按理论正确角度 40°倾斜于基准平面 A。如图 9－94b 所示，该倾斜度的公差带为间距等于公差值 t 的两平行平面所限定的区域。该两平行平面按规定角度 α 倾斜于基准平面 A。

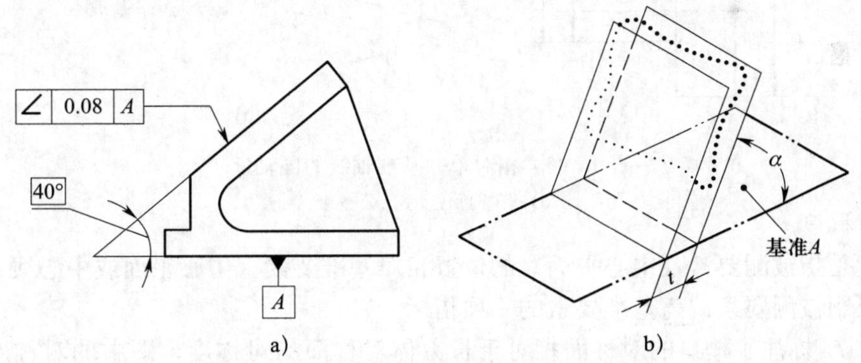

图 9－94　相对于基准面的平面倾斜度

a）图样标注　b）公差带

3. 位置公差

位置公差是指被测要素相对于基准要素在位置上允许的变动量。位置公差包括同心度与同轴度、对称度、位置度、线轮廓度、面轮廓度等，其中同轴度、对称度和位置度最常用。

（1）同轴度

同轴度是限制被测实际轴线相对于基准轴线的共轴误差。

在图 9-95a 中标注了中间圆柱的轴线相对于两端圆柱的公共基准轴线 $A—B$ 的同轴度要求，图中的同轴度公差框格表示被测圆柱的实际中心线应限定在直径等于 0.08 mm，以公共基准轴线 $A—B$ 为轴线的圆柱面内。如图 9-95b 所示，该同轴度的公差带为直径等于公差值 t 的圆柱面所限定的区域，该圆柱面的轴线与公共基准轴线 $A—B$ 重合。

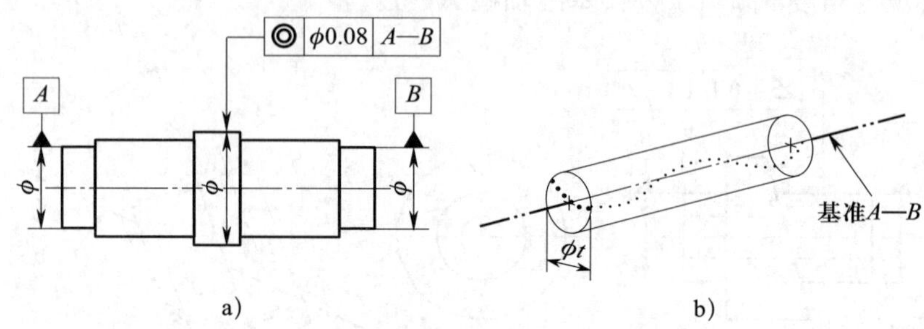

图 9-95　相对公共基准轴线的同轴度

a）图样标注　b）公差带

在图 9-96a 中标注了大圆柱轴线相对于小圆柱轴线的同轴度要求，图中的同轴度公差框格表示被测圆柱的实际中心线应限定在直径等于 0.1 mm、以基准轴线 A 为轴线的圆柱面内。如图 9-96b 所示，该同轴度的公差带为直径等于公差值 t 的圆柱面所限定的区域，该圆柱面的轴线与基准轴线 A 重合。

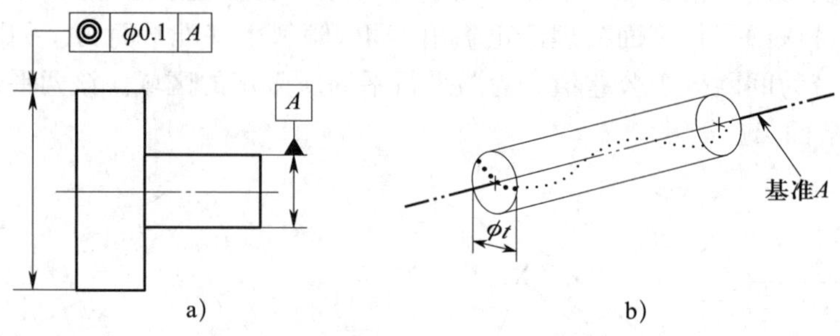

图 9-96　相对单一基准轴线的同轴度

a）图样标注　b）公差带

（2）对称度

对称度是指被测要素（中心平面）的位置相对基准要素（中心平面或中心线）的允许变动量，是限制被测要素偏离基准要素的一项指标。

图 9-97a 标注了槽口的对称面相对于长方体对称面的对称度，图中的对称度公差框格表示槽口的提取（实际）中心平面应限定在间距等于 0.01 mm、对称于基准中心平面 A 的两平行平面之间。如图 9-97b 所示，该对称度的公差带为间距等于公差值 t 且对称于基准中心平面 A 的两平行平面所限定的区域。

在图 9-98a 中标注了键槽的对称面相对于圆柱轴线的对称度，图中的对称度公差框格表示被测键槽的实际中心平面应限定在间距等于 0.02 mm、对称于基准轴线 A（通过基准轴线 A 的理想平面）的两平行平面之间。如图 9-98b 所示，该对称度的公差带为间距等于公差值 t、对称于基准轴线 A（通过基准轴线 A 的理想平面）的两平行平面所限定的区域。

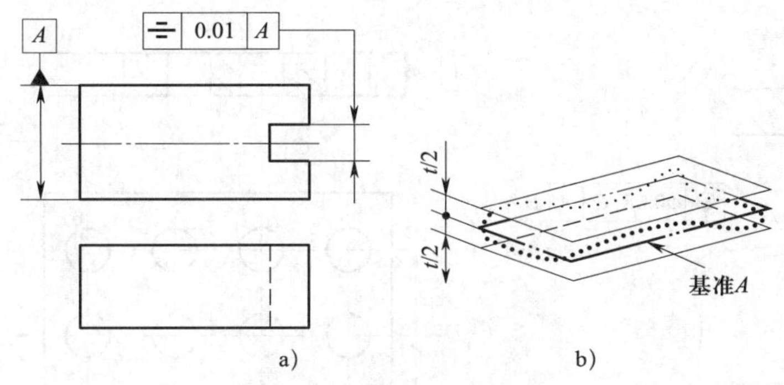

图 9-97　槽口的对称度

a）图样标注　b）公差带

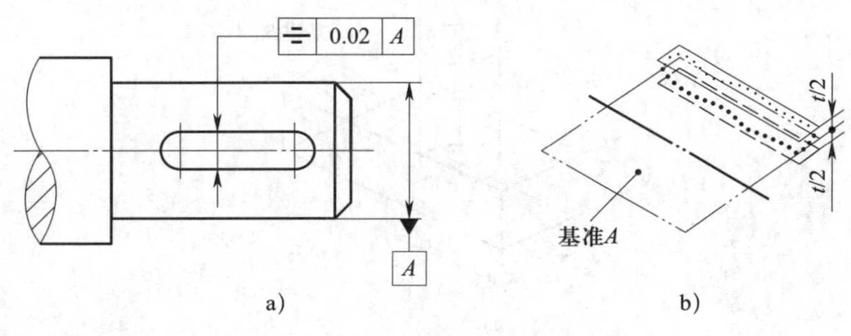

图 9-98　键槽的对称度

a）图样标注　b）公差带

（3）位置度

位置度是指被测要素所在的实际位置相对于由基准要素和理论正确尺寸所确定的理想位置所允许的变动量。位置度分为导出点的位置度、中心线的位置度、中心面的位置度和平表面的位置度等，其中公差带为圆柱面的中心线的位置度应用最广泛。

图 9-99a、b 中均标注了孔的轴线相对于由基准 C、基准 A 和基准 B 组成的基准体系的位置度。基准体系是由两个或三个基准组成的体系，它们的基准代号字母应按各基准的优先顺序在公差框格的第三格到第五格中依次标出，分别称为第一基准、第二基准、第三基准，如图 9-100 所示。基准体系遵循六点定位原则，第一基准由三个点确定，第二基准由两个点确定，第三基准由一个点确定。应用基准体系时，设计者在图样上标注基准时应特别注意基准的顺序，在加工或检验时，不得随意更换基准顺序。

图 9-99a 中标注的位置度公差框格表示提取（实际）中心线应限定在直径等于 0.08 mm 的圆柱面内，该圆柱面的轴线应处于由基准平面 C、A、B 和理论正确尺寸确定的被测孔的理论正确位置。图 9-99b 中标注了 8 个孔的轴线相对于由基准 C、基准 A 和基准 B 组成的基准体系的位置度，图中标注的位置度公差框格表示各孔的提取（实际）中心线应各自限定在直径等于 0.2 mm 的圆柱面内，该圆柱面的轴线应处于由基准 C、A、B 和理论正确尺寸确定的理论正确位置。如图 9-99c 所示，图 9-99a、b 所示位置度的公差带为直径等于公差值 t 的圆柱面所限定的区域，该圆柱面轴线的位置由相对于基准 C、A、B 的理论正确尺寸确定。

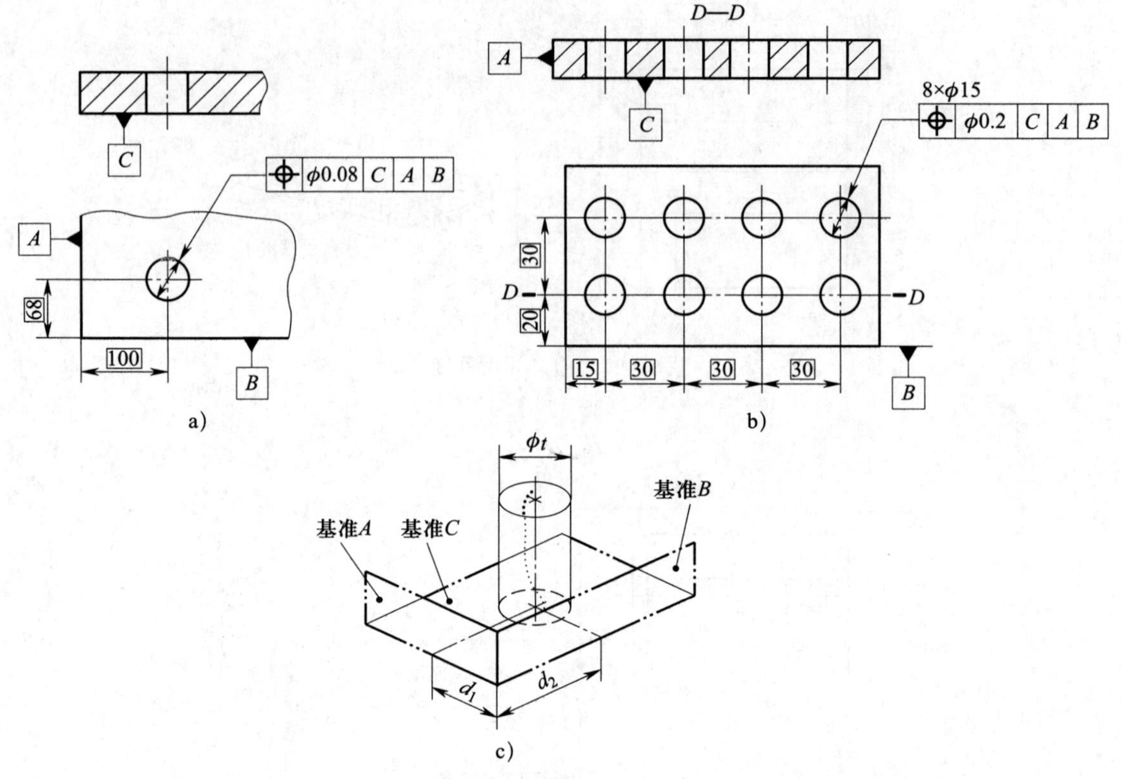

图 9－99　公差带为圆柱面的中心线的位置度

a)、b) 图样标注　c) 公差带

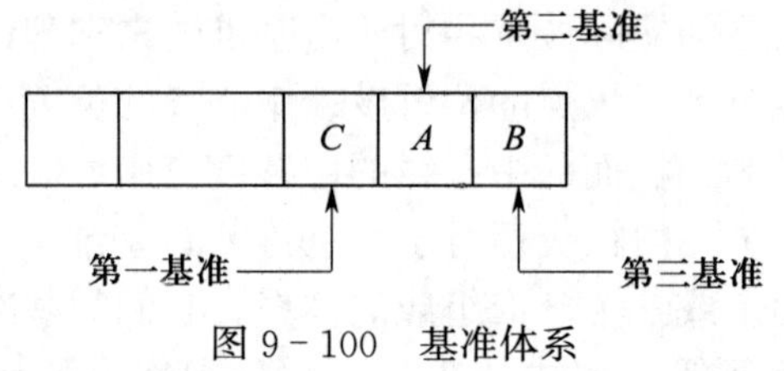

图 9－100　基准体系

4. 跳动公差

跳动公差是被测要素在无轴向移动的条件下，绕基准轴线回转一周或连续回转所允许的最大变动量。跳动公差用于综合控制被测要素的形状、方向和位置误差。跳动公差的被测要素一般为回转面或回转体的端面，跳动公差分为圆跳动公差和全跳动公差。

(1) 圆跳动

圆跳动是指被测要素在任一测量截面内相对于基准轴线的最大允许变动量，圆跳动分为径向圆跳动、轴向圆跳动、斜向圆跳动和给定方向的圆跳动，其中径向圆跳动和轴向圆跳动最常用。

1) 径向圆跳动。径向圆跳动用于限制被测要素（圆柱面）的任一横截面相对于基准轴线的径向跳动误差。在图 9－101a 中标注了中间大圆柱面相对于两端圆柱的公共基准轴线

A—B 的径向圆跳动，图中的径向圆跳动公差框格表示在任一垂直于公共基准轴线 A—B 的横截面内，提取（实际）线应限定在半径差等于公差值 0.1 mm、圆心在公共基准轴线 A—B 上的两共面同心圆之间。在图 9－101b 中标注了扇形块外圆柱面相对于孔轴线的径向圆跳动，图中的径向圆跳动公差框格表示在任一垂直于基准轴线 A 的横截面内，提取（实际）线应限定在半径差等于公差值 0.2 mm 的共面同心圆之间。如图 9－101c 所示，图 9－101a、b 所示径向圆跳动的公差带为在任一垂直于基准轴线的横截面内、半径差等于公差值 t、圆心在基准轴线上的两同心圆所限定的区域。

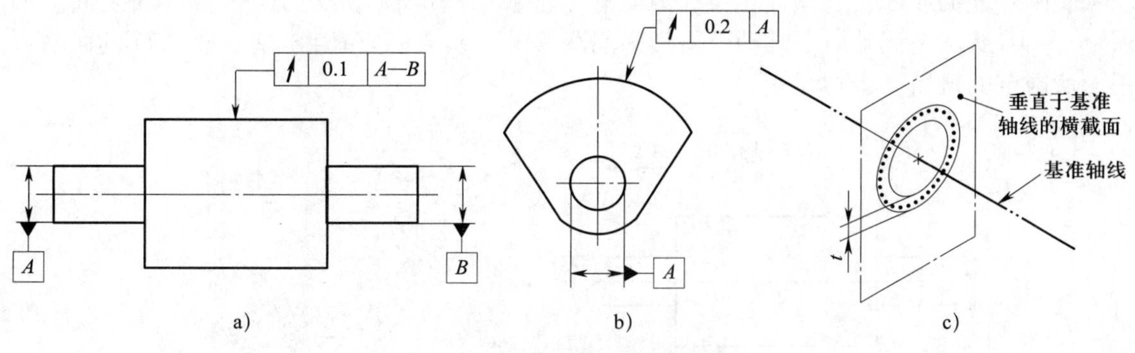

图 9－101　径向圆跳动

a)、b）图样标注　c）公差带

2）轴向圆跳动。轴向圆跳动用于限制被测要素（圆柱端面）与任一圆柱截面（与基准同轴）的交线相对于基准轴线的轴向跳动误差。在图 9－102a 中标注了右侧圆柱右端面的轴向圆跳动，图中的轴向圆跳动公差框格表示在与基准轴线 A 同轴的任一圆柱形截面上，提取（实际）圆应限定在轴向距离等于 0.1 mm 的两个等圆之间。如图 9－102b 所示，该轴向圆跳动公差带为与基准轴线 A 同轴的任一半径的圆柱截面上，间距等于公差值 t 的两圆所限定的圆柱面区域。

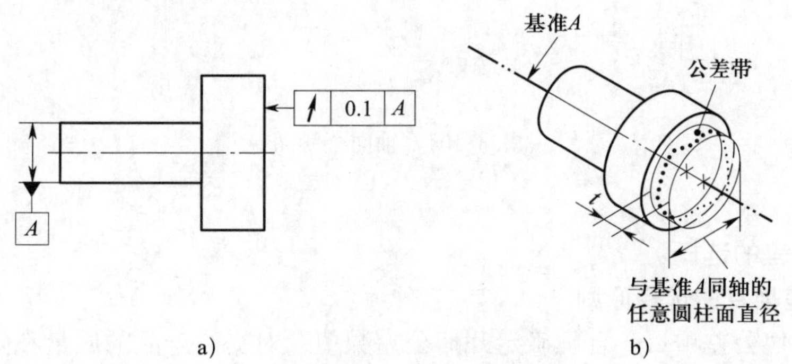

图 9－102　轴向圆跳动

a）图样标注　b）公差带

（2）全跳动

全跳动是被测表面绕基准轴线连续回转时，在给定方向上所允许的最大跳动量。全跳动分为径向全跳动和轴向全跳动两种。

1）径向全跳动。径向全跳动用于限制整个被测要素相对于基准轴线的径向跳动误差。在图 9－103a 中标注了中间大圆柱面相对于两端圆柱的公共基准轴线 A—B 的径向全跳动，图中的径向全跳动公差框格表示提取（实际）表面应限定在半径差等于 0.1 mm、与公共基准轴线 A—B 同轴的两圆柱面之间。如图 9－103b 所示，该径向全跳动公差带为半径差等于公差值 t 且与公共基准轴线 A—B 同轴的两圆柱面所限定的区域。

2）轴向全跳动。轴向全跳动用于限制整个被测要素相对于基准轴线的轴向跳动误差。在图 9－104a 中标注了右侧圆柱右端面的轴向全跳动，图中的轴向全跳动公差框格表示提取（实际）表面应限定在间距等于 0.1 mm、垂直于基准轴线 D 的两平行平面之间。如图 9－104b 所示，该轴向全跳动公差带为间距等于公差值 t、垂直于基准轴线 D 的两平行平面所限定的区域。

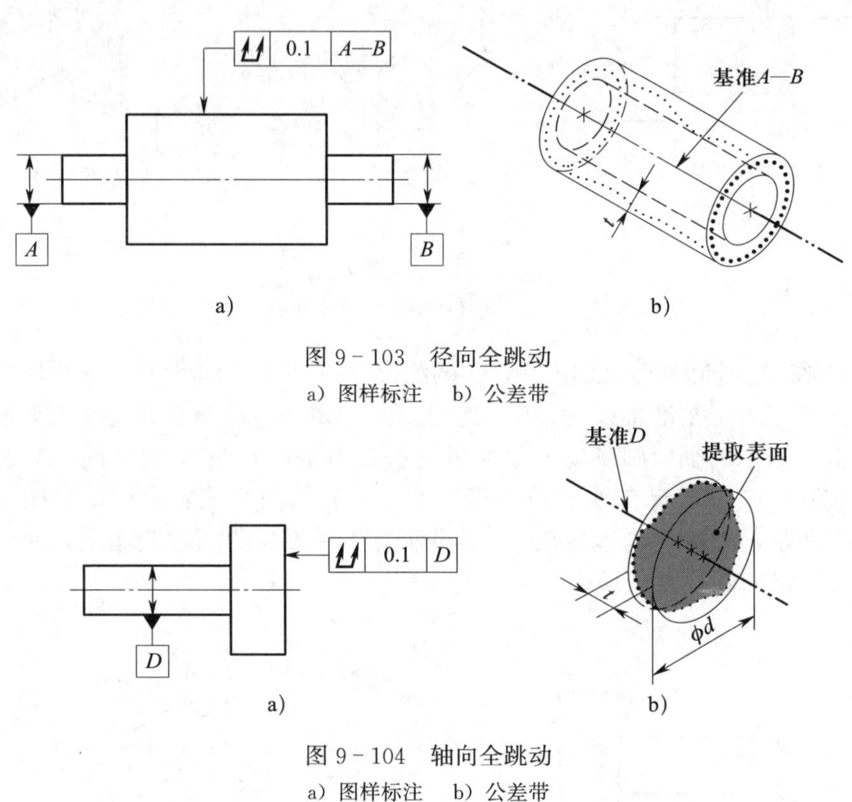

图 9－103　径向全跳动

a）图样标注　b）公差带

图 9－104　轴向全跳动

a）图样标注　b）公差带

四、几何公差的选择

1. 几何公差项目的选择原则

正确选择几何公差项目，合理确定几何公差数值，对提高产品的质量和降低制造成本具有十分重要的意义。几何公差项目的选择应综合考虑零件的形体结构特征、功能要求、检测方法及其经济性等多方面的因素。

（1）根据零件的形体结构特征选择几何公差项目

零件本身的形体结构特征决定了它可能需要的公差项目。如对圆柱零件，一般会选择圆柱度、轴线或素线的直线度，零件的重要平表面会选择平面度，零件的槽口或键槽等会选择对称度，台阶轴或台阶孔类零件会选择同轴度，凸轮类零件会选择轮廓度。

（2）根据零件的功能要求选择几何公差项目

选择几何公差项目时，需要考虑零件各部位的功能要求。例如，安装齿轮轴的机床箱体上的孔，为保证齿轮的正确啮合，需要给出两孔轴线的平行度要求；为保证机床工作台或刀架的运动精度，需要对导轨提出直线度或平面度要求；对于有相对运动关系的孔与轴（如柱塞与柱塞套），需要给出圆柱度要求。

（3）根据便于检测的原则选择几何公差项目

在满足零件功能要求的前提下，应充分考虑几何公差项目检测的方便和可操作性。例如，轴类零件可用易于检测的跳动公差综合控制圆柱度、同轴度、端面对轴线的垂直度等。

2. 基准的选择原则

基准的选择要考虑零件在机器中的安装位置、零件重要结构的作用、零件加工及检验的要求。基准要素通常应具有较高的形状精度，长度或面积较大，并具有较高的刚度。基准要素一般应是零件在机器中的安装基准或定位基准。

3. 几何公差值的选择原则

几何公差值的选择原则是在满足零件使用要求的前提下，尽量选择较大的公差值。

4. 选择几何公差的注意事项

（1）在同一要素上给出的形状公差值应小于位置公差值。例如，要求平行的两个平面，其平面度公差值应小于平行度公差值。

（2）圆柱零件的形状公差值（轴线直线度除外）一般应小于其尺寸公差值。

（3）平行度公差值应小于其相应的距离公差值。

（4）对于下列情况，考虑到加工的难易程度和除主参数外其他因素的影响，在满足功能要求的情况下，可适当降低 1～2 级。

1）相配合的孔相对于轴。

2）细长的孔或轴。

3）距离较大的孔或轴。

4）宽度较大（一般大于 1/2 长度）的零件表面。

5）线对线、线对面相对于面对面的平行度、垂直度。

（5）凡有关标准已对几何公差做出规定的，如与滚动轴承相配合的轴和壳体孔的圆柱度公差、机床导轨的直线度公差等，都应按相应的标准确定。

五、几何公差的图样标注

1. 几何公差要求的标注

（1）被测要素是组成要素时的几何公差标注

当几何公差要求的被测要素是组成要素时，指引线箭头终止在要素的轮廓或其延长线上，且必须与尺寸线明显分离，如图 9－105 所示。

（2）被测要素是导出要素时的几何公差标注

当几何公差要求的被测要素是导出要素（中心线、中心面或中心点）时，指引线的箭头应终止在尺寸线的延长线上，如图 9－106 所示。

（3）同一要素具有多项几何公差时的标注

当需要为同一要素指定多项几何公差要求时，为了方便，可采用上下堆叠公差框格的标注形式，如图 9－107 所示。标注时应注意以下两点：

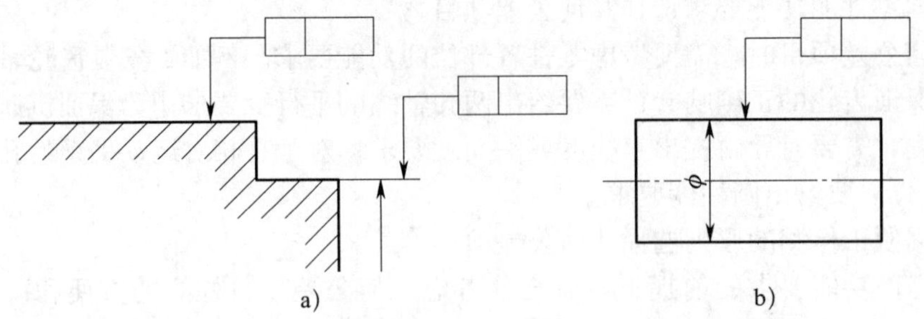

图 9－105　被测要素是组成要素时的几何公差标注

a）被测要素是平面　b）被测要素是圆柱面

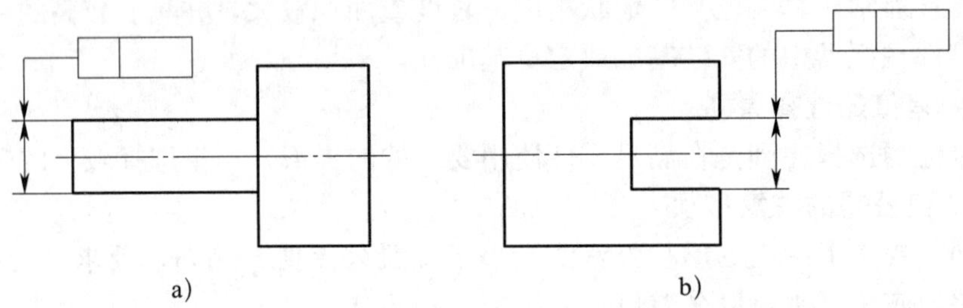

图 9－106　被测要素是导出要素时的几何公差标注

a）被测要素是圆柱面的轴线　b）被测要素是两平行平面的对称面

1）推荐将公差框格按公差值从上到下依次递减的顺序排布。

2）指引线的起点应连接于某个公差框格左侧或右侧的中点，而非公差框格中间的延长线。

（4）多个单独要素具有相同几何公差时的标注

当多个单独要素具有相同几何公差要求时，可以共用一个几何公差框格，如图 9－108 所示。

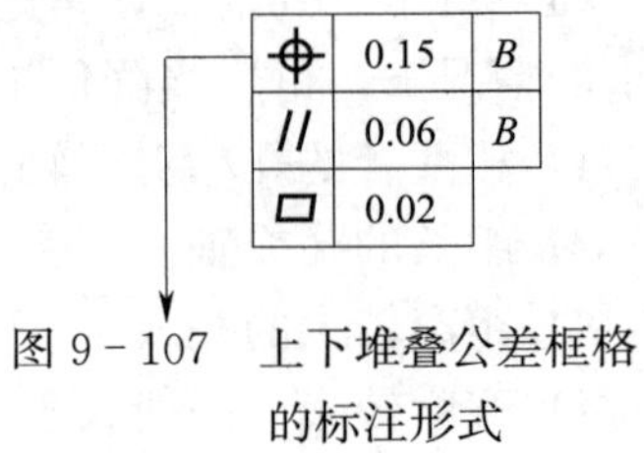

⌖	0.15	*B*
//	0.06	*B*
▱	0.02	

图 9－107　上下堆叠公差框格的标注形式

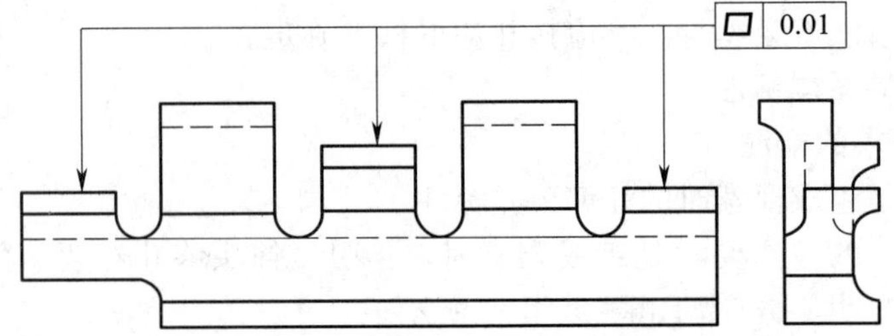

图 9－108　多个单独要素具有相同几何公差时的标注

2. 基准的标注

（1）基准要素是组成要素时的标注

当基准要素是组成要素时，基准三角形放置在要素的轮廓线或其延长线上，与尺寸线明显错开，如图 9－109 所示。

(2) 基准要素是导出要素时的标注

当基准要素是导出要素时，基准符号的三角形放置在尺寸线的延长线上（见图 9-110a），如果没有足够的位置标注尺寸的两个箭头，其中一个箭头可以用基准三角形代替，如图 9-110b 所示。

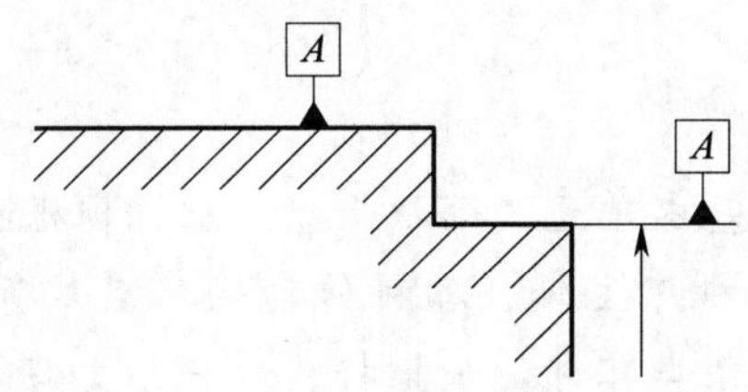

图 9-109　基准的标注（基准要素是组成要素）

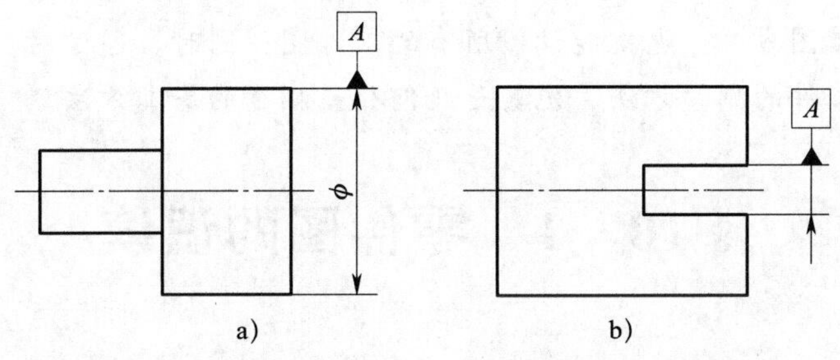

图 9-110　基准的标注（基准要素是导出要素）

课题十　零件图的识读及完工零件的检测

零件是组成机器或部件的基本单元，形状千差万别，但根据零件形状的结构特点可将其分为四类，即轴套类零件，如机床主轴、各种传动轴、空心套等；轮盘类零件，如各种车轮、手轮、压盖、圆盘等；叉架类零件，如摇杆、连杆、支架等；箱体类零件，如变速器箱体、阀体、轴承座、机座、床身等。

本课题就围绕这四类零件的零件图的识读和典型零件的测量进行讲解，只要我们掌握了这四类典型零件的读图方法，也就能读懂所有的零件图；同时，通过对典型零件的测量，帮助我们更好地掌握零件的测量方法，尤其是几何公差测量的基本方法。

§10－1　零件图的识读

做一做　根据图10－1所示的齿轮轴零件图完成下列填空：

1. 该零件的名称是__________，材料是__________。

2. 该零件主要是由________基本体组成的。

3. 该零件上除了有齿轮、键槽、螺纹外，还有________、________、________等工艺结构。

4. 该零件的轴向尺寸基准为____________，径向尺寸基准为____________。

5. 尺寸“2×1.5”中的2表示______________，1.5表示______________。“$C1.5$”中的C表示____________。

6. ϕ48f7是齿轮上的____________尺寸，ϕ40 mm是齿轮上的__________尺寸。

7. 表面质量要求最高的是____________________面，其Ra值为________。

8. 解释 | ⊥ | 0.015 | $A—B$ | 的含义，被测要素是__________，基准要素是__________，公差项目是________，公差值为________。

回答以上关于零件图的各种问题，实际上就是在完成零件图的识读过程。正确、熟练地识读零件图，是技术工人和工程技术人员必须掌握的基本功。

一、看零件图的目的

看零件图，就是要根据零件的图形想象出零件的结构与形状，同时，弄清楚零件在机器中的作用、零件的自然概况、尺寸类别、尺寸基准和技术要求等，以便在制造零件时采用合理的加工方法。

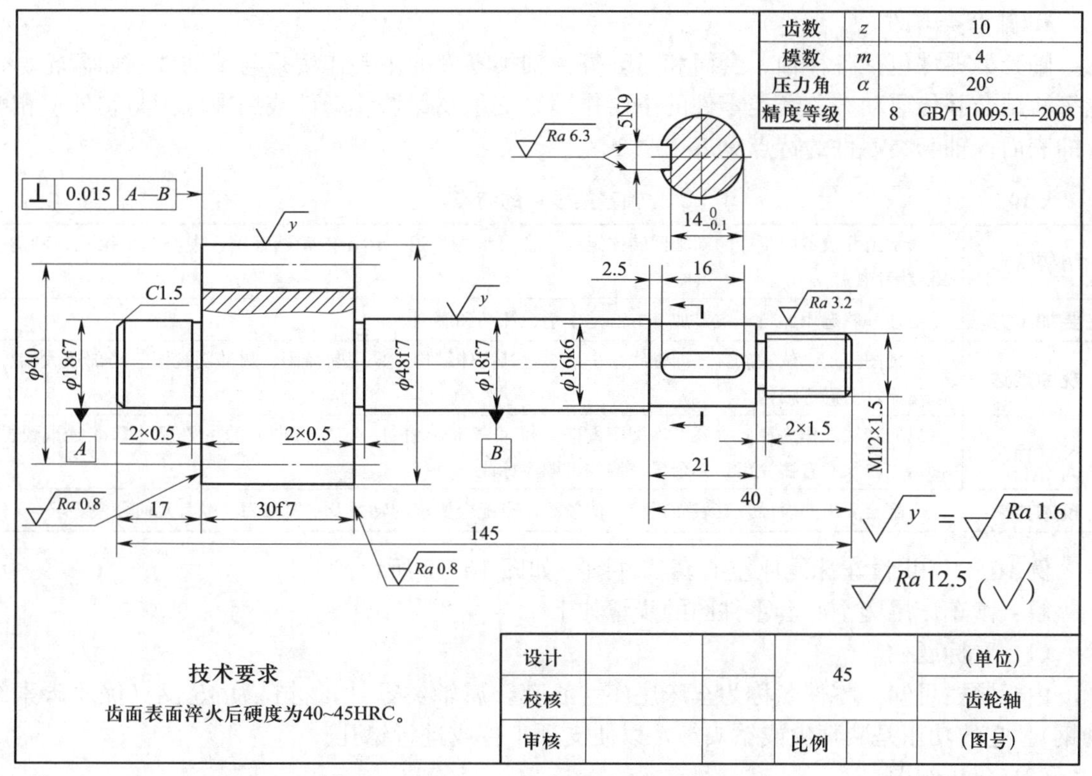

图 10－1　齿轮轴零件图

二、看零件图的步骤

1. 看标题栏，了解零件概貌

从标题栏中可以了解到零件的名称、材料、绘图比例等零件的一般情况，结合对全图的浏览，可对零件有个初步的认识。在可能的情况下，还应弄清楚零件在机器中的作用及与其他零件的关系。

2. 看视图，想象零件形状

零件图中的图形包括视图、剖视图、断面图等。看图时，应先找到主视图，然后根据投影规律，利用形体分析法和线面分析法，分析其他各视图，按“先外后内，先整体后局部”的顺序想象零件各部分的结构与形状，并能绘制出立体草图。

3. 看尺寸，明确各部分大小

分析尺寸时，首先要找出三个坐标方向的尺寸基准；然后从基准出发，按形体分析法，找出各组成部分的定形尺寸和定位尺寸；深入了解基准之间、尺寸之间的相互关系。

4. 看技术要求，掌握质量指标

零件图上的技术要求有符号也有文字，主要需分析零件图上所标注的尺寸公差、几何公差、表面粗糙度、热处理及表面处理等技术要求，使零件加工后符合这些技术要求。

读图时，应将视图、尺寸和技术要求综合考虑，以便对所读零件图有完整的认识。

三、典型零件分析

通常可将零件分为轴套类、轮盘类、叉架类、箱体类四大类，只要掌握了这四大类典型零件的读图方法，也就能读懂所有的零件图，下面通过具体实例进一步理解读图的方法和步骤。

1. 轴套类零件

轴套类零件包括各种轴、套筒和衬套等。轴类零件的主要作用是与传动件（如齿轮、带轮等）结合并传递动力。套类零件的主要作用是支承及保护传动件或用来保护与它外壁相配合的表面。轴套类零件的特点见表 10－1。

表 10－1　轴套类零件的特点

结构特点	通常由几段不同直径的同轴回转体组成，常有键槽、退刀槽、砂轮越程槽、中心孔、销孔、轴肩、螺纹等结构
主要加工方法	毛坯一般选用棒料，主要加工方法是车削、镗削和磨削
视图表达	主视图按加工位置放置，即轴线水平，表达其主体结构。采用断面图、局部剖视图、局部放大图等表达零件的局部结构
尺寸标注	以回转轴线作为径向（高度、宽度方向）尺寸基准，轴向（长度方向）的主要尺寸基准是重要端面。主要尺寸直接注出，其余尺寸按加工顺序标注
技术要求	有配合要求的表面，其表面粗糙度值较小。有配合要求的轴颈及主要端面一般有几何公差要求

例 10－1　识读车床尾座空心套零件图，如图 10－2 所示。

解：读车床尾座空心套零件图的步骤如下：

（1）看标题栏

由标题栏可知，零件名称为车床尾座空心套，属轴类零件，材料为 45 钢（优质碳素结构钢）。它的功用是装顶尖或钻头等，以便支顶工件或进行钻孔。

（2）分析视图

根据视图的布置和有关的标注，首先找到主视图，再根据投影规律，看懂其他视图以及所采用的各种表达方法。表达空心套用了五个视图，分别是主视图和左视图两个基本视图、两个移出断面图和一个 A 向斜视图。

主视图为用单一剖切平面剖切的全剖视图，表达了空心套内部的基本形状。主视图轴线水平放置，符合零件加工位置原则，因为回转体零件一般都在车床和磨床上加工。套筒的外形为 ϕ（55 ± 0.01）mm×260 mm 的圆柱，内形是由莫氏 4 号锥孔以及 $\phi26.5$ mm 和 $\phi35^{+0.025}_{0}$ mm 的圆柱孔组成的全通空套。

左视图只有一个作用，即为 A 向斜视图表明投射方向和位置。

A 向斜视图用于表示空心套前上方 45°处外圆表面的刻线情况。

在主视图的下方有两个移出断面图，因它们画在剖切线的延长线上，所以没有标注。将左下方的断面图与主视图对照，可想象出空心套外表面下方有一宽度为 $10^{+0.036}_{0}$ mm 的键槽，距离右端 148.5 mm 处还有一个从轴线偏下 12 mm 的 $\phi8^{+0.015}_{0}$ mm 的通孔。右下方的断面图清楚地表达了两个 M8 的螺孔和一个 $\phi5$ mm 的油孔，从主视图还可看到此油孔与一个宽度为 2 mm、深度为 1 mm 的油槽相通。此外，该零件还有内、外倒角和退刀槽等工艺结构。车床尾座空心套的立体图如图 10－3 所示。

（3）分析尺寸标注

看懂图样上标注的尺寸是很重要的。分析尺寸时，应先找到尺寸基准，然后分析定形尺寸、定位尺寸、总体尺寸等。轴套类零件在测量径向尺寸（高度和宽度方向）时，均以轴线作为基准，此基准称为径向尺寸基准，而测量轴向尺寸（长度方向）一般都以重要的端面（包括轴肩）作为基准，此端面基准称为轴向尺寸基准。

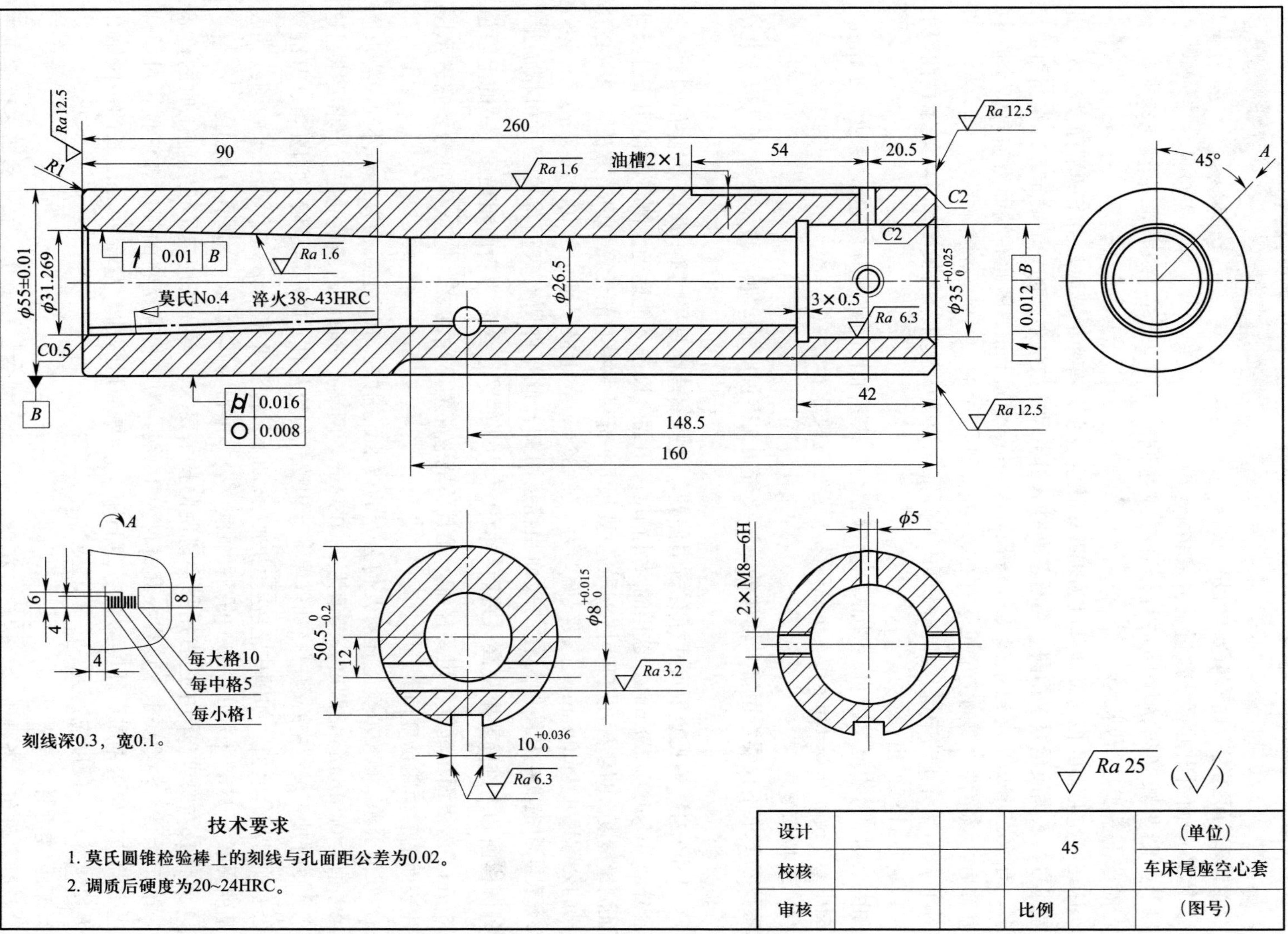

图10-2　车床尾座空心套零件图

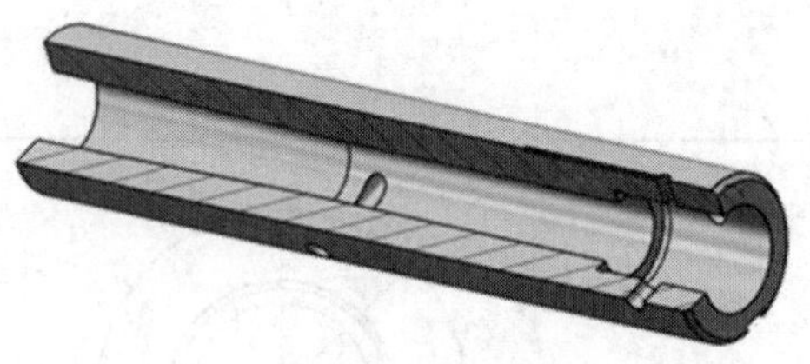

图 10-3　车床尾座空心套的立体图

重要端面的判断过程一般按以下三步进行：

1）看端面上是否标注有基准符号和几何公差代号。

2）看该端面是否表面质量要求最高。

3）看该端面引出的尺寸数量是否最多。

以上判断步骤必须按顺序进行，没有或相同时，才能按下一步进行判断。

车床尾座空心套的径向尺寸基准为轴线；该空心套只有两个端面，由于两端面没有标注几何公差代号，表面质量要求相同，判断基准时从引出尺寸数量最多的一端确定，右端面引出尺寸最多，有 20.5 mm、42 mm、148.5 mm、160 mm、260 mm，因此右端面为轴向尺寸基准。确定基准后，该零件主要的定位尺寸有 20.5 mm、148.5 mm、12 mm 和 45°。

对于 ϕ26.5 mm 的中段孔和左端莫氏 4 号锥孔，图中没有给出长度尺寸，表示这两段的长度可以通过计算得出。

图中个别尺寸有文字说明，例如，“油槽 2×1”表示油槽的宽度为 2 mm，深度为 1 mm。

图中 C2 mm 和 3 mm×0.5 mm 等为工艺结构尺寸。

（4）看技术要求

看技术要求不仅要看用符号标注的，还要看用文字说明的，通常技术要求可从以下几个方面进行分析：

1）尺寸公差。有些重要尺寸标有极限偏差，这些偏差都是采用不同加工方法得到的。如空心套外圆 ϕ(55±0.01) mm，这样的尺寸精度一般需经磨削才能达到。测量时使用千分尺才能保证测量精度。对于标注有尺寸公差的重要尺寸一定要掌握它的计算和识读方法，如空心套上键槽的公称尺寸为 10 mm，上极限偏差为+0.036 mm，上极限尺寸为 10.036 mm。

2）表面粗糙度。从图中标注的表面粗糙度可知，此零件所有表面都要经过机械加工，其中外圆柱面和内锥面要求最高，表面结构代号为$\sqrt{Ra\ 1.6}$，含义为表面粗糙度 Ra 的上限值为 1.6 μm。看表面粗糙度一定要仔细，尤其不能忽略右下角的$\sqrt{Ra\ 25}$（$\sqrt{}$）部分，它表示图中未注表面的表面粗糙度值。

3）几何公差。该空心套上还有几何公差的要求，例如，ϕ(55±0.01) mm 外圆，要求圆柱度公差值为 0.016 mm，圆度公差值为 0.008 mm，两端孔对轴线的圆跳动也有严格要求。这些要求在零件加工过程中必须严格加以保证。识读几何公差时，通常需了解被测要素、基准要素、公差项目和公差值，如图中[↗|0.012|B]的含义如下：被测要素为 $\phi35^{+0.025}_{0}$ mm 的圆柱孔表面，基准要素为 ϕ(55±0.01) mm 的圆柱轴线，公差项目为圆跳动，公差值为 0.012 mm。

4）其他技术要求。图中还有用文字说明的技术要求。第一条规定了锥孔加工时的检验误差。第二条是热处理要求，该空心套材料为 45 钢，为了提高材料的强度和韧性，对零件整体进行调质，要求调质后硬度为 20～24HRC；为增加耐磨性，左端 90 mm 长的一段锥孔内表面要求淬火，硬度应达到 38～43HRC。

2. 轮盘类零件

轮盘类零件包括各种手轮、带轮、花盘、法兰盘、端盖、压盖等，其中轮类零件多用于传递转矩；盘类零件则用于连接、支承和密封。轮盘类零件的特点见表 10-2。

表 10-2　　轮盘类零件的特点

结构特点	主体部分主要由同一轴线不同直径的若干回转体组成，也可能是方形或组合形体，盘体部分的厚度比较薄，长度和直径之比小于1。零件通常有键槽、轮辐、均布孔等结构，并且常有一个端面与部件中的其他零件结合
主要加工方法	毛坯多为铸件，主要在车床上加工，较薄时采用刨床或铣床加工
视图表达	一般采用两个基本视图表达。主视图按加工位置原则放置，即轴线水平，通常采用全剖视图表达内部结构；另一个视图表达外形轮廓和其他结构，如孔、肋、轮辐的相对位置等
尺寸标注	径向（高度和宽度方向）的主要尺寸基准是回转轴线，轴向（长度方向）尺寸则以主要接合面为基准
技术要求	重要的轴、孔和端面尺寸精度要求较高，且一般都有几何公差要求，如同轴度、垂直度、平行度和轴向圆跳动等。配合的内、外表面及轴向定位端面有较高的表面质量要求。此类零件多为铸件，有时效处理和表面处理等要求

例 10-2　识读手轮零件图，如图 10-4 所示。

解：读手轮零件图的步骤如下：

（1）看标题栏

由标题栏可知，零件名称为手轮，属轮类零件，材料为 HT100（灰铸铁，最低抗拉强度为 100 MPa）。它的功用是传递转矩，让轴转动。

（2）分析视图

根据视图的布置和有关标注，首先找到主视图，再根据投影规律看懂其他视图以及所采用的各种表达方法。表达手轮用了五个视图，分别是主视图和右视图两个基本视图以及三个局部放大图。

从图形表达方案看，因轮盘类零件一般都是短粗的回转体，主要在车床或镗床上加工，故主视图常采用轴线水平放置的投射方向，符合零件的加工位置原则。

主视图是用两相交剖切平面剖切的全剖视图，表达了两个通孔的内部结构，图中轮辐采用了两种简化画法，即轮辐纵向剖切时不画剖面线。

右视图主要表达外部轮廓，可清楚地看到轮缘、轮毂、轮辐、孔各部分之间的形状和相对位置。

两个比例为 1∶2 的局部放大图主要表达轮辐为椭圆形的结构。另一个比例为 1∶1 的局部放大图主要用于清楚地表达轮缘结构及便于标注尺寸。将各视图结合起来想象，手轮的立体图如图 10-5 所示。

（3）分析尺寸标注

手轮的径向尺寸基准为轴线；由于手轮左端面的表面质量要求比轮毂右端面高，因此轴向尺寸基准为零件的左端面。$R97$ mm 为定位尺寸，总高、总宽为 $\phi240$ mm，总长为 55 mm，铸造圆角为 $R3\sim5$ mm，其余尺寸不逐一分析。

（4）看技术要求

左下角注明了两条技术要求：第一条规定未注铸造圆角为 $R3\sim5$ mm，未注倒角为 $C1$ mm。第二条规定铸件未注尺寸公差按 GB/T 6414—DCTG12。

尺寸公差有五处，即 $\phi10^{+0.015}_{0}$ mm、$25^{+0.5}_{0}$ mm、$\phi22^{+0.021}_{0}$ mm、$6^{+0.023}_{0}$ mm、$24.8^{+0.1}_{0}$ mm。

表面质量要求最高处是轮缘，要进行抛光，表面粗糙度 Ra 的上限值为 0.8 μm；表面质量要求最低的代号是$\overset{\circ}{\sqrt{\ }}$。表面结构代号形式共有四种，分别为$\sqrt{Ra\ 0.8}$、$\sqrt{Ra\ 6.3}$、$\sqrt{Ra\ 12.5}$和$\overset{\circ}{\sqrt{\ }}$。

因手轮的配合面少，精度较低，故该零件无几何公差要求。

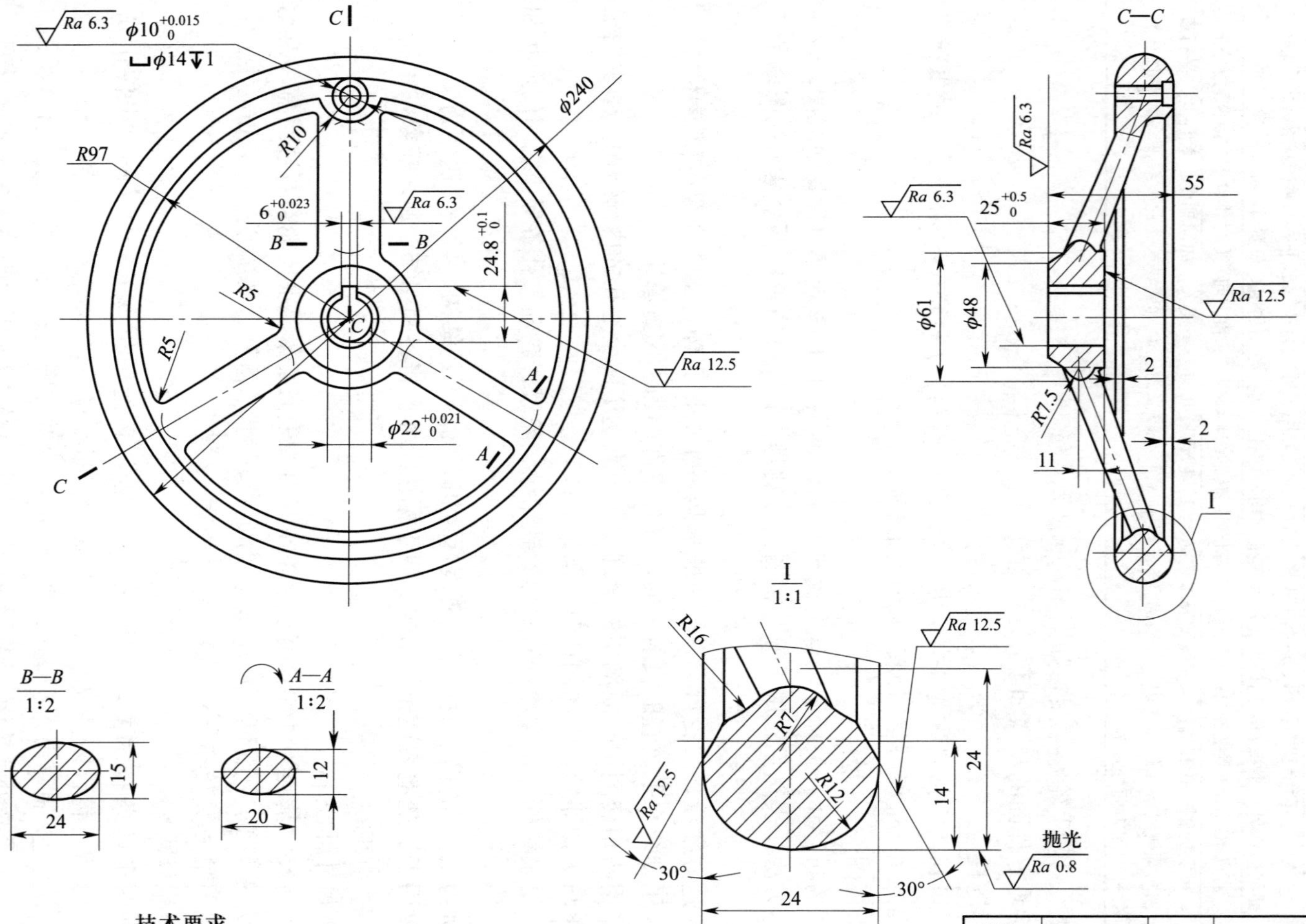

技术要求

1. 未注铸造圆角为$R3\sim5$，未注倒角为$C1$。
2. 铸件未注尺寸公差按GB/T 6414—DCTG12。

设计			HT100	（单位）
校核				手轮
审核			比例	（图号）

图 10-4　手轮零件图

图 10-5　手轮的立体图

3. 叉架类零件

叉架类零件主要包括拨叉、连杆、支架、支座等。叉架类零件在机器或部件中主要起操纵、连接、传动或支承作用。叉架类零件的特点见表 10-3。

表 10-3　叉架类零件的特点

结构特点	叉架类零件通常由工作部分、支承（或安装）部分和连接部分组成，形状比较复杂且不规则。零件上常有叉形结构、肋板、孔和槽等，连接部分的断面常为矩形、椭圆形、工字形、T 字形或十字形等
主要加工方法	毛坯多为铸件或锻件，经车削、镗削、铣削、刨削、钻削等多种工序加工而成
视图表达	一般需要两个以上基本视图表达。常以工作位置为主视图，反映主要形状特征。连接部分和细部结构采用局部视图或斜视图，并用剖视图、断面图、局部放大图表达局部结构
尺寸标注	尺寸标注比较复杂。各部分的形状和相对位置的尺寸要直接标注，尺寸基准按长、宽、高三个方向确定，常选择安装基面、对称平面、孔的中心线和轴线。定位尺寸较多，往往还有角度尺寸。为了便于制作木模，一般采用形体分析法标注定形尺寸
技术要求	支承部分、运动配合面及安装面均有较严的尺寸公差、几何公差和表面粗糙度等要求

例 10-3　识读跟刀架零件图，如图 10-6 所示。

解：读跟刀架零件图的步骤如下：

（1）看标题栏

由标题栏可知，零件名称为跟刀架，属叉架类零件，材料为 HT100。它的功用是在车床上加工较长的轴类零件时防止工件弯曲变形。

（2）分析视图

跟刀架一组视图有四个，分别是主视图、剖视图、移出断面图和局部视图。从图形表达方案看，因跟刀架属于叉架类零件，结构与形状较复杂，故主视图的投射方向符合零件的工作位置原则和形状特征原则。

主视图为基本视图，反映了跟刀架的主要结构与形状和各部分的相对位置，采用了局部剖视图，主要用于表达底座上的安装孔。

局部视图主要表达两端安装孔的位置和四个圆角，同时也表示出跟刀架各部分结构是以前后对称平面对称分布的，在尺寸方面可标注宽度尺寸，另外，局部视图符合省略标注的条件。

B—*B* 单一斜剖视图主要用于表达圆筒上的通孔和螺孔。

移出断面图主要反映跟刀架连接部分的结构，与主视图相连的细点画线是剖切线，表示断面图剖切的位置。

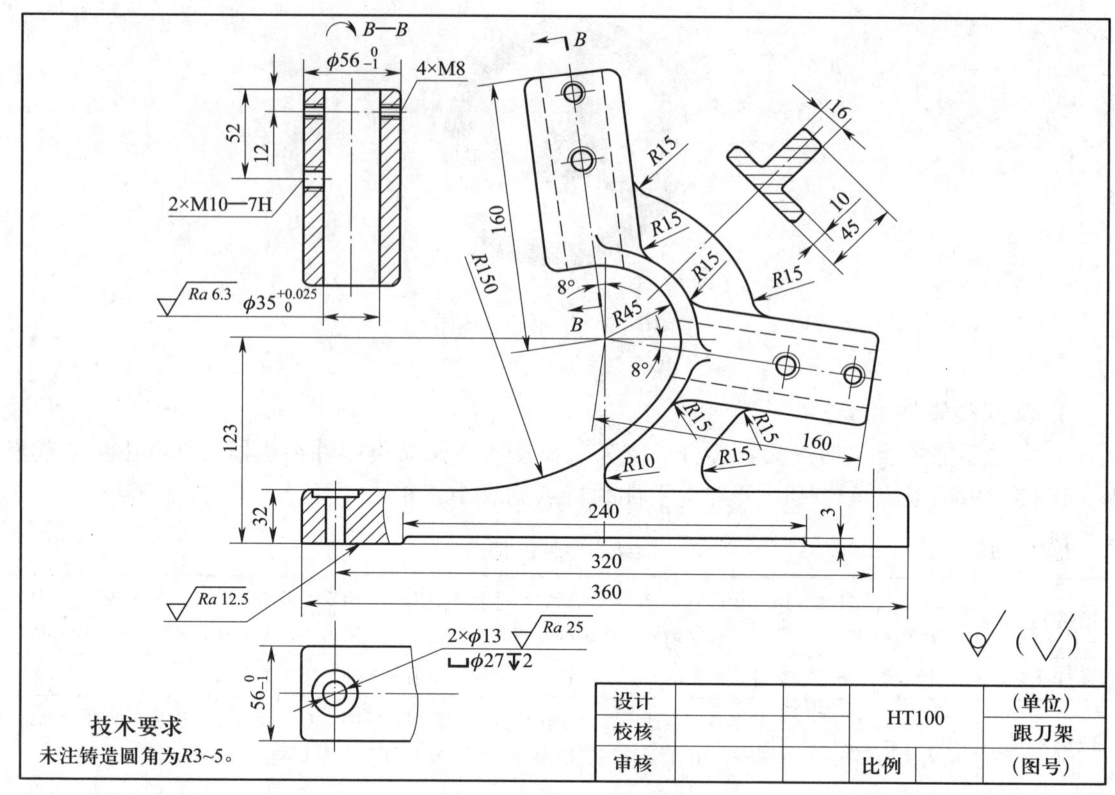

图 10-6　跟刀架零件图

将主视图和局部视图结合看，可知底板毛坯为长方体；将 *B*—*B* 剖视图与主视图结合看，可知工作部分基本形状为圆筒；将移出断面图和主视图结合想象，可知连接部分为 T 字形结构。另外，还要注意一些工艺结构，如图中的铸造圆角、凹槽等，跟刀架的立体图如图 10-7 所示。

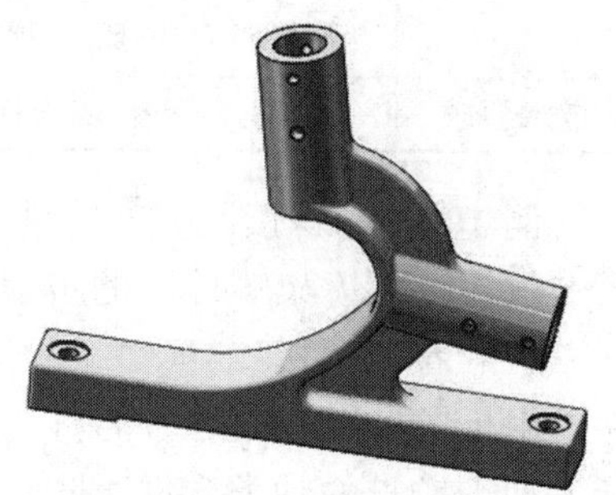

图 10-7　跟刀架的立体图

(3) 分析尺寸标注

由于跟刀架形状不规则，因此，确定其尺寸基准时要认真分析。由于跟刀架的底面与车床床鞍结合，是高度方向的重要端面，因此，该底面是高度方向的尺寸基准。而高度尺寸 123 mm 处 *R*45 mm 的圆心为两圆筒轴线的交点，它是跟刀架使用性能所要求的一个重要位置，是两圆筒轴线方向的尺寸基准。长度方向的尺寸基准为过圆筒轴线交点的侧平面，底板上的尺寸 240 mm、320 mm、360 mm 都是以这个平面为对称平面标注的。因该零件前后完全对称，故宽度方向的尺寸基准为前后对称平面。两圆筒轴线及其交点均在这个平面内。

该零件的总长为 360 mm，总宽为 $56_{-1}^{\ 0}$ mm，总高没有直接标注。图中尺寸 320 mm、123 mm、52 mm、12 mm 和 8°为定位尺寸。螺纹标记 M10 — 7H 的含义如下：特征代号为 M，公称直径为10 mm，中径、顶径公差带代号为 7H。

(4) 看技术要求

首先看文字，左下角注明了一条技术要求：未注铸造圆角为 *R*3～5 mm。其次看尺寸公差，要求最严的尺寸公差为 $\phi 35^{+0.025}_{0}$ mm，其中公称尺寸为 ϕ35 mm，上极限偏差为 +0.025 mm，下极限偏差为 0，公差为 0.025 mm，上极限尺寸为 ϕ35.025 mm，下极限尺寸为 ϕ35 mm。最后看表面粗糙度，表面质量要求最高的面是两圆筒的孔，其表面结构代号为$\sqrt{Ra\,6.3}$，底板上表面的表面结构代号为$\checkmark$。该零件无几何公差要求。

4. 箱体类零件

箱体类零件是机器或部件中的主要零件，常见的有减速器箱体、泵体、阀体、机座等。箱体类零件结构复杂，其主要作用是容纳和支承传动件，又是保护机器中其他零件的外壳。箱体类零件的特点见表 10－4。

表 10－4　　箱体类零件的特点

结构特点	箱体类零件一般为空心壳体，形状复杂，常有内腔、轴承孔、凸台、肋、安装板、光孔、螺孔等结构
主要加工方法	毛坯一般为铸件或焊接件，主要在铣床、刨床、钻床上加工
视图表达	一般需要两个以上基本视图来表达，主视图按形状特征和工作位置来选择，采用通过主要支承孔轴线剖切的剖视图表达其内部形状与结构，局部结构常用局部视图、局部剖视图、断面图等表达
尺寸标注	长、宽、高三个方向的主要尺寸基准通常选用孔的中心线（或轴线）、对称平面、接合面和较大的加工平面。定位尺寸较多，各孔的中心线（或轴线）之间的距离、轴承孔轴线与安装面的距离应直接注出
技术要求	箱体类零件的孔、接合面及重要表面在尺寸精度、表面质量和几何公差等方面有较严格的要求。常有保证铸造质量的要求，如进行时效处理，不允许有砂眼、裂纹等

例 10－4　识读蜗杆减速器箱体零件图，如图 10－8 所示。

解：读蜗杆减速器箱体零件图的步骤如下：

（1）看标题栏

由标题栏可知，零件名称为蜗杆减速器箱体，属箱体类零件，材料为 HT100，它的作用是容纳蜗轮和蜗杆。

（2）分析视图

蜗杆减速器箱体一组视图有五个，分别是主视图和左视图两个基本视图、三个局部视图。从图形表达方案看，因减速器箱体属于箱体类零件，结构与形状较复杂，故主视图的投射方向符合零件的工作位置原则和形状特征原则。

主视图为基本视图，结合其结构特点，为表达内部形状，分别采用了半剖视图和局部剖视图，半剖视图表达装蜗轮、蜗杆的内腔，同时反映 ϕ230 mm 的圆柱端面上有六个 M8—7H 的螺孔，用来安装箱盖，并能使箱体密封。

左视图采用单一剖切面剖切的全剖视图，主要表达内腔的结构与形状。上、下两个螺孔用来安装注油、放油的螺塞。

A 向局部视图表达了箱体后部肋板的厚度和圆角。

B 向局部视图表达了 ϕ140 mm 圆柱端面上三个 M10—8H 的螺孔，这三个螺孔可用来安装轴承盖。

C 向局部视图表达底板下面的形状和四个安装孔的位置。

将主视图分别与 *C* 向局部视图、*B* 向局部视图、左视图结合起来想象，可判断其外形大致分为三部分，即上、下两个轴线互相垂直交叉相贯的圆柱和最下部的矩形底板，如图 10－9a 所示。进一步分析想象，可得到蜗杆减速器箱体的立体图，如图 10－9b 所示。工艺结构有凸台、倒角、铸造圆角等。

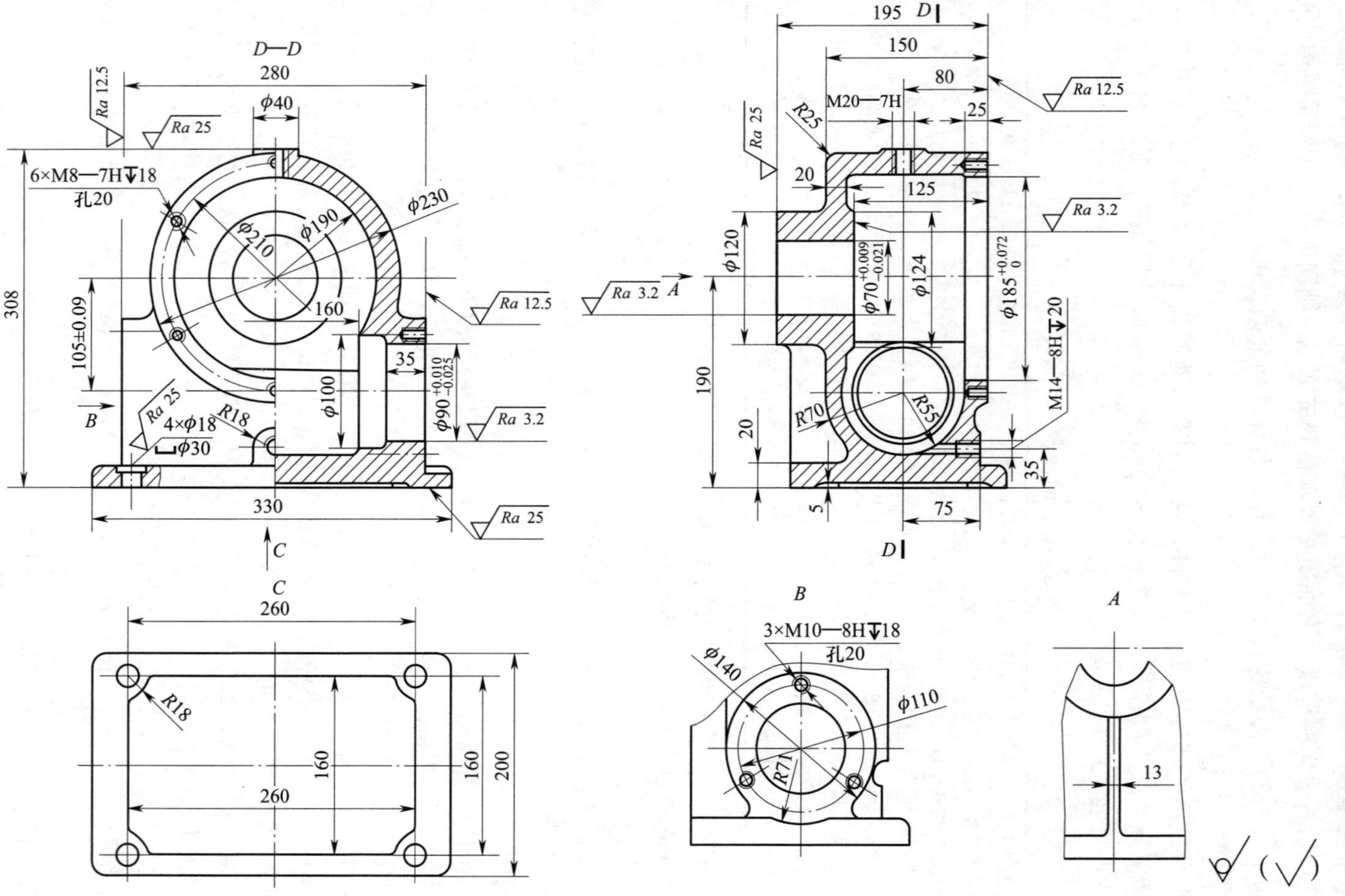

技术要求

1. 未注铸造圆角为$R10$。
2. 未注倒角为$C2$。

设计			HT100		(单位)
校核					蜗杆减速器箱体
审核			比例		(图号)

图 10-8　蜗杆减速器箱体零件图

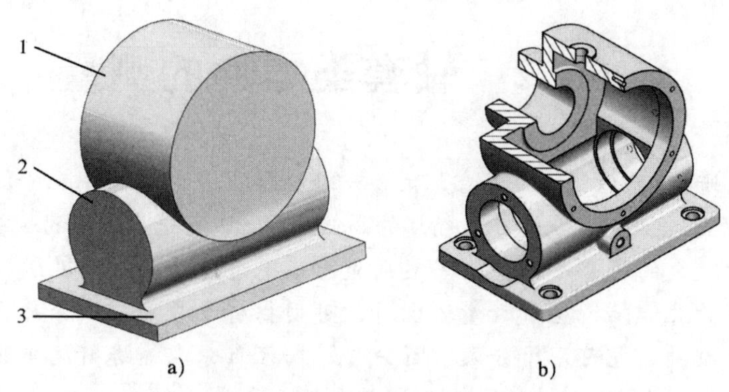

图 10－9　蜗杆减速器箱体的立体图

1—上圆柱　2—下圆柱　3—底板

（3）分析尺寸标注

由于蜗杆减速器箱体形状不规则，因此，确定其尺寸基准时也要认真分析及比较。由于蜗杆减速器箱体的底面既是安装平面，又是箱体加工时的测量基准面；既是设计基准，又是工艺基准，是高度方向的重要端面，因此，该底面是高度方向的尺寸基准。但为了保证蜗轮与蜗杆的啮合关系，蜗轮孔的轴线又成为高度方向的辅助基准，蜗杆孔轴线的高度就是由这里注出的。由于蜗杆减速器箱体左右对称，因此，长度方向的尺寸基准是零件的左右对称平面。

该零件的总长为 330 mm，总高为 308 mm，总宽没有直接标注，但可计算得到215 mm，而不是 195 mm。主视图中定位尺寸有（105±0.09）mm 和 $\phi 210$ mm，左视图上定位尺寸有 190 mm、80 mm 和 35 mm，C 向局部视图的定位尺寸有 160 mm 和 260 mm，B 向局部视图的定位尺寸有 $\phi 110$ mm。四种不同规格的螺纹代号请读者参照前面自行解释，定形尺寸不再一一分析。倒角尺寸为 $C2$ mm，铸造圆角为 $R10$ mm。

（4）看技术要求

箱体类零件的技术要求主要是针对支承传动轴的孔部分，其孔的尺寸精度、表面粗糙度、几何公差都将直接影响减速器的装配质量和使用性能。如尺寸公差分别为 $\phi 70^{+0.009}_{-0.021}$ mm、$\phi 90^{+0.010}_{-0.025}$ mm 和 $\phi 185^{+0.072}_{0}$ mm；表面结构代号分别为 $\sqrt{Ra\ 3.2}$、$\sqrt{Ra\ 12.5}$、$\sqrt{Ra\ 25}$、$\not\sqrt{}$，尺寸公差、表面结构代号可参照前面进行解释。此外，也有些重要尺寸，如图上的尺寸（105±0.09）mm 将直接影响蜗轮与蜗杆的啮合关系。因此，对精度必须严格要求。

通过对以上四类典型零件的分析可以看出，读零件图的方法是由概括了解到细致分析，以分析视图、想象形状为核心，联系尺寸和技术要求进行分析。分析图形离不开尺寸，分析尺寸又往往同时要看清技术要求。

读零件图是一项很细致的工作，不仅需要广泛的技术知识，而且需要一定的实践经验。零件图中不仅综合了机械制图的基本知识和方法，而且也包含了各种冷、热加工工艺方面的知识和经验。所以，只有在读图的实践中才能不断提高读图能力。

讨　论　总结常用零件图的读图方法。

§10－2　轴套类零件的测量

轴套类零件的测量，就结构特征而言，主要是轴径和孔径的测量，其测量方法和器具较多。根据生产数量的多少、被测尺寸的大小、精度的高低等因素，可选择不同的测量器具和方法。

对于生产批量较大的轴套类零件，一般用光滑极限量规对外圆和孔进行检测。

对于一般精度的孔和轴，生产数量较少时，可用杠杆千分尺、千分尺、内径千分尺、游标卡尺等进行直接测量，也可用千分表、百分表、内径百分表等进行间接测量（相对测量）。

对于较高精度的孔和轴，应采用机械式比较仪、光学比较仪、万能测长仪、电动测微仪、气动量仪、接触式干涉仪等精密仪器进行测量。在课题一中我们已经介绍了千分尺和游标卡尺的使用方法，这里主要学习量规和内径百分表的使用方法。

一、采用光滑极限量规测量

如前所述，光滑圆柱形工件的检测工具一般可分为两类，一类是通用计量器具，如游标卡尺、千分尺、各种指示表等，它们有刻度，能测出工件实际尺寸的大小，从而判断工件的合格性；另一类是量规，它是没有刻线的专用测量工具，不能测出实际尺寸的大小，只能判定被测工件尺寸是否在规定的极限尺寸范围内，从而判断工件是否合格，这种检验光滑圆柱形工件的量规称为光滑极限量规。

光滑极限量规可分为塞规和卡规（或环规）两种，其外形如图 10－10 所示。塞规用来检验孔，卡规用来检验轴。

用光滑极限量规检验工件的依据是极限尺寸判断原则，因尺寸有上极限尺寸和下极限尺寸，因此，塞规和卡规均有通端量规（简称通规）和止端量规（简称止规）。

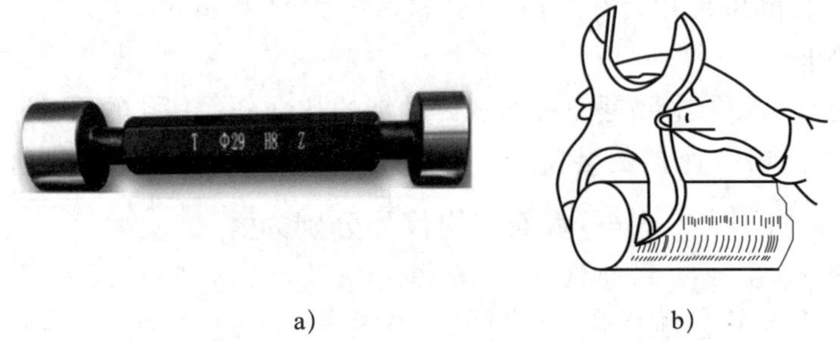

a)　　　b)

图 10－10　光滑极限量规的外形

a）塞规　b）卡规

如图 10－11a 所示为用塞规检验孔的情况。通规按孔的下极限尺寸制造，止规按孔的上极限尺寸制造。若通规能通过被检验孔，说明孔的尺寸大于下极限尺寸；若止规不能通过，说明孔的尺寸小于上极限尺寸。检验时，只有当通规能通过所测孔同时止规不能通过所测孔时，所测孔才能判断是合格的；否则是不合格的。

如图 10－11b 所示为用卡规检验轴的情况，其工作原理与塞规相似。

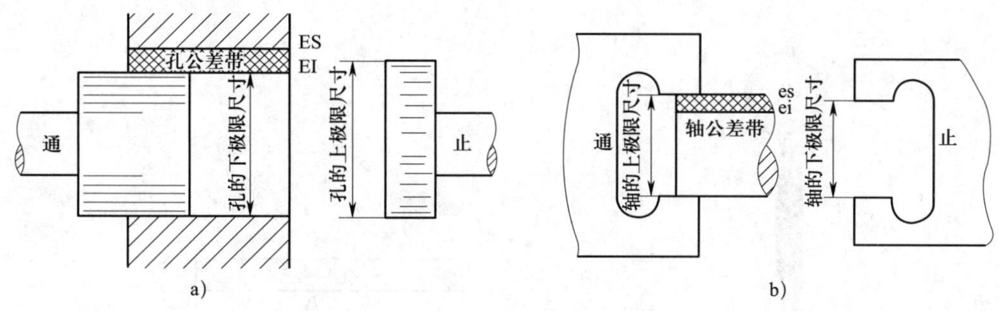

图 10－11　光滑极限量规的使用

a）用塞规检验孔　b）用卡规检验轴

知识链接

使用量规的注意事项如下：

1. 光滑极限量规是没有刻线的专用定值量具，量规上刻有“T”和“Z”及具体的通端尺寸和止端尺寸，用符合标准的量规检验工件，如通规能通过，止规不能通过，则该工件应为合格品。

2. 要注意正确的使用方法。使用塞规时要使塞规工作部分的轴线与待测圆孔的轴线保持同轴，以免产生检验误差。要保证量规与工件间合适的接触力；否则，会因工件与量规的弹性变形而影响检验结果。

3. 检验时要保证量规工作面和待测工件表面洁净，以免因切屑、尘粒等杂质而影响检验结果。

4. 量规在使用时应轻拿轻放，以免碰伤工作面而影响精度。

5. 量规用完后应擦净，涂油放置，以免产生锈蚀而影响检验精度。

6. 量规要定期送计量部门校验，待合格后才能继续使用。

二、采用内径指示表测量

内径指示表是利用相对法测量孔径的通用量具，适用于测量一般精度的深孔零件。

1. 内径指示表的结构

内径指示表的工作原理如图 10－12 所示，在内径指示表中，其测量杆与直管 2 始终接触，并经过直管 2、杠杆 4 向外顶住活动测头 3。测量时，活动测头的移动使杠杆回转，通过直管推动指示表的测量杆，使指示表的指针回转。由于杠杆是等臂的，指示表测量杆、直管和活动测头三者的移动量是相同的，因此，活动测头的移动量可以在指示表上读出。为使内径指示表的测量轴线通过被测工件孔的中心，内径指示表一般均设有定心装置，以保证测量的快捷与准确。

内径指示表活动测头的移动量很小，它的测量范围是通过更换或调整可换测头 5 的长度得到保证的。

2. 内径指示表的测量范围

内径指示表的分度值有 0.01 mm 和 0.001 mm 两种（本书采用分度值为 0.01 mm 的内径百分表），测量范围有 6～10 mm、10～18 mm、18～35 mm、35～50 mm、50～100 mm、

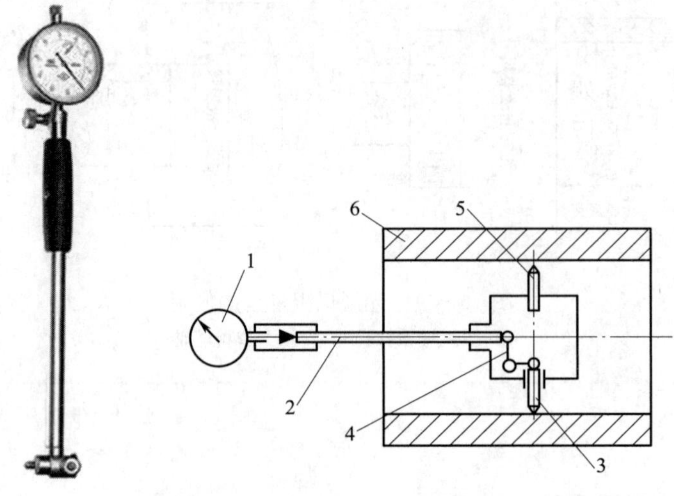

图 10－12　内径指示表的工作原理

1—指示表　2—直管　3—活动测头　4—杠杆　5—可换测头　6—工件

100～250 mm 和 250～450 mm 等多种规格。根据不同的被测孔径可选择相应测量范围的内径指示表及适当的可换测头，利用比其精度更高的量具调整零位后进行测量。

3. 测量步骤

（1）预调整

1）将指示表装入直管内，预压缩 1 mm 左右（指示表的小指针指在 1 的附近）后锁紧。

2）根据被测零件公称尺寸选择适当的可换测头装入直管的头部，用专用扳手拧紧锁紧螺母。此时应特别注意可换测头与活动测头之间的距离须比被测尺寸大 0.8～1 mm，以便测量时活动测头能在相应范围内自由运动。

（2）对零位

因内径指示表是利用相对法进行测量的器具，故在使用前必须用其他量具根据被测零件的公称尺寸校对内径指示表的零位。校对零位的常用方法如下：

1）用标准环规校对零位。按被测零件的公称尺寸选择与其尺寸相同的标准环规，按标准环规的实际尺寸校对内径指示表的零位。

此方法操作简便，并能保证校对零位的准确度。因校对零位需制造专用的标准环规，因此，这种方法只适用于检测生产批量较大的零件。

2）用千分尺校对零位。按被测零件的公称尺寸选择适当测量范围的千分尺，将千分尺对在被测公称尺寸处，内径指示表的两测头放在千分尺两测砧之间校对零位。

因受千分尺精度的影响，用其校对零位的准确度和稳定性均不高，从而降低了内径指示表的测量精确度。但此方法易于操作，在生产现场检测精度要求不高的单件、小批量零件时，仍得到较广泛的应用。

4. 测量方法

（1）手握内径指示表的隔热手柄，先将内径指示表的活动测头和定心护桥轻轻压入被测孔径中，然后再将固定测头放入。当测头达到指定的测量部位时，将直管微微在轴向截面内摆动，读出指示表的最小示值，即为该测量点孔径的实际偏差，测量示意图如图 10－13 所示。

测量时要特别注意该实际偏差的正、负符号：当表针按顺时针方向未达到零点时的示值是正值，当表针按顺时针方向超过零点时的示值是负值。

(2) 测量位置的选取如图 10－14 所示，在孔轴向的三个截面及每个截面相互垂直的两个方向上共测六个点，并记录数据，按孔的验收标准判断其合格与否。

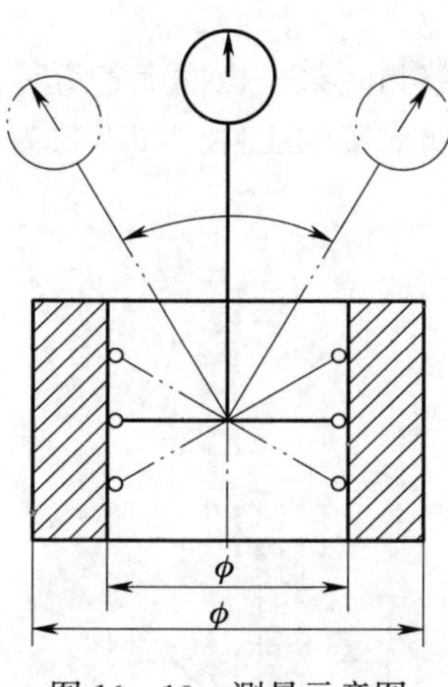

图 10－13　测量示意图

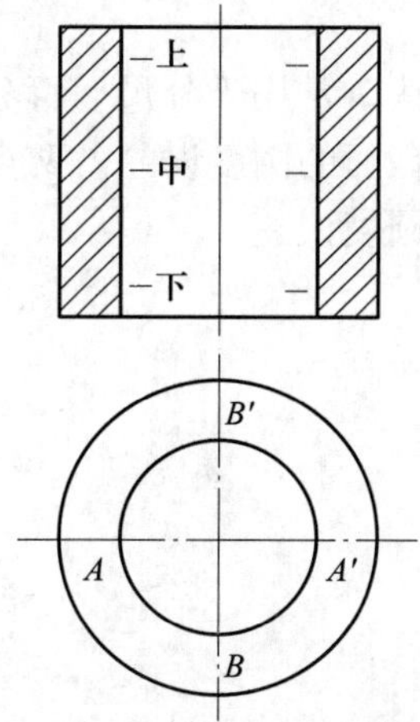

图 10－14　测量位置的选取

§10－3　轴类零件几何误差的检测

在轴类零件中，经常有圆度、圆柱度、同轴度、跳动度等几何公差的要求，下面我们就来学习轴类零件几何误差的基本检测方法。

首先，我们一起来熟悉检测轴类零件几何误差的常用量具——百分表的使用。

一、百分表的使用

百分表是机械式量仪之一，它将测量杆微小的直线位移转变为表盘上指针的角位移，从而指示出相应的数值，是一种指示式量仪，如图 10－15 所示。

采用百分表检测前，应检查表盘玻璃是否破裂或脱落，测头、测量杆、套筒等是否有碰伤或锈蚀，指针有无松动现象，指针的转动是否平稳等。

检测时，应使测量杆垂直于零件被测表面。测量圆柱面的直径时，测量杆的中心线要通过被测圆柱面的轴线。测头开始与被测表面接触时，测量杆应压缩 0.3～1 mm，以保持一定的初始测量力，以免有负偏差时得不到测量数据。检测时应轻提测量杆，将零件移至测头下面（或将测头移至零件上），再缓慢放下测量杆与零件被测表面接触。不能骤然放下测量杆，否则易造成量仪损坏。不准将零件强行推入测头下，以免损坏量仪。

通过对不同位置实际尺寸的测量，检验其变化范围，即可检验有关几何公差的要求。

二、圆度误差的检测

检测圆度误差的方法有回转轴法、三点法、两点法、投影法和坐标法等。这里介绍最常用的三点法和两点法。

1. 三点法

采用三点法时常将被测零件置于V形架中进行检测，如图10-16所示为用三点法检测圆度误差。

检测时，使被测零件在V形架中回转一周，从百分表上读出最大示值和最小示值，两示值差的一半即为被测零件的圆度误差。常用 2α 角为90°的V形架进行检测。

2. 两点法

采用两点法时常用千分尺、百分表等进行检测，以被测圆某一截面上各直径间最大差值的一半作为此截面的圆度误差。两点法用于检测轮廓为偶数棱的工件（如齿数为偶数的齿轮或花键等）的圆度误差。

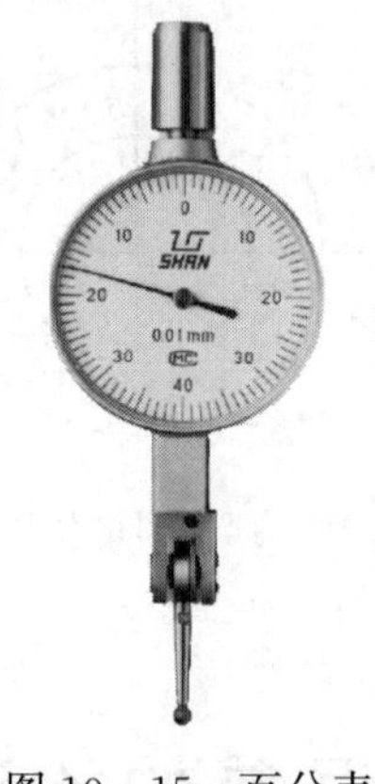

图10-15　百分表

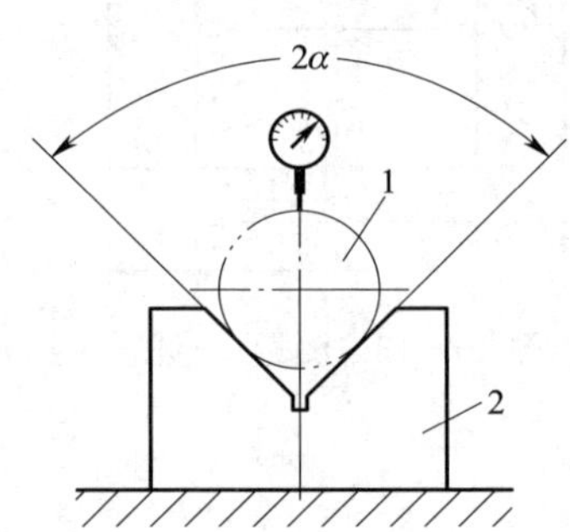

图10-16　用三点法检测圆度误差

1—零件　2—V形架

三、径向圆跳动误差的检测

如图10-17a所示为径向圆跳动公差在图样上的标注。从图中可知中间大圆柱为被测要素，基准要素是中心孔的公共轴线。

检测方法如图10-17b所示。用一对同轴的顶尖模拟公共轴线，将被测零件装在两顶尖之间，保证大圆柱面绕基准轴线转动但不发生轴向移动。

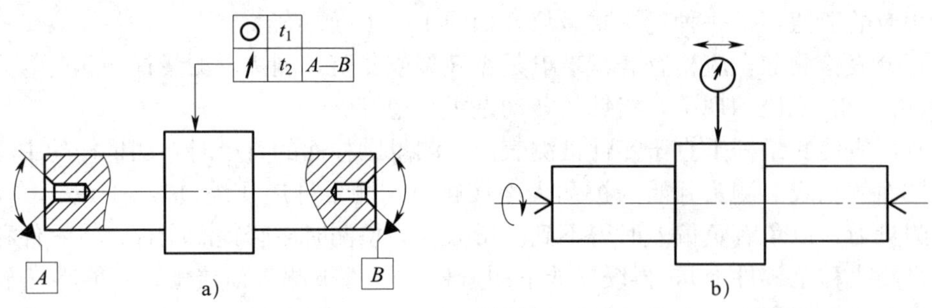

图10-17　径向圆跳动误差检测示例

将百分表的测头沿与轴线垂直的方向与被测圆柱面的最高点接触。在被测零件回转一周的过程中，百分表示值的最大差值即为单个测量平面上的径向圆跳动误差。按上述方法，在轴向不同位置上测量若干个截面，取各截面上测得的跳动量中的最大示值作为该零件的径向圆跳动误差。

四、轴向圆跳动误差的检测

如图 10－18a 所示为轴向圆跳动公差在图样上的标注。从图中可知零件的右端面为被测要素，基准要素是标注直径尺寸的圆柱轴线。

检测方法如图 10－18b 所示。用一个 V 形架模拟基准，并用一定位支承使工件沿轴向固定。将百分表的测头与被测表面垂直接触。在被测零件回转一周的过程中，百分表示值的最大差值即为单个测量圆柱端面上的轴向圆跳动误差。沿垂直方向移动百分表，按上述方法，测量若干个不同半径处的端面，取各测量端面跳动量中的最大示值作为该零件的轴向圆跳动误差。

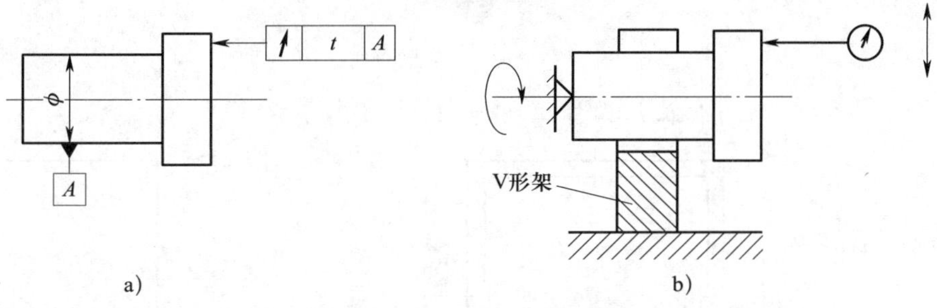

图 10－18　轴向圆跳动误差检测示例

1. 学习了轴类零件圆度误差的检测，那么其圆柱度误差又应如何检测呢？
2. 零件上孔的圆度误差应如何检测？

§10－4　箱体类零件几何误差的检测

箱体类零件的形状和位置误差检测项目较多，尤其是孔与孔、孔与线或面、面与面之间的位置度要求更多。在本节中，我们通过一箱体类零件几何误差的检测示例（见图 10－19），学习箱体类零件的检测方法。

从图 10－19b 的箱体类零件图中，可以了解到该箱体有以下几何公差要求：

1. ϕD_2 孔的轴线应位于公差值为 $\phi 0.05$ mm 的圆柱面内，圆柱的轴线由相对于箱体基准平面 A 和 B 的理论正确尺寸控制。

2. ϕD_1 孔的轴线应位于距离为公差值 0.1 mm 且垂直于 ϕD 孔轴线的两平行平面之间。

3. ϕD_1 孔的轴线应位于距离为公差值 0.05 mm 且平行于基准平面 A 的两平行平面之间；箱体上平面应位于距离为公差值 0.05 mm 且平行于基准平面 A 的两平行平面之间。

4. ϕD_1 孔的轴线应位于公差值为 $\phi 0.1$ mm 的圆柱面内，且此圆柱面的轴线与 ϕD_2 孔的轴线重合。

如何对这些几何误差进行检测呢？

一般来说，对箱体类零件，根据其结构和精度要求可选择“平台测量法”进行检测。所谓“平台测量法”，是指以精密测量平板为基本的测量器件，并辅以百分表、千分表、游标高度卡

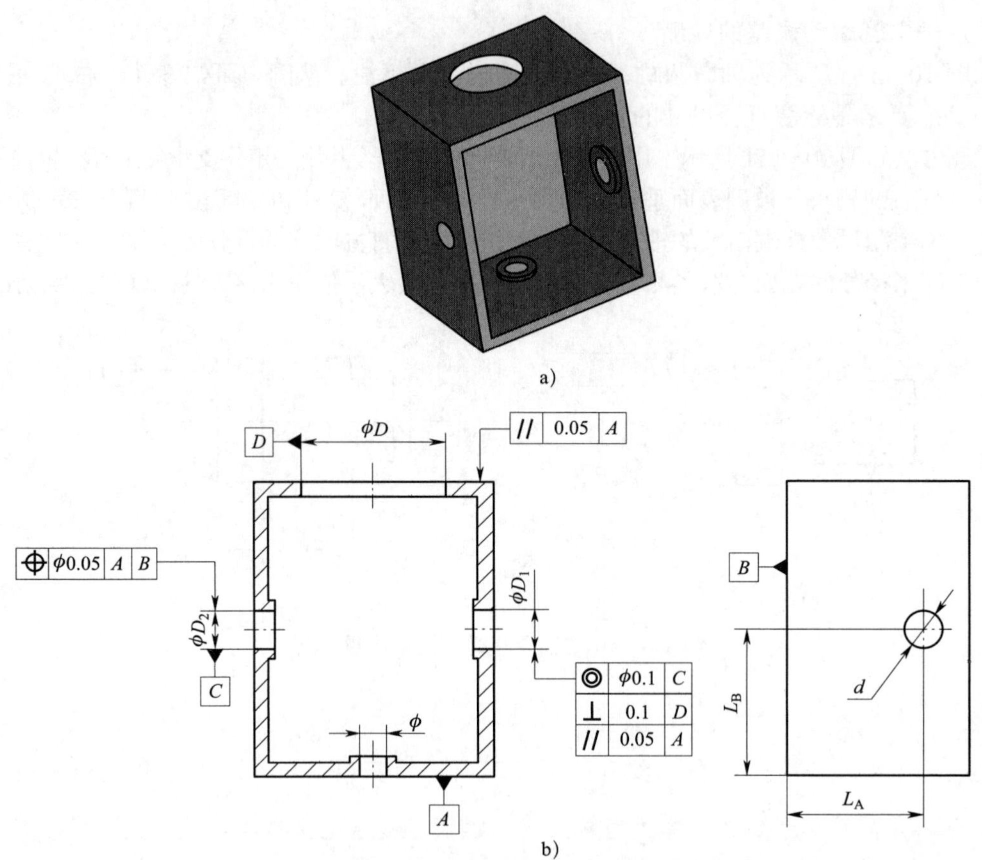

图 10－19　箱体类零件几何误差的检测示例

尺、直角尺等通用量具，通过不同的组合完成测量。该测量方法的主要特点如下：对测量条件要求不高，容易实现；适用面广，一般的中等精度零件均可测量；受测量器具精度限制，该方法不适用于测量较高精度的零件；测量效率不高，一般不适合大批量的检验与测量。

一、位置度误差的检测

位置度误差检测示例如图 10－20 所示，其检测孔的方法和步骤如下：

1. 用内径百分表测出孔径 $d_{实}$。

2. 将被测零件放在平板上，使基准面 A 与平板接触，如图 10－20b 所示，用游标高度卡尺测出孔壁到基准面 A 的距离 L_a。

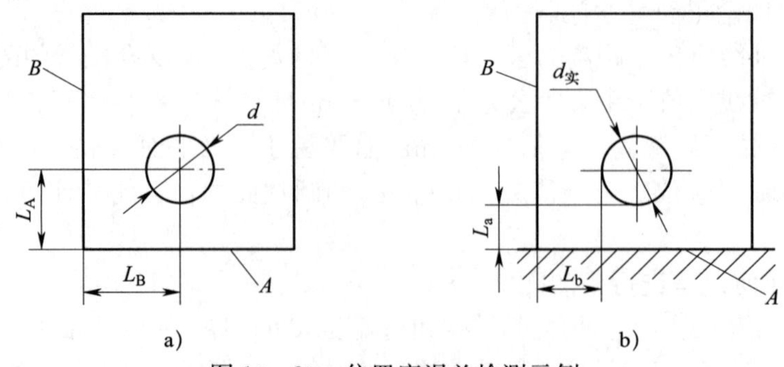

图 10－20　位置度误差检测示例

3. 使基准面 B 与平板接触，用游标高度卡尺测出孔壁到基准面 B 的距离 L_b。

4. 将 L_a 和 L_b 分别加上实际孔的半径，求出孔中心到基准面 A 和 B 的距离 $X_实$ 和 $Y_实$。

$$X_实=\frac{D_实}{2}+L_a;\ Y_实=\frac{D_实}{2}+L_b$$

5. 将实测值与相应的理论正确尺寸进行比较，得出偏差 f_x 和 f_y，则孔的位置度误差为 $2\sqrt{f_x^2+f_y^2}$。

6. 进行合格性评定。当实测值小于给定的公差值时该项目合格。

二、垂直度误差的检测

垂直度误差检测示例如图 10－21 所示，其方法和步骤如下：

1. 用一短心轴模拟被测孔的公共轴线。用一长心轴模拟基准孔的轴线。

2. 将被测零件的平面 A 放在三个可调支承上，如图 10－21 所示。

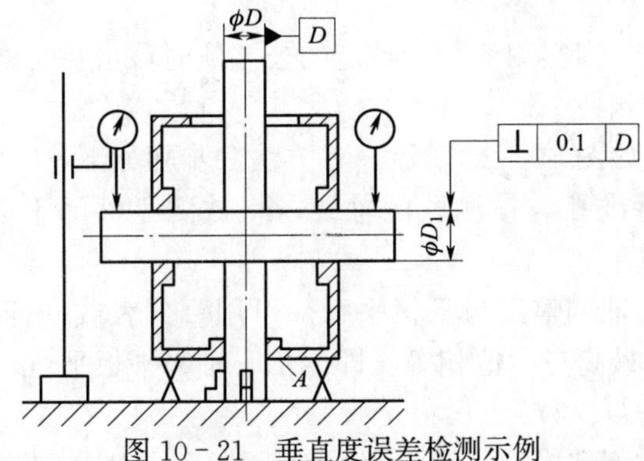

图 10－21　垂直度误差检测示例

3. 用直角尺分别在任意方向上检查基准孔的心轴与平板的垂直度（用光隙法），若不垂直，可通过调整可调支承使基准轴线与平板垂直。

4. 用百分表分别在被测孔靠近箱体壁的左右两侧读取最高点的示值，两示值之差即为被测孔与基准孔轴线的垂直度误差。

5. 进行合格性评定。当实测值小于给定的公差值时该项目合格。

三、平行度误差的检测

平行度误差检测示例如图 10－22 所示，下面分两种情况介绍其方法和步骤。

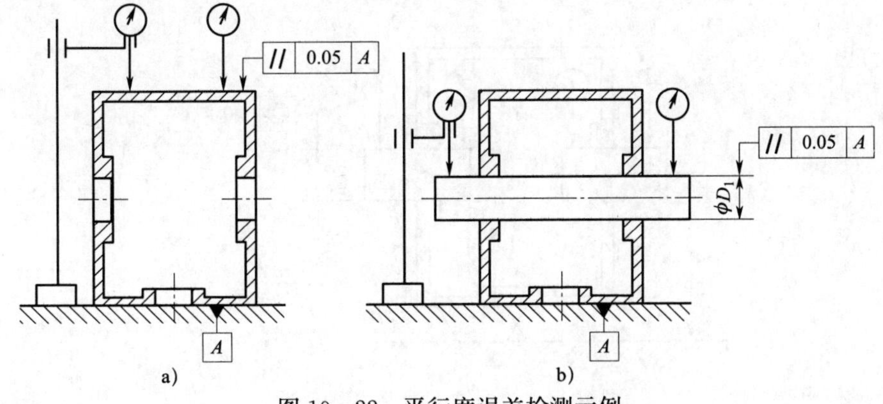

图 10－22　平行度误差检测示例

1. 被测平面与基准平面平行度误差的检测

(1) 将被测零件的基准面 A 放置在平板上。

(2) 将百分表放在被测平面上，测量若干个点。

(3) 读出百分表中的最大示值和最小示值。

(4) 百分表最大示值与最小示值之差即为该被测平面对基准平面的平行度误差，如图 10－22a 所示。

(5) 进行合格性评定。当实测值小于给定的公差值时该项目合格。

2. 孔轴线与基准平面平行度误差的检测

(1) 将被测零件的基准面 A 直接放置在平板上，并在被测孔中放入模拟心轴，如图 10－22b 所示。

(2) 用百分表分别靠近箱体壁的左右两侧并在心轴最高点处读取示值，两示值之差即为被测轴线对基准平面的平行度误差。

(3) 进行合格性评定。当实测值小于给定的公差值时该项目合格。

四、同轴度误差的检测

同轴度误差检测示例如图 10－23 所示，其方法和步骤如下：

1. 用心轴分别模拟基准孔与被测孔的轴线，将被测零件的平面 A 置于三个可调支承上，如图 10－23 所示。

2. 将基准孔的模拟心轴调整到与平板平行。可用百分表或杠杆百分表在该孔两端的两点进行测量，调整到两端最高点示值相等，即表示心轴与平板平行，记下此时的示值，则该点至平板的距离为（$L+\phi D_2/2$）。

3. 用百分表在靠近被测孔模拟心轴的两端 E 和 F 两点处分别测出最高点示值，并计算与高度（$L+\phi D_1/2$）的差值 f_{ex} 和 f_{fx}。

4. 将被测件翻转 90°，按上述方法测出 f_{ey} 和 f_{fy}。

5. 计算被测孔两端的同轴度误差。

E 点处的同轴度误差为：

$$f_e=2\sqrt{f_{ex}^2+f_{ey}^2}$$

F 点处的同轴度误差为：

$$f_f=2\sqrt{f_{fx}^2+f_{fy}^2}$$

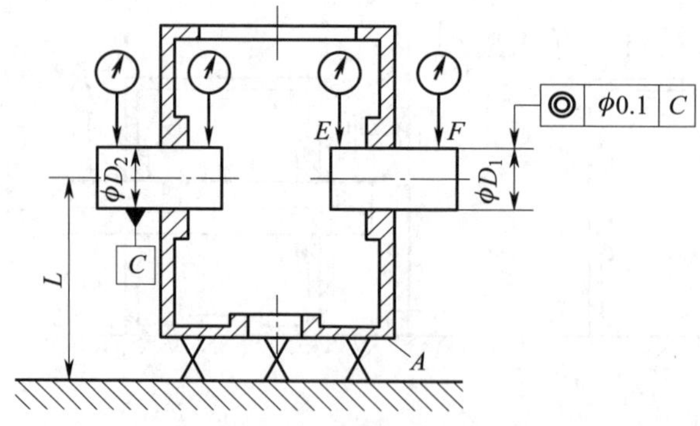

图 10－23　同轴度误差检测示例

取其中较大者作为该被测孔的同轴度误差。

6. 进行合格性评定。当实测值小于给定的公差值时该项目合格。

通过以上示例，分析在“平台测量法”中精密测量平板的作用是什么。

五、平面度误差的检测

平面度公差用以限制平面的形状误差。一般来说，作为接合面或有密封性要求的零件表面一般都会要求一定的平面度公差，如图 10－24 所示。其公差带是距离为公差值的两平行平面之间的区域，常见的平面度误差检测方法有用指示表检测、用光学平晶检测、用水平仪检测及用自准仪和反射镜检测。

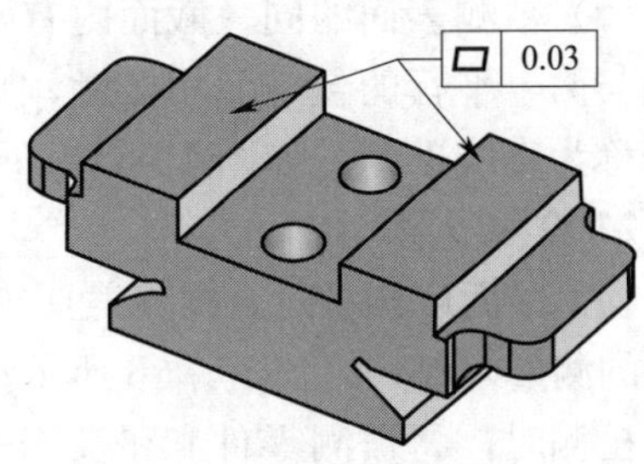

图 10－24　平面度公差示例

对于用各种不同方法测得的平面度误差值，应进行数据处理，然后按一定的评定准则处理结果。

1. 检测方法

平面度误差常用的检测方法是最小包容区域法，它是指由两平行平面包容实际被测要素时，至少有四点或三点接触，且具有下列形式之一者，即为最小包容区域，其平面度误差值最小。最小包容区域的判别方法（见图 10－25）有以下三种形式：

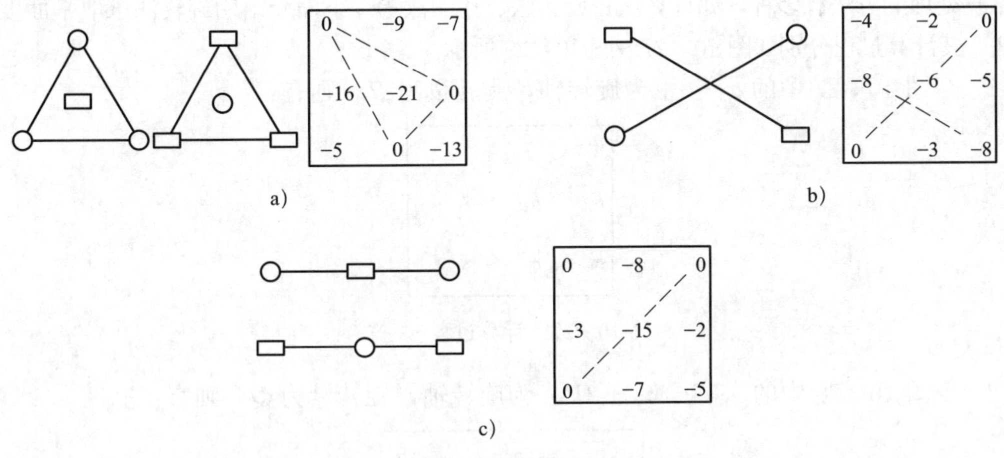

图 10－25　平面度误差的最小包容区域判别法

（1）两平行平面包容被测表面时，被测表面有三个最低点（或三个最高点）及一个最高点（或一个最低点）分别与两包容平面接触，并且最高点（或最低点）的投影在三个最低点（或三个最高点）之间，则这两个平行平面符合最小包容区域原则，这种判别法称为三角形准则。三角形法是以通过被测表面相距最远且不在一条直线上的三个点建立一个基准平面，各测点对此平面的偏差中最大示值与最小示值的绝对值之和为平面度误差。实测时，可以在被测表面找到三个等高点，并且调到零。在被测表面按布点测量，与三角形基准平面相距最远的最高和最低点间的距离为平面度误差，如图 10－25a 所示。

（2）被测表面有两个最高点和两个最低点分别与两个平行的包容面相接触，并且两个最高点的投影在两个最低点连线的两侧，则两个平行平面符合平面度最小包容区域原则。实测时，即通过被测表面的一条对角线作另一条对角线的平行平面，该平面即为基准平面。偏离此平面的最大示值和最小示值的绝对值之和为平面度误差，这种判别法称为交叉准则，如图 10－25b 所示。

（3）被测表面的同一截面内有两个最高点及一个最低点（或两个最低点及一个最高点）分别与两个平行的包容面相接触，则这两个平行平面符合平面度最小包容区域原则，这种判别法称为直线准则，如图 10－25c 所示。

2. 检测步骤

检测平面度误差时，检测工具包括平板和带千分表的测量架等，如图 10－26 所示。

检测时，将被测零件和带千分表的测量架放在平板上，并使千分表测头垂直地指向被测零件表面，压表并调整表盘，使指针指在零位。然后按图 10－26 所示，在被测平板上沿纵横方向划好均布的网格，四周离边缘 10 mm，各线的交点为测量的 9 个点，同时记录各点的示值。全部被测点的示值取得后，按对角线法求出平面度误差。

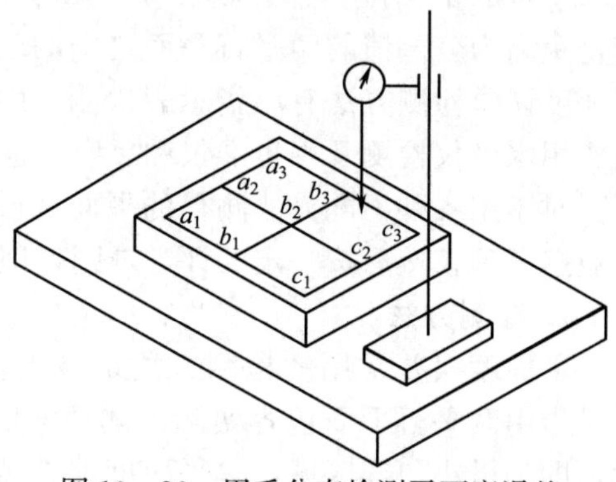

图 10－26　用千分表检测平面度误差

3. 数据处理

数据处理的方法有多种，如计算法、旋转法、作图法等。下面介绍用旋转法求取平面度误差的方法，其计算过程分别如图 10－27～图 10－29 所示。

（1）令图 10－27 中的 a_1—c_1 为旋转轴，旋转量为 P，则有：

a_1	a_2	a_3
b_1	b_2	b_3
c_1	c_2	c_3

图 10－27　计算过程（一）

（2）令图 10－28 中的 a_1—（a_3+2P）为旋转轴，旋转量为 Q。则有：

a_1	a_2+P	a_3+2P
b_1	b_2+P	b_3+2P
c_1	c_2+P	c_3+2P

图 10－28　计算过程（二）

（3）按对角线上两个值相等的原则列出下列方程，求旋转量 P 和 Q。

$$a_1=c_3+2P+2Q$$

$$a_3+2P=c_1+2Q$$

把求出的 P 和 Q 代入图 10－29 中，按最大示值与最小示值之差来确定被测表面的平面度误差。

a_1	a_2+P	a_3+2P
b_1+Q	b_2+P+Q	b_3+2P+Q
c_1+2Q	c_2+P+2Q	$c_3+2P+2Q$

图 10－29 计算过程（三）

例 10－5 用千分表按图 10－27 所示的布线方式测量 9 个点，其示值如图 10－30a 所示，试用旋转法评定平面度误差。

解：按对角线等高原则可得：

$$\begin{cases}0=4+2P+2Q\\-16+2P=-10+2Q\end{cases}$$

解得：$P=0.5$

$Q=-2.5$

将各点的旋转量与图 10－30a 中各对应点的值相加，即得经坐标变换后的各点坐标值，如图 10－30b 所示，由图 10－30b 可见 a_1 和 c_3 等高（0）；c_1 和 a_3 等高（－15），则平面度误差为：

$$f'=+7.5\ \mu\text{m}+|-15\ \mu\text{m}|=22.5\ \mu\text{m}$$

0	−6	−16
−7	+3	−7
−10	+12	+4

a)

0	−5.5	−15
−9.5	+1	−8.5
−15	+7.5	0

b)

图 10－30 用旋转法评定平面度误差示例（单位为 μm）

§10－5 零件的测绘

请思考如何加工图 10－31 所示的零件。

很显然，让工人只根据零件实物加工零件是不可能的，而前面我们所学到的典型零件图是能够用来制造零件的，由此我们想到如何才能把零件实物变成零件图，实现这一过程就是本节主要的目标。零件的测绘就是依据实际零件画出它的图形，测量并标注它的尺寸，给定必要的技术要求等工作过程，在仿造设备，进行设备维修和技术革新中常常要进行零件的测绘。

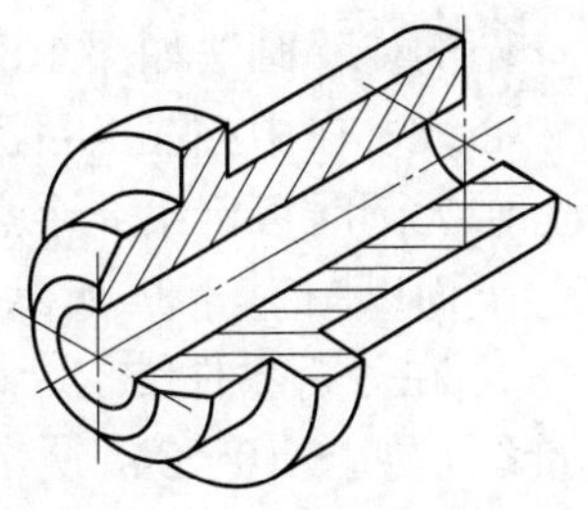

图 10－31 零件实物图

一、零件测绘的一般过程

1. 全面了解测绘对象

在测绘时，要先分析、弄清零件的名称和用途；鉴定零件的材料、热处理和表面处理情况；分析零件的结构、形状和各部分的作用；查看零件有无磨损和缺陷；了解零件的制造工艺过程等。

对测绘对象的了解和分析是做好零件测绘的基础。测绘虽然不是设计，但必须正确领会原设计的意图，使测绘的结果正确、合理。

2. 绘制零件草图

以目测比例徒手绘出的零件图称为零件草图。在对零件全面了解、认真分析的基础上，根据零件表达方案的选择原则，绘制零件草图。零件草图是绘制零件图的依据。

3. 根据零件草图绘制零件图

对零件草图必须认真进行检查、核对，补充完善后，依此画出正规的零件图，用以指导零件的加工。

二、画零件草图的要求和步骤

零件草图是绘制零件图的依据，因此，它必须包括零件图的全部内容，并应做到内容完整、表达正确、尺寸齐全、要求合理、图线清晰、比例匀称。

为提高绘制草图的速度并保证图面质量，必须熟练掌握徒手画线的方法。

直线的徒手画法如图 10－32 所示，要求所画线条直而均匀。执笔时，小指靠近纸面，眼睛看着直线的终点，以控制方向不偏斜。画水平线时从左向右较为顺手，如图 10－32a 所示；画垂直线时自上而下运笔，如图 10－32b 所示；画斜线时的方向如图 10－32c、d 所示，且可略转图纸，使要画的直线正好是顺手方向。画短线时，常以手腕运笔；画长线时，则以手臂动作。为了方便，可利用方格纸画草图。

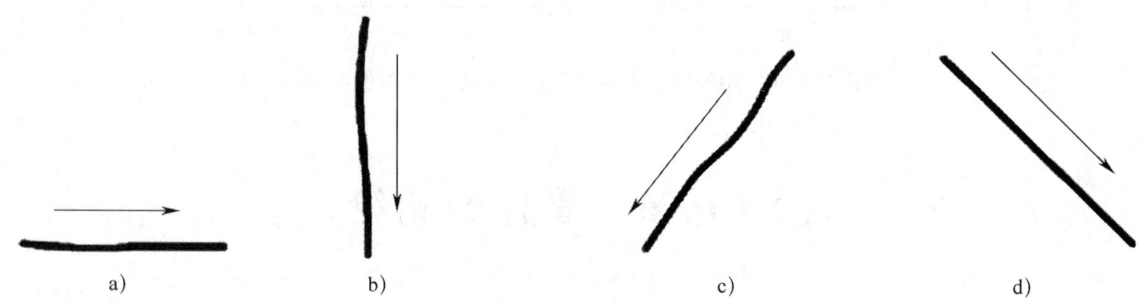

图 10－32　直线的徒手画法

a）画水平线　b）画垂直线　c）画向左斜线　d）画向右斜线

圆的徒手画法如图 10－33 所示，画圆时，应先定圆心位置，再过圆心画两条互相垂直的中心线，在中心线上目测半径定出 4 个点，过这 4 个点描绘出小圆弧，如图 10－33a 所示。画大圆时可定出 8 个点，再过这 8 个点描绘出大圆弧，如图 10－33b 所示。

下面以图 10－34 所示拨杆的零件草图为例说明零件草图的绘制步骤。

1. 在分析零件结构、确定表达方案的基础上，选定比例，布置图面，画好基本视图的基准线，如图 10－34a 所示。

2. 画出基本视图的外部轮廓，如图 10－34b 所示。

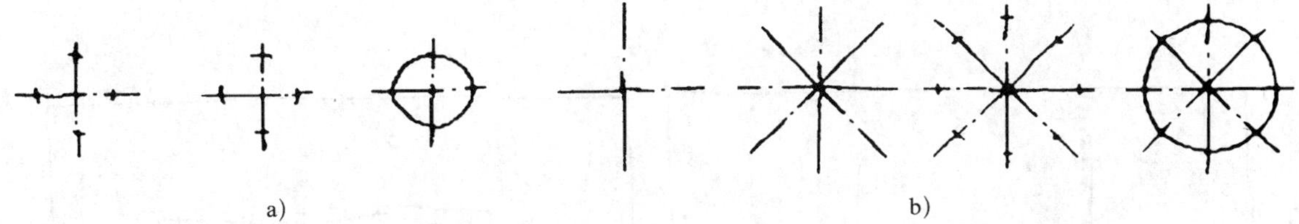

图 10－33　圆的徒手画法

3. 为表达内形，绘制剖视图和断面图。选择长、宽、高各方向的尺寸基准，画出尺寸界线、尺寸线，如图 10－34c 所示。

4. 标注尺寸数值和必要的技术要求，填写标题栏，检查有无错误和遗漏，如图 10－34d 所示。

三、画零件图的方法和步骤

根据现场测绘的零件草图整理并绘制零件图的方法和步骤如下：

1. 检查零件草图

检查草图方案是否正确、完整、清晰、精练；零件尺寸是否正确、齐全、清晰、合理；技术要求规定是否得当。必要时，应参阅有关资料，查阅有关标准，参考类似零件图样或其他技术资料，认真进行计算和分析，使零件草图进一步完善。

2. 画零件图

（1）选择比例和图幅。根据零件表达方案，确定适当比例，选定图幅。

（2）布置图面，完成底稿。根据表达方案和比例，用铅笔、钢直尺、圆规在图纸上轻轻画出各视图的基准线，并逐一画出各图形的底稿。

（3）检查底稿，加深图形。

（4）标注尺寸和技术要求。

（5）填写标题栏。

四、零件尺寸的测量

测量零件尺寸是测绘工作的重要内容之一。测量尺寸要做到：测量基准合理，使用测量工具适当，测量方法正确，测量结果准确。测量时，应根据对尺寸精度的要求不同，选用不同的测量工具。常见的尺寸测量方法见表 10－5。

五、零件测绘的注意事项

零件的测绘是一项极其复杂的工作，每个环节都要认真对待。除上述绘制零件草图、零件图和测量尺寸中各项要求外，还应注意以下几点：

1. 测绘前拆卸零件要细心，不要损坏零件，而且要认真清洗，妥善保管。

2. 对已损坏的零件，要尽量使其恢复原形，以便于观察形状和测量尺寸。

3. 对已损坏的工作表面，测量时要给予恰当估计，必要时，应测量与其配合的零件尺寸。

4. 对于重要表面的公称尺寸、尺寸公差、几何公差和表面粗糙度，以及零件上一些标准结构的形状和尺寸，应查阅国家标准或机械设计手册后确定。

5. 零件表面有时有各种缺陷，如铸件上的砂眼、缩孔，加工表面的疵点、刀痕等，不应体现在图样中。

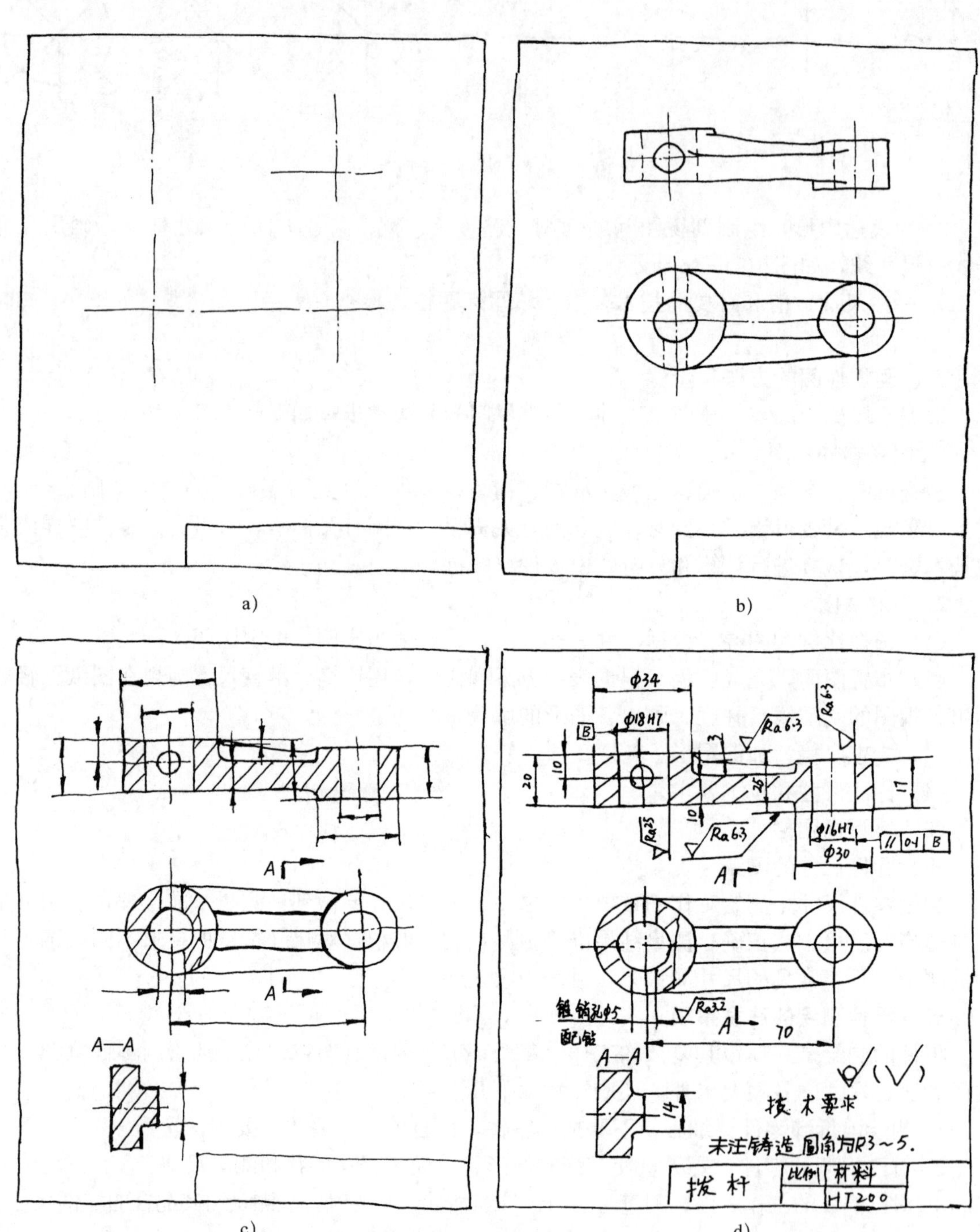

图 10 - 34　拨杆零件草图的绘制步骤

表 10－5　　常见的尺寸测量方法

项目	图例与说明
直线尺寸	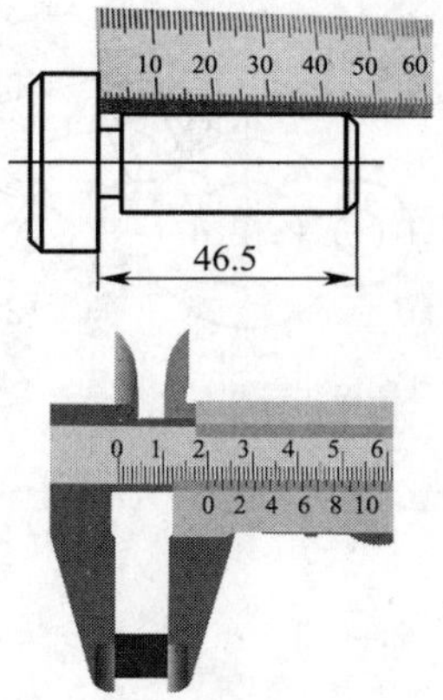 直线尺寸 直线尺寸可用钢直尺或游标卡尺直接测量
壁厚尺寸	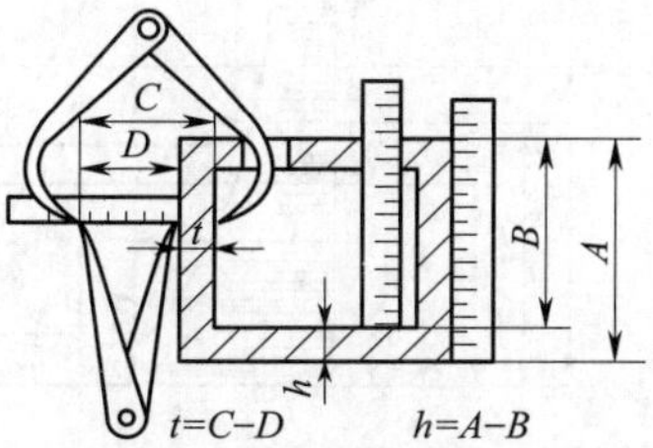 $t=C-D$　　$h=A-B$ 壁厚尺寸可用钢直尺测量，如底壁厚度 $h=A-B$；或用外卡钳和钢直尺配合测量，如左侧壁的厚度 $t=C-D$
直径尺寸	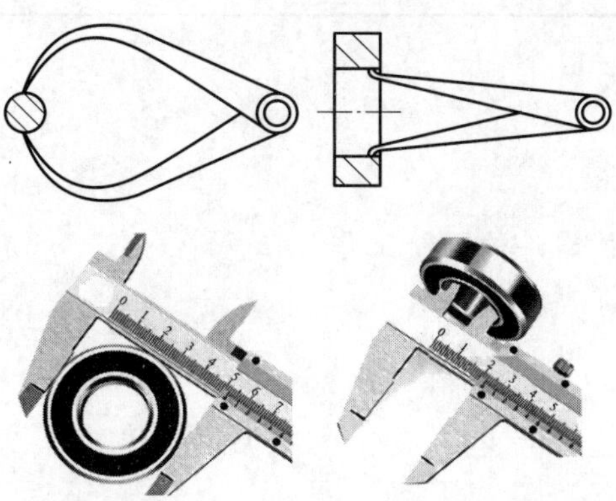 直径尺寸可用内、外卡钳间接测量或用游标卡尺直接测量
孔间距	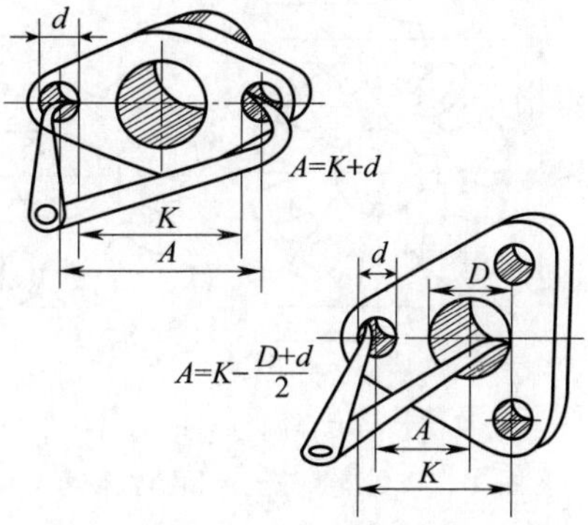 $A=K+d$ $A=K-\frac{D+d}{2}$ 孔间距可用内、外卡钳和钢直尺结合测量
中心高	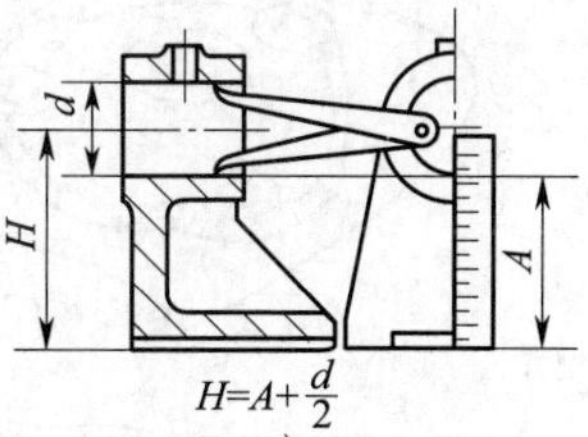 $H=A+\frac{d}{2}$ a) 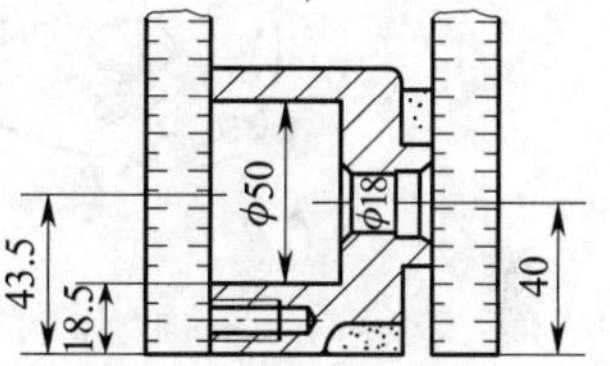 b) 中心高可用钢直尺或钢直尺和内卡钳配合测量。即 $H=A+d/2$（见图 a）。 图 b 左侧的中心高：43.5 mm＝18.5 mm＋50/2 mm
螺距	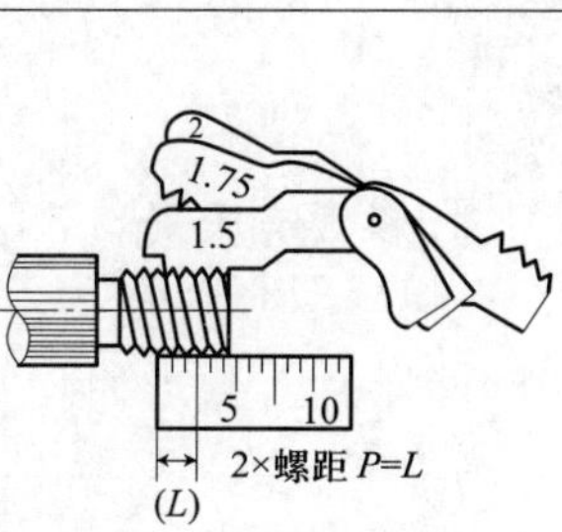 2×螺距 $P=L$ 螺纹的螺距应该用螺纹样板直接测得（见图的上方），也可用钢直尺测量（见图的下方）。图中 $P=1.5$ mm

续表

项目	图例与说明	项目	图例与说明
齿顶圆直径	a）偶数齿　　b）奇数齿 偶数齿齿轮的齿顶圆直径可用游标卡尺直接测得（见图 a）；奇数齿齿轮的齿顶圆直径可间接测量（见图 b）	曲面曲线的轮廓	用半径样板测量圆弧半径
曲面曲线的轮廓	对精确度要求不高的曲面轮廓，可以用拓印法在纸上拓印出它的轮廓形状，然后用几何作图的方法求出各连接圆弧的尺寸和圆心位置，如图中的 $\phi 68$ mm、$R8$ mm、$R4$ mm 和 3.5 mm		用坐标法测量非圆曲线

练一练

参考有关资料，完成齿轮泵上有关零件的测绘工作。

课题十一　装　配　图

§11－1　装配图概述

做一做　识读图11－1所示的滑动轴承装配图，试回答下列问题。

1. 这张图有什么作用？
2. 图中包含哪些内容？

这张图与我们前面学习的零件图不同，它是一张装配图，装配图是表达机器或部件装配关系和工作原理的图样，是生产中的主要技术文件之一。零件图与装配图之间是怎样既互相联系又互相影响的呢？在本节中我们就要解决这个问题。

一、装配图及其作用

在工业生产中，设计部门先画机器或部件的装配图，再根据装配图画出零件图。制造部门则先根据零件图制造零件，然后再根据装配图将零件装配成机器或部件。在机械设备的维修中，也常通过装配图了解机器的结构和工作原理。

二、装配图的内容

现以滑动轴承为例说明装配图的内容。如图11－2所示为滑动轴承的立体图，它表达了各零件的结构和它们之间的位置关系，但是它表达得不够完善，不适宜在生产中使用，所以在生产中采用图11－1所示的装配图把工作原理、装配关系和要求表达出来。

1. 一组视图

装配图首先包含一组视图，它们灵活运用各种表达方法（如视图、剖视图、断面图、局部放大图等），正确、完整地表达机器或部件的工作原理、装配关系及结构与形状。在图11－1所示的装配图中，采用主视图（半剖视）和俯视图的表达方法，将滑动轴承的装配关系、工作原理和结构特点等表达清楚。

2. 必要的尺寸

装配图中需标注反映机器或部件的规格、性能、安装、装配和检验等有关尺寸。

3. 技术要求

机器或部件的装配、试验、安装、使用和维修都需要有相应的技术要求来保证质量，因此，在装配图上要用文字或符号加以说明。

4. 标题栏、零部件序号和明细栏

为了便于生产的组织管理，在装配图上需对零部件进行编号，并将各零件的序号、名

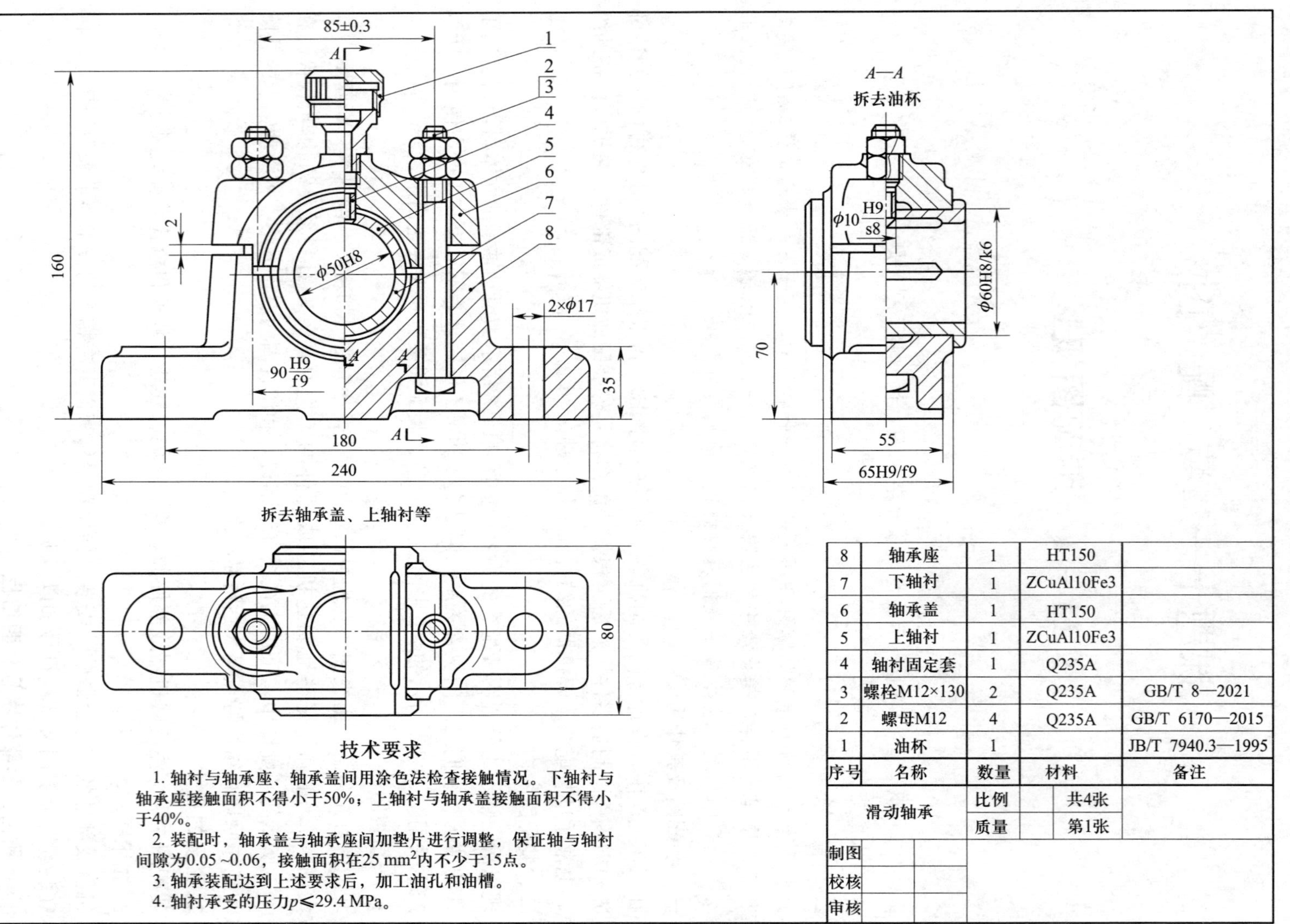

8	轴承座	1	HT150	
7	下轴衬	1	ZCuAl10Fe3	
6	轴承盖	1	HT150	
5	上轴衬	1	ZCuAl10Fe3	
4	轴衬固定套	1	Q235A	
3	螺栓M12×130	2	Q235A	GB/T 8—2021
2	螺母M12	4	Q235A	GB/T 6170—2015
1	油杯	1		JB/T 7940.3—1995
序号	名称	数量	材料	备注
滑动轴承		比例	共4张	
		质量	第1张	
制图				
校核				
审核				

图 11-1　滑动轴承装配图

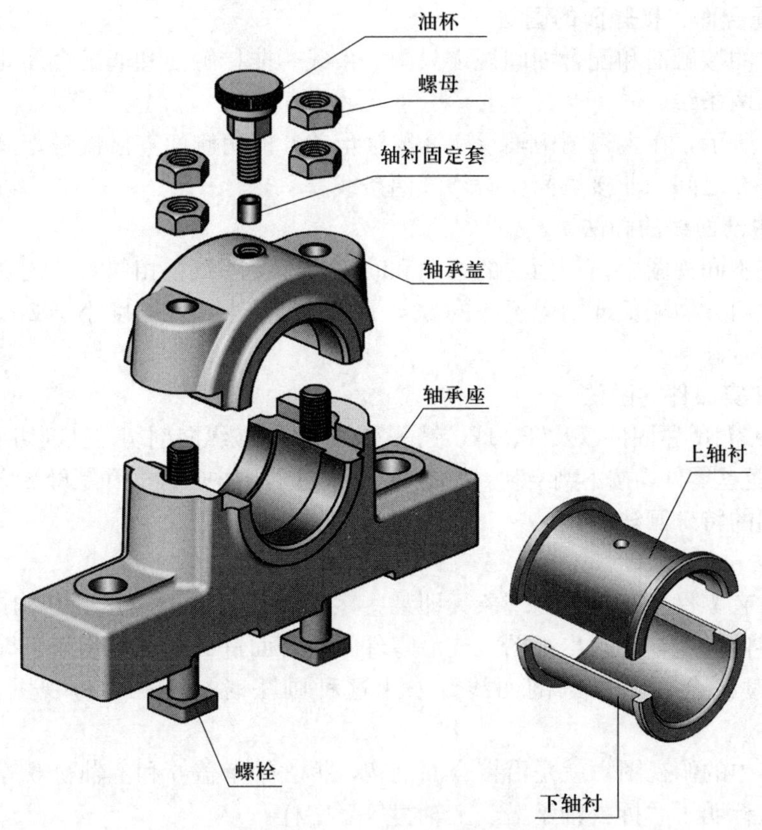

图 11-2　滑动轴承的立体图

称、材料、质量等有关内容填写在明细栏内。标题栏内填写本机器或部件的名称、绘图比例、图号、设计和审核者的签名。

练一练　结合图 11-1 和图 11-2，说出滑动轴承由哪些零件组成？

§11-2　装配图的规定画法和特殊画法

想一想　观察图 11-1 中的视图采用了哪些表达方法？与零件图的表达方法一样吗？

部件和零件的表达，它们的共同点是都要表达出内、外结构。因此，关于零件的各种表达方法和选用原则在表达部件时也适用。但它们也有不同点：装配图需要表达的是部件的总体情况，而零件图仅需表达零件的结构与形状。针对装配图的特点，为了清晰而简便地表达出部件的结构，国家标准《机械制图》中提出了一些画装配图特有的表达方法。

一、装配图的规定画法

1. 零件间配合面、接触面的画法

相邻两零件的接触面和配合面间规定只画一条线。非接触面和非配合面间，不论间隙多小，都必须画出两条线。

如图 11-1 所示，在主视图中轴承座 8 与轴承盖 6 的两侧面直接接触，只画一条线，而螺栓 3 与轴承座 8 之间为非接触面，必须画两条线。

2. 装配图中剖面线的画法

同一零件在不同视图中，剖面线的方向和间隔应保持一致；相邻零件的剖面线应有明显区别，可采用倾斜方向相反或间隔不等的方式予以区别。当零件厚度小于 2 mm 时，允许以涂黑代替剖面符号。

3. 紧固件和实心件的画法

对于螺栓、螺母等紧固件以及杆、球、销等实心件，若按纵向剖切，且剖切平面通过其对称平面或轴线时，这些零件均按不剖绘制。如图 11-1 的主视图中螺栓 3 和螺母 2 均按不剖绘制。

二、装配图的特殊画法

1. 拆卸画法

装配图中常有零件相互重叠的现象，即某些零件遮住了需要表达的结构或装配关系时，可假想将某些零件拆去，再画出视图。或沿零件间接合面进行剖切（相当于拆去剖切平面一侧的零件），此时接合面上不画剖面线。采用这种画法时，可在相应视图上方注明“拆去××”。

如图 11-1 中的俯视图，就是沿接合面剖切，拆去轴承盖 6 和上轴衬 5 等零件而画出的半剖视图，其上标明了“拆去轴承盖、上轴衬等”字样。

2. 假想画法

（1）对于运动零件，当需要表明其运动极限位置时，可以在一个极限位置上画出该零件，而在另一个极限位置用细双点画线来表示，如图 11-3 所示为手柄运动极限位置的表示法。

（2）为了表明本部件与其他相邻部件或零件的装配关系，可用细双点画线画出相邻件的轮廓线，如图 11-4 所示为辅助相邻零件的表示法。

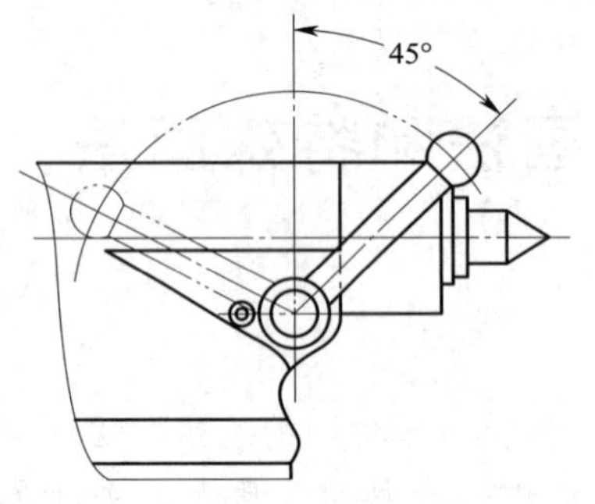

图 11-3　手柄运动极限位置的表示法

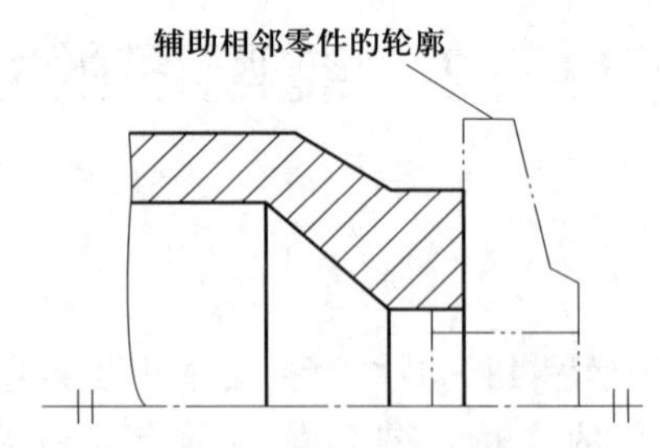

图 11-4　辅助相邻零件的表示法

3. 展开画法

在传动机构中，为了表示传动关系和装配关系，可假想用剖切平面按传动顺序沿轴线剖开，然后将其展开到同一平面上，再画出其剖视图，如图 11-5 所示为三星齿轮传动机构展开图。

4. 夸大画法

在装配图中，当图形上孔的直径或薄片的厚度小于或等于 2 mm 以及需要表达的间隙、斜度和锥度较小时，均可不按比例而夸大画出。若该薄、细零件被剖切，则其剖面线可以涂黑表示。

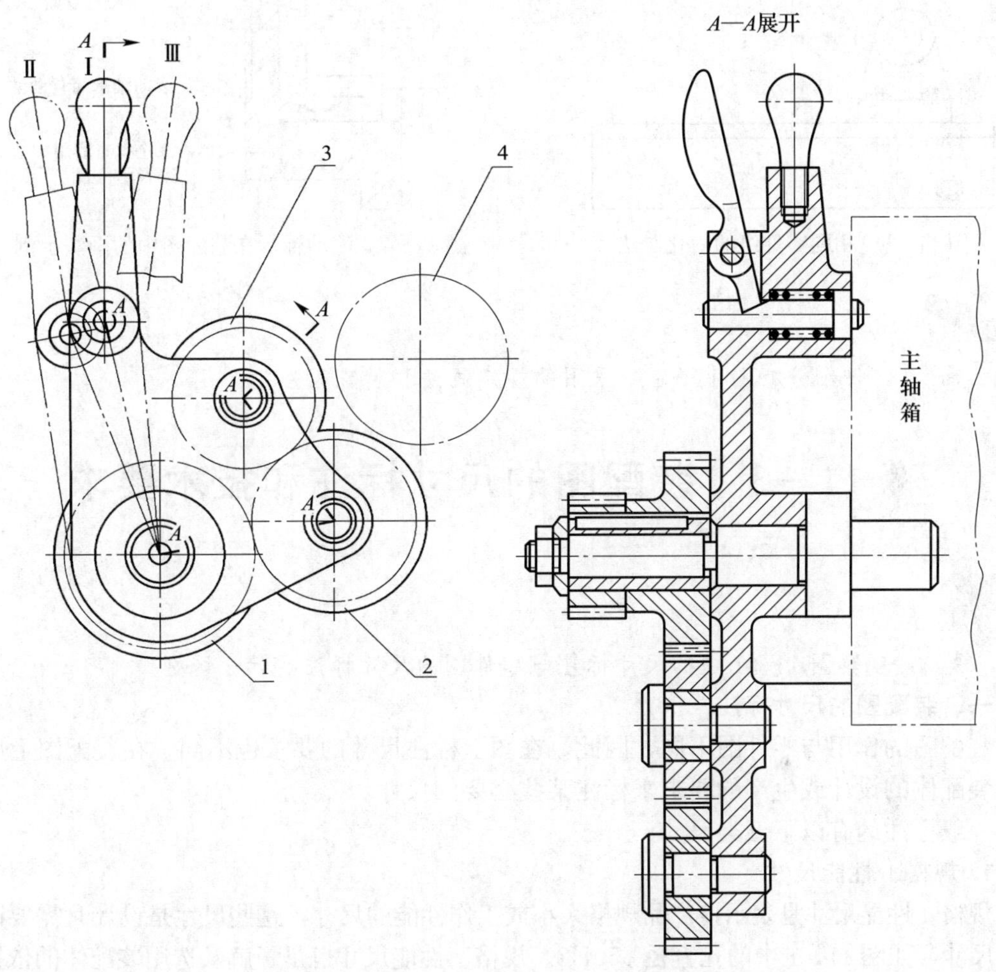

图 11-5　三星齿轮传动机构展开图

1～4—齿轮

5. 简化画法

(1) 在装配图中，对若干相同的零件组，如螺栓、螺钉连接等，可以仅详细地画出一处或几处，其余只需用细点画线表示其位置，并给出零部件组的总数，如图 11-6 所示。

(2) 滚动轴承在装配图中的画法示例如图 11-7 所示。

(3) 在装配图中，对于零件上的一些工艺结构，如小圆角、倒角、退刀槽和砂轮越程槽等可以不画，如图 11-7 所示。

6. 单独表示某个零件

在装配图中，当某个零件的形状未表达清楚，且对理解装配关系有影响时，可另外单独画出该零件的某一视图。

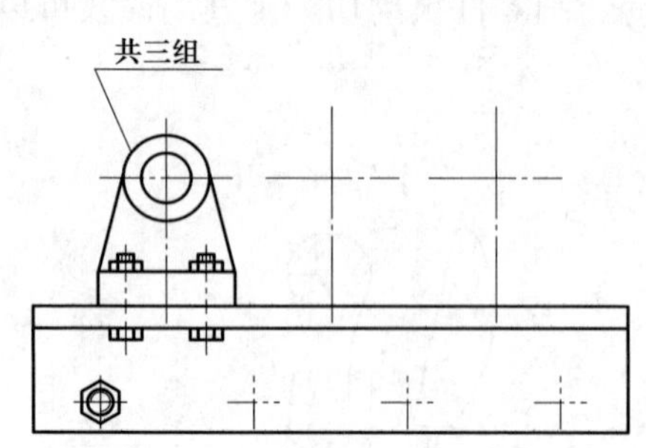

图 11－6　相同零件组的简化画法

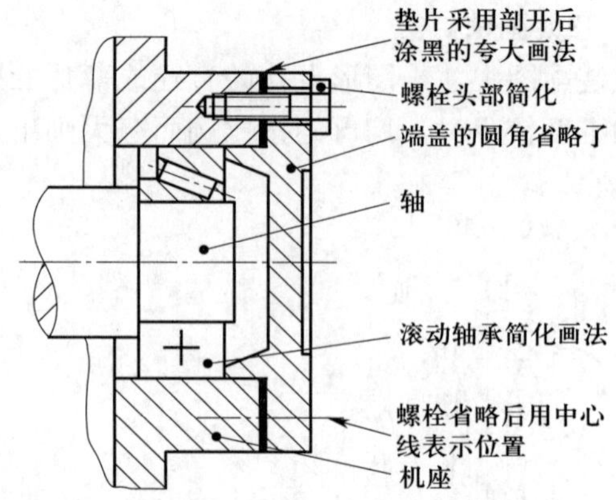

图 11－7　滚动轴承在装配图中的画法示例

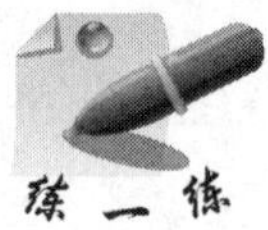

练一练　仔细分析图 11－1 中采用的规定画法和特殊画法。

§11－3　装配图的尺寸标注和技术要求

想一想　观察图 11－1 中的尺寸标注与零件图的尺寸标注有什么区别。

一、装配图的尺寸标注

装配图的作用与零件图不同，因此，在图上标注尺寸的要求也不同。在装配图上应该按照对装配体的设计或生产的要求来标注某些必要的尺寸。

一般标注的有以下五类尺寸：

1. 规格、性能尺寸

规格、性能尺寸是表示该产品规格大小或工作性能的尺寸，这些尺寸是设计时需要确定的重要尺寸，如图 11－1 中的孔直径 ϕ50H8。规格、性能尺寸也是了解及选用装配体的依据。

2. 装配尺寸

装配尺寸是表示装配体中各零件之间相互配合关系和相对位置的尺寸，这种尺寸是保证装配体装配性能和质量的尺寸。如图 11－8 所示千斤顶装配图中的 ϕ45H8/js7 就是表示零件间配合性质的尺寸。

3. 安装尺寸

安装尺寸是将装配体安装到其他装配体上或地基上所需的尺寸。如图 11－1 中对螺栓通孔所注的尺寸 180 mm 和 2×ϕ17 mm 等。

4. 总体尺寸

总体尺寸是表示装配体外形的总体尺寸，即总的长、宽、高。它反映了装配体的大小，提供了装配体在包装、运输和安装过程中所占的空间大小。如图 11－1 中的尺寸 240 mm（长）、80 mm（宽）和 160 mm（高）。

5. 其他重要尺寸

其他重要尺寸是指在设计中确定的，而又未包括在上述几类尺寸中的主要尺寸，如运动件的极限尺寸、主体零件的重要尺寸等。

如图 11－8 中所注尺寸 167～205 mm 即为运动件的极限尺寸。件 6 扳杆的直径 6 mm 和件 9 顶块的尺寸 ϕ23 mm 等均为这两个零件的重要尺寸。

上述五类尺寸之间并不是互相孤立无关的，实际上有的尺寸往往同时具有多种作用。此外，在一张装配图中也并不一定需要全部注出上述五类尺寸，而是要根据具体情况和要求来确定。

二、装配图的技术要求

由于装配体的性能、用途各不相同，因此其技术要求也不同。拟订装配体的技术要求时应具体分析，一般应从以下几个方面考虑：

1. 装配要求

装配要求是指在装配过程中的注意事项和装配后应满足的要求，如保证间隙、精度要求及润滑和密封要求等。

2. 检验要求

检验要求是指装配体基本性能的检验、试验规范和操作要求。

3. 使用要求

使用要求是指对装配体的规格、参数、维护和保养的要求以及使用时的注意事项和要求等。

上述各项，不是每张装配图都要求全部注写，应根据具体情况而定。装配图上的技术要求一般用文字注写在明细栏上方或图样右下方的空白处，如图 11－8 所示。

三、装配图的序号和明细栏

为了便于装配时看图查找零件，便于做生产准备和图样管理，必须对装配图中的零件进行编号，并列出零件的明细栏。

1. 零部件的序号

（1）序号的编写形式

零部件的序号是由圆点、指引线、水平线或圆（均为细实线）和数字组成的，如图 11－9 所示。序号写在水平线上或小圆内，序号的字号应比该图中尺寸数字大一号或两号。

同一张装配图中编写序号的形式应一致，常用如图 11－9a 所示的形式。

（2）一般规定

1）装配图中所有的零件都必须编写序号。相同的零件只编一个序号。如图 11－8 中，件 4 螺钉和件 8 螺钉都有两个，但只编一个序号 4 和 8。

2）指引线应自所指零件的可见轮廓内引出，并在其末端画一圆点；若所指的部分不宜画圆点，如很薄的零件或涂黑的剖面等，可在指引线的末端画一箭头，并指向该部分的轮廓，其编号形式如图 11－10 所示。

3）如果是一组紧固件以及装配关系清楚的零件组，可以采用公共指引线，其编号形式如图 11－11 所示。

4）指引线应尽可能分布均匀且不要彼此相交，也不要过长。指引线通过有剖面线的区域时，要尽量不与剖面线平行，必要时可画成折线，但只允许曲折一次，如图 11－12 所示为画成折线的指引线。

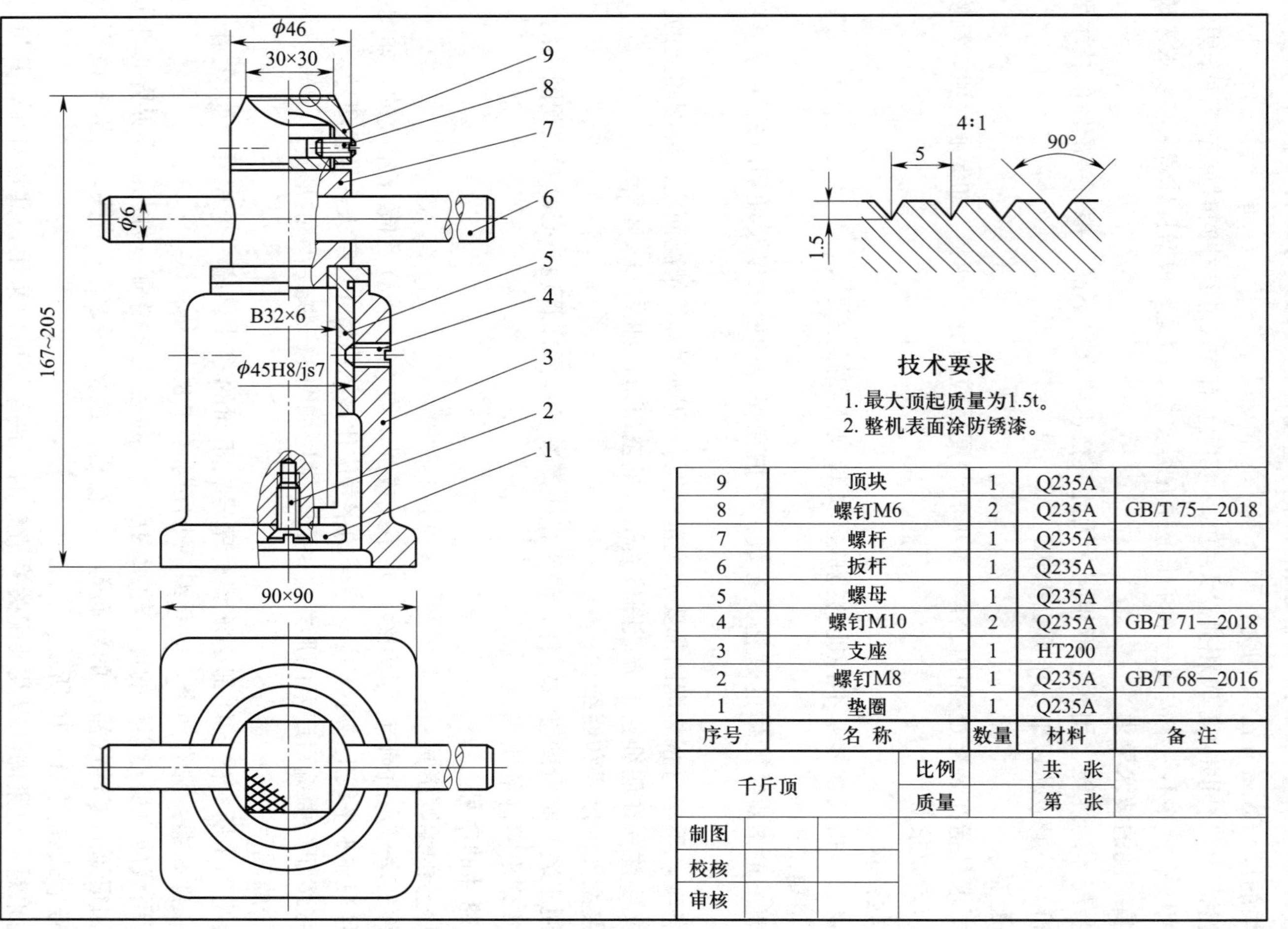

技术要求

1. 最大顶起质量为1.5t。
2. 整机表面涂防锈漆。

序号	名 称	数量	材料	备 注
9	顶块	1	Q235A	
8	螺钉M6	2	Q235A	GB/T 75—2018
7	螺杆	1	Q235A	
6	扳杆	1	Q235A	
5	螺母	1	Q235A	
4	螺钉M10	2	Q235A	GB/T 71—2018
3	支座	1	HT200	
2	螺钉M8	1	Q235A	GB/T 68—2016
1	垫圈	1	Q235A	

千斤顶			比例		共 张
			质量		第 张
制图					
校核					
审核					

图 11-8 千斤顶装配图

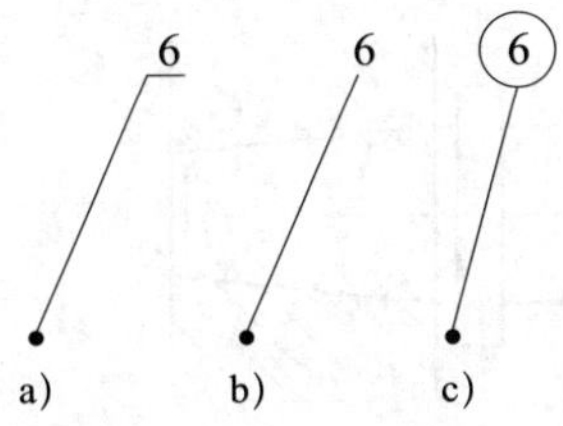

图 11－9　序号的编写形式

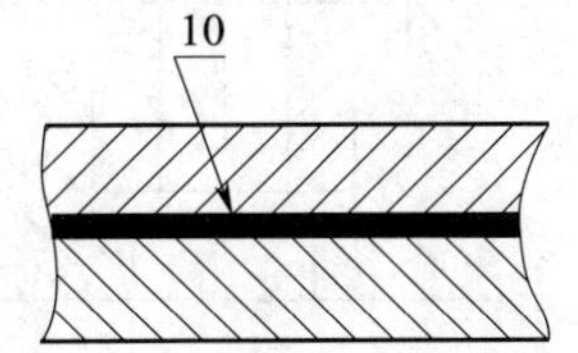

图 11－10　薄零件的编号形式

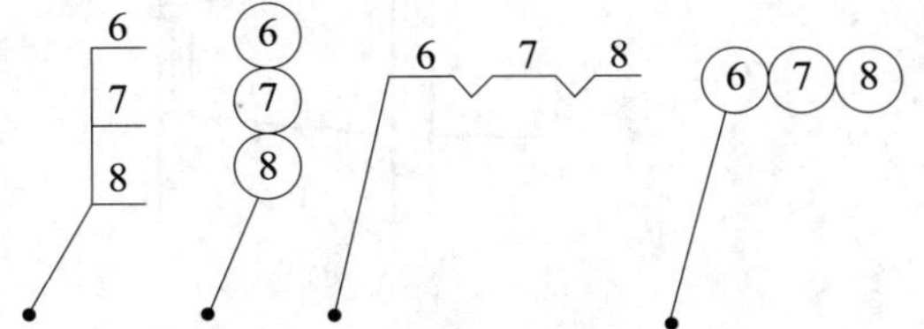

图 11－11　紧固件的编号形式

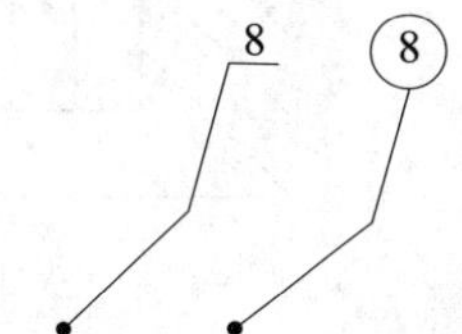

图 11－12　画成折线的指引线

（3）序号编排方法

零部件的序号按水平或垂直方向排列整齐，并按顺时针或逆时针方向顺序编号。

2. 零部件的明细栏

明细栏是装配体全部零部件的详细目录，一般应画在标题栏的上方，并与标题栏紧连在一起，也可作为装配图的续页单独画出。标题栏、明细栏的格式与尺寸参见课题二中的图 2－5。

明细栏的序号应按零件序号顺序自下而上填写，以便改进结构或发现漏编零件时，可继续向上补齐。为此，明细栏最上面的边框线规定用细实线绘制。

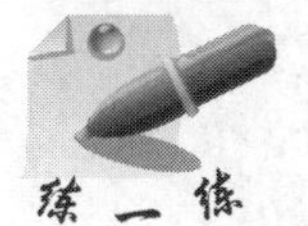

练一练

1. 图 11－1 中的尺寸标注与前面所学的零件图的尺寸标注有什么区别？试说出装配图中有哪些类型的尺寸。

2. 分析图 11－1 中的尺寸分别属于什么类型的尺寸。

§11－4　装配体的工艺结构

在设计及绘图过程中，既要满足零件的使用要求，又要考虑零件的加工及装配的合理性。在本节中，我们就基本的装配体的工艺结构做简单介绍，为更好地识读装配图做准备。

一、接触面与配合面的结构

1. 两零件接触面的数量

两零件装配时，在同一方向上一般只宜有一个接触面；否则就会给制造和配合带来困难，如图 11－13 所示为零件接触面的情况分析。

2. 接触面转角处的结构

两配合零件在转角处不应设计成相同的尖角或圆角；否则，既影响接触面之间的良好接触，又不易加工，如图 11－14 所示为接触面处转角的设计情况。

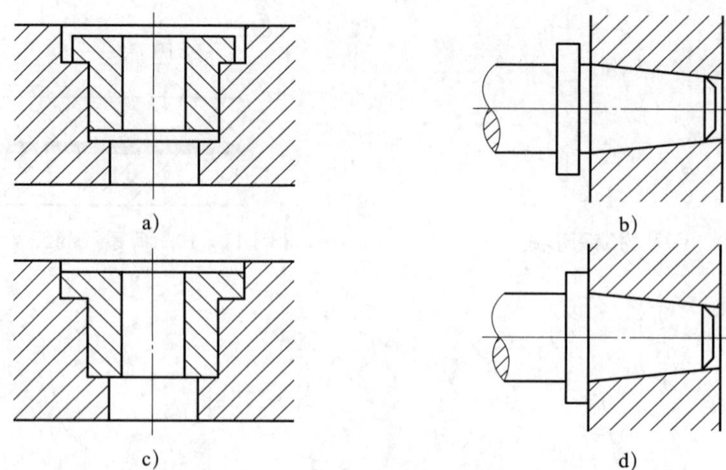

图 11－13　零件接触面的情况分析

a）合理（径向、轴向均只有一个接触面）　b）合理（只有圆锥面接触）

c）不合理（径向有两个圆柱面接触，轴向有两个端面接触）　d）不合理（圆锥面和端面均接触）

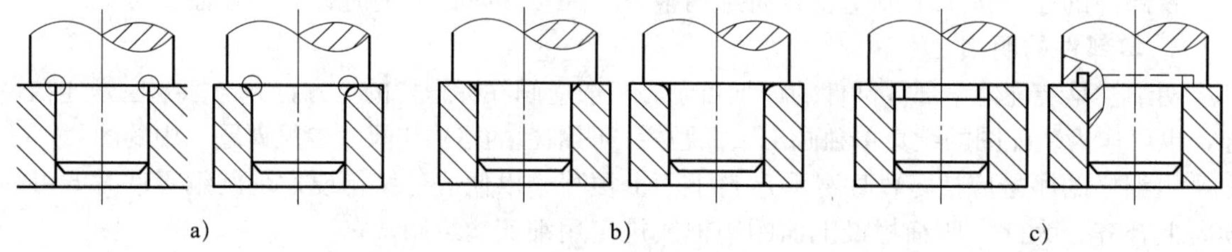

图 11－14　接触面处转角的设计情况

a）不合理（孔和轴具有相同的尖角或圆角）　b）合理（孔边倒角或倒圆）　c）合理（轴根切槽）

二、密封装置

在一些部件或机器中常需要有密封装置，以防止液体外流或灰尘进入。通常用浸油的石棉绳或橡胶作为填料，拧紧压盖螺母时，通过填料压盖即可将填料压紧，起到密封作用。但填料压盖与阀体端面之间必须留有一定间隙，才能保证将填料压紧，而轴与填料之间也应有一定的间隙，以免转动时产生摩擦。用在泵和阀上常见密封装置的结构如图 11－15a 所示。

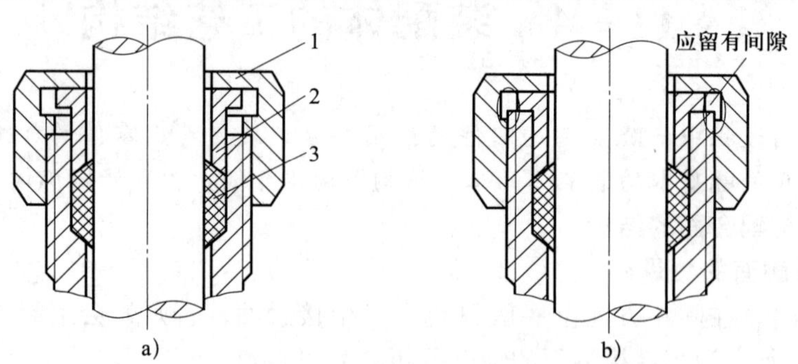

图 11－15　常见密封装置的结构

a）合理　b）不合理

1—压盖螺母　2—填料压盖　3—填料

三、零件在轴向的定位结构

装在轴上的滚动轴承和齿轮等一般都要有轴向定位结构，以保证能在轴线方向不产生移动。在图 11－16 所示的轴向定位结构中，轴上的滚动轴承和齿轮是靠轴的台肩来定位的，齿轮的一端用螺母和垫圈压紧，垫圈与轴肩的台阶面间应留有间隙，以便于压紧。

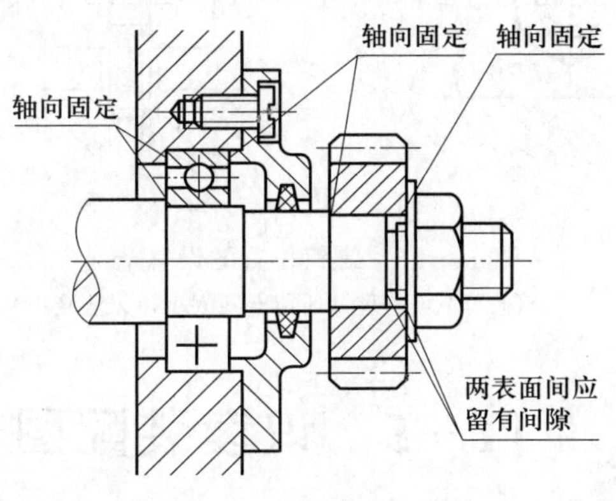

图 11－16　轴向定位结构

四、考虑维修、安装、拆卸的方便

1. 滚动轴承装在轴上和箱体轴承孔中以轴肩或孔肩定位时，轴肩或孔肩的高度须小于轴承内圈或外圈的厚度，或在轴肩与孔肩上加工出放置拆卸工具的孔或槽等，以保证维修时便于拆卸，如图 11－17 所示为轴肩处的工艺结构。

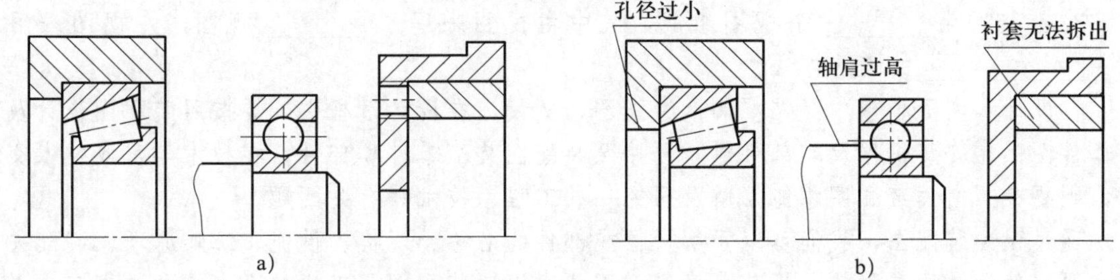

图 11－17　轴肩处的工艺结构

a）合理　b）不合理（无法拆卸）

2. 在安排螺钉的位置时，应考虑扳手在空间的活动范围，如图 11－18 所示为螺钉位置的设置情况。

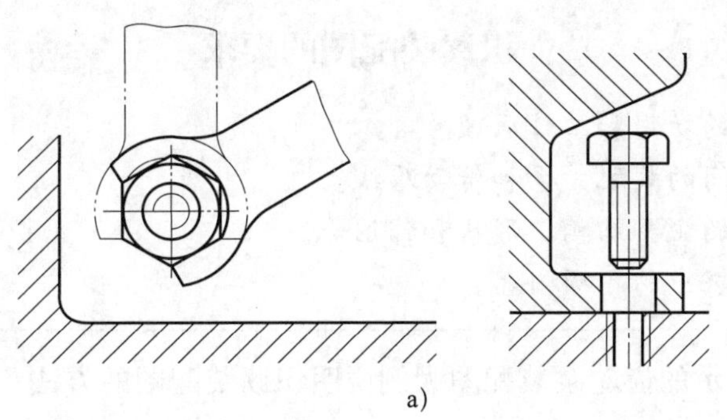

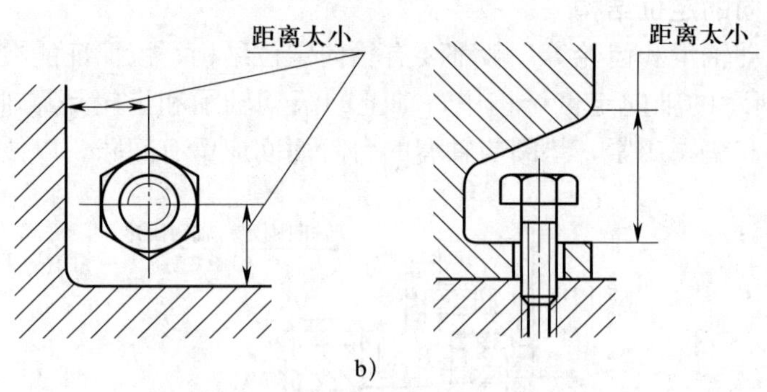

图 11－18 螺钉位置的设置情况

a）合理 b）不合理（所留空间太小，无法装拆）

§11－5 识读装配图

做一做 识读齿轮泵装配图（见图 11－19），回答下列问题：

1. 图中配合尺寸共有________个，安装尺寸有________个，总体尺寸有________个。

2. 图中共有________种零件。

3. 装配图由________个视图组成，其中主视图采用了________视图，左视图采用了________________的表达方法。

在设计和实际生产中经常要阅读装配图，例如，在设计过程中，要按照装配图设计及绘制零件图；在安装机器及其部件时，要按照装配图装配零件和部件；在技术学习或技术交流时，则要参阅有关装配图才能了解及研究一些工程、技术等有关问题。

通过识读装配图，我们可以了解机器或部件的名称、规格、性能、工作原理、装配关系及主要零件的结构与形状、拆装顺序等。因此，识读装配图是工程技术人员和技术工人必须具备的能力。

重点提示

识读装配图的要求

1. 了解装配体的功用和工作原理。
2. 弄清各零件间的装配关系和传动路线。
3. 看懂各零件的主要结构、形状和作用等。
4. 了解技术要求中的各项内容。

现以图 11－19 所示的齿轮泵装配图为例说明识读装配图的方法和步骤。

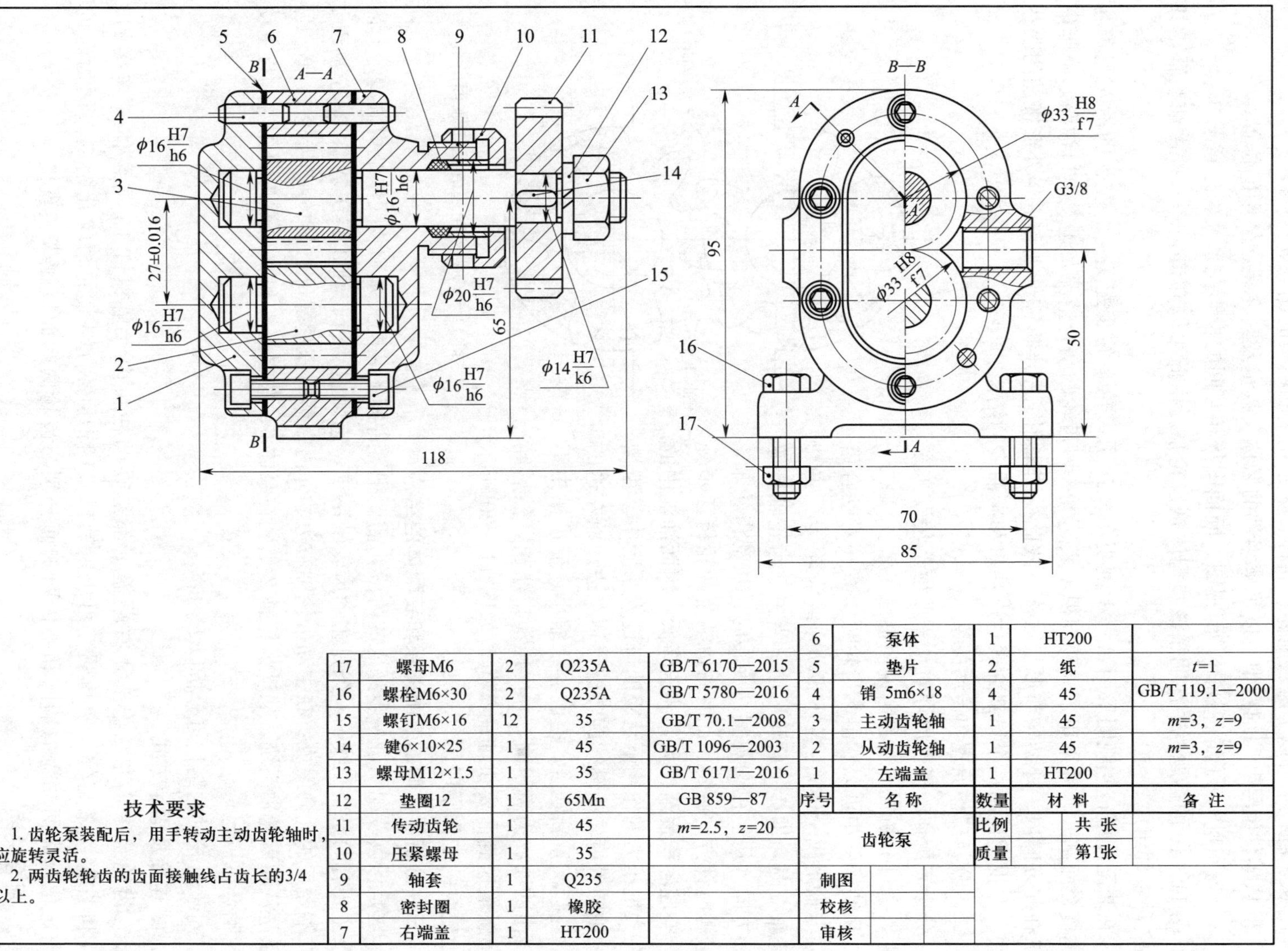

技术要求

1. 齿轮泵装配后，用手转动主动齿轮轴时，应旋转灵活。
2. 两齿轮轮齿的齿面接触线占齿长的3/4以上。

序号	名称	数量	材料	备注
17	螺母M6	2	Q235A	GB/T 6170—2015
16	螺栓M6×30	2	Q235A	GB/T 5780—2016
15	螺钉M6×16	12	35	GB/T 70.1—2008
14	键6×10×25	1	45	GB/T 1096—2003
13	螺母M12×1.5	1	35	GB/T 6171—2016
12	垫圈12	1	65Mn	GB 859—87
11	传动齿轮	1	45	m=2.5，z=20
10	压紧螺母	1	35	
9	轴套	1	Q235	
8	密封圈	1	橡胶	
7	右端盖	1	HT200	
6	泵体	1	HT200	
5	垫片	2	纸	t=1
4	销 5m6×18	4	45	GB/T 119.1—2000
3	主动齿轮轴	1	45	m=3，z=9
2	从动齿轮轴	1	45	m=3，z=9
1	左端盖	1	HT200	

齿轮泵	比例		共 张
	质量		第1张
制图			
校核			
审核			

图 11-19　齿轮泵装配图

一、概括了解装配图的内容

1. 从标题栏中可以了解装配体的名称、大致用途和绘图的比例等。

2. 从零件编号和明细栏中可以了解零件的名称、数量及其在装配体中的位置。

3. 分析视图，了解各视图、剖视图、断面图等相互间的投影关系及表达意图。

图 11－19 的标题栏中注明了该装配体是齿轮泵。由此可以知道它是一种供油装置，共由 17 种零件组成。

在装配图中，主视图采用 $A—A$ 剖视，表达了齿轮泵的装配关系。左视图沿左端盖与泵体接合面剖开，并采用了局部剖视，表达了一对齿轮的啮合情况及进、出口油路。由于齿轮泵在此方向内、外结构与形状对称，故此视图采用了一半拆卸剖视和一半外形视图的表达方法。左视图还用一个局部剖表达进油口和出油口的结构。

二、分析工作原理和传动关系

分析装配体的工作原理时，一般应从传动关系入手，通过分析视图及参考说明书来了解。

从装配图中可以看出，齿轮泵中有一对啮合齿轮（与轴制成一体）：当外部动力经齿轮传至主动齿轮轴 3 时，即产生旋转运动。当主动齿轮轴按逆时针方向（从左视图观察）旋转时，从动齿轮轴 2 则按顺时针方向旋转。此时右边啮合的轮齿逐步分开，空腔容积逐渐扩大，油压降低，因而油池中的油在大气压力的作用下从吸油口进入泵腔中。齿槽中的油随着齿轮的继续旋转被带到左边；而左边的各对轮齿又重新啮合，空腔容积缩小，使齿槽中不断挤出的油成为高压油，并由压油口压出，然后经管道被输送到需要供油的部位，如图 11－20 所示为齿轮泵的工作原理。

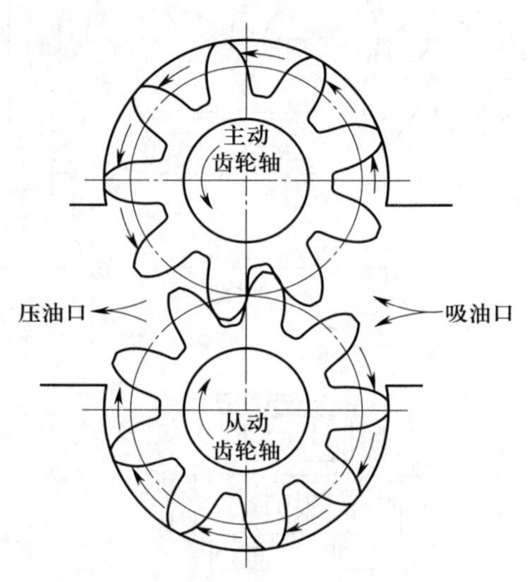

图 11－20 齿轮泵的工作原理

三、分析零件间的装配关系和装配体的结构

这是识读装配图进一步深入的阶段，需要把零件间的装配关系和装配体结构搞清楚。齿轮泵主要有两条装配线：一条是主动齿轮轴系统，它由主动齿轮轴 3 装在泵体 6、左端盖 1 和右端盖 7 的孔内组成；在主动齿轮轴右边的伸出端装有压紧螺母 10 和传动齿轮 11 等。另一条是从动齿轮轴系统，从动齿轮轴 2 也装在泵体 6、左端盖 1 和右端盖 7 的孔内，与主动齿轮啮合在一起。

对于齿轮轴的结构可分析以下内容：

1. 连接及固定方式

在齿轮泵中，左端盖 1 和右端盖 7 都是靠圆柱头内六角螺钉 15 与泵体 6 连接的，并用圆柱销 4 来定位。密封圈 8 由压紧螺母 10 拧压在右端盖的相应孔槽内。两齿轮的轴向定位是靠两端盖的端面和泵体两侧面分别与齿轮两端面接触来实现的。

2. 配合关系

凡是配合的零件，都要弄清基准制、配合种类、公差等级等。这可由图上所标注的公差与配合代号来判别。如两齿轮轴与两端盖孔的配合均为 $\phi16H7/h6$；两齿轮的齿顶与两齿轮

腔的配合均为 ϕ33H8/f7，它们都是间隙配合，都可以在相应的孔中转动。

3. 密封装置

对于泵、阀类部件，为了防止液体或气体泄漏以及灰尘进入内部，一般都有密封装置。在齿轮泵中，主动齿轮轴伸出端有密封圈和压紧螺母；两端盖与泵体接触面间放有垫片 5，它们都是防止油液泄漏的密封装置。

4. 装配体在结构设计上要符合装拆要求

齿轮泵的拆卸顺序如下：先拧下左、右端盖上各六个螺钉，两端盖、泵体和垫片即可分开；再从泵体中抽出两齿轮轴；然后把压紧螺母从右端盖上拧下，圆柱销和密封圈可不必从端盖上取下。如果需要重新装配时，可按拆卸的相反次序进行。

四、分析零件，看懂零件的结构与形状

分析零件，首先要会正确地区分零件。区分零件的方法主要是依靠不同方向和不同间隔的剖面线，以及各视图之间的投影关系进行判别。零件区分出来后，便要分析零件的结构、形状和功用。分析时一般从主要零件开始，再看次要零件。

例如，分析齿轮泵中泵体 6 的结构与形状。首先，从标注序号的主视图中找到泵体 6，并确定该件的视图范围；然后对线条找投影关系，并根据同一零件在各视图中剖面线应相同这一原则来确定该零件在左视图中的投影。这样就可以根据从装配图中分离出来的属于该件的两个投影进行分析，想象出它的结构与形状：即齿轮泵的两端盖与泵体装在一起，将两齿轮密封在泵腔内；同时对两齿轮轴起着支承作用。所以需要用圆柱销来定位，以便保证左、右端盖上的孔能够很好地对中。

五、总结归纳

想象出整个装配体的结构与形状，得到齿轮泵的立体图。

以上所述是读装配图的一般方法和步骤，事实上有些步骤不能截然分开，而要交替进行。尤其值得注意的是，读图总有一个具体的重点目的，在读图过程中应该围绕着这个重点目的去分析及研究。只要这个重点目的能够达到，那就可以不拘一格、灵活地解决问题。

练一练

1. 识读图 11－19，回答下列问题：

（1）件 8 的材料是________________，作用是______________________________。

（2）$\phi 16\ \frac{H7}{h6}$是________制________配合。

（3）件 11 的齿数是________，模数是____________，压力角是____________。

2. 识读滑动轴承装配图（见图 11－1），回答下列问题：

（1）装配图的名称是________________，由________种零件组成。

（2）装配图由________个视图组成，主视图采用了______________视图，俯视图采用了________的表达方法。

（3）轴承座 8 与轴承盖 6 通过________连接。

§11－6　由装配图拆画零件图

做一做　拆画图11－19所示的齿轮泵装配图中右端盖的零件图。

在设计过程中，应先画出装配图，然后再根据装配图画出零件图。因此，由装配图拆画零件图是设计工作中的一个重要环节。

拆图前必须认真读懂装配图。一般情况下，主要零件的结构与形状在装配图上已表达清楚，而且主要零件的形状和尺寸还会影响其他零件。因此，可以从拆画主要零件开始。对于一些标准件，只需要确定其规定标记，一般不拆画零件图。

一、零件的图形处理

在拆画零件图的过程中要注意处理好以下几个问题：

1. 对于视图的处理

选择装配图的视图方案时，主要从表达装配体的装配关系和工作原理来考虑；而零件图视图的选择，则主要是从表达零件的结构与形状来考虑的。由于表达的出发点和主要要求不同，因此在选择视图表达方案时，就不应强求与装配图一致，即零件图不能简单地照搬装配图上该零件的视图数量和表达方法，而应该重新确定零件图视图的选择和表达方案。

一般来说，对于轴套类零件，仍按加工位置（轴线水平放置）选取主视图。但许多零件，尤其是箱体类零件的主视图方位往往与装配图一致。

2. 零件结构与形状的处理

在装配图中对零件上某些局部结构可能表达不完全，而且对一些工艺结构还允许省略（如圆角、倒角、退刀槽、砂轮越程槽等）。但在画零件图时均应补画清楚，不可省略。拆图时，必须将这些结构补全并加以标准化。

二、零件的尺寸处理

拆画零件图时应按零件图的要求注全尺寸，其方法通常如下：

1. 直接抄注

对于装配图已注的尺寸，在有关的零件图上应直接注出。对于配合尺寸，一般应注出偏差数值。

2. 查找

（1）对于一些工艺结构，如圆角、倒角、退刀槽、砂轮越程槽、螺栓通孔等，应尽量选用标准结构，查有关标准尺寸进行标注。

（2）对于与标准件相配合的有关结构的尺寸，如螺孔、销孔等的直径，要从相应的标准中查取后标注在图中。

3. 计算

有的零件的某些尺寸需要根据装配图所给的数据进行计算才能得到，如齿轮分度圆和齿顶圆直径等，应进行计算后标注在图中。

4. 量取

一般尺寸均按装配图的图形大小、绘图的比例直接量取后注出。

应特别注意，配合零件的相关尺寸不可互相矛盾。

三、零件图上的技术要求

要根据零件在装配体中的作用和与其他零件的装配关系，以及工艺结构等要求，标注出该零件的表面粗糙度等方面的技术要求。

技术要求将直接影响零件的加工质量。但正确制定技术要求，涉及许多专业知识，初学者可参照同类产品的相应零件图用类比法确定。

如有相对运动和配合要求的表面，表面粗糙度要求较严；有密封、耐腐蚀、美观等要求时表面粗糙度也应要求严些；尺寸精度要求高的，表面粗糙度值也要适当降低等。

另外，在标题栏中填写零件的材料时，应与明细栏中的一致。

例 11－1 根据图 11－19 所示的齿轮泵装配图，拆画其中的右端盖（件 7）。

解：拆图的方法和步骤如下：

（1）确定零件的结构与形状

由主视图可以看出，件 1、件 6、件 7 的内部结构和连接关系都比较清晰，但件 6 和件 7 的端面形状不明确，而左视图上又没有直接表达，需仔细分析后再确定。从主视图上看，左、右端盖的销孔、螺孔分布情况很清楚；从而推断出泵体（件 6）上也应有相应的销孔和螺孔。

首先，从主视图上区分出右端盖的视图轮廓，由于在装配图的主视图上右端盖的一部分可见投影被其他零件所遮盖，因而它是一幅不完整的图形，如图 11－21 所示。

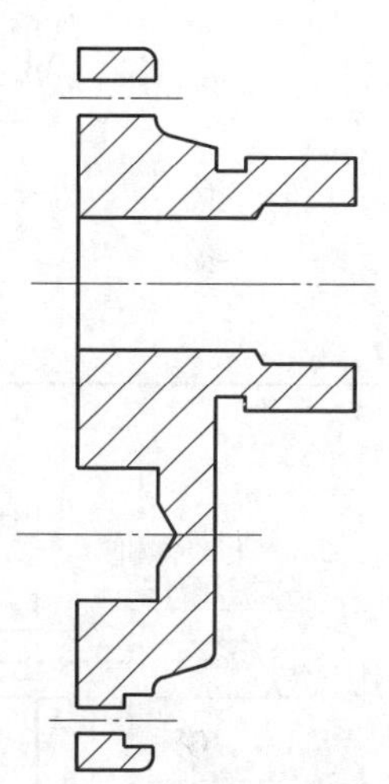

图 11－21　不完整的图形

（2）选择表达方案

经过分析、比较、确定，主视图的投射方向应与装配图一致，它既符合该零件的装配位置、工作位置和加工位置，又突出了零件的结构与形状特征。主视图也应采用全剖视，既可将三个组成部分的外部结构及其相对位置反映出来，也可将其内部结构，如台阶孔、销孔、螺孔等表达得很清楚。该零件端面形状的表达选择左、右视图均可。如选择右视图，其优点是避免了细虚线，但视图位置发生了变化，不便与装配图对照。若选左视图，长圆形支承板的投影轮廓则为细虚线，但可省略没必要的圆，使图形更清晰，制图更简便，同时也便于与装配图对照，故左视图也应与装配图一致。表达方案的确定如图 11－22 所示。

（3）标注尺寸

除了标注装配图上已给出的尺寸和可直接从装配图上量取的一般尺寸外，还需确定几个特殊尺寸。如图 11－23 所示为右端盖零件图。

1）根据 M6 查表确定了圆柱头内六角螺钉用的沉孔尺寸，即 $6\times\phi6.6$ mm 和沉孔 $\phi11$ mm、深 6.8 mm。

2）为了保证圆柱销定位的准确性，确定销孔应与泵体组装后同钻、铰。

3）确定了沉孔、销孔的定位尺寸 $R23$ mm 与 45°，该尺寸必须与左端盖和泵体上的相关尺寸协调一致。

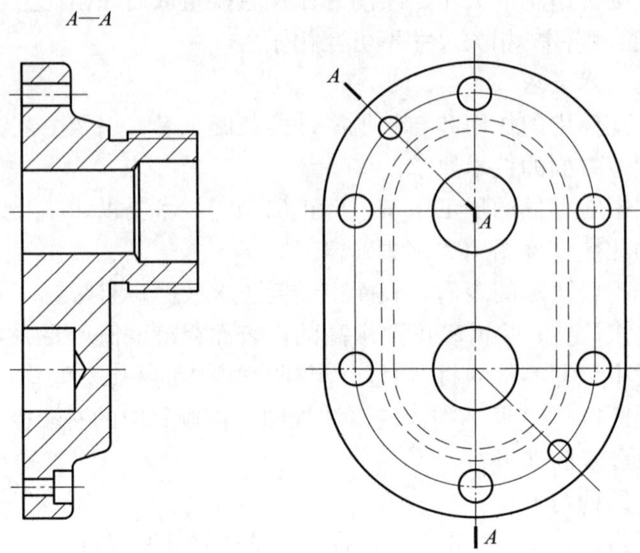

A—A
A
A
A

图 11－22　表达方案的确定

A—A
32
12
3×φ25
Ra 12.5
Ra 12.5
Ra 6.3
2×φ6与泵体和
左端盖配作
Ra 6.3
Ra 6.3
⊥ 0.1 B
12
Ra 3.2
Ra 12.5
φ24
M30
27±0.016
Ra 3.2
10
B
6×φ6.6
Ra 6.3
⌴φ11↧6.8
10
A
R23
R33
A
φ16H7
φ16H7
45°
R18
R15
A
技术要求
1.未注圆角为R3。
2.未注倒角为C0.5。
设计
校核
审核
HT200
右端盖
比例

图 11－23　右端盖零件图

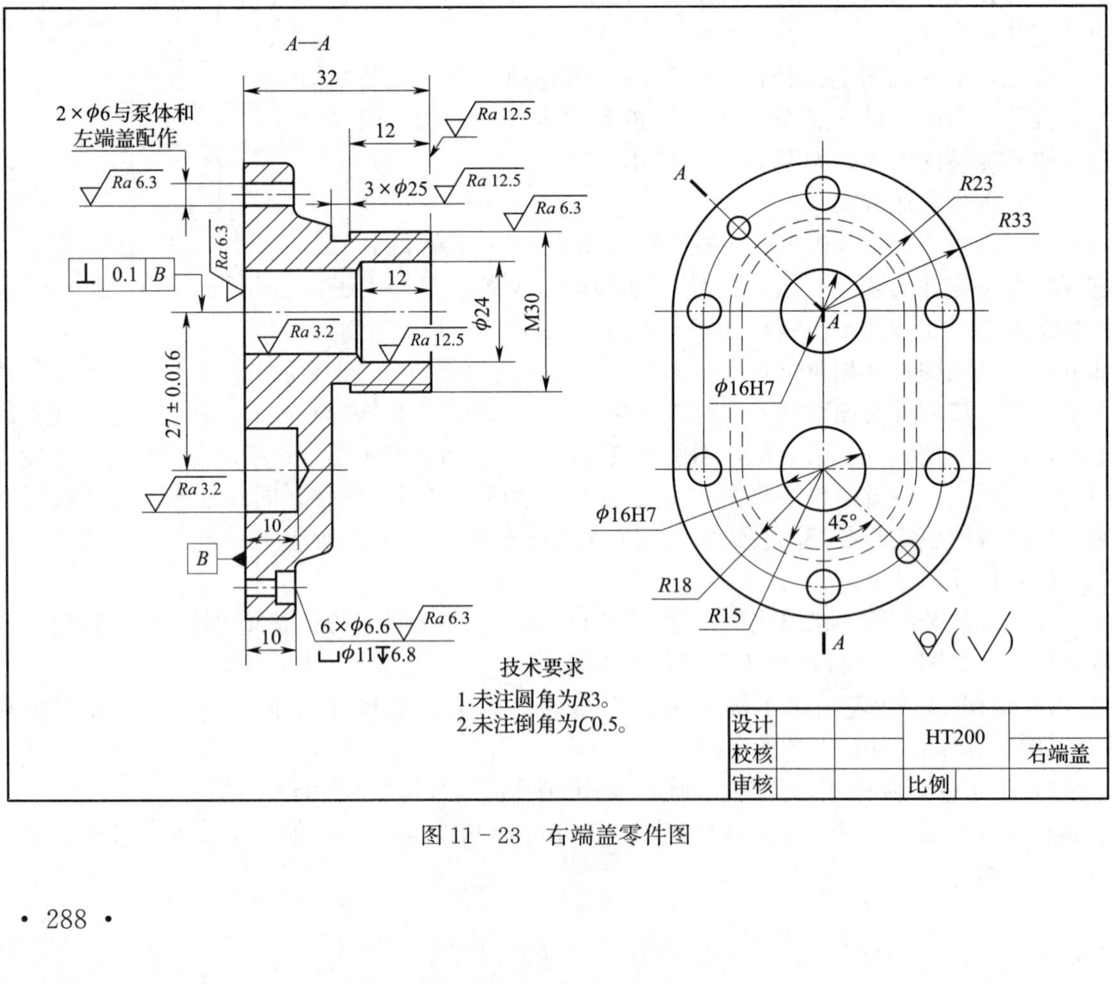

（4）确定表面粗糙度

对需钻、铰的孔和有相对运动的孔的表面粗糙度要求都较严，故给出了相应的表面粗糙度 Ra 值，其他表面的表面粗糙度值则是按常规给出的。

（5）技术要求

参考有关同类产品的资料，注写技术要求，并根据装配图标注公差带代号。

练一练　拆画图 11－19 所示的齿轮泵装配图中主动齿轮轴的零件图。

课题十二　焊　接　图

议一议　看看图 12－1 中的工人在干什么？

如图 12－1 所示为工人正在进行焊接加工。将两个被连接的金属件用电弧或火焰在连接处进行局部加热，并采用填充熔化金属或加压等方法使其熔合在一起的过程称为焊接。常见的焊接方法有电弧焊、电阻焊、气焊和钎焊等。

如图 12－2 所示为焊接支架的立体图，它由圆筒、支承架和底板组成，如图 12－3 所示为组成焊接支架的三个零件。如何表达图 12－2 所示的焊接装配体呢？我们常采用焊接图，如图 12－4 所示为支架焊接装配图（简称焊接图）。焊接图是供焊接加工用的一种图样，它除了一般零件图应具备的内容外，还有与焊接有关的内容。即焊接图需要说明对焊件的哪些位置进行焊接、用什么焊接方法焊接、怎样焊接、焊接技术要求有哪些等问题。国家标准规定了焊缝在图样中一般采用焊缝符号表示，焊缝符号包含了焊接方法、焊缝形式和焊缝尺寸等内容。

图 12－1　焊接加工

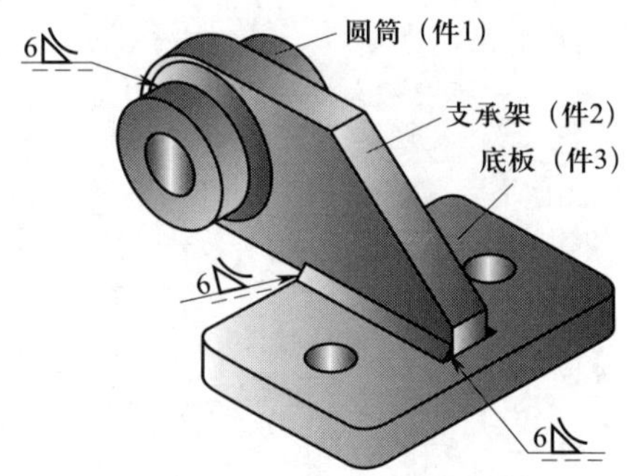

图 12－2　焊接支架的立体图

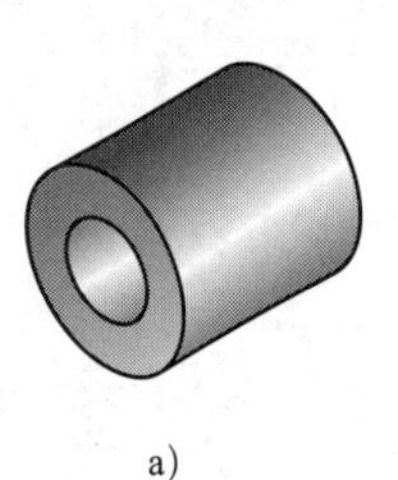

a)

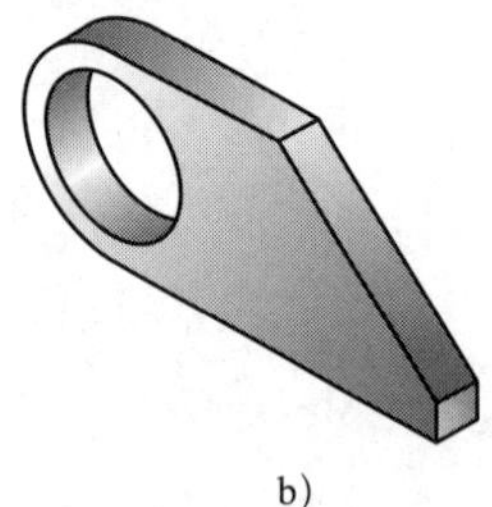

b)

c)

图 12－3　组成焊接支架的零件

a）圆筒　b）支承架　c）底板

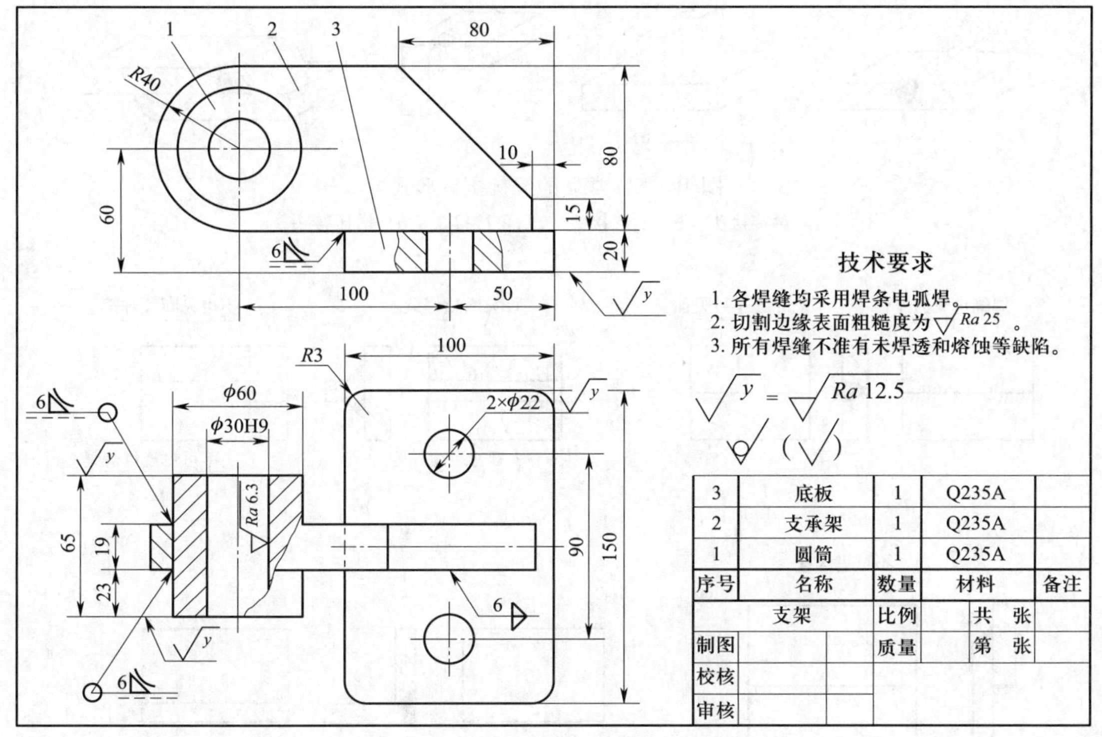

图 12-4　支架焊接图

§12-1　焊缝的表示方法

如图 12-4 所示为支架焊接图，结合其立体图，观察焊接图上焊接位置有哪些。

结合立体图和焊接图，我们可以知道支架由三个零件组成，即圆筒 1、支承架 2 和底板 3。圆筒 1 和支承架 2 的焊接是一个管板焊接，支承架 2 又与底板 3 焊接在一起。

焊接图不仅告诉我们焊接位置，还能清楚地告诉我们焊缝的形式。在本节中我们一起学习焊接图上焊缝的表示方法。

一、焊缝的表示法

如图 12-5 所示为常见的焊接接头形式。不同的焊接接头，其焊缝位置有所不同。在焊接图上应怎样表达焊缝呢?

国家标准对焊缝的画法进行了以下规定：

1. 在视图中，焊缝用一系列细实线段表示焊缝，也允许采用特粗线 $(2\sim3)d$ 表示焊缝，如图 12-6 所示为焊缝的规定画法。

2. 在剖视图或断面图上，金属的熔焊区通常采用涂黑表示。

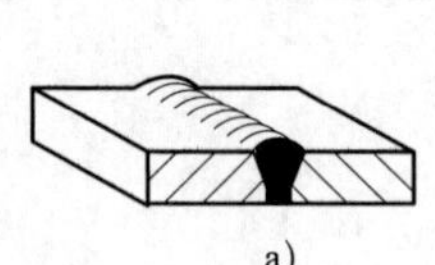
a)

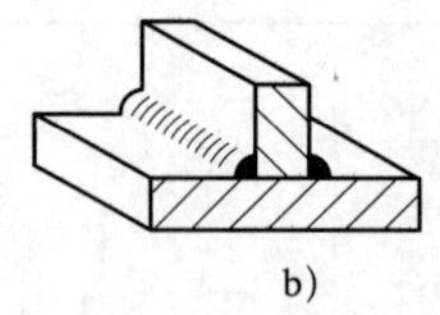
b)

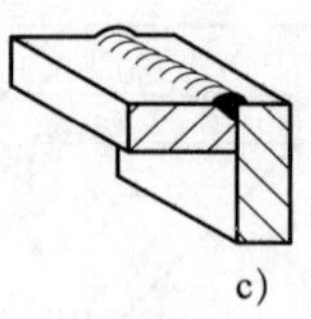
c)

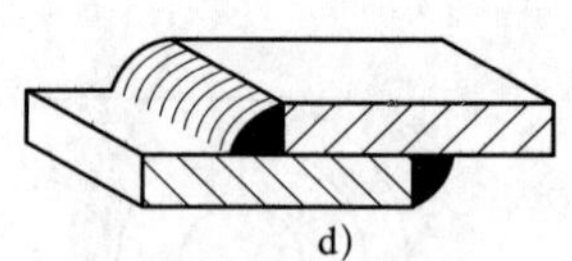
d)

图 12-5　常见的焊接接头形式

a）对接接头　b）T 形接头　c）角接接头　d）搭接接头

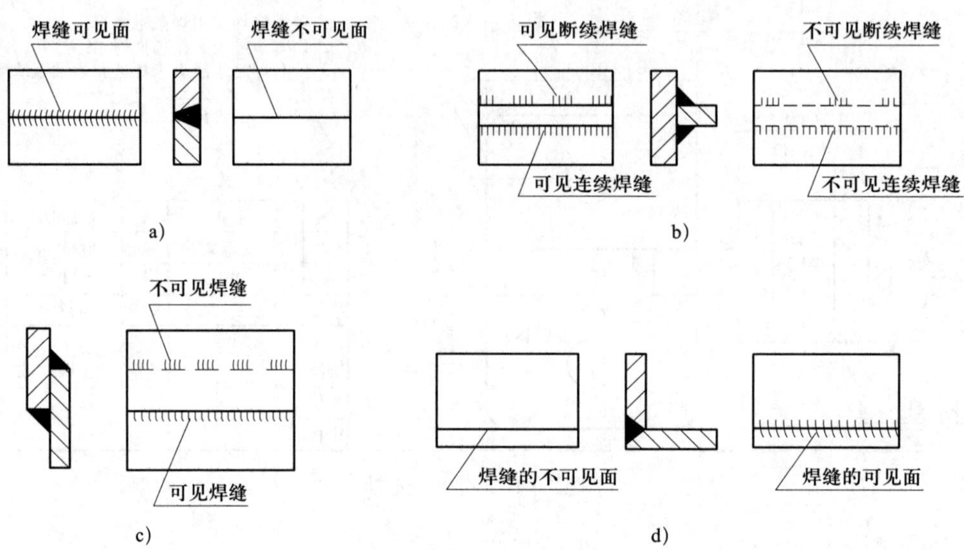

图 12-6　焊缝的规定画法

二、焊缝符号的表示法

当焊缝分布比较简单时，可不必画出焊缝，只在焊缝处标注焊缝符号。焊缝符号一般由基本符号、指引线、补充符号、尺寸符号和数据等组成，如图 12-4 所示的支架焊接图中圆筒 1 和支承架 2 的焊缝符号示例如图 12-7 所示。

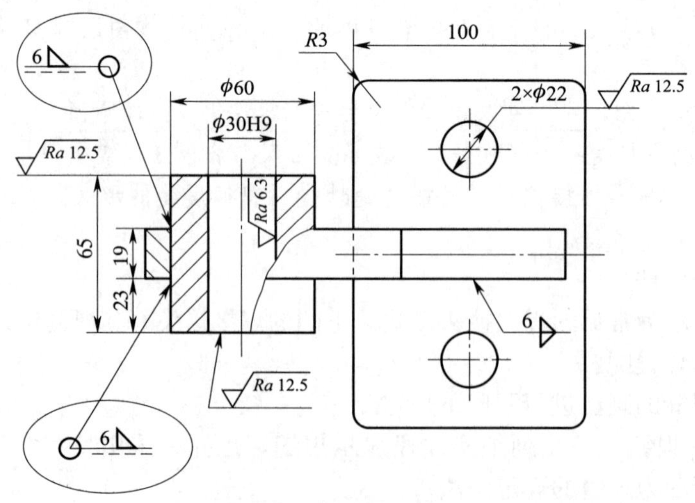

图 12-7　焊缝符号示例

1. 基本符号

基本符号是表示焊缝横截面形状的符号，它采用近似于焊缝横截面形状的符号来表示，常用焊缝基本符号见表 12－1。

表 12－1　　常用焊缝基本符号

焊缝名称	符号	焊缝形式	焊缝名称	符号	焊缝形式
I 形焊缝	‖		带钝边单边 V 形焊缝	𐌆	
V 形焊缝	V		带钝边 U 形焊缝	Y	
带钝边 V 形焊缝	Y		角焊缝	◺	
单边 V 形焊缝	⁄		点焊缝	○	

2. 基准线和指引线

基准线由两条互相平行的细实线和细虚线组成。指引线由箭头线和基准线组成，用细实线绘制，箭头指向有关焊缝处。基准线一般应与图样的底边平行，在特殊条件下也可与底边垂直，如图 12－8 所示。

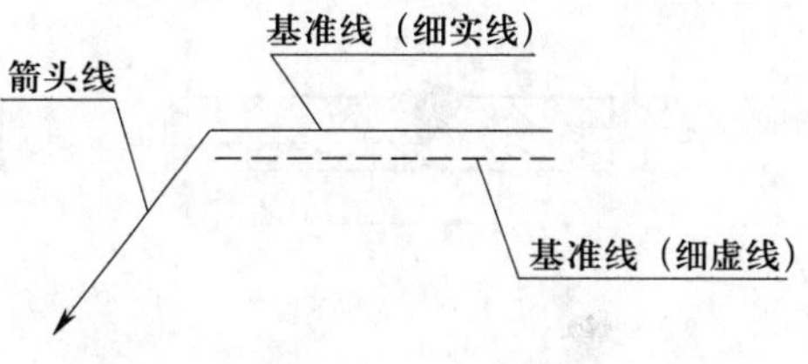

图 12－8　指引线

3. 补充符号

补充符号用来补充说明有关焊缝或接头的某些特征（如表面形状、衬垫、焊缝分布、施焊地点等），见表 12－2。

表 12－2　　补充符号

名称	符号	形式	说明
平面	—		焊缝表面通常经过加工后平整
凹面	◡		焊缝表面凹陷
凸面	◠		焊缝表面凸起

续表

名称	符号	形式	说明
三面焊缝			三面带有焊缝
周围焊缝			沿着工件周边施焊的焊缝 标注位置为基准线与箭头线的交点处
现场焊缝			在现场焊接的焊缝
永久衬垫	M		衬垫永久保留
临时衬垫	MR		衬垫在焊接完成后拆除

4. 焊缝尺寸符号

焊缝尺寸符号是指用字母代表焊缝的尺寸要求，如图 12－9 所示。焊缝尺寸符号的含义见表 12－3。

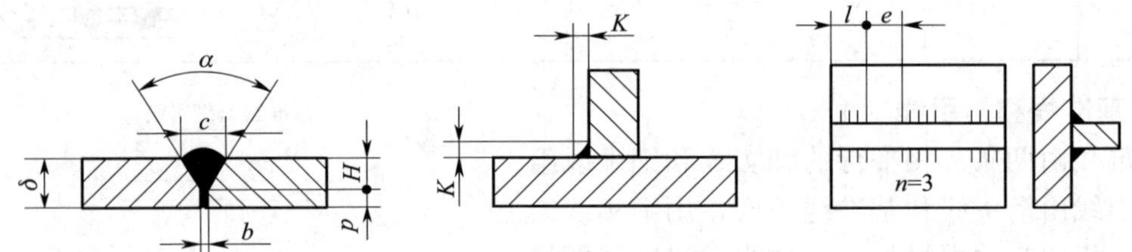

图 12－9　焊缝尺寸符号

表 12－3　　**焊缝尺寸符号的含义**

符号	名称	符号	名称
δ	工件厚度	l	焊缝长度
α	坡口角度	K	焊脚尺寸
b	根部间隙	e	焊缝间距
p	钝边	c	焊缝宽度
H	坡口深度	n	焊缝段数

练一练　请将下列符号与其对应的名称和类别用线连起来。

——　　周围焊缝

||　　平面　　基本符号

　　　　　　　补充符号

○　　I 形焊缝

§12-2 焊缝的标注方法

做一做　针对图 12-10 所示的焊缝图形，试标注焊缝符号。

前面我们学习了焊缝符号，知道可以用焊缝符号标注焊缝，但具体应怎样在焊接图上标注，这就是本节要完成的内容。

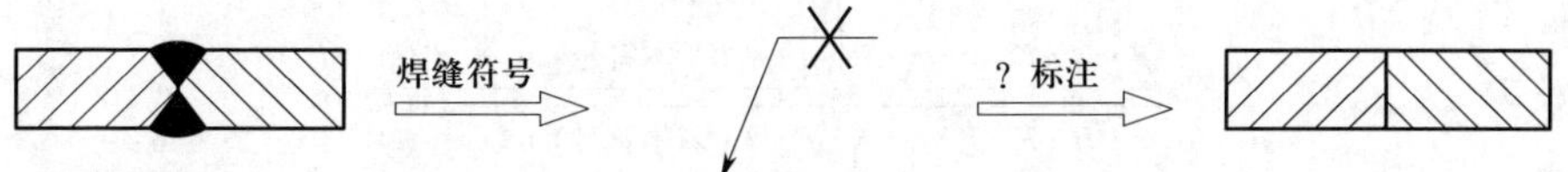

图 12-10　在焊缝图形上标注焊缝符号

一、指引线的标注方法

1. 指引线与焊缝位置的关系

指引线相对焊缝的位置一般没有特殊要求，必要时允许指引线弯折一次。

2. 基准线的标注方法

基准线一般应与图样的底边平行，在特殊条件下也可与底边垂直。基准线的细虚线可以画在细实线的下侧或上侧。

二、基本符号的位置

基本符号在指引线上的位置如图 12-11 所示。

1. 如果焊缝在接头的箭头侧，则将基本符号标在基准线的实线侧，如图 12-11a、b 所示。
2. 如果焊缝在接头的非箭头侧，则将基本符号标在基准线的细虚线侧，如图 12-11c、d 所示。
3. 对于对称焊缝和双面焊缝，基准线可不画细虚线，其表示法如图 12-12 所示。

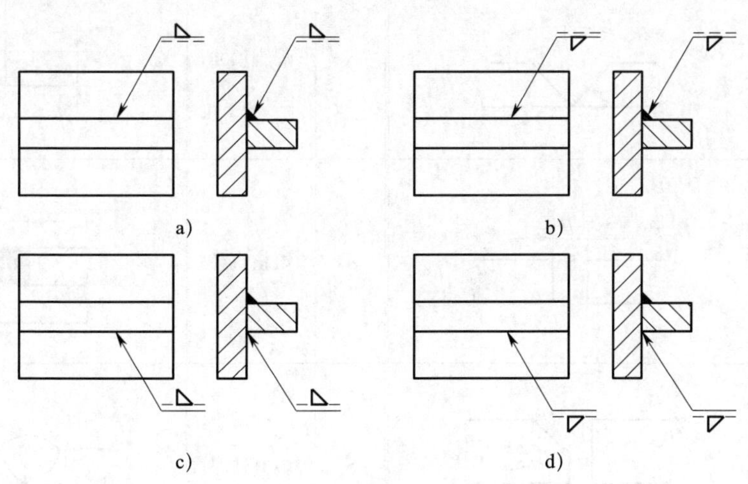

图 12-11　基本符号在指引线上的位置

三、焊缝尺寸符号和数据的标注

焊缝尺寸符号和数据的标注如图 12 - 13 所示，焊缝尺寸符号见表 12 - 4。

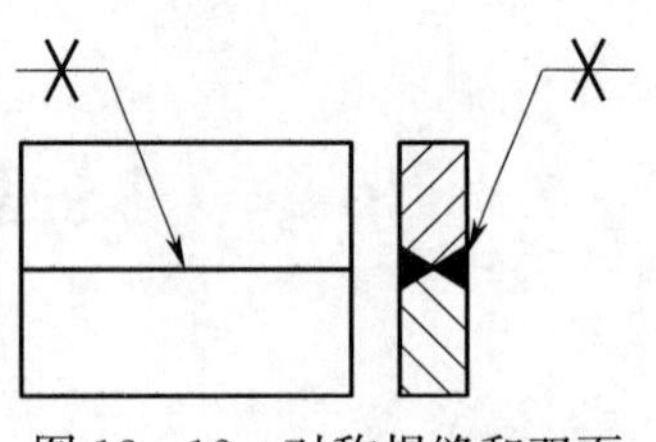

图 12 - 12　对称焊缝和双面焊缝的表示法

1. 在焊缝基本符号左侧标注的尺寸有钝边 p、坡口深度 H、焊脚尺寸 K、余高 h、焊缝有效厚度 S、根部半径 R、焊缝宽度 c 以及点焊时的熔核直径或塞焊时的孔径 d。

2. 在焊缝基本符号右侧标注的尺寸有焊缝段数 n、焊缝长度 l（焊缝间距 e）。

3. 相同焊缝数量 N 标注在尾部。

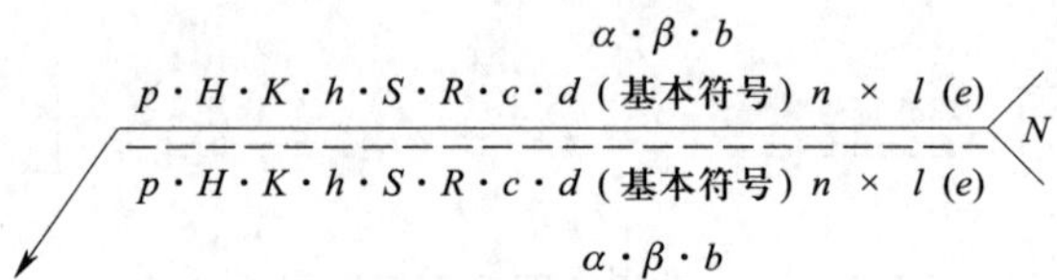

图 12 - 13　焊缝尺寸符号和数据的标注

4. 在焊缝基本符号上侧或下侧标注的尺寸有坡口角度 α、坡口面角度 β 和根部间隙 b。

基本符号与补充符号的组合举例见表 12 - 5，特殊焊缝的标注见表 12 - 6。

表 12 - 4　　焊缝尺寸符号

符号	名称	示意图	符号	名称	示意图
δ	工件厚度		e	焊缝间距	
α	坡口角度		K	焊脚尺寸	
b	根部间隙		d	熔核直径	
p	钝边		S	焊缝有效厚度	

续表

符号	名称	示意图	符号	名称	示意图
c	焊缝宽度	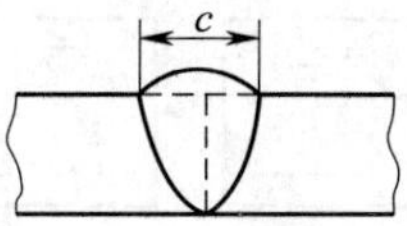 c	N	相同焊缝数量	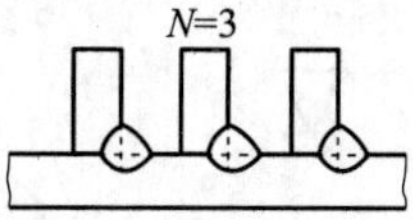 N=3
R	根部半径	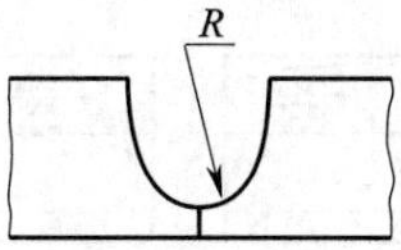 R	H	坡口深度	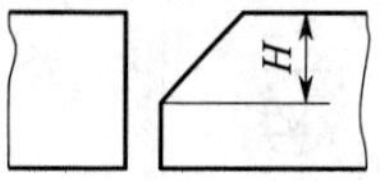 H
l	焊缝长度	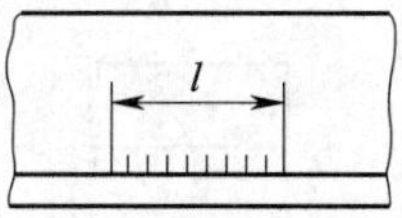 l	h	余高	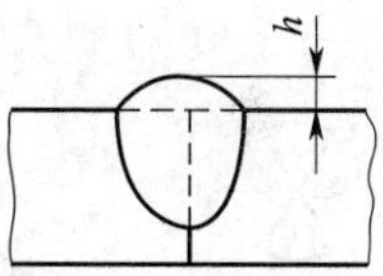 h
n	焊缝段数	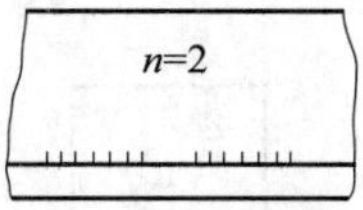 n=2	β	坡口面角度	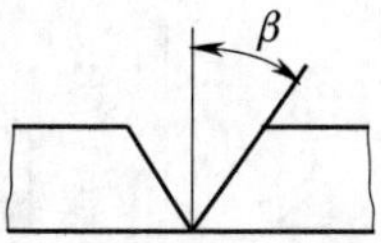 β

表 12-5　　基本符号与补充符号的组合举例

序号	符号组合	轴测示意图	图示法	标注方法
1 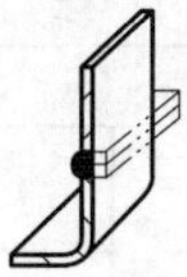 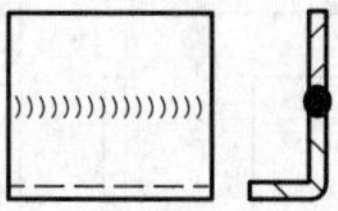 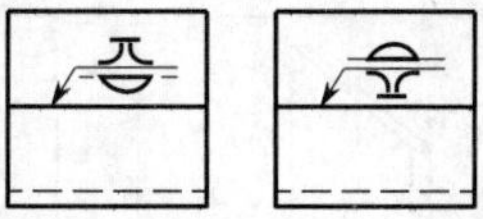 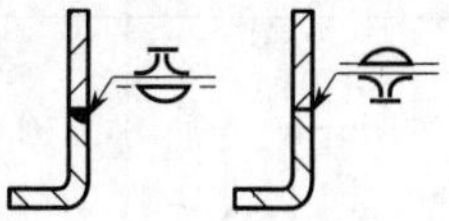				
2  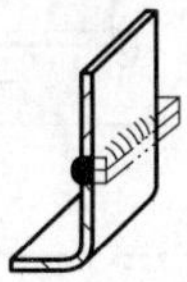 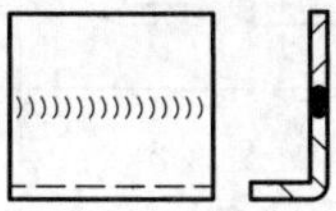 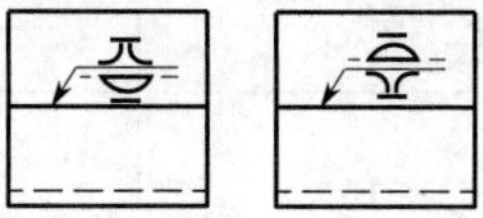 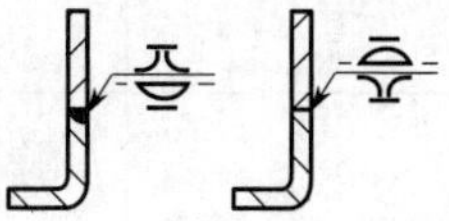				
3		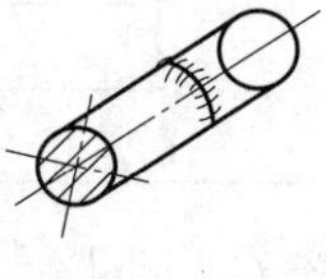	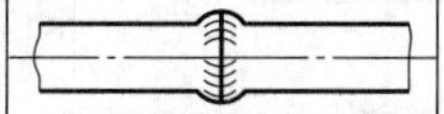	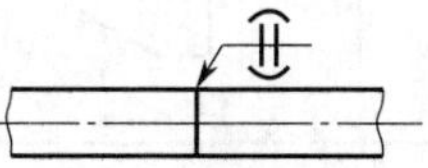

续表

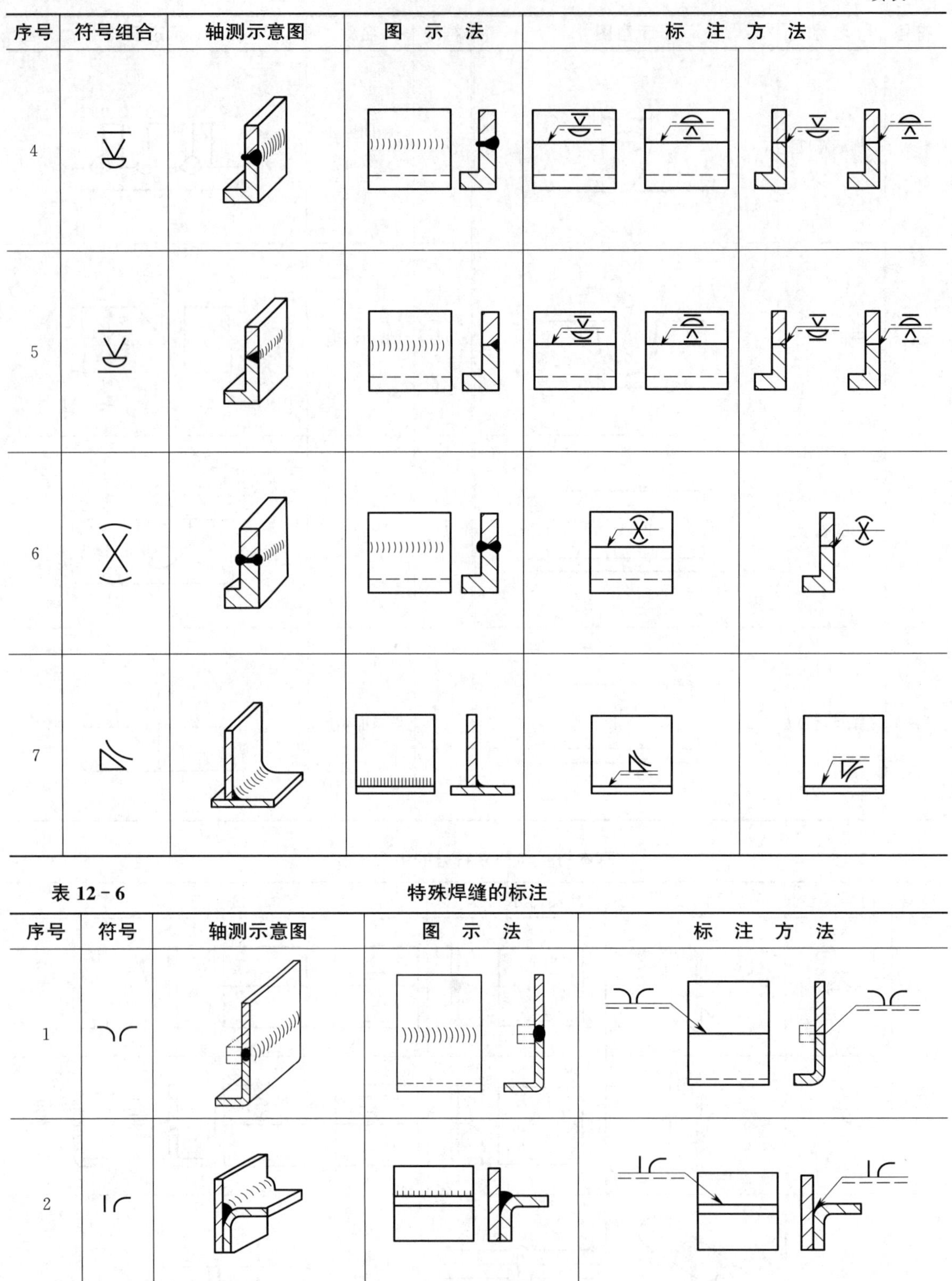

序号	符号组合	轴测示意图	图示法	标注方法	
4					
5					
6					
7					

表 12－6　　特殊焊缝的标注

序号	符号	轴测示意图	图示法	标注方法
1				
2				

现在一起来识读图 12－4 所示的支架焊接图，其焊缝的含义如图 12－14 所示。

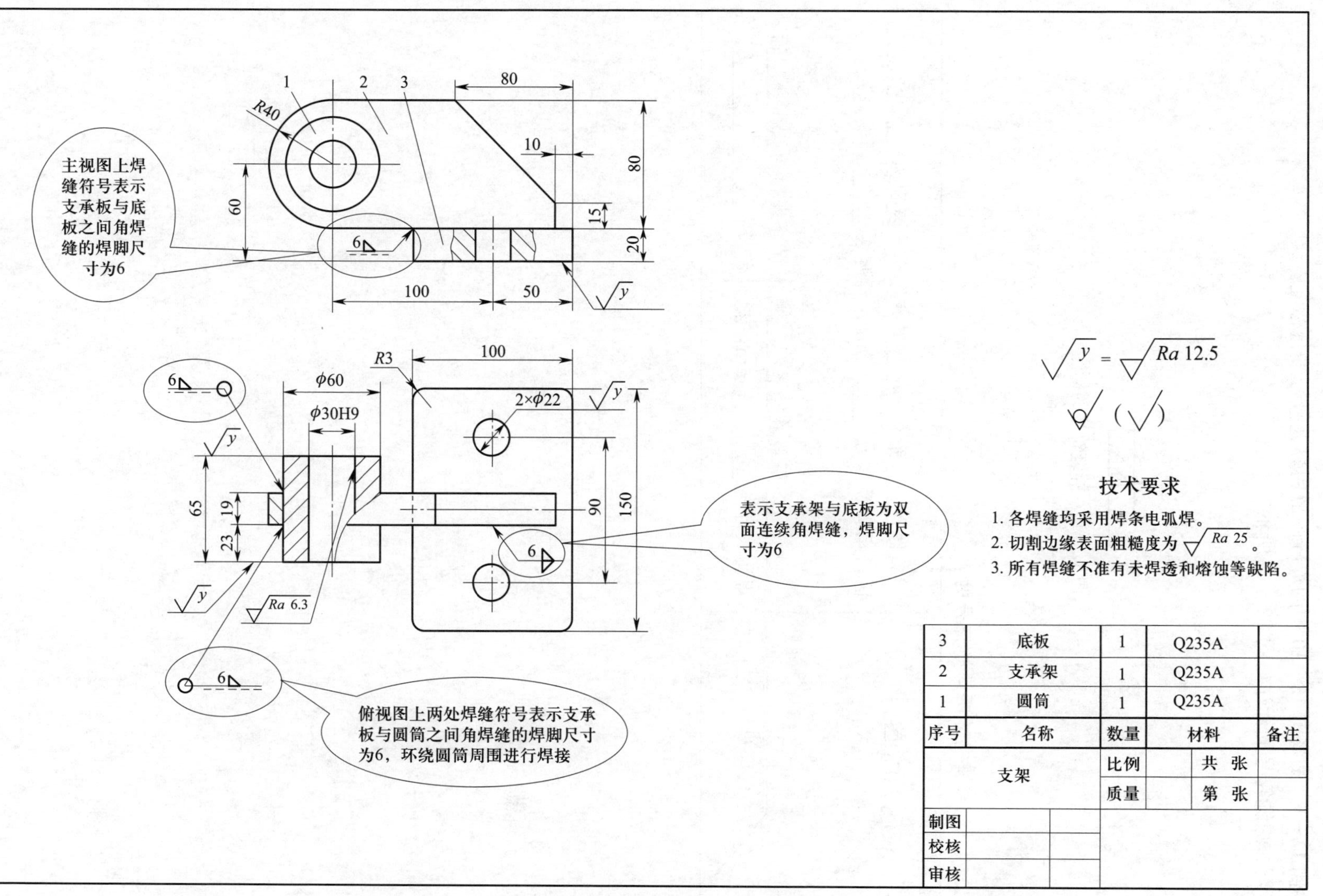

图 12-14　支架焊接图中焊缝的含义

例 12-1 试将图 12-10 中的焊缝图形用焊缝符号进行标注。

解：焊缝符号的标注如图 12-15 所示。

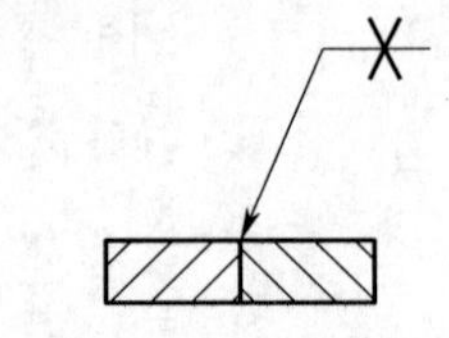

图 12-15 焊缝符号的标注

练一练 填空说明焊缝符号的含义。

1.	工件______面有______焊缝，焊缝表面为____________面，焊脚尺寸为______ mm，焊脚在________侧。
2.	________焊缝在________侧，焊缝表面为________面，焊脚尺寸为________ mm，背面底部有______________。